基礎講義 生 化 学

アクティブラーニングにも対応

井 上 英 史 編

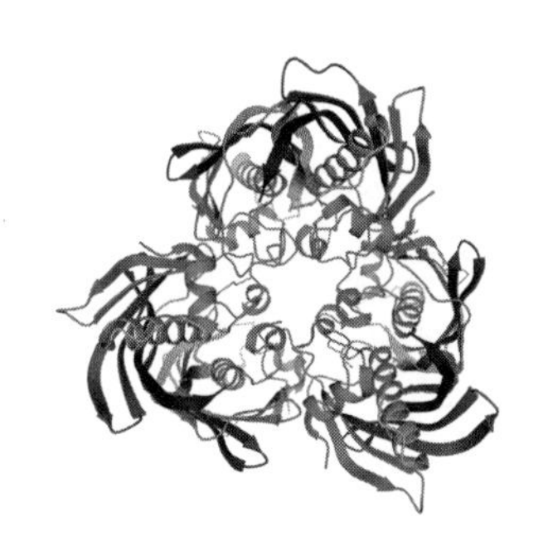

東京化学同人

序

本書は，大学 1～2 年生向けの生化学の教科書である．生命科学を学ぶ学生の基礎として活用していただければと思う．

生化学は生命に関する化学である．生物は物質からできており，生命現象は物質の変化が織りなす現象である．生物の構造や生命現象を化学の原理をもとに説明することは，生化学の役割である．また，生命科学は新しい技術の開発とともに大きく発展してきた．新たな研究手法，あるいは医療における診断方法を生み出すことにおいて，生化学は重要な役割を担っている．

生化学の知識・情報は，すでに膨大な量が蓄積している．これから生命科学を本格的に学ぼうとする学生は，その情報量に圧倒され，気後れを感じることもあるかもしれない．生命は多種多彩な物質と反応によって成り立っており，分析的な研究が進めば進むほど，細分化された情報が蓄積していく．今後も詳細の解明はさらに進んでいくことになるが，その一方で情報を統合的に理解することが必要である．初学者が生化学を学ぶには，最初から膨大な情報の海に漕ぎ出すのではなく，まずは全貌を浅くつかむことが効果的であろう．そのために本書は情報量をある程度絞り，生化学の基礎を築くための書という位置付けで作成した．それでも多くの化合物名，酵素名，タンパク質名が登場するが，本質として何を捉えるべきかをつねに意識しながら解説したつもりである．本書を学んだあとには，より詳細な生化学の良書が種々刊行されているので挑戦してほしいと思う．

生物はすべて，細胞からできている．生物は複製する能力をもち，生きている限り代謝し，環境の変化に応答・適応する性質をもつ．そして，ある一定の秩序が保たれている．こうした生物のもつ本質的な性質が，物質的にどのように構築されているか，その変化や秩序はどのような原理に基づいているかを理解することが，一貫して本書の根底にあるテーマである．

変化や秩序の原理に関しては，熱力学的な理解が欠かせない．このような観点から，本書の 1 章を熱力学と生命の起源とした．本書は，I～III 部の三部構成になっており，I 部（1～6 章）のテーマは，生体物質の構造と性質である．2 章から 6 章は，核酸，脂質，糖，タンパク質という代表的な四つの生体分子の構造と性質を扱っている．これに熱力学を加えた I 部の内容が，本書全体の基礎となる．なお，核酸の機能的な詳細については，本書の姉妹書である“基礎講義 分子生物学”に譲り，本書では，多くのページを遺伝情報の実行役であるタンパク質に割いた．I 部の 6 章では，タンパク質の構造面を扱い，II 部（7～10 章）ではタンパク質の機能を構造と結びつけながら理解することをテーマとした．III 部（11～19 章）では，代表的な代謝経路を扱う．細胞内のさまざまな代謝反応の秩序がどのように保たれているのか，環境の変化に応じてどのように調節されているのか，そのしくみはタンパク質の構造に基づいてどのように説明されるのかが，III 部のテーマである．それぞれの代謝経路の重要さを学びつつ，多くの経路に共通するしくみがあることを理解してもらいたい．II 部を基礎としてIII 部を学ぶことにより，理解が深まることを期待している．

また，各章について動画教材を作成した．動画教材には，本書に掲載していない画像や図も含まれている．本書では二色刷りになっているタンパク質構造のグラフィックスは，動画では多色で示している．予習や独習，反転学習に活用していただきたい．

最後に，本書は，東京化学同人の高橋 悠佳氏，平田悠美子氏，井野未央子氏の多大な支援のもとに作成することができた．この書が，多くの読者の学びの礎となることを願っている．

2020 年 8 月

井　上　英　史

本書付属の講義動画は東京化学同人ホームページ(https://www.tkd-pbl.com/)より閲覧できます．閲覧方法については次々ページをご覧ください．講義動画のダウンロードは購入者本人に限ります．

編　集　者

井　上　英　史　　東京薬科大学生命科学部 教授，薬学博士

執　筆　者

井　上　英　史　　東京薬科大学生命科学部 教授，薬学博士
［4～10 章，12～14 章，18 章］
井　上　弘　樹　　東京薬科大学生命科学部 講師，博士(工学) ［15 章］
岡　田　克　彦　　東京薬科大学生命科学部 助教，博士(理学) ［16 章］
佐　藤　典　裕　　東京薬科大学生命科学部 准教授，博士(理学) ［3 章，17 章］
田　中　弘　文　　東京薬科大学生命科学部 教授，歯学博士 ［2 章］
玉　腰　雅　忠　　東京薬科大学生命科学部 准教授，博士(工学) ［1 章，11 章］
深 見 希 代 子　　東京薬科大学名誉教授，医学博士 ［19 章］

(五十音順，［ ］内は執筆箇所)

講義動画ダウンロードの手順・注意事項

[ダウンロードの手順]

1）パソコンで東京化学同人のホームページにアクセスし，書名検索などにより“基礎講義生化学”の書籍ページを表示させる．

2）書籍ページよりダウンロードする講義動画を選ぶと，下の画面（Windows での一例）が表示されるので，ユーザー名およびパスワードを入力する．（本書購入者本人以外は使用できません．図書館での利用は館内での閲覧に限ります．）

ユーザー名・パスワード入力画面の例

ユーザー名：**BCvideo**
パスワード：**tosfit**

［保存］を選択すると，ダウンロードが始まる．

※ ファイルは ZIP 形式で圧縮されています．解凍ソフトで解凍のうえ，ご利用ください．

[必要な動作環境]

データのダウンロードおよび再生には，下記の動作環境が必要です．この動作環境を満たしていないパソコンでは正常にダウンロードおよび再生ができない場合がありますので，ご了承ください．

OS：Microsoft Windows 7/8/8.1/10，Mac OS X 10.10/10.11/10.12/10.13/10.14
（日本語版サービスパックなどは最新版）
推奨ブラウザ：Microsoft Edge，Microsoft Internet Explorer，Google Chrome，Safari など
コンテンツ再生：Microsoft Windows Media Player 12，Quick Time Player 7 など

[データ利用上の注意]

・本データのダウンロードおよび再生に起因して使用者に直接または間接的障害が生じても株式会社東京化学同人はいかなる責任も負わず，一切の賠償などは行わないものとします．
・本データの全権利は権利者が保有しています．本データのいかなる部分についても，フォトコピー，データバンクへの取込みを含む一切の電子的，機械的複製および配布，送信を，書面による許可なしに行うことはできません．許可を求める場合は，東京化学同人（東京都文京区千石 3-36-7，info@tkd-pbl.com）にご連絡ください．

目　　次

第Ⅰ部　生体分子の構造と性質

1. 生命を支える化学的原理と生命の起源 ……2
1・1　熱力学の基本法則と生体 ……2
1・2　熱力学からみた細胞，生きている状態 ……5
1・3　生命の起源と化学進化 ……6

2. ヌクレオチドと核酸 ……9
2・1　核酸の構成要素 ……9
2・2　ヌクレオシドとヌクレオチド ……10
2・3　核酸の基本構造 ……11
2・4　核酸の機能 ……14

3. 脂質の構造と性質 ……17
3・1　脂肪酸 ……17
3・2　脂　質 ……19
3・3　ステロイドや，生物にとって重要なその他の脂質 ……24

4. 糖の構造と性質 ……27
4・1　単糖の構造 ……27
4・2　糖の誘導体 ……31
4・3　多糖の構造と性質 ……31
4・4　複合糖質 ……34

5. アミノ酸，ペプチド ……36
5・1　標準アミノ酸 ……36
5・2　オリゴペプチド，ポリペプチド ……38
5・3　タンパク質の精製や分析の基礎 ……39
5・4　タンパク質の一次構造解析法 ……42

6. タンパク質の立体構造 ……45
6・1　タンパク質の多様な立体構造 ……45
6・2　二次構造 ……47
6・3　二次構造の形成原理 ……49
6・4　三次構造 ……51

6・5 四 次 構 造 …… 55
6・6 立体構造解析法 …… 55
6・7 タンパク質構造を安定化する力 …… 58
6・8 タンパク質のフォールディング …… 60
6・9 細胞内のフォールディング …… 63

第Ⅱ部 タンパク質の機能

7. 酸素結合タンパク質 …… 68
7・1 ミオグロビンの酸素結合 …… 68
7・2 ヘモグロビンの酸素結合 …… 70
7・3 協同性のしくみ …… 72
7・4 変異ヘモグロビンによる鎌状赤血球症 …… 74

8. 酵　素 …… 76
8・1 酵素の基本的な性質と名称 …… 76
8・2 酵素の基質特異性 …… 78
8・3 酵素反応とエネルギー …… 79
8・4 酵素触媒機構の基礎 …… 81
8・5 酵素触媒機構の解析 …… 87

9. 酵素反応速度論 …… 89
9・1 酵素の反応速度式 …… 89
9・2 酵素阻害剤の阻害様式 …… 94

10. 膜タンパク質 …… 98
10・1 生体膜の構造と膜タンパク質 …… 98
10・2 膜タンパク質の分類と構造 …… 98
10・3 膜タンパク質を介した物質輸送 …… 101
10・4 細胞膜受容体を介したシグナル伝達 …… 104

第Ⅲ部 代　謝

11. 代謝とエネルギー …… 108
11・1 代謝とギブズエネルギー …… 108
11・2 高エネルギー化合物 …… 109
11・3 酸化と還元 …… 113

12. 酵素の機能調節 …… 116
12・1 代謝の調節 …… 116

12・2　アロステリック酵素 ……………………………………………………117
12・3　共有結合修飾による調節 ……………………………………………119
12・4　その他の調節 ………………………………………………………121

13. 糖 質 代 謝 ………………………………………………………………123
13・1　解糖系の反応 ………………………………………………………123
13・2　ピルビン酸の代謝 …………………………………………………125
13・3　解糖系の調節 ………………………………………………………126
13・4　グルコース以外のヘキソースの代謝 ……………………………128
13・5　ペントースリン酸回路 ……………………………………………129
13・6　グリコーゲン代謝 …………………………………………………131
13・7　糖 新 生 ……………………………………………………………135

14. クエン酸回路 ……………………………………………………………137
14・1　クエン酸回路の概要 ………………………………………………137
14・2　クエン酸回路の関連反応 …………………………………………141

15. 電子伝達とATP合成 ……………………………………………………145
15・1　ミトコンドリアの機能 ……………………………………………145
15・2　電 子 伝 達 …………………………………………………………146
15・3　酸化的リン酸化 ……………………………………………………149

16. 光　合　成 ………………………………………………………………153
16・1　光合成とクロロフィル ……………………………………………153
16・2　光 反 応 ……………………………………………………………154
16・3　炭素固定反応 ………………………………………………………158

17. 脂 質 代 謝 ………………………………………………………………163
17・1　脂肪酸の合成 ………………………………………………………163
17・2　脂質の合成 …………………………………………………………168
17・3　脂質の消化，吸収，輸送 …………………………………………174
17・4　脂肪酸の酸化 ………………………………………………………177
17・5　ケトン体の代謝 ……………………………………………………179

18. アミノ酸代謝 ……………………………………………………………181
18・1　タンパク質分解 ……………………………………………………181
18・2　アミノ酸の異化 ……………………………………………………183
18・3　尿素回路 ……………………………………………………………186
18・4　アミノ酸の生合成 …………………………………………………187
18・5　代謝前駆体としてのアミノ酸 ……………………………………192

19. ヌクレオチド代謝 ……195
19・1 核酸塩基とヌクレオチド代謝の重要性 ……195
19・2 プリンヌクレオチドの生合成 ……195
19・3 ピリミジンヌクレオチドの生合成 ……198
19・4 ヌクレオチドの生合成の制御 ……200
19・5 ヌクレオチドの異化経路 ……202

復習問題と章末問題の解答 ……206

索　引 ……213

第 I 部　生体分子の構造と性質

1 生命を支える化学的原理と生命の起源

概要 細胞を構成する元素や分子は，生物種が異なっても大きな違いはない．物質を量的な視点だけで見ていても生命の本質はわからない．生きている状態と死んでいる状態とでは，何が違うのだろうか？ 生きている細胞では，構成する物質の量は不変であっても，つねにそれらは入れ替わっている．つねに物質の変化，化学反応（代謝）が進行している．生命を理解するためには，代謝をエネルギー的な視点で考えることが不可欠である．そもそも生物はどのようにして誕生し，そして今に至ったのだろうか？ その過程も，すべて自然の法則の上に成り立っているはずである．

行動目標

1. 熱力学の基本法則について説明できる．
2. 熱力学の観点から生きている状態について説明できる．
3. 生命の起源に関する仮説を説明できる．

1・1 熱力学の基本法則と生体

生命の本質を理解するために，熱力学は欠かせない．まずは熱力学の基本法則について見ていこう．

1・1・1 生体を構成する物質

生命体を構成する元素は，C，N，O，H，Ca，P，K，S，Cl，Na，Mg でほぼ 100% を占める．これ以外にも Mn，Fe，Co，Cu，Zn，Se，Mo など重要な元素はあるが，量的にはわずかである．生命体を構成する分子で最も多いものは H_2O で，重量で約 70% である．タンパク質，核酸（DNA，RNA），糖，脂質は，大腸菌細胞でそれぞれ 15%，7%，3%，2% 程度である．これらの生体分子は，量に大きな変化がなくても，つねに入れ替わっている．生命は物質的につねに動的である．生体で起こっている化学反応を代謝というが，どの生物でも，どの細胞でも，化学反応が同じように秩序をもって行われている．これはなぜだろうか．化学反応の方向性の原理を知ることは，生命を理解するうえで欠かせない．

1・1・2 生命とエネルギー

エネルギー energy
仕事 work

生物が行うあらゆる活動には，**エネルギー**が必要である．エネルギーとは**仕事**をする能力のことで，物質の運動に変換することが可能なものである．生物の行う仕事には，筋肉の収縮や細胞内の化学反応，能動輸送，浸透圧をつくることなど，さまざまな活動が含まれる．そのエネルギーの源をたどれば，ほとんどが太陽光に由来する．植物や一部の原核生物が行う光合成によって，糖などの有機化合物が合成される．このとき，光のエネルギーが化学エネルギーに変換される．動物は，有機化合物を食物から摂取し，化学エネルギーを運動エネルギーなどに変換して利用する．

熱 heat

このように，エネルギーは別の形態に変えられる．**熱**もエネルギーの形態の一つであり，分子の運動エネルギーに由来する．エネルギーとその作用や変換を扱う学問分野を**熱力学**という．熱力学では，個々の分子のレベルではなく，莫大な数の分子の集団について，温度や圧力など巨視的な関数を扱う．熱力学の威力の一つは，ある生化学反応が自発的に起こるかどうかの判断ができることである．

熱力学 thermodynamics

1・1・3 熱力学第一法則

系と外界から構成される宇宙を考える．**系**とは興味の対象のことで，ある生物個体の全体でもよいし，細胞一つでもよいし，試験管の中で起こる反応でもよい．系の外側を**外界**という．系は，外界との関係によって開放系，閉鎖系，孤立系の三つに分類される．

系 system

外 界 surroundings

① **開放系**は，物質とエネルギーの両方を外界とやりとりできる
② **閉鎖系**は，エネルギーだけ外界とやりとりできる
③ **孤立系**は，物質もエネルギーも，どちらもやりとりできない

開放系 open system
閉鎖系 closed system
孤立系 isolated system

熱力学第一法則によれば，孤立系におけるエネルギーの総和は一定で，エネルギーを創造することも消滅させることもできない．開放系や閉鎖系における変化も，外界と合わせた宇宙全体を考えれば，エネルギーの移動やエネルギーの形態変換が起こるだけである．熱力学第一法則は，いわばエネルギー保存の法則である．

熱力学第一法則
First Law of thermodynamics

1・1・4 熱力学第二法則

a. 自発的変化の方向性　外界から熱や仕事を与えられることがない場合に自然に起こる変化を**自発的変化**という．自発的変化には決まった方向性がある．われわれが日常に経験する例として，温度の異なる二つの物体AとBが接している系を考える（図1・1）．それらの周りは不透過性の断熱材で囲まれており，外界とは熱も物質もやりとりはできないが，AとBとの間では熱のやりとりだけができるとする．このとき，AとBは合わせて孤立系を構成している．Aの温度がBの温度より高いとき，AからBに熱が移動することは自然であり，誰もが経験上認めるだろう．逆にBからAに熱が移動し，Aの温度がどんどん高くなる一方でBはどんどん冷たくなるということは，けっして起こらない．どちらに熱が移動しても，系全体のエネルギーは保存されるから，熱力学第一法則には反しない．この一方向的な現象は自発的変化に方向性があることを示唆しているが，それを熱力学第一法則では説明することができない．熱力学第二法則は，エントロピーと関連させてこれを説明する．

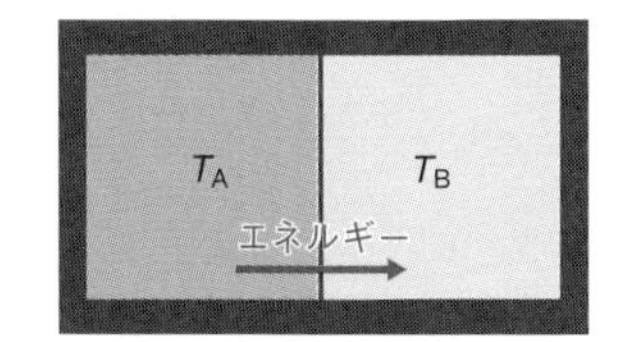

図1・1 不可逆過程である熱の移動　物体A（温度T_A）から物体B（温度T_B）にエネルギーが乱雑に分散する過程を示す（$T_A > T_B$）．

b. エントロピー　**エントロピー S** は，分子やエネルギーの乱雑さ，分散の度合いを表す関数である．乱雑な状態ほどエントロピーは大きく，秩序だっている状態ほどエントロピーは小さい．**熱力学第二法則**によれば，**孤立系**のエントロピーは不変または増大するが，減少することはない．エネルギーは分散する（乱雑さが増大する）傾向があり，局在化する（秩序を生じる）ことは自発的には起こらない．上記の物体間の熱移動の例では，温度の高いAがさらに熱くなりBが冷えることは起こらないし，Aを構成する分子や原子がBを構成する分子や原子より激しく運動している状態，すなわちエネルギーが偏った状態を保つこともない．両者の構成物質が偏りなく同じ程度の運動エネルギーになろうとする*分散状態に向

エントロピー entropy

熱力学第二法則
Second Law of thermodynamics

＊ $T_A > T_B$ の状態から $T_A = T_B$ の状態になろうとする．

かって変化するのである．このように，自発的な過程でエントロピーは増大する．系全体のエントロピーが最大となると，エントロピーは減少には向かわないのでエントロピー変化が 0 になり，それ以後，系は平衡状態となる．自然に起こることは，平衡状態に向かうことである．エネルギーは保存されるが，エントロピーは保存されなくてもよいのであり，むしろ増大するほうが自然なのである．

ギブズエネルギー Gibbs energy（ギブズの自由エネルギーともよばれる）

c.　ギブズエネルギー　次に熱力学第二法則を定量的に扱うことを考える．系と外界を合わせた宇宙を孤立系と考えれば，熱力学第二法則を式で表すと，

$$\Delta S_{宇宙} = \Delta S_{系} + \Delta S_{外界} \geqq 0 \qquad (1 \cdot 1)$$

エンタルピー enthalpy

となる．一定圧力下での熱のやりとりは，**エンタルピー** H という関数を用いて表すことができる．系が受取る熱が ΔH なら，外界のエンタルピー変化は正負の符号を逆にした $-\Delta H$ である．エントロピー変化は温度に依存し，低い温度の外界に熱を与えたときのほうが，高い温度の外界（温度が高いほうが元々のエントロピーが大きい）に熱を与えたときよりもエントロピー変化は大きい．生体反応は一定温度で行われることが多く，その絶対温度を T とすると，

$$\Delta S_{外界} = -\frac{\Delta H}{T} \qquad (1 \cdot 2)$$

と表せる*．これを（1・1)式に代入すると，

$$\Delta S_{宇宙} = \Delta S_{系} - \frac{\Delta H}{T} \geqq 0 \qquad (1 \cdot 3)$$

となり，さらに変形すれば，

$$-T\Delta S_{宇宙} = \Delta H - T\Delta S_{系} \leqq 0 \qquad (1 \cdot 4)$$

である．ここで，**ギブズエネルギー** $G = H - TS$ を定義すれば，孤立系において，一定圧力・一定温度なら同じ式（$\Delta G = -T\Delta S_{宇宙} = \Delta H - T\Delta S_{系} \leqq 0$）が得られ，ギブズエネルギーが熱力学第二法則を表す便利な関数であることがわかる．$\Delta G = 0$ のとき，それは平衡状態である．$\Delta G > 0$ のときは非自発的反応で，その逆の $\Delta G < 0$ の反応が自発的反応である．

* 温度が低い（T が小さい）ほうが $\Delta S_{外界}$ の絶対値が大きい．

d.　発エルゴン反応と吸エルゴン反応　ギブズエネルギー変化（ΔG）は，エンタルピーの項（ΔH）と，温度を考慮したエントロピーの項（$T\Delta S$）に分けて考えることができる．たとえば，ヒトは炭水化物などの糖質を酸化（燃焼）してエネルギーを取出し，それを用いて生命活動を維持している．この燃焼反応では CO_2 と H_2O を生じる．この反応は熱を放出する（反応系はエンタルピーを失う）ことが知られており，$\Delta H < 0$ である．したがって，エンタルピーの面からは $\Delta G < 0$ となりやすい．また，糖質分子の秩序のある分子構造が二つの低分子，CO_2 と H_2O に分解するので，この反応は乱雑さを増大し，$\Delta S > 0$ である．したがって，エントロピーの面からも $\Delta G < 0$ となりやすい．両者を合わせて考えれば，糖の燃焼反応は，温度によらず必ず自発的な反応（$\Delta G < 0$）であることがわかる．逆に CO_2 と H_2O を混ぜておいて糖が生じるという反応（$\Delta H > 0$，$\Delta S < 0$ なので $\Delta G > 0$）は，自発的にはけっして起こらない．$\Delta H > 0$ かつ $\Delta S > 0$，または $\Delta H < 0$ かつ $\Delta S < 0$ のような反応は，温度しだいでは $\Delta G < 0$ となり，自発的に起こる場合がある．反応の自発性（ΔG の符号）は，このように ΔH と ΔS の項のバランスが決め手になる．しかし，つねに ΔH と ΔS の二つの変化量を扱うのは煩わしい．この煩わしさを軽減す

るのがΔGである．$\Delta G<0$となる過程を**発エルゴン反応**，$\Delta G>0$となる過程を**吸エルゴン反応**という．ただし，糖と酸素を混ぜておいても，ただちにCO_2とH_2Oに分解することはない．われわれが日常生活を営む条件では，この反応はきわめて遅い反応だからである．すぐには反応せず，必要に応じて反応を制御できることは生物にとっては都合がよい．生体内では，酵素による触媒反応により多段階にわたって少しずつ糖の分解が起こることは，13 章で明らかになる．また，反応速度の大小については反応機構を考えなければならない．ΔGは反応の前後でのエネルギー差を表すだけであり，その途中過程である反応機構を考慮しないため，反応速度に関しては何の判断もできない（9 章と関連）．

発エルゴン反応 exergonic reaction

吸エルゴン反応 endergonic reaction

1・2　熱力学からみた細胞，生きている状態

1・2・1　生命活動も熱力学の法則に従う

熱は，必ず温度の高い側から低い側に移動する．しかし，エネルギーを投入することにより逆の熱移動も起こせることは，冷蔵庫やエアコンを見ればわかるだろう．生きている細胞は，秩序を保っている．それには，熱力学的に不利な非自発的な反応をエネルギーの投入により進行させるしくみが必要である．

上で述べた$\Delta S_{宇宙}=\Delta S_{系}+\Delta S_{外界}\geqq 0$の式が意味することの一つは，系のエントロピー変化と外界のエントロピー変化を合計したものが正であれば，自発的に起こることである．したがって，系のエントロピー変化がたとえ負であっても，すなわち，秩序正しくなる変化が起こっても，それを上回るほど十分に外界のエントロピー変化が大きくなれば，その系における反応は自発的に起こりうる．生体はバラバラだった小分子から大きな分子をつくり，それらを集めて細胞や組織・臓器といった秩序を構築するので，一見すると熱力学の法則に反するように見えるかもしれないが，その負のエントロピー変化を上回る大きな正のエントロピー変化が同時に外界で起こっている．生命活動も厳密に熱力学の法則に従うのであって，生物だけが熱力学に反する特別な存在であるわけではない．

1・2・2　生きている状態とは

細胞や生物個体は，エネルギー源となる栄養分を取込み，老廃物を排泄し，仕事をし，体外と熱のやりとりをするので，**開放系**である．物質やエネルギーをやりとりできない孤立系では，上で述べたようにいつかは平衡状態になるが，生物が平衡状態に陥れば，それは生命活動のない死んだ状態である．われわれヒトは，生きている限り，食物を食べて体の構成成分を生合成し，不要なものを排出し続けて秩序だった恒常性を保っている．無秩序の**平衡状態**に向かおうとする自然界において，生物は絶えずエネルギーを取込んで吸エルゴン反応を駆動し，秩序を保つ，いわゆる非平衡の**定常状態**を保っているのであって，生きている限り平衡状態にはならない．定常状態では物質の流入量はほぼ一定で，各中間体は合成と分解の速さがつり合って一定濃度を保つ．定常状態からずれれば，元の定常状態に戻ろうとする．生命活動を維持するためには非平衡の過程が必要であり，取込んだエネルギーを効率

平衡状態 equilibrium state

定常状態 stationary state

よく仕事に変換するには，平衡から遠い定常状態にあることが有効である．生物はそのようなしくみを数十億年という長い年月をかけて進化させてきた．

1・3 生命の起源と化学進化

化学進化 chemical evolution

地球が誕生したのは46億年前，そして生命はおおよそ40億年前に誕生したといわれている．生命がどのようにして生じたかは正確にはわからないが，実験や現存生物のしくみからある程度の手がかりは得られている．生命が誕生する前に起こった，地球上あるいは宇宙空間での有機物の合成過程を**化学進化**という．これは，生命の進化以前の，化学物質としての進化である．いうまでもなく，化学進化は熱力学の法則に従って進んだはずである．

1・3・1 化学進化

1953年，S. L. Millerは，初期地球大気の組成と当時考えられていた気体（メタン，アンモニア，水素，水蒸気）中で放電を1週間続けた．その結果，容器の底にタール状のものがたまった．それを加水分解したところ，いくつかの**アミノ酸**や**有機酸**が含まれていた．このとき初めて，タンパク質の構成成分であるアミノ酸を非生物的に合成できることが明らかとなった．化学進化が起こった頃の初期地球の環境（温度，大気組成，大気圧，pH，酸素濃度など）は十分な精度で明らかになっていないが，さまざまな条件で生体材料が合成されることが示されつつある．そのなかには**核酸塩基**や**長鎖脂肪酸**も含まれる．原始大気中でのエネルギー供給源は，雷の放電，火山の熱，太陽からの紫外線や陽子線，電子線，宇宙空間からくる放射線，隕石衝突のエネルギーなどが考えられる．地球上で有機物が蓄積した別の機構として，宇宙空間で合成された有機物が地球にもたらされた可能性もある．隕石や彗星にも多くの有機物質が見いだされている．

単量体 monomer
重　合 polymerization
相補性 complementarity

有機化合物は**炭素**を骨格とする物質である．生物を構成する元素は比較的少なく，安定な共有結合をつくる元素（C，H，O，N，P，S）が水を除いた生体乾燥重量の92%を占める．このうち，炭素原子が62%程度と最も多い．炭素が用いられることになった利点は，安定な共有結合をつくることに加え，C−C結合はほとんど無限につながるため，きわめて多様な有機分子をつくることができることにある．

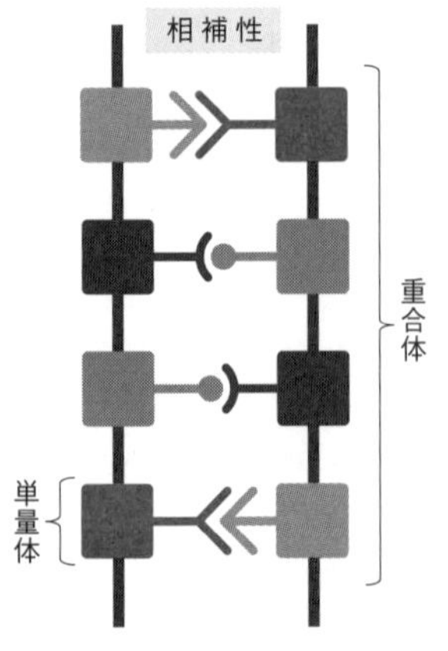

図1・2 相補性による自己複製 相補性をもつ単量体が重合してコピーをつくる．

1・3・2 生命の誕生

生物のもつ本質的な性質に，細胞からなること，そして自身と同等な子孫をつくることがある．

化学進化で合成された有機物質がある程度の濃度含まれる溶液は原始スープとよばれ，そこから生命が誕生したと思われる．その過程には不明な点が多いが，いくつかの重要な出来事があったと考えられる．一つは**自己複製**できる分子（自身をコピーできる分子）の誕生である．そのために必要な性質は，単位となる分子（**単量体**）が複数種類あり，それらが連なること（**重合**），および異なる単量体の間に構造上の**相補性**があることである（図1・2）．

二つ目は**膜構造**の出現である．現在の生物細胞はすべて，脂質膜で囲まれたリポソーム（脂質二重層でできた球状構造）でできている．このように仕切りが形成されることによって，自己と非自己の区別も生じる．初期生命の仕切りがどのような物質であったかはよくわかっていないが，隕石に含まれる長鎖脂肪酸が使われたのかもしれない．現在の生物がもつ脂質膜は透過性が低いが，初期の生命は，環境中の素材分子を取込む程度の比較的透過性の高い膜構造だったと思われる．その膜構造に囲まれた中で，自己複製するような物質が優先的に増殖し，生命が始まったのかもしれない．これを初期の細胞とよんでもよいかもしれない．

1・3・3　初期細胞の進化

ダーウィン型進化（自然選択による進化）では，ある個体（細胞膜のような仕切りをもった単位）が多くの子孫を残し，それらの子孫に遺伝的な差がある場合，そのなかの最適者が生存することによって自然選択が行われる．これを繰返すことによって，淘汰を受けなかった変異が定着・蓄積し，進化する．このような進化は，生物個体，組織，細胞だけでなく，分子のレベルでも起こりうる．選択が行われるためには，機能をもった物質がつくられ，その機能を指標にして行われなければならないから，生命の起源を考えるうえで，遺伝情報の複製だけでなく，特定の機能をもつことが重要だったはずである．細胞は自身を複製するために初めは環境中の素材分子を取込んでいたが，やがて素材が枯渇すると取合いが起こる．そこで，素材を合成できるようになった細胞が有利になり，生存競争に打ち勝った．

いくつかの物質が，自己複製する物質として用いられた可能性はあるが，やがて**RNA**が優先的に用いられるようになったと考えられている．RNAをゲノムとしてもつウイルスがいることからもわかるように，RNAは遺伝物質として十分に機能する．RNAもタンパク質と同様に立体構造をとり，触媒活性をもつことが発見され，人工的な実験によってさまざまな触媒活性をもつRNAがつくり出された（触媒能をもつRNAを**リボザイム**という）．これらのことは，生命の初期進化においてRNAが遺伝物質と触媒の両方の役割を担っていた可能性を示し，**RNAワールド仮説**とよばれる．この仮説を支持する現象が現存する生物にみられる．たとえば，mRNAに写された遺伝情報をアミノ酸配列へ翻訳する際にリボソームが用いられるが，その構成成分の2/3がRNAであり，かつ，その触媒活性に中心的な役割を果たすのは，リボソームを構成するRNA成分にある．リボソームを構成するタンパク質部分は，触媒活性を増強するために後から加わったと考えられる．したがってこれは一種のリボザイムであり，RNAワールド仮説を仮定しなければ，ペプチド結合の形成反応が生物的に発生したことを考えにくい．

RNA: ribonucleic acid，リボ核酸

リボザイム ribozyme

RNAワールド仮説 RNA world hypothesis

現在の生物は，遺伝物質として**DNA**を用いているが，その進化の理由はDNAはRNAよりも安定性が高く，遺伝情報をより安定に維持できるためと思われる．一方，触媒活性としてアミノ酸を重合するものが現れ，短いペプチドやタンパク質が触媒として，または多様な構造物として用いられるようになったと考えられる．現存する生物がもつ遺伝のしくみや生化学反応における共通性を考慮すると，地球上の生命は全生物の共通祖先から派生・進化してきたと考えられる．

DNA: deoxyribonucleic acid，デオキシリボ核酸

つづく2章からは，現在の生物に共通してみられる生体物質の構造と性質，代謝，そして細胞が定常状態を維持するために代謝を制御するしくみについて見ていこう．忘れてはならないことは，それらはすべて熱力学の法則の上に成り立っていることである．

■ 章末問題

1・1　熱力学第一法則と熱力学第二法則について説明しなさい．

1・2　生命体は定常状態にあり，平衡状態にないことを説明しなさい．

1・3　化学進化から全生物共通祖先が誕生するまでの概略を説明しなさい．

ヌクレオチドと核酸 2

概要 **RNA** (ribonucleic acid，リボ核酸）と **DNA** (deoxyribonucleic acid，デオキシリボ核酸）を合わせて**核酸**とよぶ．核酸は，① 5 種の核酸塩基（アデニン，グアニン，シトシン，ウラシル，チミン），② 2 種のペントース（RNA ではリボース，DNA ではデオキシリボース）と，③ リン酸が結合した**ヌクレオチド**が連なった鎖でできている．DNA は，通常 2 本のポリヌクレオチド鎖が塩基どうしの水素結合により対合（塩基対という）して二重らせん構造をとり，遺伝物質の本体として機能する．一方，RNA は 1 本のポリヌクレオチド鎖から成るが，分子内で塩基対を形成することにより，部分的に二本鎖構造をとることもある．RNA は DNA を鋳型として合成（転写という）され，タンパク質合成（翻訳）においてアミノ酸配列を指定する mRNA やアミノ酸を運ぶ tRNA など，さまざまな役割のものがある．

行動目標

1. 核酸に含まれる 5 種の塩基の名称と構造を説明できる．
2. 4 種のリボヌクレオチドと 4 種のデオキシリボヌクレオチドの名称と構造を示すことができる．
3. 核酸の基本構造を説明できる．
4. 核酸の機能について説明できる．

2・1 核酸の構成要素

核酸は，核酸塩基，ペントース（五炭糖）とリン酸から構成されている．

核 酸 nucleic acid

2・1・1 核 酸 塩 基

核酸塩基は，芳香族複素環化合物の**プリン**または**ピリミジン**（図 2・1）の誘導体で，平面的な構造をもつ．基本となるものは 5 種類存在し（図 2・2），RNA では**アデニン**，**グアニン**，**シトシン**，**ウラシル**が使われ，DNA ではウラシルの代わりに**チミン**が使われる．

各塩基には二つの互変異性体があり平衡状態にあるが，平衡は図 2・3 に示す左

塩 基 base
プリン purine
ピリミジン pyrimidine
アデニン adenine
グアニン guanine
シトシン cytosine
ウラシル uracil
チミン thymine

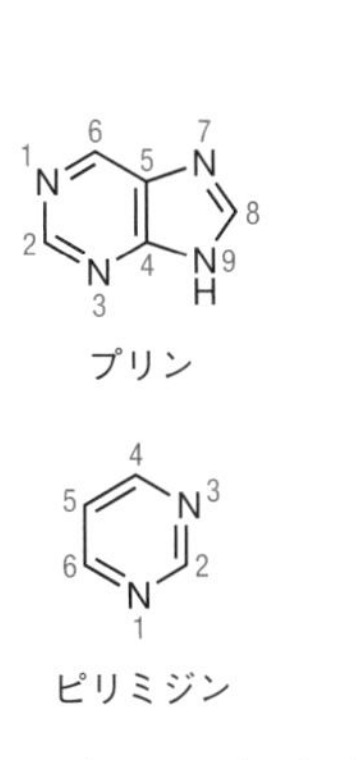

図 2・1 プリンとピリミジンの構造

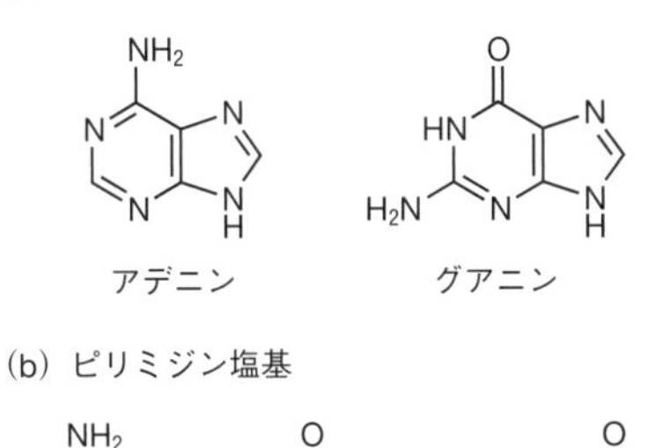

図 2・2 核酸塩基の構造

側の構造に偏っており，プリン環やピリミジン環に結合した窒素原子はアミノ形を，酸素原子はケト形をおもにとる．

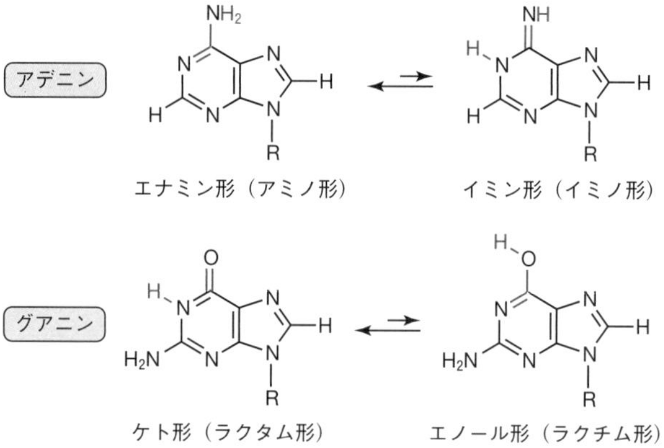

アデニン

エナミン形（アミノ形）　⇄　イミン形（イミノ形）

グアニン

ケト形（ラクタム形）　⇄　エノール形（ラクチム形）

図 2・3　塩基の互変異性体

ペントース pentose

リボース ribose

デオキシリボース deoxyribose

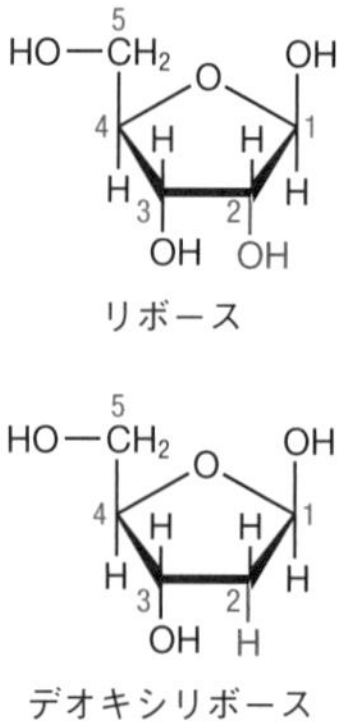

リボース

デオキシリボース

図 2・4　リボースとデオキシリボースの構造

2・1・2　ペントース

核酸を構成する糖は**ペントース**であり，RNA では**リボース**（正確には β-D-リボース），DNA では**デオキシリボース**（β-D-2-デオキシリボース）が使われている（図 2・4）．両者の違いは，2 位の炭素にヒドロキシ基（−OH）が付いているか，水素原子が付いているかである．後者は，リボースの酸素原子が除かれているので，デオキシ（酸素が除かれた）リボースとよばれる．ペントースの炭素には図 2・4 のように番号が付けられているが，核酸塩基を構成する炭素と区別するために，ヌクレオシドやヌクレオチド中の糖の炭素を表す番号には ′(プライム記号) を付ける決まりになっている（図 2・5）．

2・2　ヌクレオシドとヌクレオチド

核酸塩基とペントースが結合したものを**ヌクレオシド**といい，ヌクレオシドにリン酸が結合したものを**ヌクレオチド**という．

2・2・1　ヌクレオシド

ヌクレオシド nucleoside

プリン塩基の 9 位の N 原子あるいはピリミジン塩基の 1 位の N 原子が糖の 1 位の C 原子と結合（塩基の水素と糖のヒドロキシ基の脱水反応）したものを**ヌクレ**

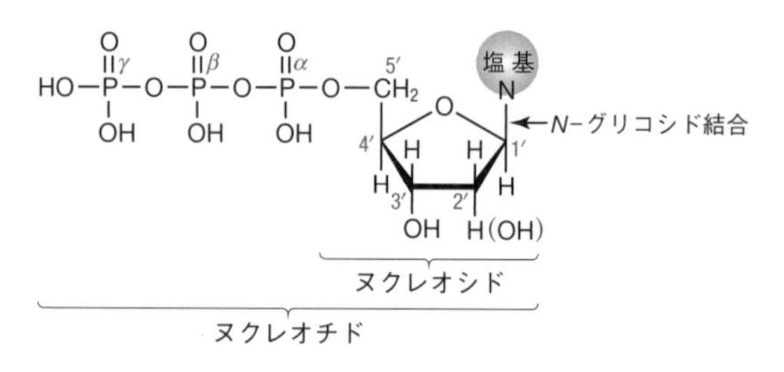

図 2・5　ヌクレオシドとヌクレオチド

オシド（図 2・5）という．この塩基と糖の結合を ***N*-グリコシド結合**とよぶ．なお，糖がリボースの場合は**リボヌクレオシド**，糖がデオキシリボースの場合は**デオキシリボヌクレオシド**とよぶ．

グリコシド結合 glycosidic bond

2・2・2 ヌクレオチド

ヌクレオシドの糖にリン酸基が 1 個以上結合したものを**ヌクレオチド**（図 2・5）という．リン酸基が 5′ 位に複数連なって付く場合には，それぞれのリン原子を 5′ 炭素に近いほうから α，β，γ 位のリンとよぶ．

ヌクレオチド nucleotide

表 2・1 に各ヌクレオシドとヌクレオチドの名称と略号をまとめた．なお，アデニン，グアニン，シトシン，ウラシルのデオキシリボヌクレオシ(チ)ドは，頭にデオキシ（略号では d）を付けてよぶ．また，チミンは通常デオキシヌクレオシ(チ)ド体のみなので，頭のデオキシは除くのが普通である（略号には d を必ず付ける）．

また，すべての塩基などを総称して表す場合は N，プリン塩基（アデニン，グアニン）は R，ピリミジン塩基（シトシン，ウラシル，チミン）は Y を略号として使用する．たとえば NTP は通常 ATP，GTP，CTP，UTP のすべてを表し，dNTP は dATP，dGTP，dCTP，dTTP を表す．

表 2・1 ヌクレオシド，ヌクレオチドの名称と略号

塩　基	ヌクレオシド†	ヌクレオチド†		
アデニン A，Ade	アデノシン A，Ado	アデニル酸 アデノシン一リン酸 AMP	アデノシン二リン酸 ADP	アデノシン三リン酸 ATP
グアニン G，Gua	グアノシン G，Guo	グアニル酸 グアノシン一リン酸 GMP	グアノシン二リン酸 GDP	グアノシン三リン酸 GTP
シトシン C，Cyt	シチジン C，Cyd	シチジル酸 シチジン一リン酸 CMP	シチジン二リン酸 CDP	シチジン三リン酸 CTP
ウラシル U，Ura	ウリジン U，Urd	ウリジル酸 ウリジン一リン酸 UMP	ウリジン二リン酸 UDP	ウリジン三リン酸 UTP
チミン T，Thy	チミジン dT，dThd	チミジル酸 チミジン一リン酸 dTMP	チミジン二リン酸 dTDP	チミジン三リン酸 dTTP

† A,G,C,U についてはリボース体の，T についてはデオキシリボース体の名称と略号を示した．

ヌクレオチドは核酸の構成成分として使われるだけでなく，ATP のようにエネルギーの貯蔵に使われたり，種々の代謝経路に関係したり，シグナル伝達物質としても利用される．

2・3 核酸の基本構造

核酸は，ヌクレオチド（ヌクレオシド一リン酸）が基本単位となり，それが連なった構造をしている．

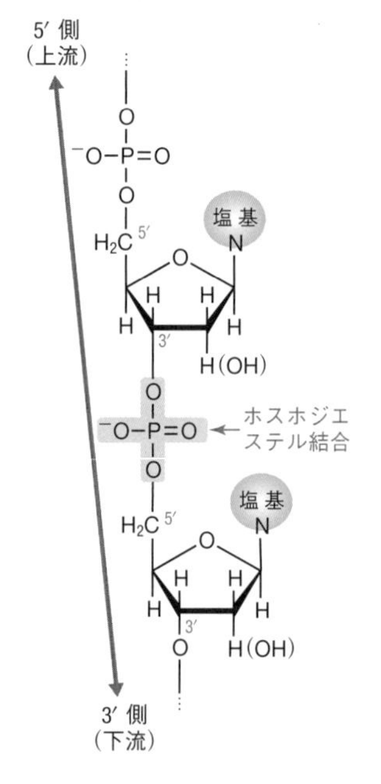

図 2・6　ポリヌクレオチド鎖の構造

ホスホジエステル結合
phophodiester bond

2・3・1　ポリヌクレオチド

ヌクレオチドの 3′-OH 基と次のヌクレオチドの 5′-リン酸基がホスホエステル結合を形成し，これが繰返されることで次々とヌクレオチドが連結した鎖構造（ポリヌクレオチド鎖）をとっている（図 2・6）．一つのリン酸基が二つの糖と結合した状態を**ホスホジエステル結合**とよぶ．このように核酸の基本構造は，リン酸，糖，リン酸，糖，リン酸，糖…という直鎖構造が骨格（主鎖）として存在し，それぞれの糖には ***N*-グリコシド結合**でいずれかの塩基が結合している．この骨格には**方向性**があり，個々の糖の 5′ 炭素と 3′ 炭素がある側を，それぞれ 5′ 方向，3′ 方向という．また，それぞれの末端を 5′ 末端，3′ 末端とよぶ．DNA 合成（複製）や RNA 合成（転写）は，つねに 5′→3′ の方向に進行する．DNA の一方の鎖の塩基配列や RNA の塩基配列を表す場合は，5′ 側から 3′ 側に書く．また二本鎖 DNA の場合は，上段の配列は左から 5′→3′，下段の配列は 3′→5′ の向きに書く（図 2・7）．5′ 末端に付いているリン酸基の数が重要な場合には，たとえば 3 個付いていれば pppAUCG…のように書く．通常，3′ 末端にリン酸基が付くことはない．

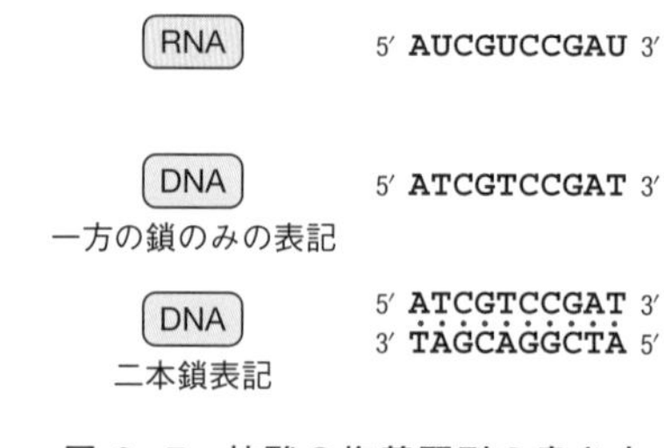

図 2・7　核酸の塩基配列の書き方
5′ と 3′ は表記しない場合が多い．

2・3・2　DNA の構造

DNA の立体構造は，James Watson と Francis Crick により提唱され，その後の研究で細かい修正はなされたが，全体的には正しいことがわかっている．ワトソン・クリックのモデル（図 2・8）のおもな点は，次のとおりである．

二重らせん構造
double helix structure

① 2 本のポリヌクレオチド鎖が一つの共通軸の周りに**右巻き**に巻きついた**二重らせん構造**をとっている．

② 2 本の鎖の方向は，たがいに逆向きである．

塩基対 base pair

③ 各塩基は，主鎖が形成するらせんの内側を向き，もう一方の鎖の塩基と水素結合で結びついて平らな**塩基対**を形成している．なお，塩基対は A と T の間（水素結合 2 個）か，G と C の間（水素結合 3 個）に限られており，この相補的な塩基対を**ワトソン・クリック塩基対**（図 2・9）という．

各塩基対はほぼ平面をなしており，これがらせん軸に対してほぼ垂直に積み重なっている．そして，積み重なった塩基対のあいだは非常に狭く，通常は他の分子が入り込む余地はない．また，二重らせんの表面には二つの溝があり，幅の広い溝を**主溝**，幅の狭い溝を**副溝**とよぶ（図 2・8，図 2・9）．A と T，G と C は相補的塩基対を形成することから，DNA の一方の鎖の塩基が決まれば，他方の鎖の塩基も

主　溝 major groove
副　溝 minor groove

決まってくる．このことは，一方の鎖を鋳型として他方の鎖を合成することができることを示しており，遺伝情報が複製される分子的な基盤となっている．

結晶構造から得られたDNAのらせんの直径は約20Å（2nm）で，10塩基対でらせんが1周し，そのピッチは約34Å（3.4nm）である．しかしながら，溶液中のDNAでは1回転が平均10.5塩基対であり，構造の細部に違いが現れる．この違いは，どんな塩基対の並び（配列）になっているかによる．さらに配列によっては左巻きの構造をとる場合もある．

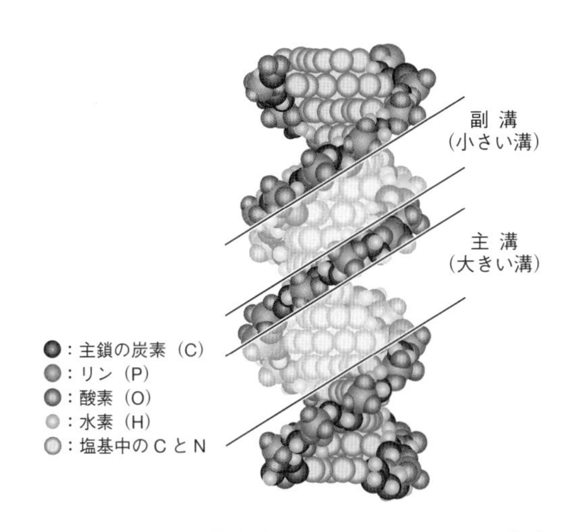

図 2・8　**DNA**の構造（ワトソン・クリックのモデル）

主溝と副溝には各塩基対の端が姿をのぞかせており，水素結合の供与基，受容基，疎水性相互作用に関わる部位が特有の順序で配置されるので，溝の外側から塩基対の種類を識別することができる（図2・9）．主溝からは，AT対，TA対，GC対，CG対を見分けることができる．副溝からはAとTの塩基対かGとCの塩基対かは見分けられるが，AT対とTA対，GC対とCG対を見分けることはできな

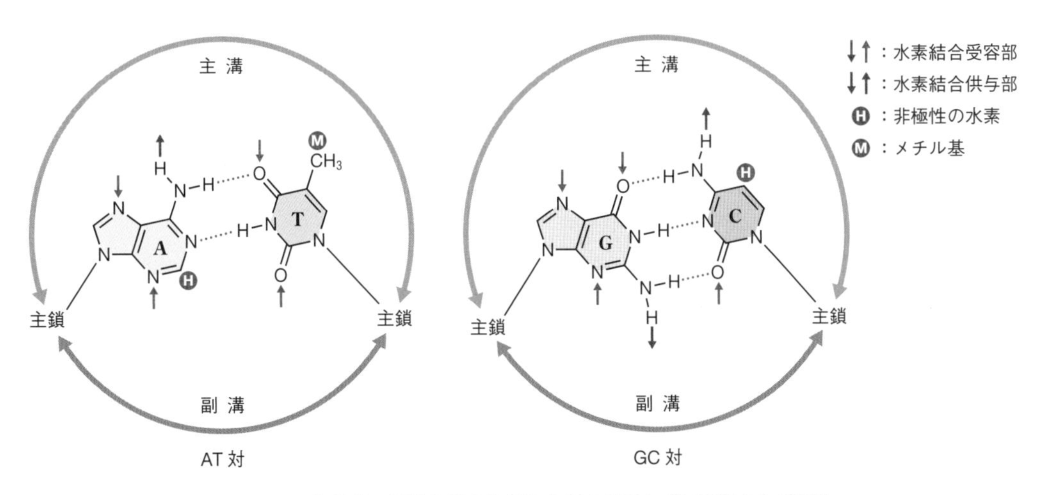

図 2・9　ワトソン・クリック塩基対の構造と溝の外側から別の分子などに認識される部位

い．DNAの特異的な塩基配列を認識して結合し転写などを制御するタンパク質が数多く知られているが，その多くは二重らせんを解離することなく，アミノ酸残基がDNAの主溝側から溝の底にある塩基対を識別して結合する．

DNAは，通常は二本鎖であるが，変性により一本鎖となることもある．また，一本鎖DNAを遺伝物質としているウイルスも存在する．

2・3・3　RNAの構造

RNAの構造はDNAと異なり，通常一本鎖ポリヌクレオチドとして存在する．しかし，部分的に二重らせんのような構造をとる（図2・10）．RNA鎖は頻繁に折り返して，短い相補的な塩基配列の間で塩基対を形成した領域をつくる．RNAにはワトソン・クリック塩基対（GとC，AとU）以外に，GU塩基対（グアニンのC6のカルボニル基とウラシルのN3の間，およびグアニンのN1とウラシルのC2のカルボニル基の間に水素結合）をつくることができる．また，mRNA以外のRNAには修飾塩基（ヌクレオシド）が含まれている場合が多く，それらも非ワトソン・クリック塩基対とよばれる塩基対を形成する．これら塩基対の形成によりRNA分子は単純な長い鎖ではなく，固有の立体構造をとる（図2・11）．

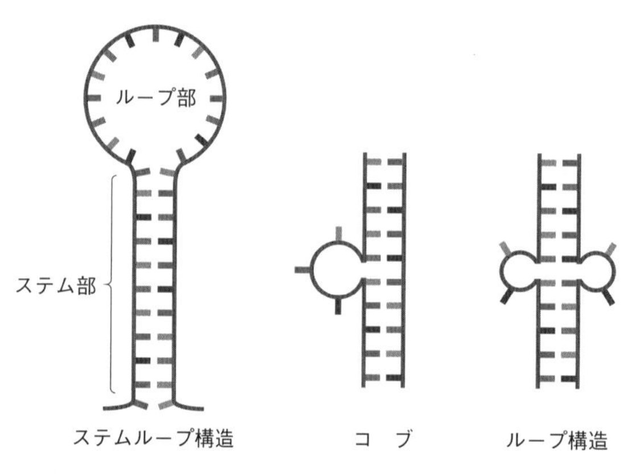

図2・10　**RNAの二重らせん**

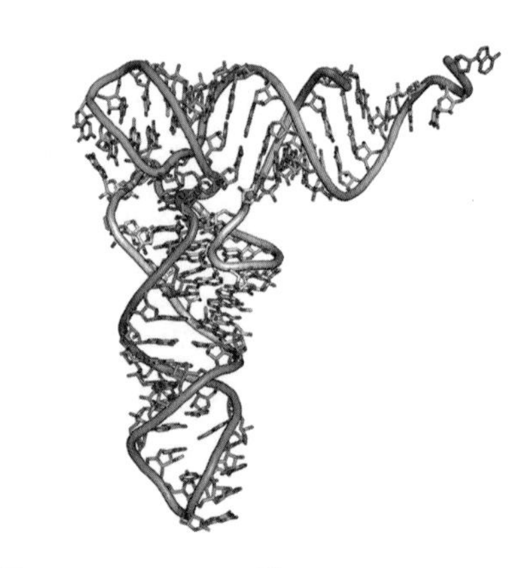

図2・11　**酵母tRNA^{Phe}の構造**［出典：©日本蛋白質構造データバンク(PDBj)，licensed under CC表示4.0国際，PDBID 6TNA］

2・4　核酸の機能

転写 transcription

翻訳 translation

セントラルドグマ central dogma

DNAは自己複製により，遺伝情報を伝える本体として機能する．DNAのもつ遺伝情報がmRNAに写し取られ（**転写**），mRNAの配列を元にtRNAが運んできたアミノ酸が順につながることでタンパク質が合成（**翻訳**）される．この遺伝情報の流れを分子生物学の**セントラルドグマ**という（図2・12）．

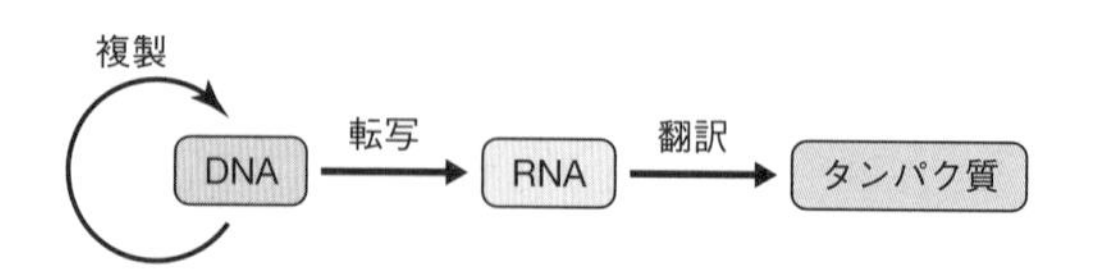

図2・12　セントラルドグマ

2・4・1 DNAの機能

DNAは，二本鎖の構造をとっていることで，自己複製により遺伝情報の担い手として機能することが容易である．細胞が分裂する際には，DNAが**レプリソーム**とよばれる複合体中の**DNAポリメラーゼ**によって**複製**される．このとき，DNA二本鎖は**ヘリカーゼ**により一本鎖にほどかれる．それぞれの一本鎖において，これを鋳型として相補的なヌクレオチドがDNAポリメラーゼにより連結されて娘鎖が合成される．これにより，まったく同じ二本鎖DNAが二つつくられる（図2・13）．この二つのDNAが分裂する際に娘細胞に分配される．これにより遺伝情報が正確に親細胞から娘細胞に受け継がれる．

レプリソーム replisome

DNAポリメラーゼ DNA polymerase

複製 replication

DNAヘリカーゼ DNA helicase

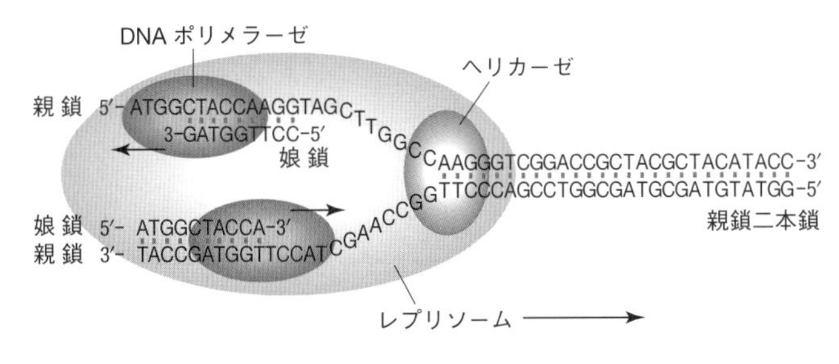

図2・13 **DNAの複製**

2・4・2 RNAの機能

代表的なRNAとして，**mRNA**（メッセンジャーRNA，伝令RNA），**tRNA**（トランスファーRNA，転移RNA），**rRNA**（リボソームRNA）があげられる．これらのRNAはDNAの片方の鎖を鋳型として相補的なヌクレオチドが**RNAポリメラーゼ**により連結されることにより合成される（図2・14）．

メッセンジャーRNA messenger RNA

トランスファーRNA transfer RNA

リボソームRNA ribosome RNA

RNAポリメラーゼ RNA polymerase

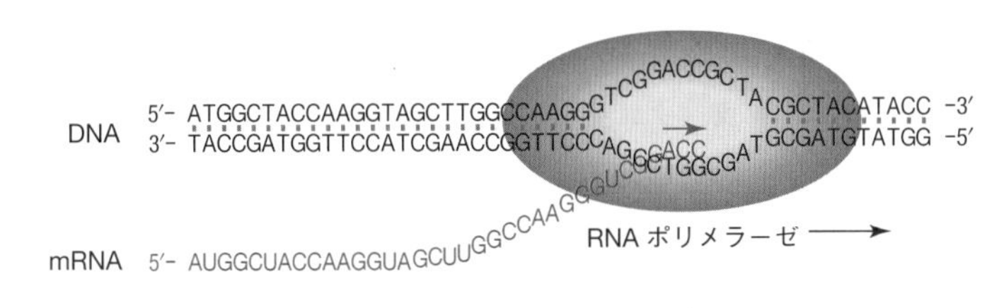

図2・14 **DNAからRNAへの転写**

DNAからmRNAに転写された塩基配列は，連なった三つの塩基配列（**コドン**）で区切られ，アミノ酸に翻訳される．これは，特定のアミノ酸を結合したtRNAの三つの塩基が対応するコドンに相補的に結合することによって行われる．コドンの順番に従ってアミノ酸が順次つながることで，タンパク質がつくられる（図2・15）．リボソームはmRNAとアミノ酸を結合したtRNAとの会合を助けるとともに，触媒作用により合成中のポリペプチドにアミノ酸残基を付加する．新たなアミノ酸がつながると前のtRNAは追い出され，リボソームはmRNA上を3塩基分3′側に移動する（図2・16）．なお，rRNAはリボソームの形をつくり上げるとともに触媒

コドン codon

作用を担っている（§1·3·3 を参照）.

上記三つの RNA 以外にも種々の RNA が細胞内には存在し，それぞれが特異的な機能をもっていることが知られている.

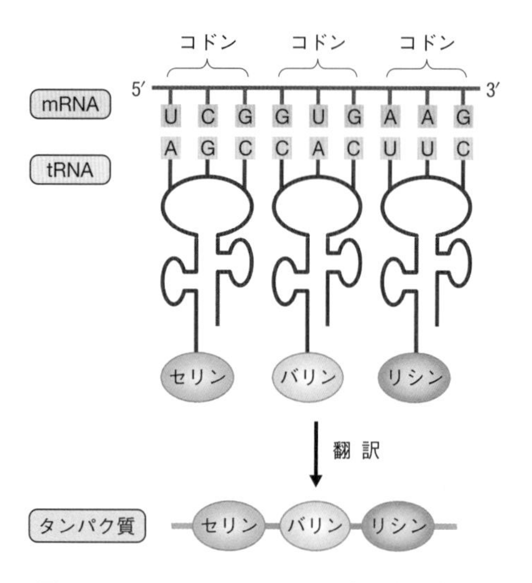

図 2・15　**mRNA のコドンがアミノ酸を決める**

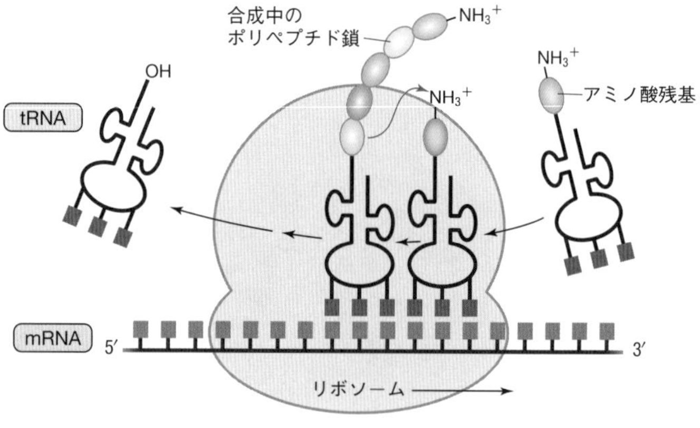

図 2・16　翻　訳

■ 章末問題

2・1　シトシンとチミンの互変異性体を書きなさい.

2・2　dGTP の構造式を書きなさい. なお，重要な構造の単位，結合を記入すること.

2・3　シグナル伝達物質として使われているヌクレオチドの例を一つ，調べて説明しなさい.

2・4　図 2・9 以外のワトソン・クリック塩基対（TA 対，CG 対）を書きなさい. 図 2・9 のように水素結合の供与部なども記入すること.

2・5　副溝側からよりも主溝側からのほうが，塩基対が何であるかを見分けやすい. その理由を説明しなさい.

2・6　RNA に含まれる修飾ヌクレオシドにはどのようなものがあるか調べて，その構造式（塩基部分だけでよい）も含めて書きなさい.

2・7　それぞれのコドンに対応するアミノ酸を調べて，次の mRNA の塩基配列をアミノ酸配列に翻訳しなさい（コドンは 1 番目の塩基から始まるものとする）.

AUGGCGUCACUCUUAGAUCGGAUCUUUCCGUGA

脂質の構造と性質　3

概要　**脂質**とは，水に不溶性の生体物質をさす．生物はさまざまな種類の脂質をもち，それらは性質や役割で分類できる．**極性脂質**は，細胞の生体膜を構築するうえで土台となる脂質二重層を形成する．**中性脂質**は，脂肪滴として炭素やエネルギーの貯蔵物質として細胞内に蓄えられる．ほかにも，**ステロイドホルモン**や**エイコサノイド**のように，情報伝達物質としてはたらき，その作用部位の遺伝子発現や代謝を調節する役割を果たすものもある．

行動目標

1. 脂肪酸の基本構造を説明し，C_{16}，C_{18}，C_{20} の脂肪酸を不飽和度に応じた名称でいうことができる．鎖長や不飽和度に応じて物理的性質がどのように変わるか説明できる．
2. グリセロリン脂質，グリセロ糖脂質，スフィンゴ脂質，およびステロールといった極性脂質，そしてトリアシルグリセロールやコレステロールエステルといった中性脂質に関して，基本的な構造，性質，役割を説明できる．
3. ステロイドホルモンとエイコサノイドについて，基本的な構造や役割を説明できる．

3・1 脂肪酸

脂肪酸は，炭化水素鎖の末端にカルボキシ基（−COOH）を一つもつカルボン酸であり，膜脂質や貯蔵脂質の構成成分になる．

脂肪酸 fatty acid

3・1・1 脂肪酸の化学構造

生体に存在する主要な脂肪酸を，表 3・1 に示す．脂肪酸は，炭化水素鎖が完全に還元された（水素で飽和した）**飽和脂肪酸**と，二重結合を含む**不飽和脂肪酸**に分けられる．脂肪酸の炭素骨格は，その鎖の炭素数（カルボキシ基の炭素を含む）と二重結合の数で表記することができる．たとえば，炭素数 16 の飽和脂肪酸であるパルミチン酸は 16:0，炭素数 18 で二重結合が二つあるリノール酸は 18:2 である．

表 3・1 生体内の脂肪酸

略式	一般名	系統名	化学構造	融点(°C)
飽和脂肪酸				
12:0	ラウリン酸	ドデカン酸	$CH_3(CH_2)_{10}COOH$	44〜46
14:0	ミリスチン酸	テトラデカン酸	$CH_3(CH_2)_{12}COOH$	54〜57
16:0	パルミチン酸	ヘキサデカン酸	$CH_3(CH_2)_{14}COOH$	62〜66
18:0	ステアリン酸	オクタデカン酸	$CH_3(CH_2)_{16}COOH$	68〜71
20:0	アラキジン酸	イコサン酸	$CH_3(CH_2)_{18}COOH$	75〜78
不飽和脂肪酸				
16:1(Δ^{9})	パルミトレイン酸	9-ヘキサデセン酸	$CH_3(CH_2)_5CH{=}CH(CH_2)_7COOH$	1
18:1(Δ^{9})	オレイン酸	9-オクタデセン酸	$CH_3(CH_2)_7CH{=}CH(CH_2)_7COOH$	13〜14
18:2($\Delta^{9,12}$)	リノール酸	9,12-オクタデカジエン酸	$CH_3(CH_2)_4(CH{=}CHCH_2)_2(CH_2)_6COOH$	−5
18:3($\Delta^{9,12,15}$)	α-リノレン酸	9,12,15-オクタデカトリエン酸	$CH_3CH_2(CH{=}CHCH_2)_3(CH_2)_6COOH$	−11
18:3($\Delta^{6,9,12}$)	γ-リノレン酸	6,9,12-オクタデカトリエン酸	$CH_3(CH_2)_4(CH{=}CHCH_2)_3(CH_2)_3COOH$	−12〜−11
20:4($\Delta^{5,8,11,14}$)	アラキドン酸	5,8,11,14-エイコサテトラエン酸	$CH_3(CH_2)_4(CH{=}CHCH_2)_4(CH_2)_2COOH$	−49
20:5($\Delta^{5,8,11,14,17}$)	エイコサペンタエン酸（EPA）	5,8,11,14,17-エイコサペンタエン酸	$CH_3CH_2(CH{=}CHCH_2)_5(CH_2)_2COOH$	−54〜−53
22:6($\Delta^{4,7,10,13,16,19}$)	ドコサヘキサエン酸（DHA）	4,7,10,13,16,19-ドコサヘキサエン酸	$CH_3CH_2(CH{=}CHCH_2)_6CH_2COOH$	−44

さらに不飽和脂肪酸では，二重結合をもつ炭素の位置をΔの右肩に表記する．この場合，カルボキシ基の炭素を1位として数える．たとえば，リノール酸は，9位と10位，および12位と13位の炭素間が二重結合なので，18:2 ($\Delta^{9,12}$) と表記する．

3・1・2 脂肪酸の物理的性質

飽和脂肪酸
saturated fatty acid

a. 飽和脂肪酸　飽和脂肪酸は直鎖状の分子構造が安定なため（図3・1a），凝集した集合体では立体障害が起こりにくく，分子が密に詰まって存在する（図3・1c）．この密な集合体中では分子間にファンデルワールス力がはたらく．このため，飽和脂肪酸の融点は高く，表3・1で示す分子種はいずれも常温（20 °C）では固体となる．ファンデルワールス力は，飽和脂肪酸の炭素鎖が長いほど強くなり，融点が高くなる．たとえば12:0，14:0，16:0では，この順で融点が高まる（表3・1）．

不飽和脂肪酸
unsaturated fatty acid

b. 不飽和脂肪酸　不飽和脂肪酸の二重結合はほとんどすべてがシス形なので，炭素鎖が二重結合の部位で折れ曲がった構造をとる（図3・1b）．このため，隣り合う分子が立体障害で近づきにくく，分子の詰まり方が疎となる（図3・1d）．つまり，ファンデルワールス力による分子間の結合力は小さく，そのため不飽和脂肪酸の融点は低い．表3・1で示した不飽和脂肪酸は，いずれも常温で液体である．不飽和脂肪酸は，二重結合の数が多いほど折れ曲りの度合いが強くなる（図3・1b）．したがって，同じ炭素鎖長であれば，二重結合の数が多いほど，分子間のファンデルワールス力は弱く，たとえば，18:1，18:2，α-18:3の融点は，この順で低くなる．

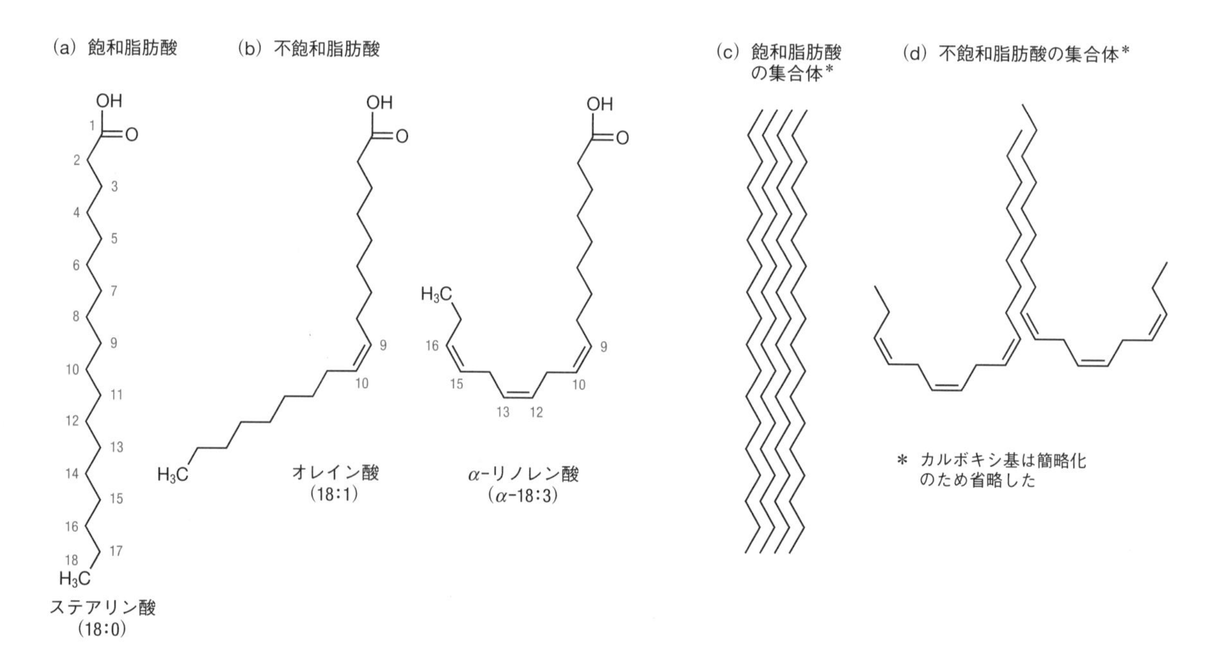

図3・1 飽和脂肪酸と不飽和脂肪酸　二重結合の有無が，脂肪酸の分子構造（a，b）やその集合体（c，d）に及ぼす影響．

3・2 脂　　質

脂質は，**極性脂質**と**中性脂質**に分けられる．極性脂質は，分子内に**疎水基**（親油基）と**極性基**（親水基）の両者をもつ**両親媒性**の化合物である．一方，中性脂質は分子全体で極性が低く疎水性を示す．

脂　質 lipid
極性脂質 polar lipid
中性脂質 neutral lipid
グリセロリン脂質 glycerophospholipid
グリセロ糖脂質 glyceroglycolipid

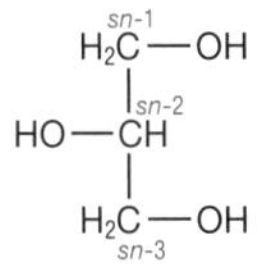

3・2・1 脂質の化学構造

ここでは，極性脂質として，グリセロリン脂質とグリセロ糖脂質，スフィンゴ脂質，コレステロールを，中性脂質としてトリアシルグリセロールとコレステロールエステルを見てみよう．

a. グリセロリン脂質とグリセロ糖脂質　グリセロ脂質は，**グリセロール**（図3・2）の骨格をもつ脂質の総称である．極性脂質としてはグリセロリン脂質とグリセロ糖脂質がある．いずれもグリセロール骨格の *sn*-1 位と *sn*-2 位のヒドロキシ基に脂肪酸がエステル結合しており，これにより，2 本のアシル基（図 3・3，灰色）を疎水性尾部とするジアシルグリセロール部分が形成される．なお，*sn*- は，グリセロール誘導体の立体配置を記述する際の立体特異的番号付けである．フィッ

sn-1 H_2C-OH
sn-2 $HO-CH$
sn-3 H_2C-OH

図 3・2　グリセロール

(a) グリセロリン脂質

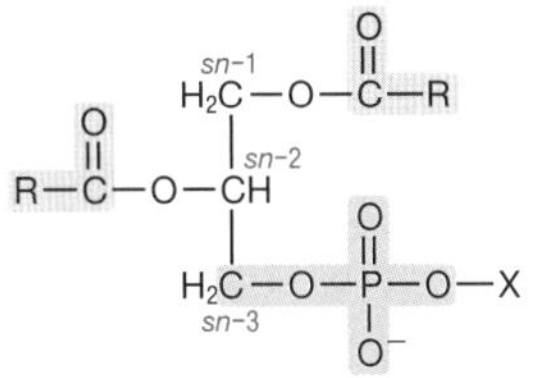

sn-1 $H_2C-O-C(=O)-R$
sn-2 $R-C(=O)-O-CH$
sn-3 $H_2C-O-P(=O)(O^-)-O-X$

脂質の名称	X の名称	X の構造式
ホスファチジン酸	—	$-H$
ホスファチジルエタノールアミン	エタノールアミン	$-CH_2-CH_2-\overset{+}{N}H_3$
ホスファチジルコリン	コリン	$-CH_2-CH_2-\overset{+}{N}(CH_3)_3$
ホスファチジルセリン	セリン	$-CH_2-CH(COO^-)-\overset{+}{N}H_3$
ホスファチジルグリセロール	グリセロール	$-CH_2-CH(OH)-CH_2-OH$
ホスファチジルイノシトール 4,5-ビスリン酸	*myo*-イノシトール 4,5-ビスリン酸	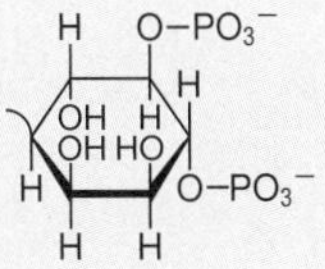 （イノシトール環：$O-PO_3^-$, $O-PO_3^-$, OH, HO, H）
カルジオリピン	ホスファチジルグリセロール	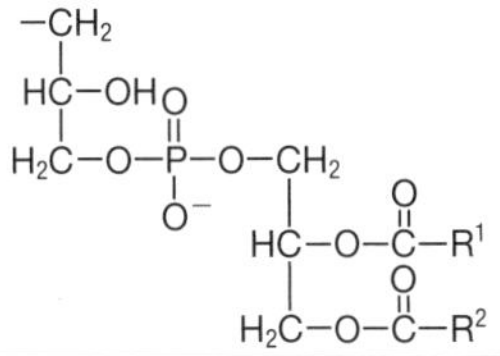 $-CH_2-CH(OH)-H_2C-O-P(=O)(O^-)-O-CH_2-CH(O-C(=O)-R^1)-H_2C-O-C(=O)-R^2$

(b) グリセロ糖脂質

sn-1 $H_2C-O-C(=O)-R$
sn-2 $R-C(=O)-O-CH$
sn-3 H_2C-O-Y

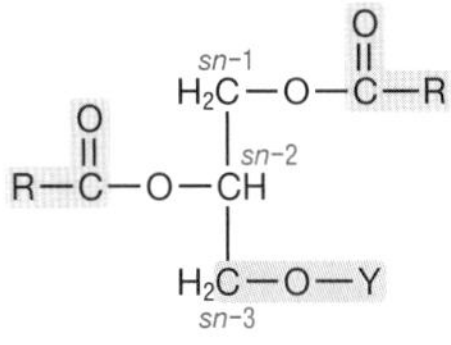

脂質の名称	Y の名称	Y の構造式
モノガラクトシルジアシルグリセロール	ガラクトース	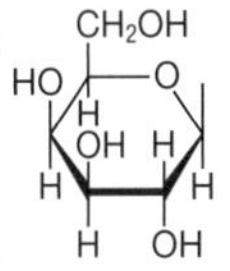 （ガラクトース環：CH_2OH, HO, OH, H）
ジガラクトシルジアシルグリセロール	ジガラクトース	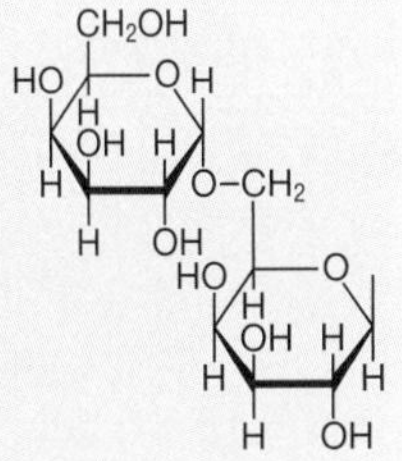 （ガラクトース環 $-O-CH_2-$ ガラクトース環）
スルホキノボシルジアシルグリセロール	スルホキノボース	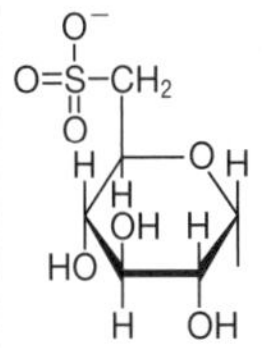 （O^-, $O=S(=O)-CH_2$ をもつ糖環：HO, OH, H）

図 3・3　グリセロ脂質の化学構造

シャー投影式（4 章を参照）で C2 の －OH が左を向くようにグリセロールを表示し，グリセロール炭素に上から番号付けする．

sn-3 位のヒドロキシ基には極性基が結合し，極性基頭部となる．**グリセロリン脂質**では，極性基頭部としてリン酸化合物が，グリセロール骨格にリン酸エステル結合している（図 3・2 a，赤）．したがって，グリセロリン脂質の分子構造の基本は，リン酸を極性基とする**ホスファチジン酸**となる（図 3・3 a）．グリセロリン脂質は，動植物から細菌にいたるまで，その生体膜に広く存在する．たとえば，動物や植物において主要なグリセロリン脂質としてホスファチジルコリンやホスファチジルエタノールアミンがあげられ（表 3・2），おのおの，ホスファチジン酸にコリン，エタノールアミンが結合している（図 3・3 a）．**グリセロ糖脂質**の場合，極性基として糖がグリセロール骨格にグリコシド結合している（図 3・3 b，赤）．したがって，グリセロ糖脂質では，ジアシルグリセロール（図 3・4）部分が共通の化学構造となる．これらは植物の葉緑体やその祖先とされるシアノバクテリアに，特にそれらのチラコイド膜に多く存在する（表 3・2）．植物体で最も多量な糖脂質として，モノガラクトシルジアシルグリセロールがあげられ，これは地球で最も豊富に存在する脂質となる（図 3・3 b）．

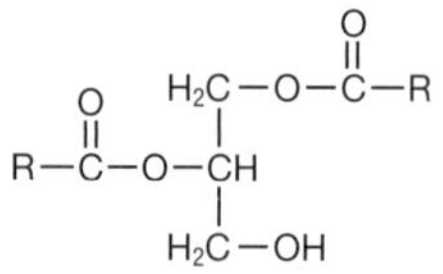

ホスファチジン酸
phosphatidic acid

ホスファチジルコリン
phosphatidylcholine

H₂C−O−C(=O)−R
R−C(=O)−O−CH
H₂C−OH

図 3・4　ジアシルグリセロール（diacylglycerol）

モノガラクトシルジアシルグリセロール
monogalactosyldiacylglycerol

表 3・2　種々の生体膜における脂質組成

	動物小胞体膜（%）[a]	植物チラコイド膜（%）[b]	大腸菌（%）[a]
ホスファチジルコリン	40	0	0
ホスファチジルエタノールアミン	17	0	70
ホスファチジルセリン	5	0	微量
スフィンゴミエリン	5	0	0
コレステロール	6	0	0
糖脂質	微量	91†	0
その他	27	9	30

a）出典：値は，B. Alberts *et al.*, “Molecular Biology of the Cell”, 5th Ed., p.589, table 10-1, Garland Science,（2007）に基づく．
b）出典：値は，J. Joyard *et al.*, *Eur. J. Biochem.*, **199**, 489〜509（1991）に基づく．
†　このうち，57%をモノガラクトシルジアシルグリセロールが占める．

グリセロ脂質には，グリセロール骨格に脂肪酸がエステル結合する代わりに，長鎖アルコールがエーテル結合した**グリセロエーテル脂質**も存在する．動物に特徴的なグリセロエーテル脂質として，プラスマローゲンがあげられる（図 3・5）．その分子構造は，ホスファチジルコリンあるいはホスファチジルエタノールアミンとほぼ同一で，唯一，*sn*-1 位での脂肪酸とのエステル結合が，長鎖アルコールとのエーテル結合で置き換わっている（図 3・5，赤）．この場合，長鎖アルコールの C1 位と C2 位の間に二重結合が形成される．プラスマローゲンは特に心臓に豊富で，その膜系のリン脂質の約半分を占める．

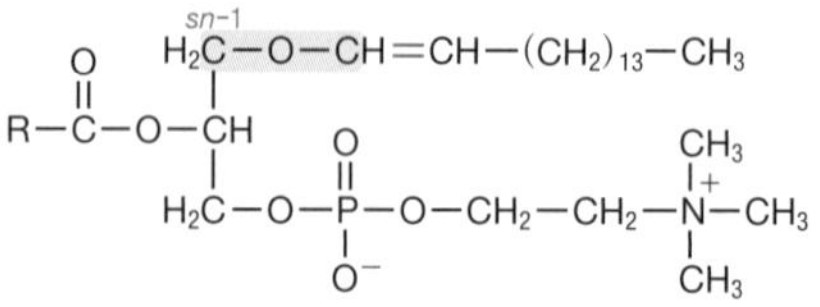

グリセロエーテル脂質
glyceroether lipid

プラスマローゲン　plasmalogen

sn-1
H₂C−O−CH=CH−$(CH_2)_{13}$−CH_3
R−C(=O)−O−CH
H₂C−O−P(=O)(O⁻)−O−CH_2−CH_2−$N^+(CH_3)_3$

図 3・5　ホスファチジルコリン型のプラスマローゲンの化学構造

b. スフィンゴ脂質　スフィンゴ脂質は，グリセロリン脂質や糖脂質と同じく，極性基頭部と，2本の炭化水素鎖を疎水性尾部とする構造をもつ．しかし，グリセロール骨格をもたないなど，その化学構造にはグリセロ脂質との相違がある．スフィンゴ脂質の基本骨格は，**スフィンゴシン**とよばれる長鎖アミノアルコールであり，二重結合を一つもつ（図3・6a）．そのアミノ基に脂肪酸がアミド結合したものが**セラミド**となる（図3・6a，灰色）．つまり，セラミドは，連続する三つの炭素に長鎖の炭化水素，アシル基，そしてヒドロキシ基を結合しており，そのうち前二者により疎水性尾部が形成される．したがって，ジアシルグリセロールと構造が似ている．セラミドは，リン酸化合物がリン酸エステル結合することで**スフィンゴリン脂質**，また糖がグリコシド結合することで**スフィンゴ糖脂質**となる（図3・6b）．スフィンゴ脂質は動植物に存在するが，細菌には認められない．スフィンゴリン脂質であるスフィンゴミエリンは，神経組織のミエリン鞘に多量に存在する．スフィンゴミエリンの極性基は，コリンとリン酸が結合したホスホコリンであり，同一の極性基をもつホスファチジルコリンと三次元構造が類似する．スフィンゴ糖脂質としては，単糖が結合したセレブロシドや，シアル酸を含むオリゴ糖が結合したガングリオシドがあげられる．

スフィンゴ脂質 sphingolipid
スフィンゴリン脂質 sphingophospholipid
スフィンゴ糖脂質 sphingoglycolipid
スフィンゴミエリン sphingomyelin
セレブロシド cerebroside

(a)

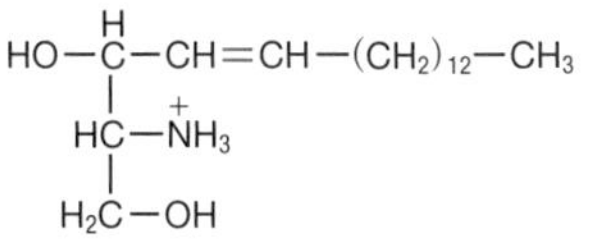

$HO-CH(-CH=CH-(CH_2)_{12}-CH_3)-CH(-\overset{+}{N}H_3)-CH_2-OH$

スフィンゴシン

$HO-CH(-CH=CH-(CH_2)_{12}-CH_3)-CH(-NH-C(=O)-R)-CH_2-OH$

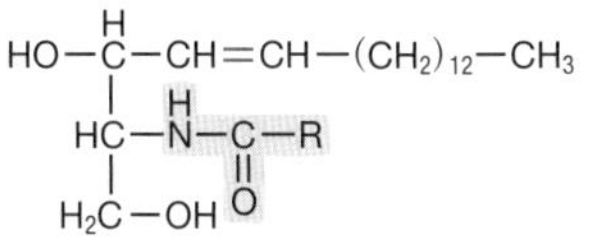

セラミド

(b) スフィンゴリン脂質とスフィンゴ糖脂質

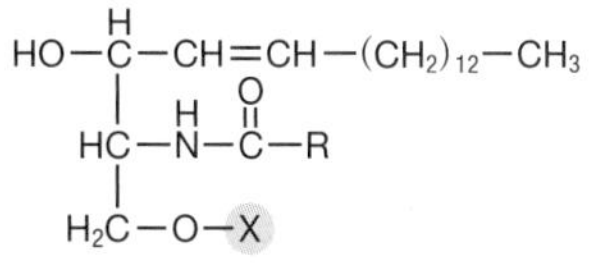

$HO-CH(-CH=CH-(CH_2)_{12}-CH_3)-CH(-NH-C(=O)-R)-CH_2-O-X$

脂質の名称	Xの名称	Xの構造式
スフィンゴミエリン	ホスホコリン	$-P(=O)(O^-)-O-CH_2-CH_2-\overset{+}{N}-(CH_3)_3$
グルコセレブロシド	グルコース	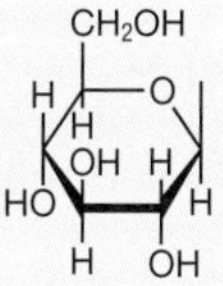 CH_2OH, H, O, H, OH, H, HO, H, H, OH（グルコース環構造）
ガングリオシドGM3	オリゴ糖	−Glc−Gal−シアル酸

図3・6　スフィンゴ脂質の化学構造

c. ステロール　ステロールは，縮合した3個の炭素六員環と1個の炭素五員環からなるステロイド骨格にアルキル側鎖（図3・7，赤）が結合した構造で，ステロイド骨格の3位にヒドロキシ基をもつ．このうち，炭化水素部分が疎水性尾部であり，ヒドロキシ基が極性基頭部である．動物はコレステロール，植物はスチグマステロール，真菌類はエルゴステロールを有する．ステロールの種類により，アルキル側鎖あるいはステロイド骨格に化学構造の違いがある．細菌はステロールを合成できない．

ステロール sterol
コレステロール cholesterol
スチグマステロール stigmasterol
エルゴステロール ergosterol

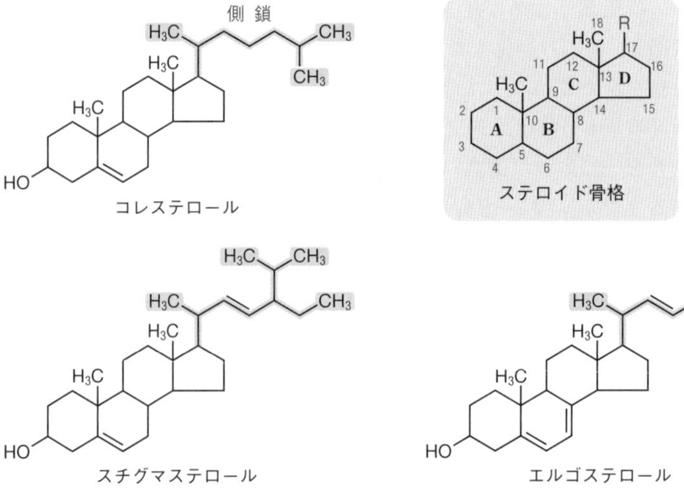

図 3・7　ステロールの化学構造

トリアシルグリセロール triacylglycerol

コレステロールエステル cholesterol ester

d. 中性脂質　中性脂質に話を移すと，トリアシルグリセロールはグリセロ脂質に属し，ジアシルグリセロールのヒドロキシ基に脂肪酸がエステル結合している（図 3・8 a，赤）．トリアシルグリセロールは，動物の脂肪細胞，植物の油糧種子，あるいは環境ストレス下にある藻類細胞に特に蓄積する．ステロールエステルは，ステロールのヒドロキシ基に脂肪酸がエステル結合しており（図 3・8 b，赤），動物細胞や真菌類の細胞に存在する．

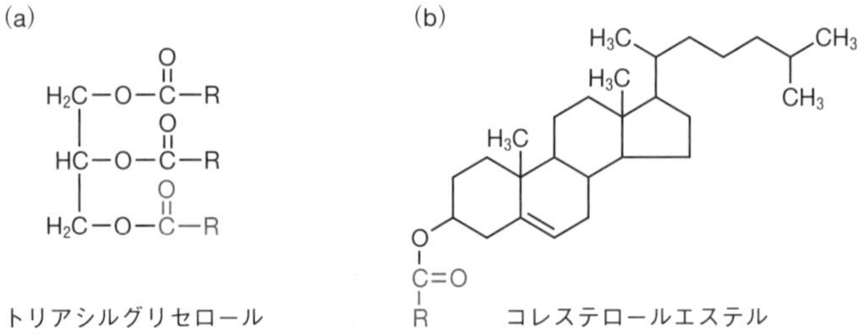

図 3・8　中性脂質の化学構造

3・2・2　脂質の性質と生体内での役割

a. 極性脂質の集合体　極性脂質は，その両親媒性から，*in vitro* で 3 種の集合体構造をとりうる（図 3・9）．

脂質二重層 lipid bilayer

① **脂質二重層**（図 3・9 a）：二重層の内側では疎水基が水を排除してたがいに疎水性相互作用する一方で，二重層の外側では極性基が水と相互作用する．これにより脂質二重層は安定した構造体となる．

リポソーム liposome

② **リポソーム**（図 3・9 b）：脂質二重層が自己閉環して形成される小胞であり，内部は水で満たされる．

ミセル micelle

③ **ミセル**（図 3・9 c）：これは疎水性尾部を内側に，極性基頭部を外側に向けて凝集した球状構造をとり，内部では水は排除されている．

脂質集合体がどの構造をとるかは，その脂質分子の形状に依存する．たとえば，ホスファチジルコリンやジガラクトシルジアシルグリセロールでは頭部極性基と尾部疎水基の断面積に大きな差はなく，脂質分子の形状がほぼ円柱状である．この場合，脂質二重層やリポソームが形成されやすい．一方，遊離脂肪酸，あるいはグリセロリン脂質やグリセロ糖脂質のリゾ体（2本の脂肪酸のうち1本が脱離したもの）では，頭部極性基が尾部疎水基と比べ断面積が大きく，脂質分子の形状が逆コーン状になる．これだとミセルが形成される傾向にある．

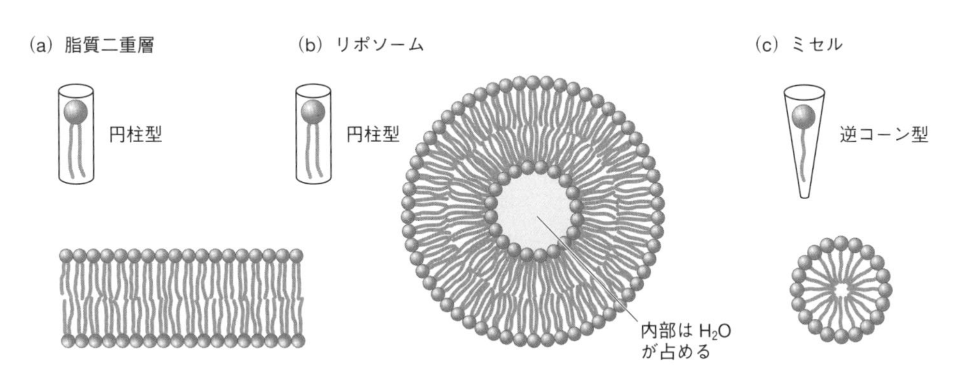

図 3・9　脂質分子が *in vitro* で形成する集合体構造　いずれも構造の断面図が描かれている．

b. 脂質分子の拡散　脂質分子が片側の層からもう一方の層へと二重層を横断する拡散（フリップフロップ拡散）の速度は非常に遅いが，どちらか片方の層での側方への拡散（水平拡散，ラテラル拡散）の速度は速い（図3・10）．この脂質二重層の流動性は，温度や脂質の種類により影響される．温度が比較的高ければ，脂質二重層は流動性が大きく，液晶相（液体状態）にあるが，温度が下がると流動性が制限され，ゲル相（半固体状態）になる．この場合，脂質の構成脂肪酸の炭素鎖が短いほど，あるいは構成脂肪酸の不飽和度が高いほど，相転移する温度は低くなる．これは，脂肪酸の炭素鎖が短いほど，あるいは不飽和度が高いほど，その脂肪酸の融点が低くなることに対応する．また脂質二重層において，膜脂質のアシル基など，鎖状疎水基のC−C結合は自由に回転する．しかし，ステロールのステロイド骨格は環状構造のため固く，膜脂質の鎖状疎水基と相互作用し，その運動性を低下させる．このため，脂質二重層の流動性はステロールの含量が高いと小さくなる．

フリップフロップ拡散
flip-flop diffusion

水平拡散，ラテラル拡散
lateral diffusion

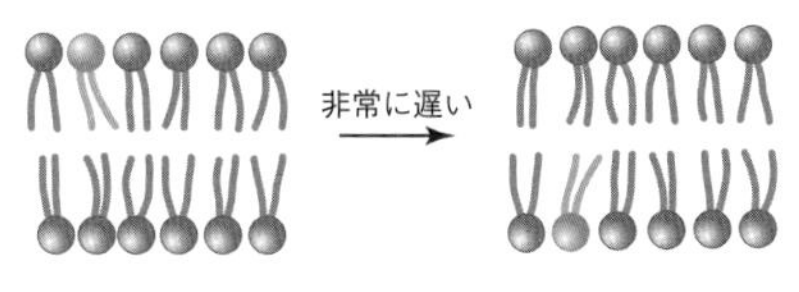

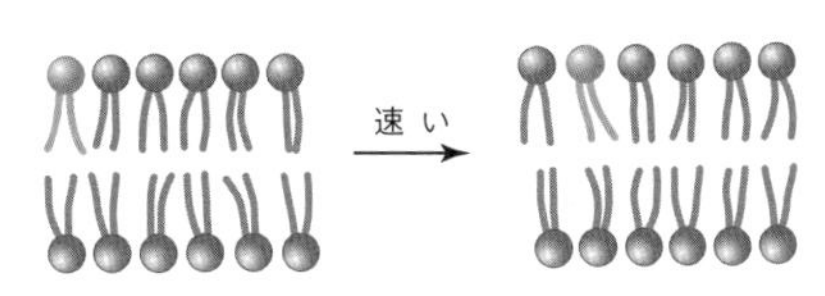

図 3・10　脂質分子の拡散

c. *in vivo* で脂質が形成する構造体とその役割　細胞では，脂質二重層は膜タンパク質がはたらく場を提供し，これにより生体膜がさまざまに機能する（図3・11 a）．各種生体膜は独自の機能をもち，その膜に特異的な脂質組成を示す（表3・2）．この脂質のなかには，膜タンパク質と結合し，その機能発現を支えるものもある．また，脂質二重層には，膜を越えた物質の自由な移動を抑えるはたらきがある．これにより，膜で仕切られた細胞内の各画分で，代謝の恒常性が維持される．以上のように，脂質二重層は，細胞の生命維持に欠かすことのできない重要な構造体である．

脂質ラフト lipid raft

また，細胞膜には，**脂質ラフト**とよばれるおもにコレステロールやスフィンゴ脂質により形成される強固な脂質複合体が豊富に存在している．脂質ラフトは，細胞内へのシグナル伝達や病原菌やウイルス感染の足場となる．

脂肪滴 lipid droplet

一方，中性脂質は，細胞内では**脂肪滴**という細胞小器官に貯蔵脂質として蓄えられ，必要に応じて，生体のエネルギー源や炭素源として利用するために分解される（図3・11 b）．脂肪滴の内部は，中性脂質で満たされた疎水的環境となる．これに対応して，脂肪滴の表層は，疎水基が内向きで極性基が外向きとなった極性脂質の単層で覆われる．

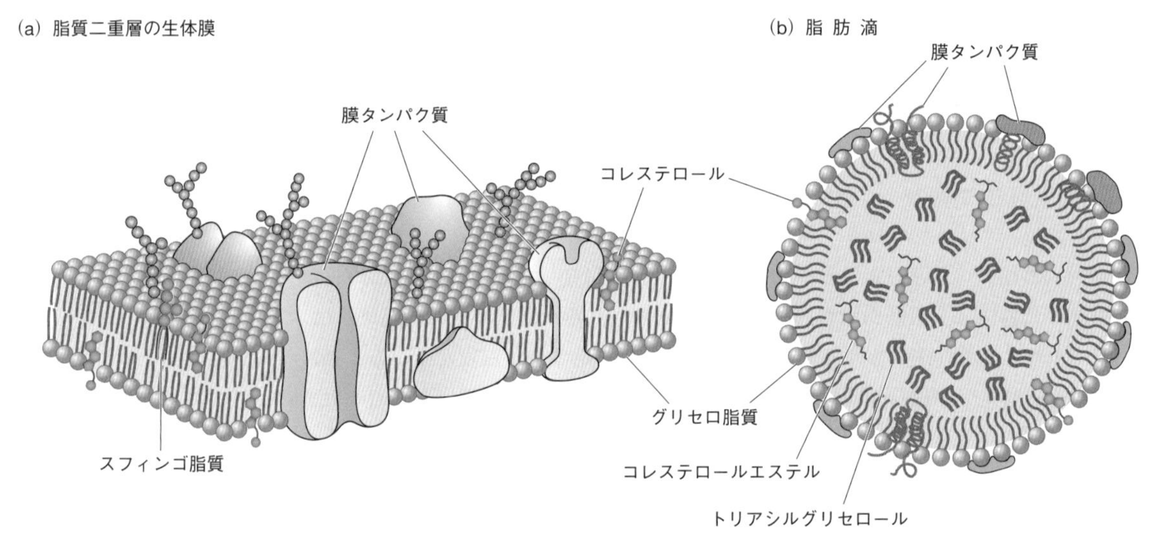

図 3・11　細胞において極性脂質や中性脂質により構築される構造体

3・3　ステロイドや，生物にとって重要なその他の脂質

ステロイドやアラキドン酸の誘導体は，生体で重要な役割を担っている．

3・3・1　ステロールの誘導体

ステロイドホルモン steroid hormone

胆汁酸 bile acid

テストステロン testosterone

コレステロールは，膜脂質の構成成分としてだけではなく，**ステロイドホルモン**や**胆汁酸**が合成されるための前駆体にもなる（図3・12）．

ステロイドホルモン（図3・12 a）の**テストステロン**は，精巣で産生される．男性ホルモンとしてはたらき，骨格や筋肉の成長促進などの作用がある．**エストラジオール**は，卵巣で合成される．女性ホルモンとしてはたらき，月経周期における排卵の促進などの作用がある．**コルチゾール**と**アルドステロン**は，ともに副腎皮質で合成される．コルチゾールは，肝臓での糖新生や脂肪組織での脂肪の分解を促進する．アルドステロンは，Na^+が体内に保持されるよう腎臓に作用し，これにより血圧が正常に維持される．ステロイドホルモンは，水溶性が著しく低いため，特異的な運搬タンパク質と結合して，血中を産生組織から標的組織まで移動する．ついで，ステロイドホルモン単独で，標的細胞の細胞膜や核膜を自由拡散により透過し，核内で特異的受容体タンパク質と結合する．あるいは，細胞質で特異的受容体タンパク質と結合し，核内に移動する．このステロイドホルモン-受容体複合体は，特定の遺伝子の発現調節領域と結合し，その遺伝子の発現を調節する．

エストラジオール estradiol

コルチゾール cortisol

アルドステロン aldosterone

一方，胆汁酸（図3・12 b）は肝臓で合成され，食物中のトリアシルグリセロールを小腸においてミセル化する界面活性剤の役割を果たす．このミセル化により，トリアシルグリセロールはリパーゼによる分解作用を受けやすくなる．**コール酸**は代表的な胆汁酸のうちの一種である．胆汁酸は通常，カルボキシ基にグリシンやタウリンが結合した**抱合型**となる．**グリココール酸**は，コール酸にグリシンが結合した抱合型胆汁酸である．

コール酸 cholic acid

抱合型胆汁酸 conjugated bile acid

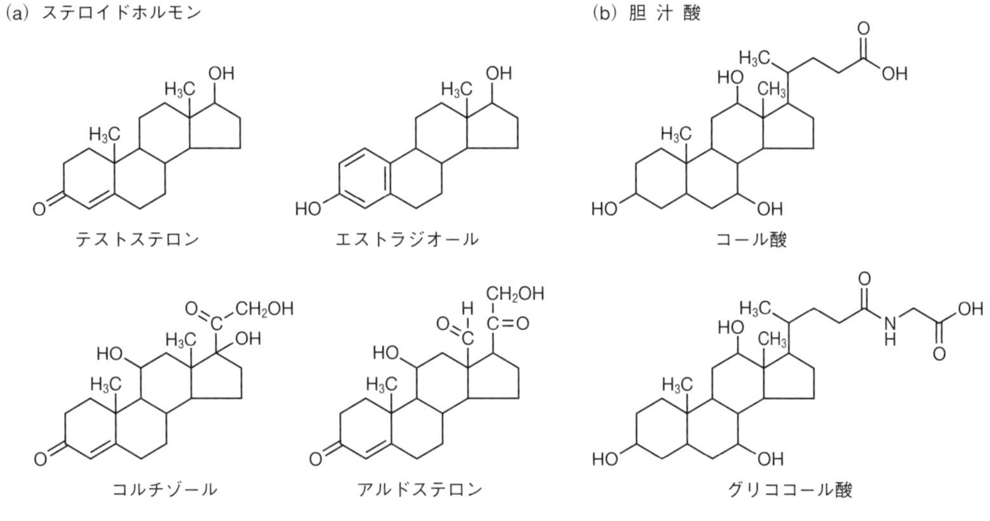

(a) ステロイドホルモン

テストステロン　エストラジオール　コルチゾール　アルドステロン

(b) 胆 汁 酸

コール酸　グリココール酸

図 3・12　ステロイド骨格をもつ生理活性物質の化学構造

3・3・2 エイコサノイド

産生部位の近傍に作用する傍分泌性のホルモン，**エイコサノイド**は，**アラキドン酸**がその合成の前駆体となる（図3・13）．このうち，**プロスタグランジン**は，構造的特徴として炭素五員環を一つもつ．また，多彩な生理作用をもち，痛み，炎症，発熱，分娩，血圧調節，胃酸分泌抑制などに関わる．トロンボキサンは，エーテル構造を含む六員環を一つもつ．血小板凝集に影響し，血液凝固を調節する．

エイコサノイド eicosanoid

アラキドン酸 arachidonic acid

プロスタグランジン prostaglandin

ロイコトリエン leukotriene

ロイコトリエンは，環構造をもたず，共役した二重結合を三つもち，白血球で産生される．気道平滑筋を収縮させる作用などがある．

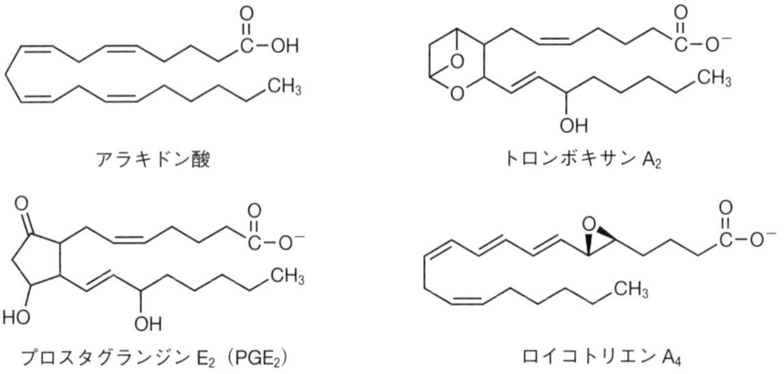

アラキドン酸　トロンボキサン A_2

プロスタグランジン E_2（PGE_2）　ロイコトリエン A_4

図 3・13　エイコサノイドの化学構造

■ 章末問題

3・1　極性脂質は，両親媒性である．以下の各脂質に関して，極性基と疎水基を説明しなさい．① ホスファチジルコリン，② モノガラクトシルジアシルグリセロール，③ スフィンゴミエリン，④ コレステロール．

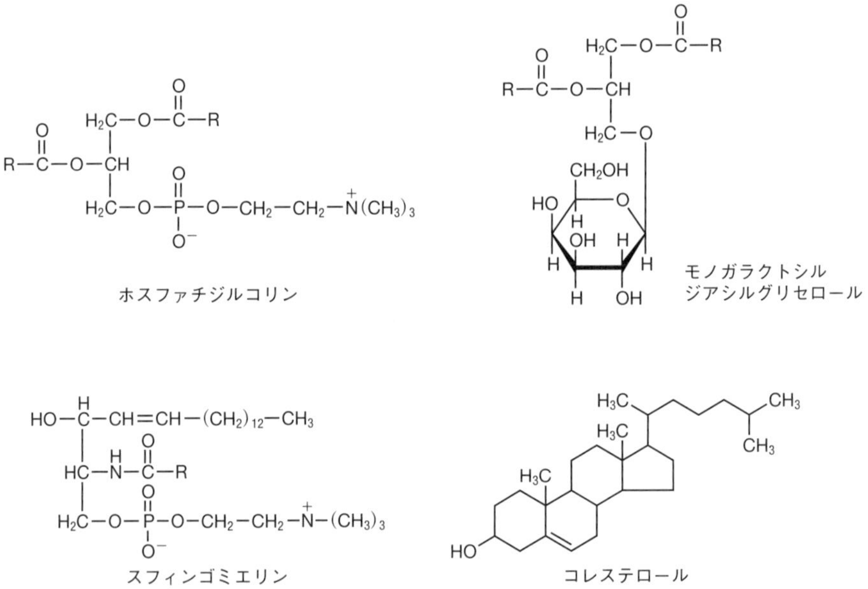

ホスファチジルコリン　モノガラクトシルジアシルグリセロール

スフィンゴミエリン　コレステロール

3・2　脂肪滴の表層が脂質二重層ではなく，極性脂質の単層である理由を説明しなさい．

3・3　ある種の細菌では，増殖温度が低下すると膜脂質を構成するオレイン酸とリノール酸の割合が減り，逆に α-リノレン酸と γ-リノレン酸の割合が高くなる．これは低温へ適応するための細胞の応答と考えられる．その理由を説明しなさい．

糖の構造と性質　4

概要　炭水化物または糖類は，単糖を構成成分とする．栄養学的には，消化して栄養利用することのできる炭水化物は糖質，消化されにくいものは食物繊維とよばれる．糖はエネルギー源として，また，生物体の構造をつくる材料として重要である．さらに，遺伝物質である核酸の構成成分でもあり，また，シグナル伝達や細胞間相互作用などの過程においても重要である．

行動目標

1. 単糖の種類，構造，化学的性質，光学異性体，ジアステレオマー，エピマー，アノマーについて説明できる．
2. 二糖の系統名を説明できる．
3. デンプン，グリコーゲン，セルロース，キチンの構造的特徴や機能を説明できる．
4. グリコサミノグリカンの構造的特徴や性質，例を述べることができる．
5. ペプチドグリカンとプロテオグリカンの構造の概要と機能を説明できる．
6. 糖タンパク質の糖結合部位の種類とオリゴ糖の役割を説明できる．

4・1　単糖の構造

糖（炭水化物）は，基本的には C，H，O の三つの元素のみからできている．糖の基本単位は単糖であり，多くの異性体が存在する．

糖 saccharide

4・1・1　単糖の基本構造

単糖とは，炭素原子 3 個以上が直鎖につながったポリヒドロキシアルデヒドまたはポリヒドロキシケトンである．カルボニル基としてアルデヒドをもつものを**アルドース**，ケトンをもつものを**ケトース**という．基本的な単糖の分子式は，いずれも $(CH_2O)_n$ という一般式で表すことができ，炭素鎖の長さにより**トリオース**（n=3），**テトロース**（n=4），**ペントース**（n=5），**ヘキソース**（n=6），**ヘプトース**（n=7）という．単糖は，カルボニル基の化学形と炭素鎖の長さで分類することができ，炭素数 5 でアルデヒドを含むものをアルドペントース，炭素数 6 でケトンを含むものをケトヘキソースとよぶ．

単 糖 monosaccharide

アルドース aldose

ケトース ketose

フィッシャー投影式 Fischer projection formula

4・1・2　単糖の立体異性体

アルドトリオースである**グリセルアルデヒド**にはキラルな炭素原子（不斉炭素原子）が一つあり，二つの立体異性体がある（図 4・1 a）．生化学では，キラルな分子の表記に**フィッシャー投影式**（図 4・1 b）がよく用いられる．フィッシャー投影式では，横に書いた結合は紙面の手前側，縦に書いた結合は紙面の向こう側に出ているとする．アルデヒド炭素（C1）が上，3 位の炭素（C3）が下になるようにグリセルアルデヒドを書くと，2 位の炭素（C2）に結合したヒドロキシ基（−OH）は，**D 体**では右側，**L 体**では左側の配置になる．このグリセルアルデヒドの立体配置を基準にして，単糖やアミノ酸（5 章を参照）の DL を定義する．単糖の場合，

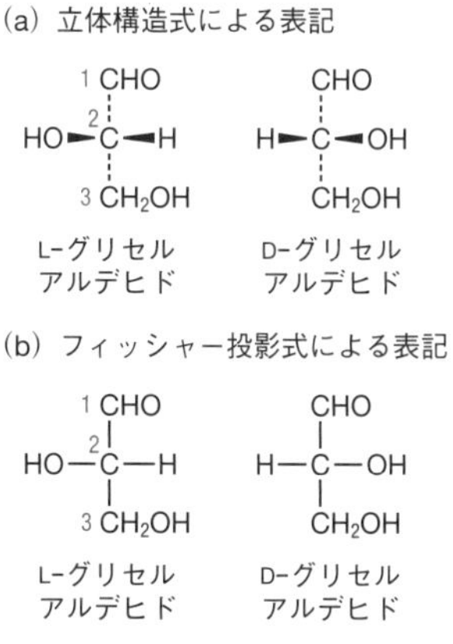

(a) 立体構造式による表記

1 CHO / HO◀2C▶H / 3 CH_2OH — L-グリセルアルデヒド

CHO / H◀C▶OH / CH_2OH — D-グリセルアルデヒド

(b) フィッシャー投影式による表記

1 CHO / HO—2C—H / 3 CH_2OH — L-グリセルアルデヒド

CHO / H—C—OH / CH_2OH — D-グリセルアルデヒド

図 4・1　グリセルアルデヒドの立体配置の表し方

カルボニル基から一番遠い位置にあるキラル中心の炭素がフィッシャー投影式でD-グリセルアルデヒドと同じ配置のものをD体と定義する．なお，生体にある糖はほとんどの場合D体なので，D-を省略することも多い．

アルドテトロース aldotetrose

アルドペントース aldopentose

アルドヘキソース aldohexose

(a) D-アルドテトロース

エリトロース	トレオース
CHO	CHO
H—C—OH	HO—C—H
H—C—OH	H—C—OH
CH_2OH	CH_2OH

(b) D-アルドペントース

リボース	アラビノース	キシロース	リキソース
CHO	CHO	CHO	CHO
H—C—OH	HO—C—H	H—C—OH	HO—C—H
H—C—OH	H—C—OH	HO—C—H	HO—C—H
H—C—OH	H—C—OH	H—C—OH	H—C—OH
CH_2OH	CH_2OH	CH_2OH	CH_2OH

(c) D-アルドヘキソース

アロース	アルトロース	グルコース	マンノース
CHO	CHO	CHO	CHO
H—C—OH	HO—C—H	H—C—OH	HO—C—H
H—C—OH	H—C—OH	HO—C—H	HO—C—H
H—C—OH	H—C—OH	H—C—OH	H—C—OH
H—C—OH	H—C—OH	H—C—OH	H—C—OH
CH_2OH	CH_2OH	CH_2OH	CH_2OH

グロース	イドース	ガラクトース	タロース
CHO	CHO	CHO	CHO
H—C—OH	HO—C—H	H—C—OH	HO—C—H
H—C—OH	H—C—OH	HO—C—H	HO—C—H
HO—C—H	HO—C—H	HO—C—H	HO—C—H
H—C—OH	H—C—OH	H—C—OH	H—C—OH
CH_2OH	CH_2OH	CH_2OH	CH_2OH

図 4・2　炭素数4〜6のD-アルドース

鏡像異性体（エナンチオマー）enantiomer

ジアステレオマー diastereomer

グルコース glucose

アルドテトロースでは，キラルな炭素原子がアルドトリオースよりも一つ増えるため，$2\times2=2^2=4$ 通りの立体異性体がある．アルドペントースでは $2^3=8$ 通り，アルドヘキソースでは $2^4=16$ 通りである．図4・2にD体のアルドテトロース，アルドペントース，アルドヘキソースのフィッシャー投影式を示す．L体はそれぞれの**鏡像異性体**（**エナンチオマー**）であり，横に出ている基をすべて左右入れ替えたものになる．複数のキラル中心のうちの一部だけが異なる場合は，鏡像異性の関係にはなく，**ジアステレオマー**という．図4・2の2種類のアルドテトロース，4種類のアルドペントース，8種類のアルドヘキソースは，それぞれたがいにジアステレオマーの関係にある．生体に最も多いアルドースは，グルコース，マンノース，ガラクトースである．また，アルドペントースのリボースはRNAの構成成分である．立体異性体のなかで，炭素原子一つだけの立体配置が異なる糖をたがいに**エピマー**という．たとえば，グルコースとガラクトースはC4が異なるエピマー，グルコースとマンノースはC2が異なるエピマーである．

エピマー epimer

D体のケトースは，アルドースに比べてキラルな炭素が1個少ないので，D-ケトテトロースは1種類，D-ケトペントースは2種類，D-ケトヘキソースは4種類である（図4・3）．

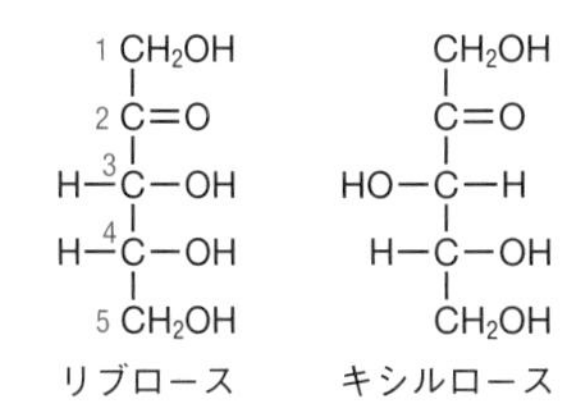

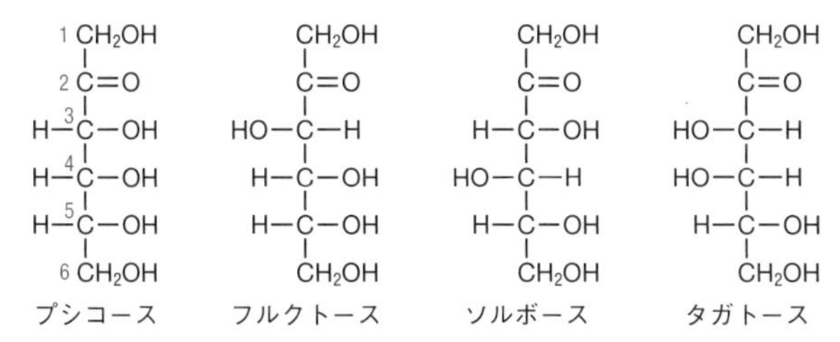

図 4・3　炭素数3〜6のD-ケトース

4・1・3 単糖の環状構造

アルコールは，アルデヒドやケトンのカルボニル基と反応して**ヘミアセタール**や**ヘミケタール**をつくる（図4・4a）．単糖は分子内でヘミアセタールやヘミケタールを形成して環状構造をとる．環が六員環の場合を**ピラノース**，五員環の場合を**フラノース**という*．環化するとき，元のカルボニル炭素が新たにキラル中心となるため，一対のジアステレオマーが生じる．これらは**アノマー**とよばれ，もともとカルボニルであった炭素を**アノマー炭素**という．

ヘミアセタール hemiacetal

ヘミケタール hemiketal

＊ ピラノース（pyranose）とフラノース（furanose）は，それぞれ六員環のエーテル化合物ピランと，五員環のエーテル化合物フランの名称に由来する．

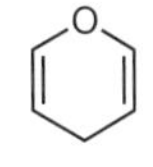

図4・4(b) はグルコースの環化による**グルコピラノース**，図4・4(c) はフルクトースの環化による**フルクトフラノース**の形成をハース式で示したものである．ハース式では，アノマー炭素を右，ピラノースやフラノースの酸素原子が上側にくるように書き，環構造の手前側の結合を太線，奥側の結合を細線で表す．このとき，アノマー炭素上のヒドロキシ基は上下2通りの向きがあるが，DLを定義した

アノマー anomer

炭素上の$-CH_2OH$基と反対側（D糖では下側）に向くものをα**-アノマー**，同じ側（D糖では上側）に向くものをβ**-アノマー**という．糖はほとんどが環化しているが，環化反応は可逆的であるため，α-アノマーとβ-アノマーは開環形を介して相互変換する．

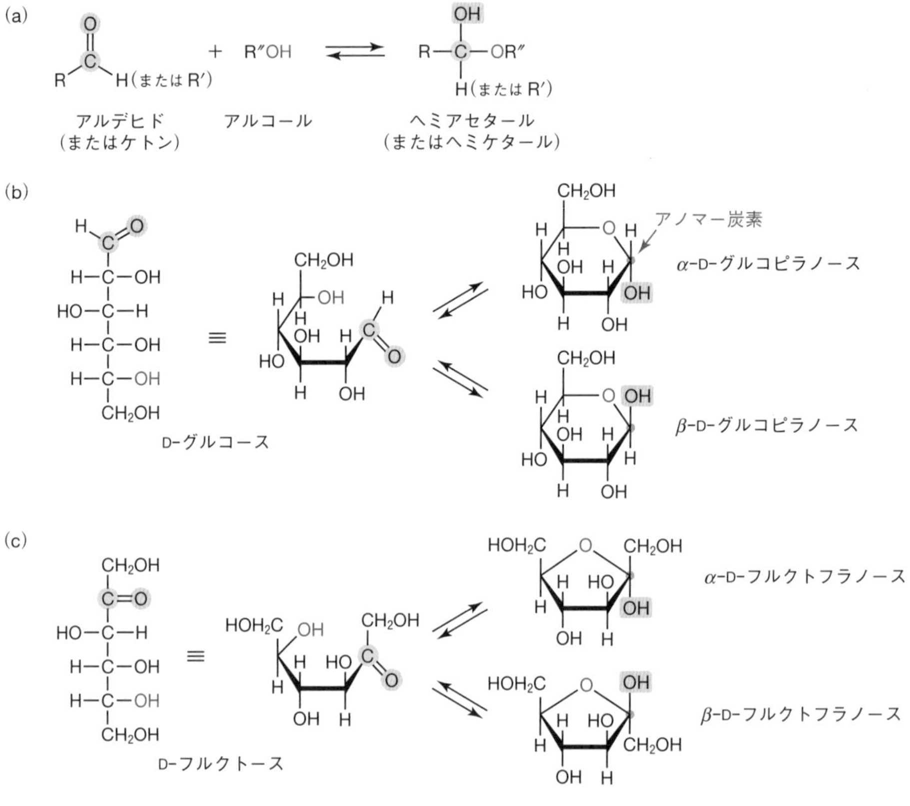

(a)

O
R—C—H（またはR′）　＋　R″OH　⇌　R—C(OH)—OR″　H（またはR′）

アルデヒド（またはケトン）　アルコール　ヘミアセタール（またはヘミケタール）

(b)

H—C=O
H—C—OH
HO—C—H
H—C—OH
H—C—OH
CH_2OH
D-グルコース

≡

CH_2OH　H　OH　H　OH　H　C=O　HO　H　OH

アノマー炭素

CH_2OH　H　O　H　H　OH　H　HO　OH　H　OH
α-D-グルコピラノース

CH_2OH　H　O　OH　H　OH　H　HO　H　H　OH
β-D-グルコピラノース

(c)

CH_2OH
C=O
HO—C—H
H—C—OH
H—C—OH
CH_2OH
D-フルクトース

≡

HOH_2C　OH　CH_2OH　H　HO　C=O　H　OH　H

HOH_2C　O　CH_2OH　H　HO　H　OH　OH　H
α-D-フルクトフラノース

HOH_2C　O　OH　H　HO　H　CH_2OH　OH　H
β-D-フルクトフラノース

図 4・4　単糖の環化　(a) ヘミアセタールとヘミケタールの生成．(b) D-グルコースの開環形と閉環形．(c) D-フルクトースの開環形と閉環形．

環化した糖では，環を形成している原子はすべてsp^3混成電子軌道をもつため，ピラノースはシクロヘキサンと同様にいす形の配座（コンホメーション）をとる．いす形配座には2通りあるが，最も大きな置換基が立体的に混み合う**アキシアル***ではなく，**エクアトリアル***になる配座のほうが安定である（図4・5）．β-D-グルコースは，アルドヘキソースのなかで唯一，すべての置換基がエクアトリアルに配置した配座をとることができる．

* いす形配座におけるアキシアルとエクアトリアル：

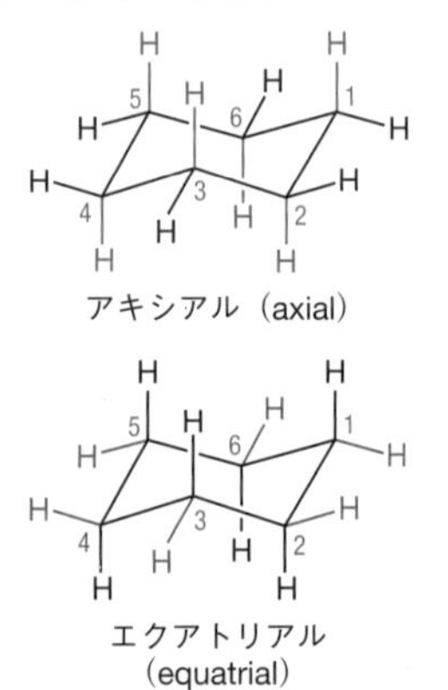

H　CH_2OH　HO　O　H　H　HO　OH　OH　H　H
右の配座より安定

⇌

CH_2OH　OH　H　HO　O　H　H　H　H　OH　OH

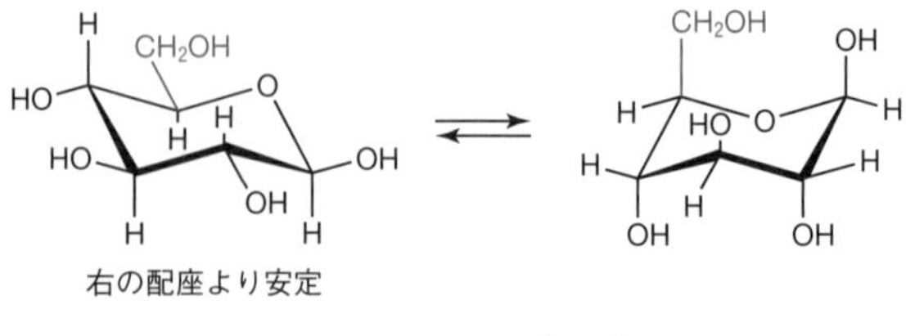

図 4・5　β-グルコピラノースのいす形配座　左側の配座のほうが安定である．

4・2 糖の誘導体

単糖はふつう閉環形として存在するが，開環形と相互変換するので（図 4・4），アルデヒドまたはケトンとしての化学反応性を示す．単糖のヒドロキシ基やアルデヒドあるいはケトンが酸化または還元されたり，アミノ基と置換することにより，次のような誘導糖が生じる．

アルドン酸 aldonic acid

a. アルドン酸 アルドースのアルデヒドをカルボン酸に酸化したもの．グルコース由来のアルドン酸（図 4・6 a）は，語尾を“オン酸”に変換して**グルコン酸**とよぶ．

ウロン酸 uronic acid

b. ウロン酸 アルドースの第一級アルコールをカルボン酸に酸化したもの．グルコース由来のものは，**グルクロン酸**（図 4・6 b）であり，薬物や毒物の代謝に用いられる．ウロン酸はアルデヒドをもつので，閉環形をとることができる．

アルジトール alditol

c. アルジトール アルドースやケトースを還元して生じるポリヒドロキシアルコール．グルコース由来のものは**グルシトール**（図 4・6 c）であり，ソルビトールともよばれ食品添加物としてよく使われている．グリセルアルデヒドの還元体はグリセロールで，中性脂肪やリン脂質の構成成分である．リボースの還元体はリビトールで，フラビンアデニンジヌクレオチド（FAD）の構成成分である．キシロースの還元体であるキシリトールは，甘味料としてガムなどに使われている．

デオキシ糖 deoxy sugar

d. デオキシ糖 単糖のヒドロキシ基の一つが水素原子と置換したもの．2-デオキシ-D-リボースは，DNA の構成成分である（2 章を参照）．

アミノ糖 aminosugar

e. アミノ糖 ヒドロキシ基がアミノ基と置換したもの．生体でよく見られるのは，グルコースやガラクトースの 2 位がアミノ基と置換した**グルコサミン**（図 4・6 d）と**ガラクトサミン**である．アミノ糖はアセチル化されていることが多く，グルコサミンからは ***N*-アセチルグルコサミン**（GlcNAc）が生じる（図 4・7 e）．

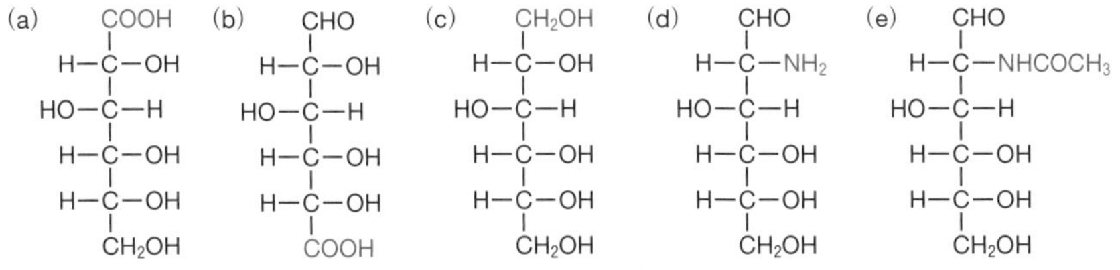

(a) D-グルコン酸 (b) D-グルクロン酸 (c) D-グルシトール（D-ソルビトール） (d) D-グルコサミン (e) *N*-アセチル-D-グルコサミン（GlcNAc）

図 4・6 D-グルコース由来の誘導糖

グリコシド結合 glycosidic bond

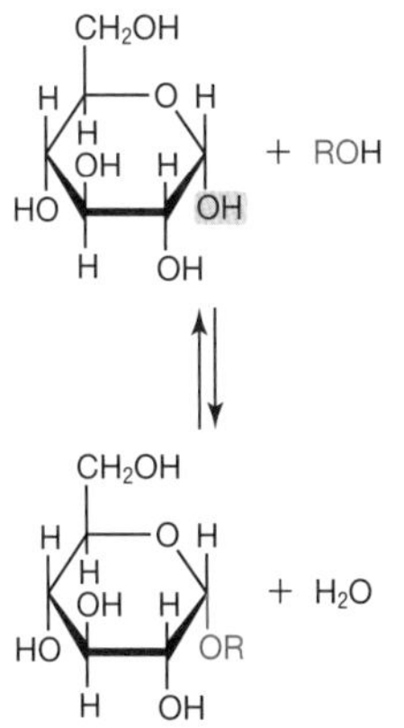

図 4・7 グリコシド結合の形成

4・3 多糖の構造と性質

多糖 polysaccharide

糖のアノマー性ヒドロキシ基が他の化合物と脱水縮合してできる結合を，**グリコシド結合**という（図 4・7）．糖は，別の糖のヒドロキシ基とグリコシド結合を形成することにより，**多糖**を生じる．多糖を構成する単糖が単一の場合を**ホモ多糖**，複数種類の場合を**ヘテロ多糖**という．また，単糖が二分子つながったものを**二糖**，数

オリゴ糖 oligosaccharide

個から十個程度つながったものを**オリゴ糖**とよぶ．多糖には直鎖状のものも，枝分かれしたものもある．

4・3・1 二　糖

二 糖 disaccharide

二糖の例としては，乳に含まれる**ラクトース**（乳糖）や，砂糖として身近な**スクロース**（ショ糖）がある（図4・8）．系統的には，グリコシド結合するアノマー炭素の立体配置と，結合相手のヒドロキシ基がわかるように表記する．ラクトースは，ガラクトースのβ-アノマー（C1）がグルコースのC4位ヒドロキシ基と結合したもので，この結合をβ(1→4)結合という．系統名はO-β-D-ガラクトピラノシル-(1→4)D-グルコピラノースである．このグルコース残基のアノマー炭素にはαとβの両方のジアステレオマー（α-ラクトース，β-ラクトース）がある．β-ラクトースの系統名はO-β-D-ガラクトピラノシル-(1→4)-β-D-グルコピラノースである．スクロースは，O-α-D-グルコピラノシル-(1→2)-β-D-フラクトフラノシドで，アノマー炭素（グルコースの1位とフルクトースの2位）どうしでα,β(1→2)結合している．

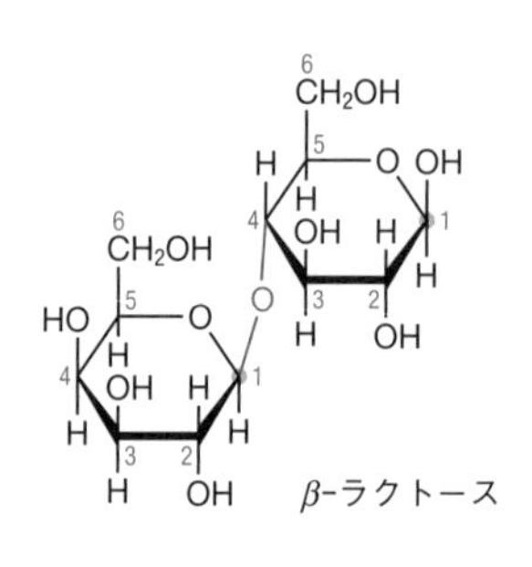

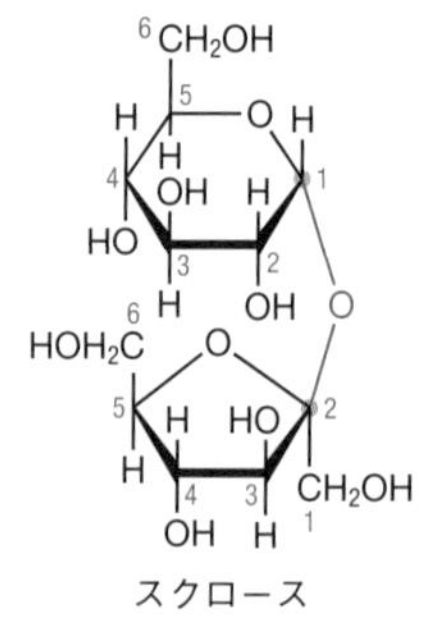

図4・8　二　糖　β-ラクトースとスクロースのハース式．

4・3・2 ホ モ 多 糖

ホモ多糖 homopolysaccharide

デンプン starch

アミロース amylose

アミロペクチン amylopectine

グルコースがオリゴ糖よりもさらにたくさん重合した**ホモ多糖**には，貯蔵多糖であるデンプンとグリコーゲンや，構造多糖のセルロースがある．

a. デンプン　デンプンには，アミロースとアミロペクチンがある．**アミロース**は，グルコースがα(1→4)結合で重合した直鎖状のホモ多糖である．**アミロペクチン**は，α(1→4)結合に加えてα(1→6)結合により分枝した構造（図4・9）をもつホモ多糖である．デンプンは，植物細胞におけるグルコース貯蔵体であり，水に溶けにくいので顆粒として析出した状態で貯蔵される．デンプンは，だ液のアミラーゼや膵臓から小腸に分泌されるアミラーゼにより加水分解されてオリゴ糖となり，さらにα-グルコシダーゼや脱分枝酵素によりグルコースに加水分解される．

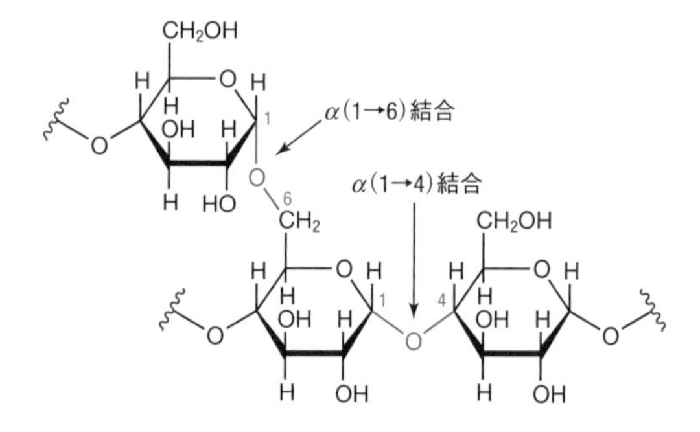

図4・9　α(1→6)結合による分枝

グリコーゲン glycogen

b. グリコーゲン　アミロペクチンと同様にグルコースがα(1→4)結合とα(1→6)結合で重合した脊椎動物の貯蔵多糖であり，肝臓や筋肉細胞に最も多く存在する．アミロペクチンよりも枝分かれが多く，非還元末端を多くもつので，必要時に非還元末端からα(1→4)結合を順次加水分解することにより，速やかにグルコースを動員することができる（§13・6を参照）．

c. セルロース　グルコースが β(1→4)結合で連なったポリマーであり，植物において最も重要な構造多糖である．アミロースが左巻きらせん構造をとるのに対し，セルロースはまっすぐに伸びた鎖がシート状に並び，繊維を形成する．脊椎動物にはセルロースを加水分解する酵素はない．草食動物は消化管に共生した微生物がもつセルラーゼのはたらきによりセルロースを分解している．

セルロース cellulose

d. キチン　GlcNAc が β(1→4)結合でつながったホモ多糖である．カニやエビなどの甲殻類や昆虫などの外骨格の主要な構造要素である．また，カビやキノコなどの細胞壁など，きわめて多くの生物に大量に存在する．

キチン chitin

4・3・3 ヘテロ多糖

ヘテロ多糖 heteropolysaccharide

グリコサミノグリカン glycosaminoglycan

グリコサミノグリカンは，二糖の繰返し単位をもった直鎖の重合体である．繰返し二糖単位の例を図 4・10 に示す．多くはヘキソース由来の**ウロン酸**と**アミノ糖**（ヘキソサミン）からなり，硫酸化されたヘキソサミンも多い．

a. ヒアルロン酸　D-グルクロン酸と GlcNAc が β(1→3)結合した二糖単位（図 4・10 a）が β(1→4)結合で重合したものであり，結合組織，関節の潤滑液，眼のガラス液などの重要な成分である．この二糖単位が連なると陰イオンが並ぶため，陰イオンどうしの反発により鎖は伸びたかたちで水や陽イオンと相互作用し，高い保水性をもつ．

ヒアルロン酸 hyaluronic acid

b. ケラタン硫酸　D-ガラクトースと *N*-アセチル-D-グルコサミン 6-硫酸が β(1→4)結合した二糖単位（図 4・10 b）が β(1→3)結合で重合したものである．

ケラタン硫酸 keratan sulfate

c. コンドロイチン硫酸　コンドロイチン硫酸の二糖単位（図 4・10 c）は，D-グルクロン酸と *N*-アセチル-D-ガラクトサミン 4-硫酸が β(1→3)結合したもので，負電荷が多くなっている．

コンドロイチン硫酸 chondroitin sulfate

d. ヘパリン　ヘパリンの二糖単位（図 4・10 d）は，L-イズロン酸 2-硫酸と *N*-スルホ-D-グルコサミン 6-硫酸が α(1→4)結合したもので，負電荷がさらに多くなっている．ヘパリンは，血液凝固を止める作用があり，血液抗凝固薬として用いられる．

ヘパリン heparin

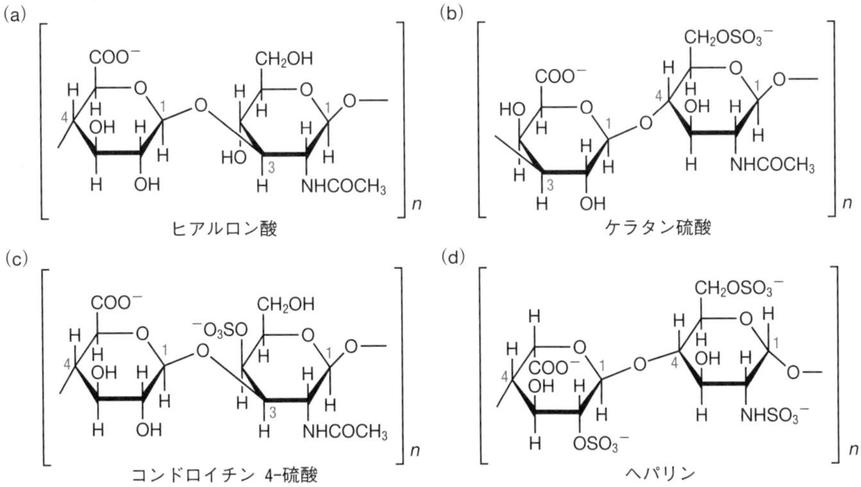

(a) ヒアルロン酸　(b) ケラタン硫酸　(c) コンドロイチン 4-硫酸　(d) ヘパリン

図 4・10　グリコサミノグリカンの二糖単位

ペプチドグリカン
peptidoglycan

ペプチドグリカンは，細菌の細胞壁を構成する成分で，GlcNAc と *N*-アセチルムラミン酸からなるヘテロ多糖がペプチド鎖で架橋した網目構造をもつ（図 4・11）．

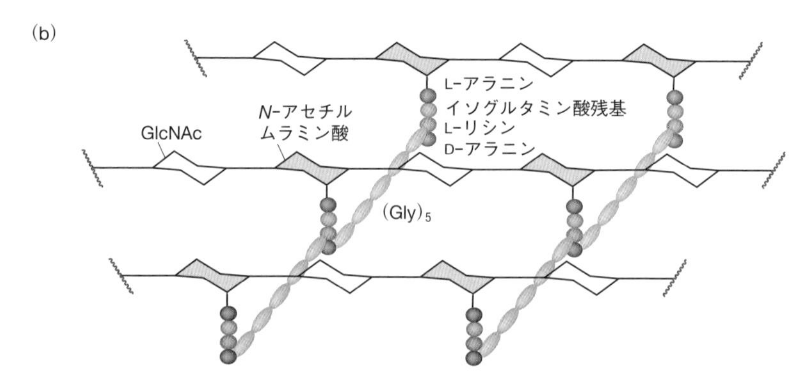

図 4・11　ペプチドグリカン　(a) ペプチドグリカンの二糖単位．4 アミノ酸からなる鎖が結合している．(b) (a) の二糖単位の側鎖の L-リシンと D-アラニンの間を 5 残基のグリシン（Gly）で架橋して網目構造をつくっている．

4・4 複合糖質

複合糖質
complex carbohydrate

糖質分子がタンパク質や脂質と共有結合したものを**複合糖質**という．糖脂質の例は，3 章の図 3・3 にある．ここでは糖質とタンパク質が結合した糖タンパク質とプロテオグリカンについて見てみよう．

4・4・1 糖タンパク質

糖タンパク質 glycoprotein

* 各アミノ酸について詳細は 5 章を参照．

糖タンパク質は，*N* 結合あるいは *O* 結合により糖質と共有結合したタンパク質である．糖タンパク質の糖含量は，1% から 90% に及ぶ．*N*-グリコシル化では，Asn-X-Ser または Asn-X-Thr 配列*のアスパラギン（Asn）残基の側鎖の窒素原子に GlcNAc が β グリコシド結合でつながる．X は Pro 以外のアミノ酸である．この GlcNAc に，さらに GlcNAc，マンノース，ガラクトース，*N*-アセチルノイラミン酸（シアル酸）などが結合する．シアル酸は，糖タンパク質や糖脂質の重要な成分である．*O*-グリコシル化は，セリン（Ser）やトレオニン（Thr）の－OH 基に *N*-アセチルガラクトサミン（GalNAc）がグリコシド結合することにより始まることが多い．糖タンパク質のオリゴ糖は，タンパク質の表面を覆ってタンパク質の構造，安定性，活性に影響することもある．また，細胞表面の認識に重要な役割を果たすことも多い．ABO 式血液型における抗原決定基としても知られている．

4・4・2 プロテオグリカン

プロテオグリカンは，糖質含量が非常に高く，コアとなるタンパク質のアスパラギン残基にコンドロインチン硫酸やケラタン硫酸などのグリコサミノグリカンが *N*-グリコシド結合，あるいはセリンまたはトレオニン残基に *O*-グリコシド結合している．結合組織の細胞外基質では，このようなコアタンパク質が多数ヒアルロン酸と非共有結合し，巨大な凝集体を形成している（図 4・12）．プロテオグリカンは多量の水と陽イオンを取込むことによって，コラーゲンなどのタンパク質とともに組織に支えと弾力性を与える．

プロテオグリカン
proteoglycan

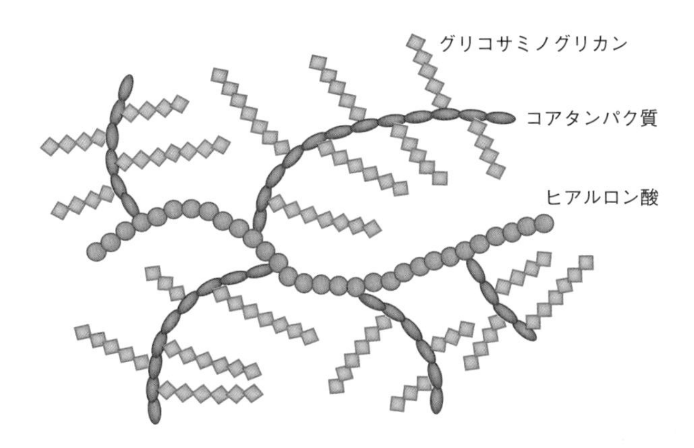

図 4・12 プロテオグリカンの模式図

■ 章末問題

4・1 GlcNAc と GalNac のピラノース構造をそれぞれハース式で示せ．

4・2 デンプンが消化の過程で生じる二糖はマルトースとよばれる．α-マルトースと β-マルトースの構造をそれぞれハース式で示せ．

4・3 貯蔵多糖と構造多糖の例をあげ，構造的な特徴を説明せよ．

4・4 ペプチドグリカンとプロテオグリカンの構造と機能を説明せよ．

5 アミノ酸，ペプチド

概 要 遺伝情報は核酸が担うが，その情報の実行役，生命現象の担い手として主役ともいうべきは**タンパク質**である．多彩な機能を担うタンパク質は，基本的には20種類の**標準アミノ酸**が重合したものである．また，アミノ酸には，生理活性物質やその前駆体としてはたらくものもある．まずは，標準アミノ酸の基本的な構造・性質と，ペプチドやタンパク質の精製や同定に使われる基本的な方法を理解しよう．

行動目標

1. 標準アミノ酸の構造式，三文字表記，一文字表記を示し，側鎖の特徴に基づいて分類することができる．
2. ペプチド結合の定義とポリペプチドの基本構造を説明できる．
3. タンパク質の分離・精製で使われる方法を説明できる．
4. ポリペプチドの一次構造解析法を説明できる．

5・1 標準アミノ酸

タンパク質は通常，標準アミノ酸とよばれる20種類のアミノ酸で構成されている．

5・1・1 標準アミノ酸の構造

アミノ酸 amino acid

＊ カルボキシ基に隣接する炭素（α炭素）にアミノ基をもつアミノ酸．

アミノ酸は，同一分子内に**アミノ基**（$-NH_3$）と**カルボキシ基**（$-COOH$）をもつ化合物の総称である．アミノ基とカルボキシ基が同一の炭素原子に結合しているもの*を**α-アミノ酸**といい，標準アミノ酸のうち19種類は，一般式 $R-CH(NH_2)-COOH$ で表される．生理的なpHにおいては，双性イオン $R-CH(NH_3^+)-COO^-$ として存在する．標準アミノ酸の残る1種である**プロリン**は，側鎖（R）の末端がN原子につながって五員環を形成した第二級アミンである．アミノ酸は，側鎖の違いにより異なる性質を示す．

不斉炭素原子 asymmetric carbon atom

光学異性体 optical isomer

グリシン（R=H）を除く19種類の標準アミノ酸は，**不斉炭素原子**をもち，**光学異性体**が存在する．天然のタンパク質を構成するα-アミノ酸は，基本的にL-アミノ酸である．このDL表示は，4章で学んだように，グリセルアルデヒドの立体配置を基準としている．標準アミノ酸の基本構造をフィッシャー投影式で図5・1に示す．カルボキシ基を上，炭素鎖（側鎖）が下に続くように書くと，標準アミノ酸のアミノ基は，L-グリセルアルデヒドの2位ヒドロキシ基と同じ向きで左側になる．各標準アミノ酸の名称，三文字表記，一文字表記，および側鎖の構造を表5・1に示す．

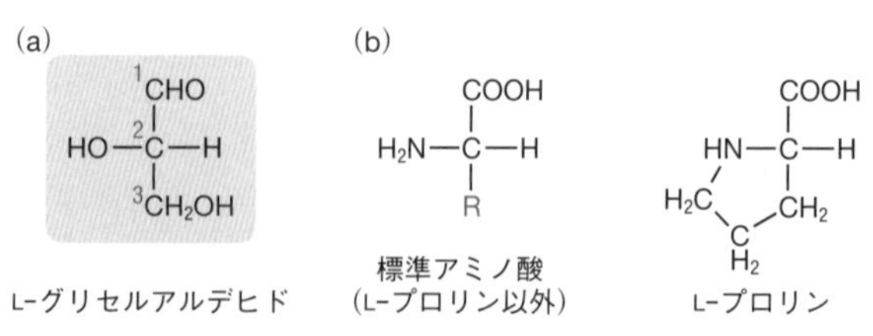

図5・1 標準アミノ酸の基本構造 (a) L-グリセルアルデヒド，(b) 標準アミノ酸のフィッシャー投影式．

表5・1　標準アミノ酸の名称，三文字表記，一文字表記と側鎖の構造

側鎖が無極性	側鎖が極性	
	側鎖が無電荷	側鎖が中性 pH で電荷をもつ
グリシン，Gly，G $-H$	セリン，Ser，S $-CH_2OH$	アスパラギン酸，Asp，D $-CH_2COO^-$
アラニン，Ala，A $-CH_3$	トレオニン，Thr，T $-CH(OH)CH_3$	グルタミン酸，Glu，E $-CH_2CH_2COO^-$
バリン，Val，V $-CH(CH_3)_2$	システイン，Cys，C $-CH_2SH$	リシン，Lys，K $-CH_2CH_2CH_2CH_2NH_3^+$
ロイシン，Leu，L $-CH_2CH(CH_3)_2$	アスパラギン，Asn，N $-CH_2CONH_2$	アルギニン，Arg，R $-CH_2CH_2CH_2NHC(=NH_2^+)NH_2$
イソロイシン，Ile，I $-CH(CH_3)CH_2CH_3$	グルタミン，Gln，Q $-CH_2CH_2CONH_2$	ヒスチジン，His，H 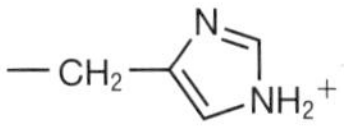 $-CH_2-$（N，NH_2^+ を含むイミダゾール環）
メチオニン，Met，M $-CH_2CH_2SCH_3$	チロシン，Tyr，Y 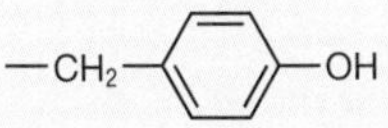 $-CH_2-C_6H_4-OH$	
フェニルアラニン，Phe，F 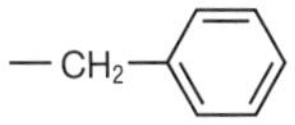 $-CH_2-C_6H_5$		
トリプトファン，Trp，W 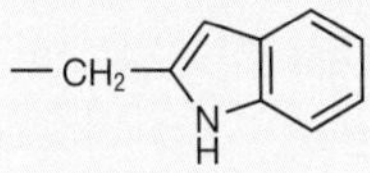 $-CH_2-$（NH を含むインドール環）		
プロリン，Pro，P 図5・1参照		

5・1・2　標準アミノ酸の基本的性質

標準アミノ酸は，側鎖の極性や解離基の有無によって分類できる（表5・1）．無極性の側鎖は水への親和性が低いので，そのような側鎖をもつものは**疎水性アミノ酸**とよばれる．一方，極性側鎖は水との親和性が高いので，**親水性アミノ酸**とよばれる．極性側鎖が中性 pH で正電荷をもつものを**塩基性アミノ酸**，負電荷をもつものは**酸性アミノ酸**，無電荷のものは**中性アミノ酸**という．トリプトファンは通常無極性に分類されるが，インドール環の N−H は，環境によっては水素結合をすることがある．システインの側鎖スルファニル基（−SH）は，酸化により**ジスルフィド結合**（−S−S−）を形成する（図5・2）．

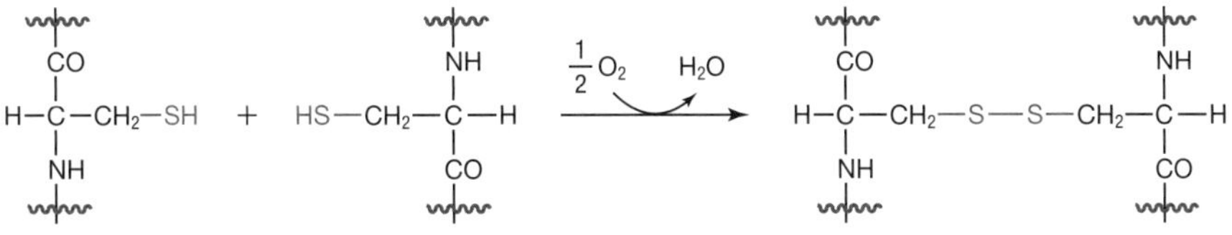

$$\text{(CO)(NH)}H-C-CH_2-SH + HS-CH_2-C-H\text{(NH)(CO)} \xrightarrow[\frac{1}{2}O_2 \;\; H_2O]{} \text{(CO)(NH)}H-C-CH_2-S-S-CH_2-C-H\text{(NH)(CO)}$$

図 5・2　二つのシステイン残基間のジスルフィド結合の形成

等電点 isoelectric point

例題 5・1　アスパラギン酸の解離基の酸解離定数は，$pK_1=1.99$（カルボキシ基），$pK_R=3.90$（側鎖），$pK_2=9.90$（アミノ基）である．pH を強酸性条件から強塩基性条件まで変化させたとき，アスパラギン酸の構造はどのように変わるかを書け．また，**等電点** pI（総電荷が 0 となる pH）を計算せよ．

解　答　アスパラギン酸の構造は pH が上がるとともに次のように変化する．

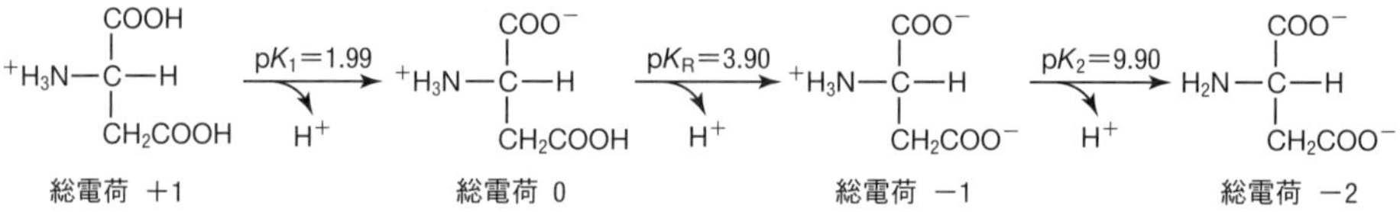

$^+H_3N-CH(COOH)-CH_2COOH$ （総電荷 +1） $\xrightarrow{pK_1=1.99}$ ($-H^+$) $^+H_3N-CH(COO^-)-CH_2COOH$ （総電荷 0） $\xrightarrow{pK_R=3.90}$ ($-H^+$) $^+H_3N-CH(COO^-)-CH_2COO^-$ （総電荷 −1） $\xrightarrow{pK_2=9.90}$ ($-H^+$) $H_2N-CH(COO^-)-CH_2COO^-$ （総電荷 −2）

この場合，総電荷が 0 となる等電点の前後でイオン状態が変化する解離基は，α-カルボキシ基（$pK_1=1.99$）と側鎖カルボキシ基（$pK_R=3.90$）である．pI は，この二つの解離基の酸解離定数の平均として次のように計算できる．

$$pI = \frac{pK_1+pK_R}{2} = \frac{1.99+3.90}{2} = 2.95$$

復習問題 5・1　リシンの解離基の酸解離定数は，$pK_1=2.16$（カルボキシ基），$pK_2=9.06$（アミノ基），$pK_R=10.54$（側鎖），である．等電点 pI を計算せよ．

5・1・3　生理活性物質としてのアミノ酸

アミノ酸には，**グリシン**や**グルタミン酸**のように神経伝達物質として機能するものもある．また，グルタミン酸の誘導体 γ-アミノ酪酸（GABA），チロシンの誘導体ドーパミンやチロキシン，ヒスチジンの誘導体ヒスタミン，トリプトファンの誘導体セロトニンなど，さまざまなアミノ酸誘導体が神経伝達物質や生理活性物質としてはたらいている（図 5・3）．

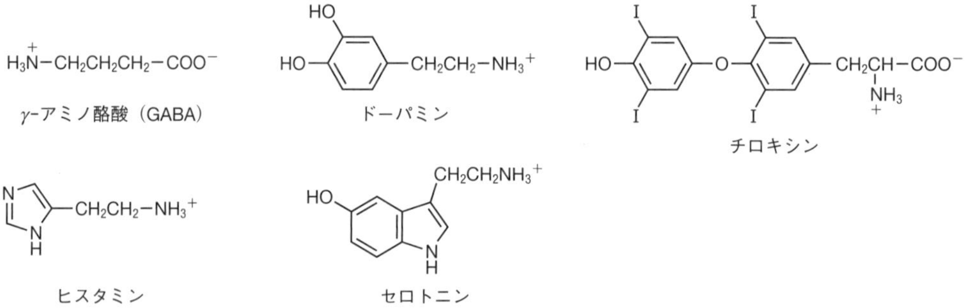

図 5・3　生理活性をもつアミノ酸誘導体

5・2　オリゴペプチド，ポリペプチド

アミノ酸は，分子間でアミノ基とカルボキシ基が脱水縮合することにより，直鎖状ポリマーを生じる．このことにより，さまざまな機能が生み出される．

5・2・1 オリゴペプチド，ポリペプチドの基本構造

α-アミノ基と α-カルボキシ基によるアミド結合を**ペプチド結合**という．アミノ酸が 2 個つながったものは**ジペプチド**，3 個ならば**トリペプチド**，数個の場合は**オリゴペプチド**とよばれる．さらに多数つながったものは**ポリペプチド**である．**タンパク質**とよばれるものは 50 残基以上のことが多いが，ポリペプチドとタンパク質という語の使い分けは明確ではない．ポリペプチドを形成している個々のアミノ酸を**アミノ酸残基**という．また，ペプチド結合にかかわる原子や官能基のつながりを**主鎖**とよぶ．重合したペプチドの両端は，アミノ基またはカルボキシ基が結合をつくらずに残る．遊離のアミノ基が残る側を**アミノ末端**（**N 末端**，N 端），カルボキシ基が残る側を**カルボキシ末端**（**C 末端**，C 端）とよぶ（図 5・4）．

ペプチド結合
peptide bond, peptide linkage

アミノ酸残基
amino acid residue

アミノ末端（N 末端）
amino terminus（N-terminus）

カルボキシ末端（C 末端）
carboxy(l) terminus
（C-terminus）

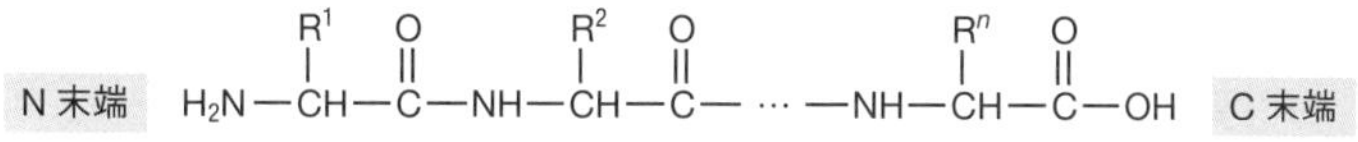

N 末端 $H_2N-CH(R^1)-C(=O)-NH-CH(R^2)-C(=O)- \cdots -NH-CH(R^n)-C(=O)-OH$ C 末端

図 5・4 ポリペプチドの構造

5・2・2 アミノ酸組成とアミノ酸配列

個々のペプチドやタンパク質がどのアミノ酸何個からできているかを**アミノ酸組成**といい，アミノ酸の並び順を**アミノ酸配列**（**一次構造**）という．タンパク質のモル質量や等電点などの性質は，アミノ酸組成により決まる．酸性アミノ酸の数が塩基性アミノ酸より多いと，中性 pH では全体として負電荷をもち，等電点は 7 より小さい．等電点は，溶解度やイオン交換クロマトグラフィーにおけるタンパク質の挙動などに関係する．しかし，個々のペプチドやタンパク質がもつ固有の立体構造やさまざまな機能に大きく影響するのは，アミノ酸組成よりもアミノ酸配列である．

アミノ酸組成
amino acid composition

アミノ酸配列
amino acid sequence

5・3 タンパク質の精製や分析の基礎

タンパク質の精製は，溶解度，電荷，極性，分子の大きさ，結合特異性などの性質がタンパク質の種類によって異なることを利用した分画により行われる．

5・3・1 塩析と透析

a. 塩 析 高濃度の塩類（たとえば硫酸アンモニウム）を加えることによってタンパク質の**溶解度**を下げて沈殿させる方法である．どのような塩濃度で塩析されるかは，タンパク質によって異なる．また，pH によってもタンパク質の溶解度は異なり，等電点で最小となる．このような性質の違いを利用して，目的タンパク質を不純物と分離したり，濃縮したりすることができる．塩析では高濃度の塩を用いるが，塩析ののち，過剰の塩を透析によって取除くことができる．

塩 析 salting out

b. 透 析 溶質の拡散を利用する方法で，水などの小さい分子は自由に通すが大きい分子は通さない**半透膜**を用いる．半透膜のチューブにタンパク質の溶液を入れて緩衝液などの外液に浸すと，タンパク質はチューブ内に留まったまま，小さ

透 析 dialysis

い分子は膜の内外を自由に拡散する．このことにより，タンパク質画分に含まれている低分子（たとえば塩析に用いた塩）を取除いたり，溶媒の緩衝液を外液の緩衝液と入れ換えたりすることができる．

5・3・2 カラムクロマトグラフィー

クロマトグラフィーは，溶液中の可溶性物質が不溶性固相担体を通過するときに，相互作用などにより移動速度に差が生じることを利用して分離する方法である．

イオン交換クロマトグラフィー
ion exchange chromatography

a. イオン交換クロマトグラフィー　タンパク質と固定相の静電的相互作用を利用する方法で，陽イオン基をもつ陰イオン交換体，あるいは陰イオン基をもつ陽イオン交換体を固定相に用いる．タンパク質は，その等電点よりも高い pH では陰イオンとなるので陰イオン交換体に吸着し，等電点よりも低い pH では陽イオン交換体に吸着する（図 5・5 a）．吸着したタンパク質は，移動相の塩濃度や pH を変えることによって溶出する．等電点の違いを利用してタンパク質を分画することができる．

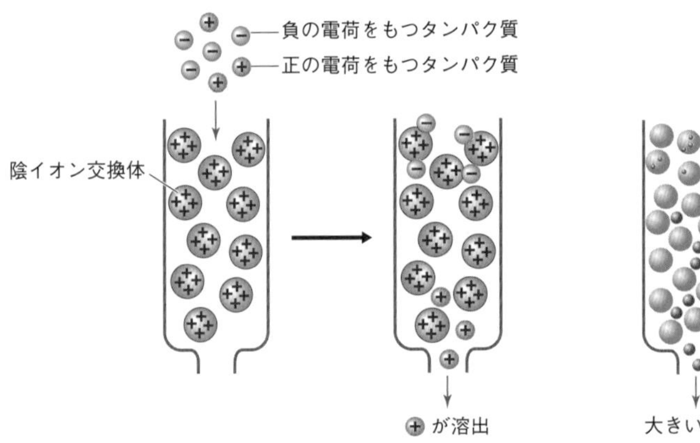

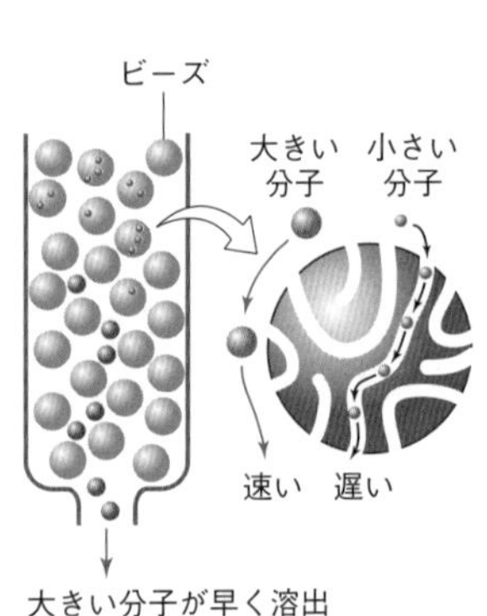

図 5・5　カラムクロマトグラフィー

疎水性クロマトグラフィー
hydrophobic interaction chromatography

b. 疎水性クロマトグラフィー　タンパク質と固定相の疎水性相互作用を利用する．高塩濃度では疎水性相互作用が強く，吸着しやすくなる．溶出は，移動相の塩濃度を下げる，界面活性剤の濃度を上げる，pH を変えることなどにより行う．

ゲル沪過クロマトグラフィー
gel-filtration chromatography

c. ゲル沪過クロマトグラフィー　ほぼ一定の大きさの孔をもつビーズを固定相に用いる（図 5・5 b）．孔よりも小さな分子は孔の中の溶媒にも拡散するのに対し，孔に入れない大きな分子は拡散可能な容積が限られるので，大きな分子のほうが早く溶出する．大きさに応じて分子を分けることに用いられる．分子量既知のタンパク質を指標とすることにより目的タンパク質の分子量を推定することもできる．

アフィニティークロマトグラフィー　affinity chromatography

d. アフィニティークロマトグラフィー　特定の分子（リガンド）と非共有結合する性質をもつタンパク質は，リガンドを固定した固相担体に特異的に吸着させることができる．そして，移動相にある濃度のリガンドを流せば，固定相から溶出させることができる．このことにより，目的のタンパク質を高効率で分離することができる．例として，固定相に目的タンパク質に対する抗体を固定した免疫アフィニティークロマトグラフィーがある．また，ヒスチジンが連続したHisタグを末端に付加したタンパク質は，Ni^{2+}などの金属イオンをつけた固定相に結合させて精製することができる．

5・3・3　電気泳動

電気泳動は，荷電した物質が電場内で移動する現象である．タンパク質を電場に置くと，電荷の正負によって，陰極または陽極のどちらかに引き寄せられる（図5・6a）．電極から受ける加速度の大きさは，タンパク質の電荷密度に依存する．**ポリアクリルアミドゲル電気泳動（PAGE）**では，ポリアクリルアミドが重合して網目状の構造となったゲルの中を移動するので，タンパク質は大きさに応じて網目による抵抗（ふるい効果）を受ける（図5・6b）．受ける加速度とふるい効果はタンパク質の種類によって異なるので，移動速度の違いにより分離することができる．移動相のpHが等電点と等しいと，タンパク質は無電荷になるのでどちらの方向にも移動しない．このことを利用した**等電点電気泳動**は，ゲル内にpH勾配を形成することにより，タンパク質を等電点に応じて分離する方法である．

電気泳動 electrophoresis

PAGE：polyacrylamide gel electrophoresis

等電点電気泳動 isoelectric focusing

タンパク質の分離・分析では，界面活性剤である**ドデシル硫酸ナトリウム（SDS）**を加えたSDS-PAGEがよく用いられる．SDSの存在下では，タンパク質は変性してたくさんのSDS分子で覆われた状態になり，一様に負電荷をもつ．そのため，種類によらずほぼ同等の電荷密度をもつことになり，陽極方向に等しい加速度を受ける．一方，アクリルアミドゲルの網目によって受けるふるい効果は，分子の大きさに依存するので，タンパク質は分子量に依存して分離される．SDS-PAGEでは，分子量既知のタンパク質を指標として目的タンパク質の大きさを知ることができる．

SDS：sodium dodecyl sulfate

二次元電気泳動は，等電点電気泳動により分離したのち，それと垂直の方向にSDS-PAGEを行って試料を二次元に展開する方法である（図5・7）．これにより，細胞の抽出液など，非常に多種類のタンパク質を含む試料を分離することができる．

二次元電気泳動 two-dimensional electrophoresis

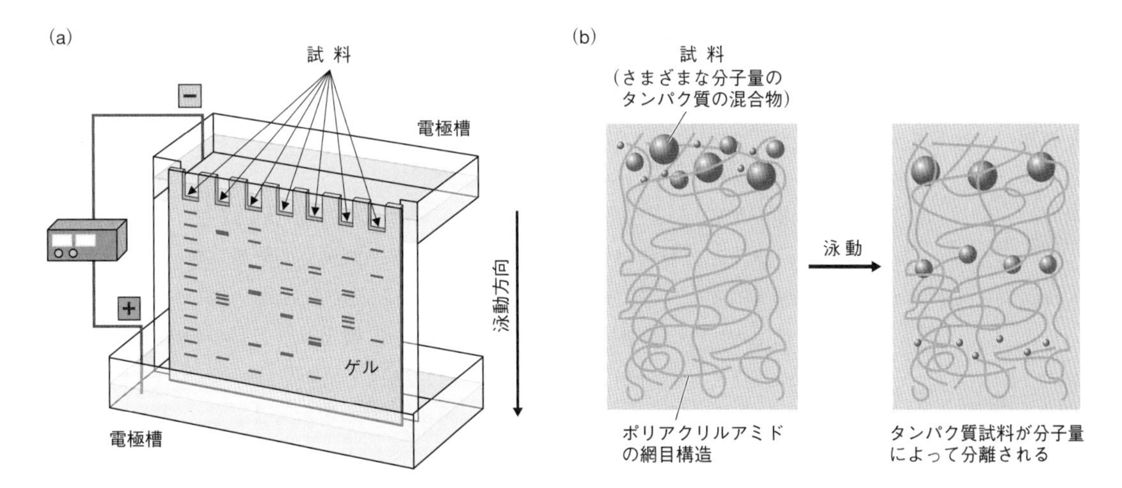

図5・6　ポリアクリルアミドゲル電気泳動　(a) SDS-PAGEの方法の概略．(b) ポリアクリルアミドゲルのふるい効果によるタンパク質の分離．

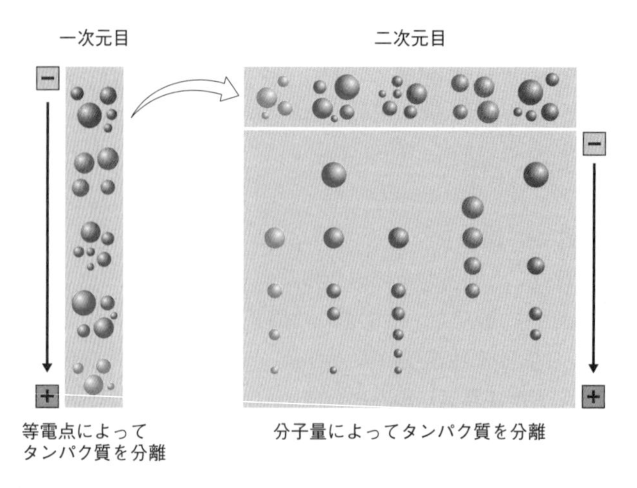

図 5・7　二次元電気泳動

5・4　タンパク質の一次構造解析法

タンパク質の一次構造解析には，エドマン分解や，質量分析が用いられる．

5・4・1　エドマン分解による一次構造解析

エドマン分解
Edman degradation

エドマン分解は，**フェニルイソチオシアナート**を用いてポリペプチドのN末端残基のみを修飾・切断し，得られるアミノ酸誘導体を同定する方法である．このとき，残りのポリペプチドは無傷のまま残るので，反応を繰返すことによって2番目以降のアミノ酸残基を順次同定することができる．ジスルフィド結合がある場合は，2-メルカプトエタノールなどで切断し，システインのスルファニル基（−SH）をヨード酢酸でアルキル化してジスルフィドを再生しないようにしておく．

エドマン分解による方法は，プロテインシークエンサーとして自動化されており，数十残基を連続して同定することができる．しかし，タンパク質は通常数百残基の長さがあるので，全配列を決定するためには，プロテアーゼや化学試薬による特異的な切断を複数の方法で行い，重複部分をもつ断片を解析してデータをつなぎ合わせる．

5・4・2　質量分析による一次構造解析

質量分析（MS）
mass spectrometry

質量分析（MS）は，気相中のイオンの質量と電荷の比（m/z）を正確に測る方法である．タンパク質やペプチドの同定や，アミノ酸配列の解析に用いることができる．質量分析は，① 試料をイオン化するイオン源，② イオン化した試料を質量と電荷の比（m/z）に基づいて分離する分析部，③ 検出器，の三つの構成成分からなる（図5・8）．

MALDI：matrix assisted laser desorption/ionization

ESI：electrospray ionization

a. イオン化の方法　　**マトリックス支援レーザー脱離イオン化（MALDI）**や**エレクトロスプレーイオン化（ESI）**がある．MALDIは，田中耕一博士のノーベル化学賞受賞（2002年）に関連するもので，不揮発性のタンパク質を壊さずに1価のイオンとして気化する．ESIでは，タンパク質を多価イオンとして気化する．

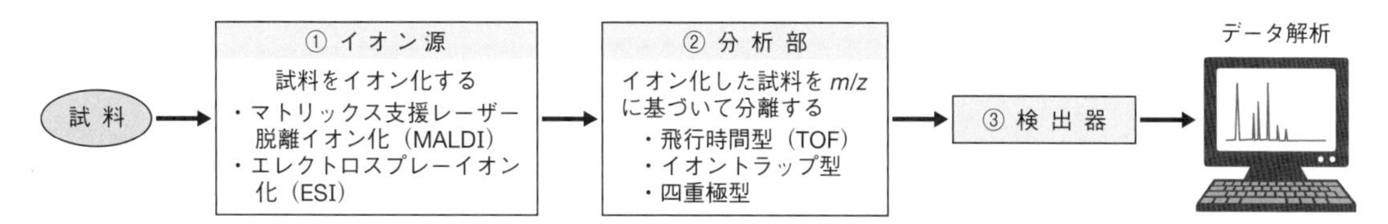

図 5・8 質 量 分 析

b. *m/z* 比に基づいた分離方法　一つは**飛行時間型（TOF）**分析で，高電圧で加速したイオンが一定距離を飛行する時間が質量に依存することを利用して分離する．一方，**イオントラップ型**や**四重極型**分析計では，高周波電圧を利用して特定の *m/z* のイオンを分離する．MALDI は固体表面に塗布したタンパク質試料を用いるので，MALDI と TOF を組合わせた方法は，二次元電気泳動で分離された微量のタンパク質の質量を測定するのに適している．ESI はタンパク質溶液を用いるので，ESI と四重極型分析計を組合わせた方法は，HPLC で分離したポリペプチドを同定・分析するのに利用される．アミノ酸配列に関する情報は，二つの質量分析部を直列につないだ**タンデム質量分析計（MS/MS）**で得ることができる．ESI でイオン化し，一つ目の分析部で特定の *m/z* 比の単一タンパク質イオンを分離してアルゴンガスなどとの衝突により断片化する．そして，二つ目の質量分析部で断片の *m/z* スペクトルを得る．このスペクトルからアミノ酸配列を知ることが可能である．

TOF: time of flight

HPLC: high performance liquid chromatography，高速液体クロマトグラフィー

5・4・3 アミノ酸配列と進化の関係

生物は進化の過程で，タンパク質のアミノ酸配列の情報を遺伝子として受け継いできた．長い進化の歴史のなかでアミノ酸配列は少しずつ変化した．しかし，機能的あるいは構造的に重要なアミノ酸は保存されている．アミノ酸配列が類似しているタンパク質どうしを比較すると，機能的・構造的に重要なアミノ酸を推測することができ，さらにたくさんのタンパク質間で類似性を比較することにより，進化の過程を推測することができる（図 5・9）．

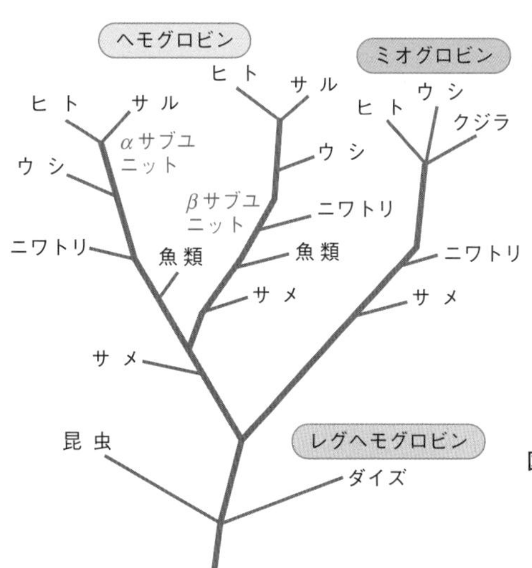

図 5・9 ミオグロビンとヘモグロンの系統樹　ミオグロビン，ヘモグロビンについては 7 章を参照．［出典: R. E. Dickerson and I. Geis, "Hemoglobin: Structure, Function, Evolution, and Pathology", Benjamin-Cummings (1983) に基づいて作成．］

■ 章末問題

5・1　標準アミノ酸のうち Ala，Arg，Asn，Asp，Cys，Gln，Glu，Gly，Pro，Ser，Tyr は，成人の体内で十分に合成することができる．このなかで，Glu と炭素数が同じである三つのアミノ酸は，Glu を前駆体として合成される．どのアミノ酸か．

5・2　(a) はオキシトシン，(b) はサブスタンス P という生理活性ペプチドの一次構造である．いずれも C 末端のカルボキシ基がアミド化されている．どちらのほうが pH 7.0 の条件で陽イオン交換樹脂とより相互作用しそうか．

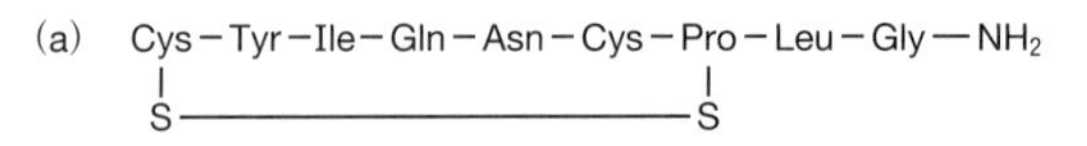

5・3　チロシンやトリプトファンは 280 nm 前後の紫外線を吸収するので，280 nm の吸光度がタンパク質の検出や定量に用いられる．5・2 の二つのペプチドは，280 nm の吸光度測定で検出できそうか．

5・4　タンパク質 X を，分子質量既知のタンパク質とともにゲル沪過クロマトグラフィーを行ったところ，200 kDa であることがわかった．一方，SDS-PAGE では 50 kDa に相当する単一のバンドが得られた．タンパク質 X の構造について，どのようなことが推測されるか．（ヒント：§6・5・1）

5・5　質量分析はペプチドの同定や配列決定に重要な方法であるが，ペプチド中のアミノ酸残基のなかで側鎖のイオン化の有無によらず分子質量が等しいアミノ酸残基が一組ある．その二つのアミノ酸はどれか．

タンパク質の立体構造 6

概要 タンパク質の多くは固有の立体構造をもち，そのことが機能と関連している．タンパク質の形はさまざまであるが，主鎖の折りたたみ構造（二次構造），三次構造や四次構造には，それぞれ，多くのタンパク質に共通した特徴がある．タンパク質が固有の立体構造に組上がるための情報は，自身の一次構造にあると考えることができる．また，その折りたたみの過程は，ランダムに進行するのではなく，ある程度の道筋があると考えられる．タンパク質はどのような原理に基づいて固有の立体構造を形成するのだろうか？

行動目標

1. タンパク質構造の階層性を説明できる．
2. ポリペプチドのコンホメーションを制限する要因を説明できる．
3. 規則的二次構造の種類と特徴を説明できる．
4. 水溶性タンパク質の立体構造におけるアミノ酸の分布を説明できる．
5. ドメインの構造的意義と機能的意義を説明できる．
6. タンパク質の立体構造解析法を説明できる．
7. タンパク質構造の安定化に寄与する力を説明できる．
8. 分子シャペロンの役割とタンパク質フォールディング病を説明できる．

6・1 タンパク質の多様な立体構造

タンパク質はそれぞれ固有の立体構造をもち，その形はさまざまである．しかし，その多様な立体構造にも，いろいろな階層においてある程度の共通性がみられる．

6・1・1 タンパク質構造の階層性

タンパク質の構造にはいくつかの階層がある．ポリペプチド鎖中のアミノ酸残基の並び順（§5･2･2 を参照）が**一次構造**である．多くのタンパク質で，ポリペプチド鎖は固有の形に折れたたまれている．主鎖部分がどのように空間的に配置するかを**二次構造**という．さらに側鎖の空間配置を含めた三次元構造を，**三次構造**とよぶ．タンパク質には，立体構造を形成したタンパク質ユニットが二つ以上会合して機能しているものが多い．このとき，個々のポリペプチド鎖からなるタンパク質ユニットを**サブユニット**といい，サブユニットの空間配置を**四次構造**とよぶ．

一次構造 primary structure
二次構造 secondary structure
三次構造 tertiary structure
サブユニット subunit
四次構造 quaternary structure

6・1・2 タンパク質立体構造の視覚化

タンパク質の立体構造表示では，目的に応じてさまざまな表示方法を使う．図6・1に，その例を示す．

a. 棒球モデル 個々の原子の位置を示すことができる．色を変えて表示すれば，特定のアミノ酸残基の位置や向きを示すのに都合がよい．しかし，タンパク質は原子の数が多いので，すべてを棒球モデルで示すと非常に混み合った画像になる．

棒球モデル ball-and-stick model

b. 実体モデル 各原子のファンデルワールス半径を表示したもので，タンパク質全体の形や表面のくぼみなどを知るのに都合がよい．また，正電荷と負電荷を色分けすれば，タンパク質表面に電荷がどのように分布しているかがわかりやすい．これは，タンパク質と医薬品との相互作用を示すときなどに役に立つ．しか

実体モデル space-filling model

し，タンパク質の内部の構造や二次構造を見ることはできない．

バックボーンモデル
backbone model

c. バックボーンモデル　主鎖の構造のみを表示する．主鎖をたどるには便利であるが，タンパク質表面の形などはわからない．

リボンモデル ribbon model

d. リボンモデル　特徴的な二次構造をリボンのような帯で表示する．どの二次構造がどこにあるかを見るのに都合がよい．しかし，タンパク質表面の形などはわかりにくい．

目的によっては，特徴の異なる2通りの表示方法を組合わせることもよくある．たとえば，主鎖をリボンモデルで表示し，着目する特定のアミノ酸を棒球モデルで表示することもよく行われる．

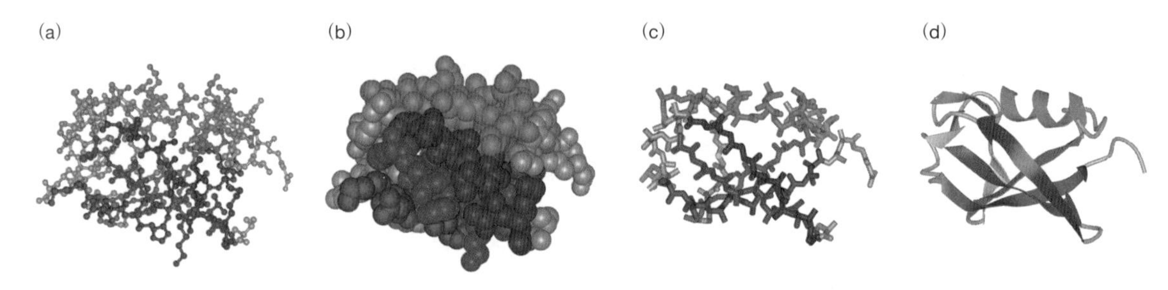

図 6・1　タンパク質の立体構造表示法　ユビキチンの（a）棒球モデル，（b）実体モデル，（c）バックボーンモデル，（d）リボンモデル．［出典：PDB 1UBQ］

6・1・3　さまざまな形のタンパク質

繊維状タンパク質
fibrous protein

球状タンパク質
globular protein

図6・2に実体モデルで示すように，タンパク質の形は実にさまざまである．しかし，個々のタンパク質にとってはそれが固有の形である．コラーゲンは，細長い形をしている．このような形状のタンパク質を**繊維状タンパク質**という．図6・2に示したコラーゲン以外のタンパク質は，**球状タンパク質**とよばれる．

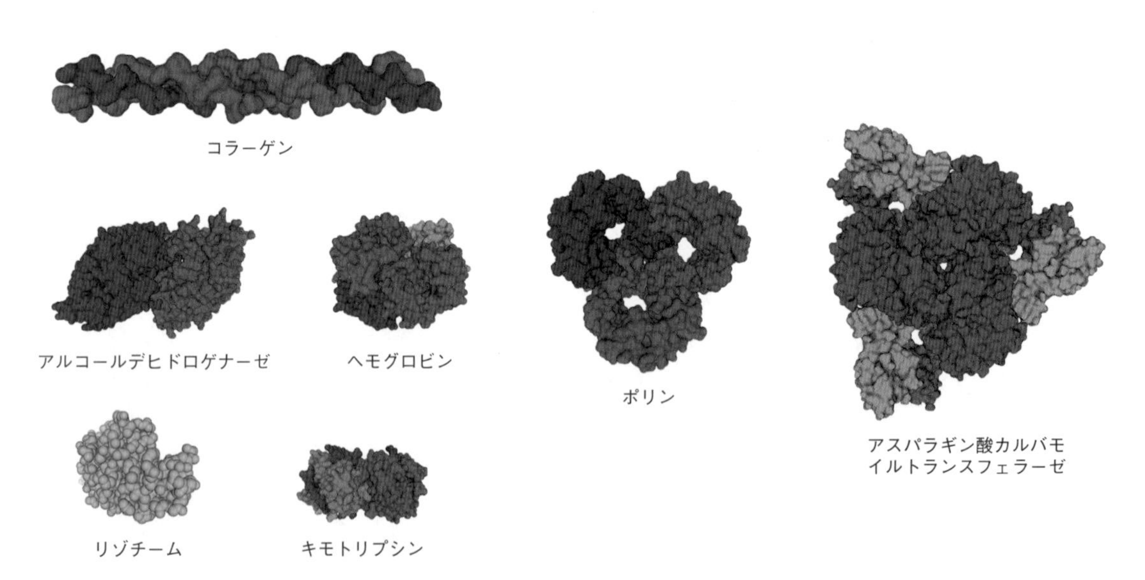

図 6・2　いろいろなタンパク質の形　［出典：PDB，（上段）1CAG，（中段左から）1AXG，1SI4，1OPF，5AT1，（下段左から）1HEW，4CHA］

6・2 二次構造

図6・2のようにまったく異なって見えるタンパク質構造に，何か共通性はないのだろうか？ タンパク質の二次構造を見てみると，多くのタンパク質に共通して見られる構造があることがわかる．そのような二次構造に，**αヘリックス**と**βシート**がある．タンパク質の立体構造をリボンモデルで表示するとき，αヘリックスを形成する主鎖部分をらせん状のリボンで，βシートを形成する主鎖部分を矢印の形のリボンで示す（図6・1d）．βストランドの矢印はN端からC端に向かう方向で描く．

6・2・1 αヘリックスの特徴

αヘリックス α-helix

タンパク質の立体構造がX線結晶解析によって明らかにされるようになると，多くのタンパク質に共通してαヘリックスが見られることが明らかになった．タンパク質として最初に立体構造が明らかにされたのは，筋肉の酸素運搬タンパク質ミオグロビン*である．図6・3(a) は，ミオグロビンのタンパク質部分をリボンモデルで，補欠分子族として結合しているヘムを棒球モデルで示している．ミオグロビンには，8本のαヘリックスがある．

* ミオグロビンの機能については7章を参照．

αヘリックスは，右巻きのらせん構造で，3.6 残基でらせんが一巻きする．n 番目の残基のペプチド C=O が，$(n+4)$ 番目のペプチド N−H とらせん軸方向に水素結合をつくっている（図6・3b）．ヘリックスの内部は各原子が接触してきっちりと充填されていて隙間はなく．側鎖はらせん構造の外側を向く（図6・3c）．

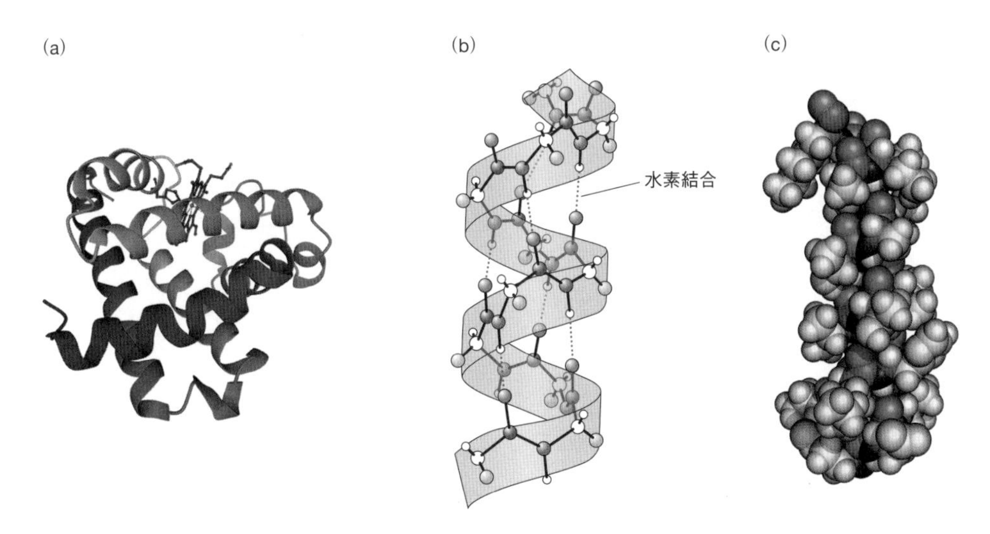

図6・3 αヘリックス (a) ミオグロビンの立体構造．(b) αヘリックスの棒球モデル．(c) αヘリックスの実体モデル．[出典：(a, c) PDB 1A6M]

6・2・2 βシートの特徴

βシート β-sheet
βストランド β-strand
平行βシート parallel β-sheet
逆平行βシート antiparallel β-sheet

βシートは，伸びたポリペプチド鎖（**βストランド**）が並んでつくるシート状の構造であり，隣り合う鎖の間に水素結合が形成されている．隣り合ったポリペプチド鎖の向きが同じものが**平行βシート**（図6・4a），逆のものが**逆平行βシート**

（図 6・4 b）である．平行 β シートでは，逆平行 β シートに比べて水素結合がひずむ．そのため，平行 β シートは，逆平行 β シートよりも不安定である．

β ストランドのコンホメーションは完全に伸びた形ではなく，β シートはプリーツ（ひだ）のある構造である．アミノ酸側鎖は，シートに垂直な方向に交互に逆向きに突き出している（図 6・4 c）．さらに，β シートは，平面状ではなく，必ず右巻きにねじれたシートである（図 6・4 d）．

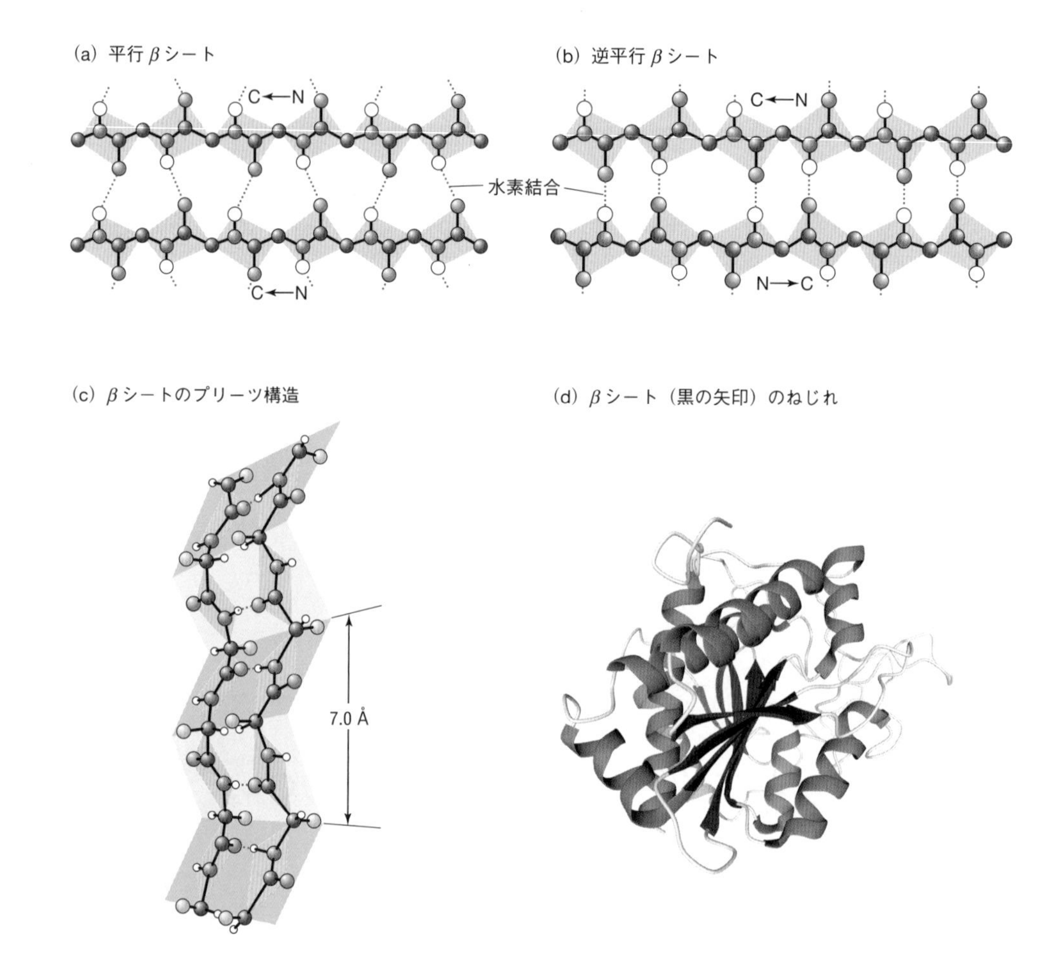

図 6・4　β シート　［出典：(d) PDB 3CPA］

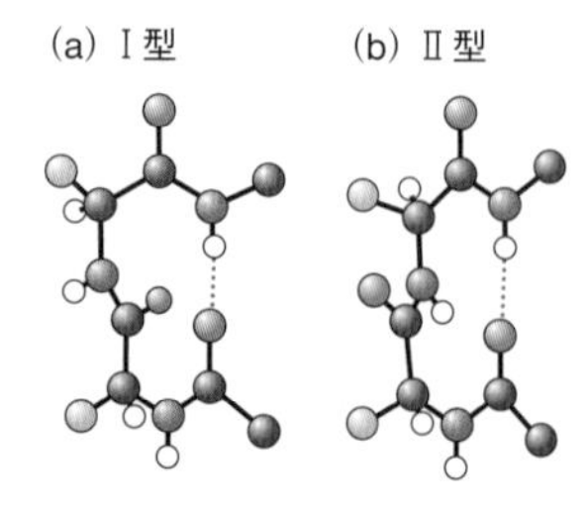

図 6・5　β ターン　2 番目と 3 番目の残基のコンホメーションの違いによってⅠ型とⅡ型の 2 通りの構造がある．

逆平行の β ストランドは，短いペプチド鎖でつなぐことができる．最短の鎖でつなぐとき，折返し部分の構造を**ターン**とよぶ．ターンは，4 個の連続したアミノ酸残基からなり，1 番目の残基のカルボニル基と 4 番目の残基のアミド基の間に水素結合がある（図 6・5）．また，逆平行 β ストランドは長いセグメントでつなぐこともできる．これに対し，平行の β ストランドは，長いセグメントで β シート平面を乗り越えないとつなぐことができない．これらの長いセグメントは，α ヘリックスなどの規則的二次構造をとることもよく見られる（§6・4・3，図 6・10 a）．規則的な二次構造の間をつなぐ規則性をもたない主鎖の折りたたみ構造は，**ループ**とよばれる．

6・3 二次構造の形成原理

ポリペプチドが固有の二次構造を形成するのは，どのような原理に基づくのかを見ていこう．

6・3・1 コンホメーションを制限する要因

a. ペプチド結合の平面性 まずは，**ペプチド結合**の構造的な性質を理解しておこう．ペプチド結合（アミド結合）は，図6・6(a)に示す共鳴により，C−N結合が40%の二重結合性を帯びている．そのため，ペプチド結合は平面構造をとっており，カルボニル基の炭素原子と酸素原子，アミノ基の窒素原子と水素原子，およびペプチド結合をはさんだ二つの α 炭素原子の合計6個の原子は，すべて同じ平面上にある．二つの α 炭素原子は多くの場合トランスに位置し，ペプチド結合のトランス形とシス形（図6・6b）の比は，およそ1000：1である．この理由は，シス形はトランス形に比べ隣接側鎖間に立体障害が生じやすく不安定となるからである．ただし，プロリン残基は例外的に側鎖がアミノ基の窒素原子と共有結合しているため，直前のペプチド結合では立体障害が小さく，約10%がシス形をとる．

ペプチド結合 peptide bond

図6・6 ペプチド結合の平面性

b. コンホメーションの自由度 分子の立体構造は，一般的に各原子の**空間座標**（x, y, z）により記載する．タンパク質の立体構造も，同様に空間座標で記載することができる．しかし，ペプチド結合のほとんどがトランス形で平面構造をもつので，主鎖のコンホメーションを C_α をはさんで隣り合った単結合の**二面角**（回転角）で記載することも可能である．すなわち，各アミノ酸残基の C_α−N結合の二面角 φ と，C_α−C結合の二面角 ψ で記載することができる．C_α 原子からN原子またはC原子を見たときに右回りの方向に大きくなると定義し，φ, ψ ともに−180°から180°までの値をとり，φ は C_α−C結合とN−C結合が反対側にあるとき，ψ はN−C_α 結合とC−N結合が反対側にあるときを180°とする（図6・7a）．

二面角 dihedral angle

なおグリシンを除くアミノ酸残基では，C_α 原子に結合する置換基がすべて異なるため C_α は不斉炭素であり，鏡像異性体が存在する．天然に存在するタンパク質は，細菌の細胞壁などわずかな例外を除いて，すべてL型アミノ酸から構成されている．

二面角 φ を横軸，ψ を縦軸にとって，タンパク質中の各アミノ酸残基における二つの二面角の組合わせをプロットしたグラフを，**ラマチャンドラン・ダイアグラム**という．たくさんのタンパク質について調べると，φ と ψ の組合わせがラマチャンドラン・ダイアグラムの限られた領域に集中していることがわかる（図6・7b）．これは，φ と ψ の組合わせによっては立体障害が起こり，許容されないからである

ラマチャンドラン・ダイアグラム Ramachandran diagram

(図 6・7 c)．このように，タンパク質のコンホメーションの自由度は立体的な制約を受けており，φ と ψ の組合わせの大部分は立体障害により許容されない．これに対し，グリシンは置換基が水素原子であるため立体的な制限が少なく，他のアミノ酸残基では許容されないコンホメーションをとることができる．逆にプロリン残基はコンホメーションの自由度が小さく，φ が $-60°$ 前後に限られる．規則的二次構造とよばれる α ヘリックスや β シートでは，二面角はほぼ一定の値をとっている．たとえば，α ヘリックスでは，φ は約 $-60°$，ψ は約 $-45°$ である (図 6・7 d)．

規則的二次構造
regular secondary structure

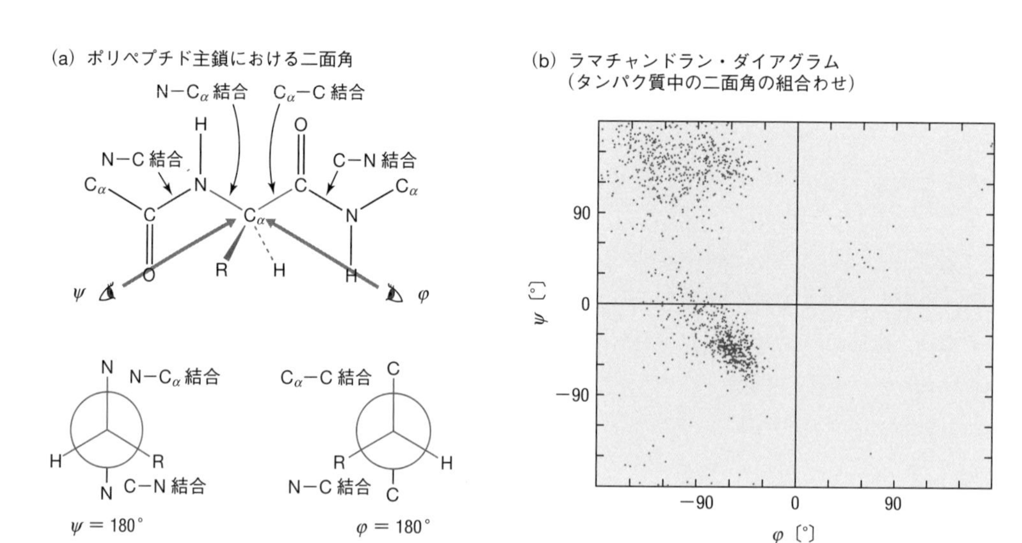

図 6・7　二面角とコンホメーションの自由度　〔出典：(b) J. Richardson, *Adv. Prot. Chem.*, **34**, 174〜175 (1981)．(d) D. Voet, J. Voet, C. Pratt, "Fundamentals of Biochemistry: Life at the Molecular Level", 5th Ed., p.135, John Wiley & Sons, Inc. (2016).〕

6・3・2　規則的二次構造のゆがみ

規則的二次構造であっても，アミノ酸配列によっては本来の典型的なコンホメーションからゆがむことがある．プロリン残基は，側鎖が環を巻いた固有の構造であり，α ヘリックスや β シート内で主鎖の屈曲を起こす．また，枝分かれした大きい側鎖をもつアミノ酸残基（イソロイシンやチロシン）が連続すると，側鎖がぶつかり，α ヘリックスにゆがみを生じ不安定化する．

α ヘリックスでは，主鎖 C=O 基が 4 残基離れた主鎖 N−H 基と水素結合しているが，末端の 4 残基には，主鎖どうしの水素結合をする相手がいない C=O 基や N−H 基が残る．そのため，α ヘリックスの最初と最後の一巻きは理想的なコンホメーションからずれることが多い．α ヘリックスの外側にはアスパラギンやグルタミンが見られることが多いが，これらの側鎖はヘリックス末端の 4 残基の主鎖のいずれかと水素結合することによりヘリックスを安定化できる．この構造を**ヘリックスキャッピング**という．

このように，アミノ酸配列は，二次構造に影響する．各アミノ酸がどれだけの確率で α ヘリックスや β シート中に見られるかを，いろいろなタンパク質について分析すると，アミノ酸によって特定の二次構造を形成しやすかったり形成しにくかったりする傾向があることがわかる（表 6・1）．このことにより，立体構造が未知のタンパク質の二次構造を，アミノ酸配列からある程度予測することができる．

表 6・1 アミノ酸残基の α ヘリックスおよび β シートに現れる傾向 P_α は α ヘリックス，P_β は β シートに現れる相対頻度[a]

アミノ酸残基	P_α	P_β
Ala	1.42	0.83
Arg	0.98	0.93
Asn	0.67	0.89
Asp	1.01	0.54
Cys	0.70	1.19
Gln	1.11	1.10
Glu	1.51	0.37
Gly	0.57	0.75
His	1.00	0.87
Ile	1.08	1.60
Leu	1.21	1.30
Lys	1.16	0.74
Met	1.45	1.05
Phe	1.13	1.38
Pro	0.57	0.55
Ser	0.77	0.75
Thr	0.83	1.19
Trp	1.08	1.37
Tyr	0.69	1.47
Val	1.06	1.70

a) 出典：P. Y. Chou, G. D. Fasman, *Annu. Rev. Biochem*, **47**, 258 (1978).

6・3・3 非繰返し構造

タンパク質には，α ヘリックスや β シートなどの規則的二次構造をとっている部分もあれば，不規則で独特な形をとっている部分もある．不規則な構造は，連続する残基の二面角（φ, ψ）が同じ値でない**非繰返し構造**である．この非繰返し構造は，規則性はなくても，タンパク質ごとに定まった秩序のある構造である．これに対し，変性したタンパク質のように定まった形をとらずにゆらいだ構造は，**ランダムコイル**とよばれる．

非繰返し構造 nonrepetitive structure

ランダムコイル random coil

6・4 三 次 構 造

三次構造は，二次構造単位がどのように折りたたまれ，側鎖も含めたタンパク質分子の各原子が空間的にどう配置されるかを示す構造である．

6・4・1 繊維状タンパク質：コラーゲンとコイルドコイル

多くのタンパク質は，いろいろな二次構造の組合わせによる球状タンパク質である．しかし，タンパク質のなかには，1 種類の二次構造からなる繊維状のタンパク質もある．たとえば，ヒトの毛髪や皮膚などの主要な成分は α ケラチンであり，α ヘリックスに似たヘリックス構造をもつポリペプチド鎖が会合してできており，さらにジスルフィド結合による架橋で丈夫な繊維を形成している．また，絹糸は，フィブロインというタンパク質が，β シートにより繊維構造を形成している．ここでは，コラーゲンがつくる構造について詳しく見てみよう．

a. コラーゲン　コラーゲンは，すべての多細胞動物にある繊維状タンパク質で，脊椎動物に最も多く存在するタンパク質である．細胞外に分泌されて強く不溶な繊維構造を形成することにより，骨，歯，軟骨，腱，皮膚，血管の繊維などの結合組織を構築する．コラーゲンには，Gly-X-Y が長く繰返した特有の配列があ

コラーゲン collagen

る．この部分が左巻きのへリックス構造をとり，それが3本集まって右巻きの三重らせん構造をつくる（図6・8）．ここでXとYは，プロリンやヒドロキシプロリンのことが多い．ヒドロキシプロリンは，コラーゲンのポリペプチド鎖が生合成されたのちに，プロリルヒドロキシラーゼによりプロリン残基がヒドロキシ化されてできる非標準アミノ酸である．この酵素活性にはアスコルビン酸（ビタミンC）が必要であり，ビタミンCが欠乏するとコラーゲンが正常な繊維構造をとることができず，結合組織が弱くなる．また，コラーゲンの三重らせん構造は，架橋により丈夫な繊維構造をつくるが，コラーゲンにはシステインがほとんどないため，その架橋はジスルフィド結合によるものではない．リシン，ヒドロキシリシン，ヒスチジンの側鎖間に共有結合を形成することで架橋され，不溶化する．

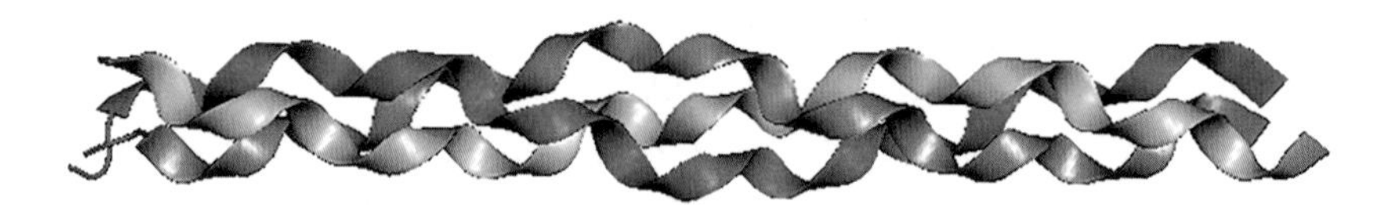

図6・8　コラーゲンの構造　［出典：PDB 1CAGに基づいて作成］

コイルドコイル coiled coil
トロポミオシン tropomyosin

b. コイルドコイル構造　　タンパク質のなかには部分的に繊維状の構造をもつものがある．たとえば**トロポミオシン**は長いαへリックス鎖をもっている．この長いαへリックスどうしがたがいに絡み合って，コイルドコイルとよばれる構造をつくる（図6・9）．αへリックスどうしが相互作用する領域には，疎水性残基が並んでいる．

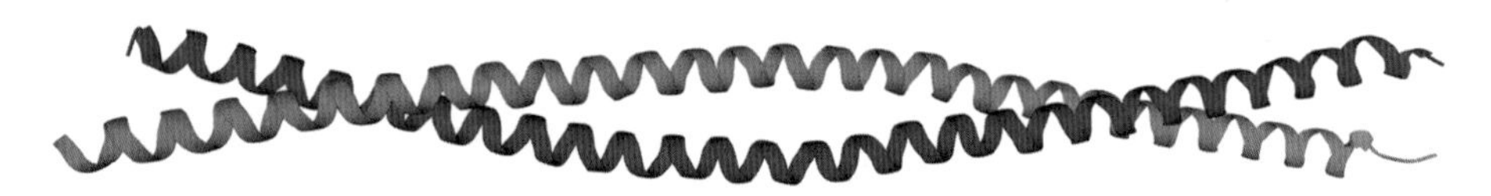

図6・9　トロポミオシンのコイルドコイル　［出典：PDB 3U59］

6・4・2　球状タンパク質におけるアミノ酸側鎖の極性と立体構造的な位置

タンパク質の多くは，繊維状ではなく，**球状タンパク質**とよばれるものである（図6・1）．球状タンパク質では，アミノ酸残基は側鎖の性質によって，タンパク質の表面に位置するか内部に位置するかがある程度決まる．水溶性の球状タンパク質の場合，疎水性アミノ酸残基はタンパク質の内部，荷電した極性アミノ酸残基は表面に位置することが多く，無電荷の極性アミノ酸残基は，表面にあることが多いが内部にも見られる．膜タンパク質の場合については10章で述べる．

疎水性のアミノ酸側鎖は，溶媒の水とできるだけ接しないように，疎水性相互作用でたがいに集まって球状タンパク質のコア（芯）を形成する．このことは，タンパク質の立体構造形成の基本的な原理となる．一方，極性の側鎖は，水と相互作用できる表面に位置する．特に帯電した極性側鎖は，ほとんどがタンパク質表面にある．それは，水が排除されたタンパク質内部にイオンが存在することはエネルギー的に不利であるからである．無電荷の極性側鎖やポリペプチド主鎖など，極性の官能基はタンパク質内部にも存在するが，そのような場合，ほとんど必ず他の官能基と水素結合することにより極性を中和している．

球状タンパク質の内部は原子でぎっしりと充塡されている．通常は，内部に水分子は存在しない．また，タンパク質内部には，疎水性のアミノ酸側鎖だけでなく主鎖も含まれるが，主鎖のC=OやN−Hは，αヘリックスやβシートを形成することにより水素結合を形成していて，極性が中和されている．二次構造をつなぐターンやループは，通常はタンパク質の内部ではなく表面に位置している．

6・4・3 モチーフ（超二次構造）

球状タンパク質は，二次構造がさまざまに集まって立体的な構造を形成している．二次構造単位の組合わせには，多くのタンパク質に共通して見られるものがある．これを**モチーフ**（超二次構造）とよぶ．最も良く見られる超二次構造は**$\beta\alpha\beta$モチーフ**であり，ポリペプチド鎖の一部が一次構造の順にβストランド-αヘリックス-βストランドを形成し，二つのβストランドが平行βシートを形成し，その上にαヘリックスが重なった構造をとる（図6・10 a）．このほかに，βストランドが逆ターンでつながって逆平行βシートを形成した**βヘアピンモチーフ**（図6・10 b）や，αヘリックスどうしがたがいに軸を傾けて密着した**$\alpha\alpha$モチーフ**（図6・10 c），**ギリシャキーモチーフ**（図6・10 d）によるβシートの形成などがある．

モチーフ motif

超二次構造 supersecondary structure

βヘアピンモチーフ β hairpin motif

ギリシャキーモチーフ Greek key motif

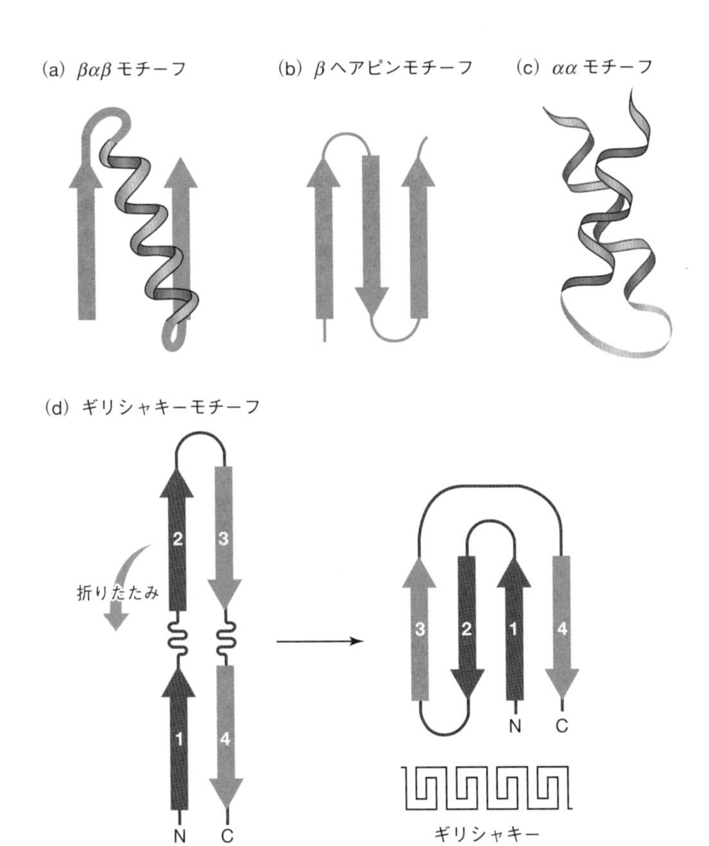

図6・10 超二次構造

βバレル βbarrel

βバレルは，βシートが一巻きしてバレル（樽）状の構造を形成しているものである（図6・11）．

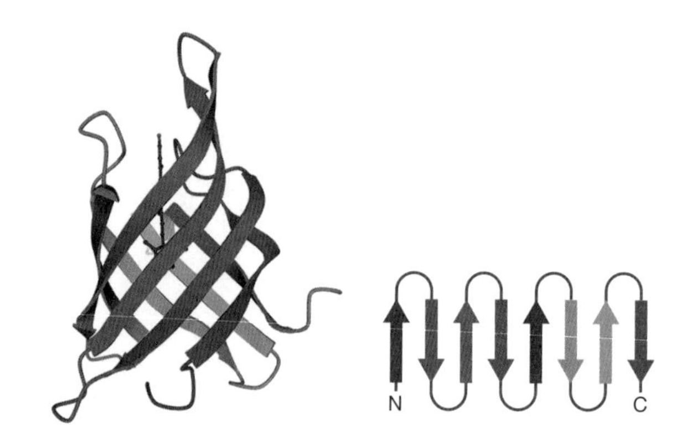

図 6・11　βバレル　ヒトレチノール結合タンパク質．レチノールがバレルの内部に結合している．［出典：PDB 1RBP］

6・4・4 ドメイン

ドメイン domain

200残基以上のポリペプチド鎖は，多くの場合，複数個の**ドメイン**（立体構造上ひとまとまりの領域）から構成される．ドメインの多くは，200アミノ酸残基以下であり，100残基前後が平均的な大きさである．また，二次構造単位の層が二つ以上重なった球状タンパク質様の構造をもつ．個々のドメインは，構造的に独立な単位としてふるまい，独立した機能をもつことが多い．図6・12は，脂肪酸合成酵素

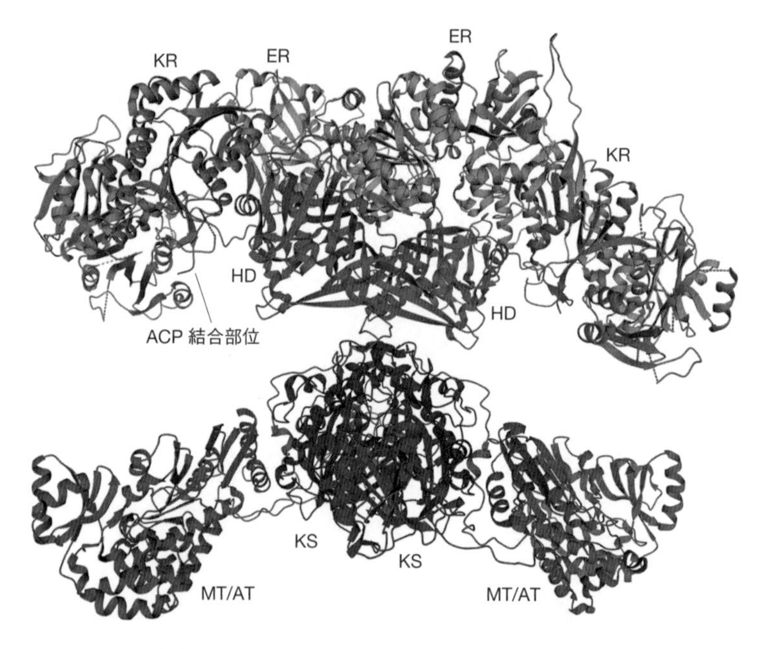

図 6・12　脂肪酸合成酵素のX線構造　2512アミノ酸残基のサブユニット（左右）が図の中央部で会合したホモ二量体．異なる活性を担う複数のドメインをもつ．各ドメインの役割については§17･1･2および図17・3を参照．［出典：T. Maier, M. Leibundgut, N. Ban, *Science*, **321**, 1315～1322 (2008) に基づいて PDB 2VZ8より作図］

のX線構造である．ホモ二量体の各サブユニットは，役割の異なる複数のドメインからなる（図17・3を参照）．

6・5 四次構造

タンパク質は，二つ以上のサブユニットからなることが多く，特に分子質量が100 kD以上の大きさのものが単一のポリペプチドからなることは，きわめてまれである．その構造的特徴を見ていこう．

6・5・1 サブユニットとオリゴマータンパク質

複数のサブユニットからなるタンパク質を**オリゴマー**という．オリゴマータンパク質のサブユニットは，1種類のことも複数種類のこともある．サブユニットは，特定の位置関係で会合し，サブユニットの空間配置を**四次構造**という．会合における相互作用は，おもに**疎水性相互作用**や**水素結合**などの非共有結合であるが，**ジスルフィド結合**が形成されている場合もある．

オリゴマー oligomer

疎水性相互作用 hydrophobic interaction

水素結合 hydrogen bond

巨大なタンパク質をつくるとき，1本の長いポリペプチドを合成するよりも，サブユニットを組合わせることには利点がある．たとえば，大きなタンパク質の一部分に欠陥が生じた場合，すべてをつくりなおすのではなく，欠陥の生じたサブユニットだけ入れ換えることができれば合理的である．また，複数サブユニット間の相互作用は，機能の制御に利用することができる（12章を参照）．実際，オリゴマータンパク質における酵素活性の制御は，生物の代謝系を調節するしくみとしてとても重要であることを，本書の第Ⅲ部でさまざまな例で見ることになる．

6・5・2 同一構造単位により形成されるオリゴマータンパク質の対称性

同一の構造単位によってオリゴマーが形成されているタンパク質は少なくない．このようなオリゴマーを構成する同一の構造単位を**プロトマー**という．プロトマーは，単一のサブユニットの場合もあるし，複数のサブユニットが会合している場合もある．たとえば**ヘモグロビン**は，αサブユニット二つとβサブユニット二つの四量体であるが，$\alpha\beta$プロトマーの二量体ということができる（7章の図7・3参照）．このようなオリゴマーにおいて，プロトマーは回転対称的に配置され，各プロトマーはオリゴマー内で等価の位置を占めることが多い．たとえば，図6・21に示す**シャペロニン**は，回転対称のあるオリゴマータンパク質であり，360度回転する間に同じ形が7回現れる回転軸をもつ（7回回転対称）．なお，天然のタンパク質に見られる対称性は，光学活性のL-アミノ酸により構築されているため，回転対称に限られる．

プロトマー protomer

6・6 立体構造解析法

タンパク質の三次構造を調べることは，タンパク質が機能するメカニズムを理解したり，そのタンパク質を標的とした医薬品を設計するうえで重要である．また，複数のタンパク質間に見られる立体構造の共通性に基づいて，あるタンパク質の生物的機能や進化的起源を推測することができる．タンパク質中の立体構造の決定にはX線結晶解析，NMRやクライオ電子顕微鏡が使われる．

6・6・1　X線結晶解析

X線結晶解析
X-ray crystallography

X線結晶解析は，X線の回折と干渉を利用して結晶構造や結晶内部での原子の配列を調べる方法である．分子結晶では，分子が規則正しく配列している．タンパク質の結晶は，体積の40〜60%を水が占め，溶媒含量が高いので柔らかいゼリー状であるが，その中でタンパク質分子が規則正しく配列している（図6・13 a）．

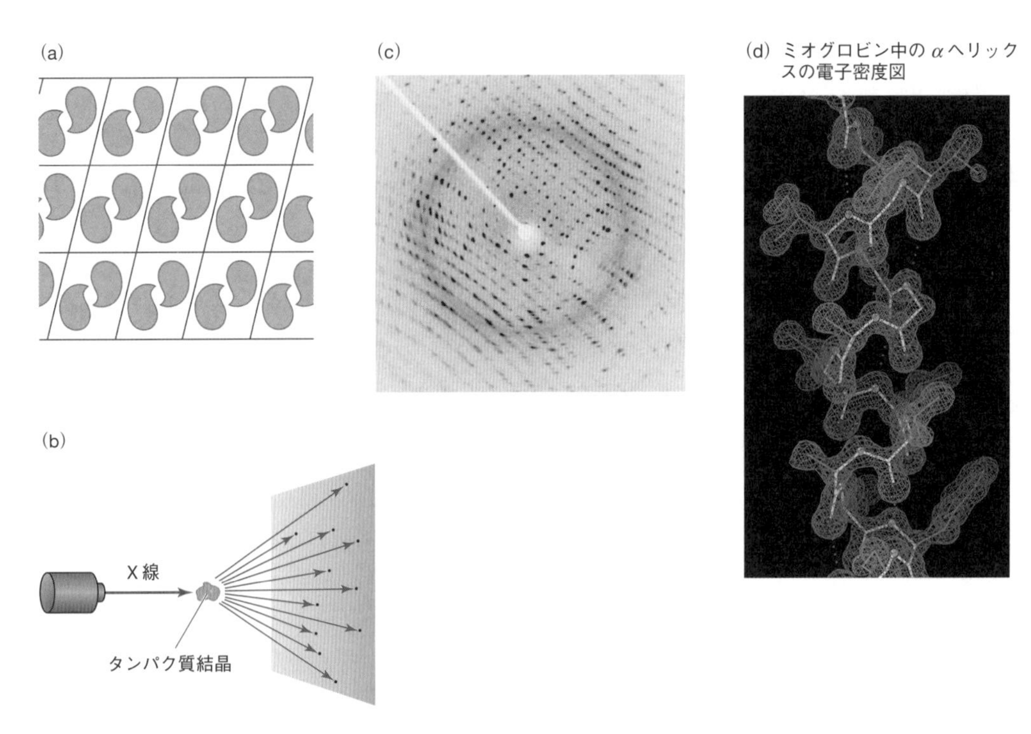

図6・13　タンパク質のX線結晶解析　(a) タンパク質結晶では，この模様のように，タンパク質が規則正しく並んでいる．(b) 結晶にX線のビームを当てると散乱する．(c) 回折像．X線の波長と入射角，結晶内の繰返し構造に依存して，条件を満たす方向でのみ干渉によるシグナルが観察される．(d) 回折像から求めた結晶内の電子分布．［出典：(d) Dcrjsr, CC表示3.0国際の許可のもと転載．］

結晶中では，タンパク質分子を構成している原子も，繰返しパターンをもって空間的に配列している．X線ビームを結晶に照射すると原子中の電子がX線を散乱するが（図6・13 b），原子が繰返しパターンをもって配列しているため，散乱されたX線がたがいに打ち消しあったり強めあったりする現象（**干渉**）が観察される（図6・13 c）．どのような回折像が観察されるかは，X線の波長と角度，結晶中の繰返しパターン（空間群），および電子の分布の仕方に依存している．観察される回折像から数学的に結晶中の電子分布を推定し，タンパク質分子中の**電子密度図**を得ることができる（図6・13 d）．この電子密度図にアミノ酸配列を当てはめることにより，タンパク質の立体構造を知ることができる．なお，結晶中のタンパク質は基本的には溶液中と変わらない立体構造をとっており，多くの酵素は結晶中でも活性をもつ．

電子密度図
electron density map

6・6・2 核磁気共鳴（NMR）

核磁気共鳴（**NMR**）は，ある種の原子核（^{1}H，^{13}C，^{15}N など）が，外部から加えた磁場中である特定の周波数のラジオ波（電磁波の一種）を吸収することによって生じる現象である．吸収する電磁波の周波数（共鳴周波数）は，原子核の種類，その原子核が置かれている電子的環境，近傍の原子核との相互作用によって変化する．この現象を利用することにより，分子の化学構造を解析することができる．また，5 Å（0.5 nm）以内での原子核どうしでは，核オーバーハウザー効果（NOE）とよばれる現象を観測することができる．NOE が観測される原子間の距離情報を十分に集めることができれば，計算科学の手法を用いて分子の立体構造を構築することができる．集めた距離情報を満たす構造をさまざまな初期条件で計算したものを重ね合わせて表示したのが，図 6・14 である．NMR は溶液中の構造を解析するので，タンパク質を結晶化する必要がない．しかし，解析できるタンパク質の大きさには限界がある．

核磁気共鳴
nuclear magnetic resonance

図 6・14 オートファジー関連タンパク質 Atg8 の NMR による構造 20 回の計算結果を重ね合わせている．距離情報が十分に得られている領域はよく重なっており，規則的二次構造をとっている領域はリボンモデルで示されている．［出典：PDB 2KWC］

6・6・3 クライオ電子顕微鏡

電子顕微鏡は，通常の光学顕微鏡よりも高い解像度で対象を観察できる方法である．しかし，従来の電子顕微鏡法は，高真空にする必要があるため試料を乾燥しなければならず，構造が壊れてしまうので生体分子の観察には向かなかった．また，染色や化学固定による試料の作製も，生体分子の観察には適さない場合が多い．これに対し，凍結により試料を固定することにより，より生体内に近い試料の構造を観察することを可能にしたのが**クライオ電子顕微鏡法**である．この方法を使うことにより，結晶化が困難な膜タンパク質や巨大タンパク質複合体などの解析において大きな進展があり，2017 年のノーベル化学賞の対象となった．

電子顕微鏡
electron microscope

クライオ電子顕微鏡
cryoelectron microscope

6・6・4 バイオインフォマティクス

バイオインフォマティクス（生物情報科学）は，生物学のデータを情報科学の手法によって解析する学問・技術である．構造バイオインフォマティクスでは，タンパク質などの生体高分子の三次元構造を分析したり，予想や比較を行う．タンパク質の原子座標のデータはプロテインデータバンク（PDB）に集められており，その立体構造を視覚化して表示することは，タンパク質機能のメカニズムを理解したり，医薬品を設計したりするうえで欠かせない．また，構造的特徴を比較することにより，異なるタンパク質分子どうしの進化的な関係を推測したり，機能を予測したりすることができる．

バイオインフォマティクス
bioinformatics

たとえば，タンパク質やドメインは，ポリペプチドの折りたたみ構造によって分類することができる．既知のタンパク構造の半分は，約 200 種類の折りたたみ（フォールディング）のパターンで説明できるとされる．このように多くのタンパク質が共通の構造をもつのは進化の結果であると考えることができる．アミノ酸の置換・挿入・欠失によって容易に立体構造が失われるような構造は，進化の過程で淘汰され，変異に耐えて構造を維持する傾向のあるタンパク質が受け継がれてきたと考えられる．生物にとって必須の機能は，進化の過程で安定な立体構造を保持しやすいタンパク質群によって担われていると考えられる．

6・7　タンパク質構造を安定化する力

多くのタンパク質は，固有の立体構造を形成していることが機能的に必要である．タンパク質の立体構造形成にはどのような力がはたらいているのだろうか．

6・7・1　タンパク質の安定性は小さい

変 性 denaturation

生理的条件下で，天然（ネイティブ）のタンパク質の安定性はごく小さい．アミノ酸残基間の非共有結合が切断されてタンパク質が本来の機能を失った立体構造に変化することを**変性**という．タンパク質を変性させるのに必要なギブズエネルギー変化は，せいぜい数十 kJ mol^{-1} 程度である．水素結合の切断に必要なエネルギーが約 20 kJ mol^{-1} なので，これは，せいぜい水素結合数本のレベルである．その程度の小さなエネルギー変化で立体構造を壊すことができる．このように，ネイティブなタンパク質の立体構造は，変性状態よりほんのわずかに安定なだけである．タンパク質の安定性を決めるのは，主として疎水効果である．静電的相互作用は，二次的な影響として寄与する．

6・7・2　疎 水 効 果

疎水効果
hydrophobic effet

疎水性相互作用は，タンパク質の安定性に最も重要である．**疎水効果**とは，無極性物質と水との接触をできるだけ小さくしようとする効果である．

油を水に入れて攪拌すると小さな油滴となって分散するが，攪拌をやめると油滴どうしが凝集する．この現象には，熱力学量であるエントロピーが関わっている．水分子はたがいに水素結合をつくることができ，液体の水においては，水分子は水素結合の相手を変えながら流動している．ここに水分子と水素結合をつくることができない無極性物質を滴下して分散させると，無極性物質の周囲の水は，それを包み込むように水素結合のネットワークを形成する．このネットワークに寄与する水分子は自由度を失うので，エントロピーが低下する．細かく分散していた無極性物質が凝集すると表面積の総和が減るので，その周囲を取り囲むのに要する水分子数も減る．このことにより水の自由度が増し，系のエントロピーが増大する．これ

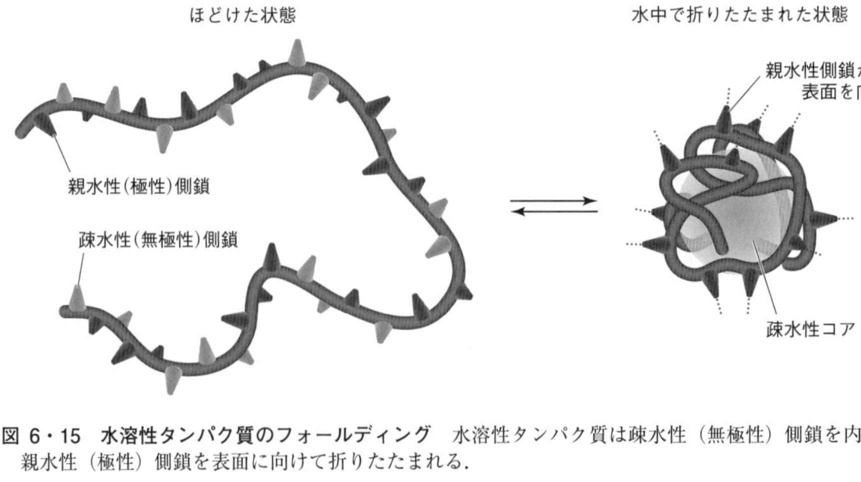

図 6・15　水溶性タンパク質のフォールディング　水溶性タンパク質は疎水性（無極性）側鎖を内部，親水性（極性）側鎖を表面に向けて折りたたまれる．

が，分散していた小さな油滴は凝集して大きな油滴となる熱力学的な原理である．

水溶性タンパク質が折りたたまる原理も，これと同様である．まずは，疎水性の部分が凝集することにより溶媒の水との接触が減少することからフォールディングが始まる（図6・15）．

水溶性タンパク質は，疎水性の無極性側鎖を内部に，親水性の極性側鎖を表面に向けて折りたたまれる．個々のアミノ酸残基の疎水性/親水性傾向は，**ハイドロパシー**（疎水性親水性指標）で表すことができ，ハイドロパシーを調べると，ポリペプチド鎖のどの部分が溶媒に触れない内部にあり，どの部分が表面にあるかを予測することができる．各アミノ酸側鎖のハイドロパシーを表6・2に示した．図6・16は連続する9残基ごとにハイドロパシーの合計値をプロットしたものである．ハイドロパシーが高く山のようになっている領域はタンパク質分子の内部に，逆に谷のようになっている領域はタンパク質分子の表面に露出していることが予想される．

ハイドロパシー hydropathy

表6・2　アミノ酸側鎖のハイドロパシー（疎水性親水性指標）[a]

アミノ酸側鎖	ハイドロパシー	アミノ酸側鎖	ハイドロパシー
イソロイシン	4.5	トリプトファン	−0.9
バリン	4.2	チロシン	−1.3
ロイシン	3.8	プロリン	−1.6
フェニルアラニン	2.8	ヒスチジン	−3.2
システイン	2.5	グルタミン酸	−3.5
メチオニン	1.9	グルタミン	−3.5
アラニン	1.8	アスパラギン酸	−3.5
グリシン	−0.4	アスパラギン	−3.5
トレオニン	−0.7	リシン	−3.9
セリン	−0.8	アルギニン	−4.5

a）出典：J. Kyte, R.F. Doolittle, *J. Mol. Biol*, **157**, 110 (1982).

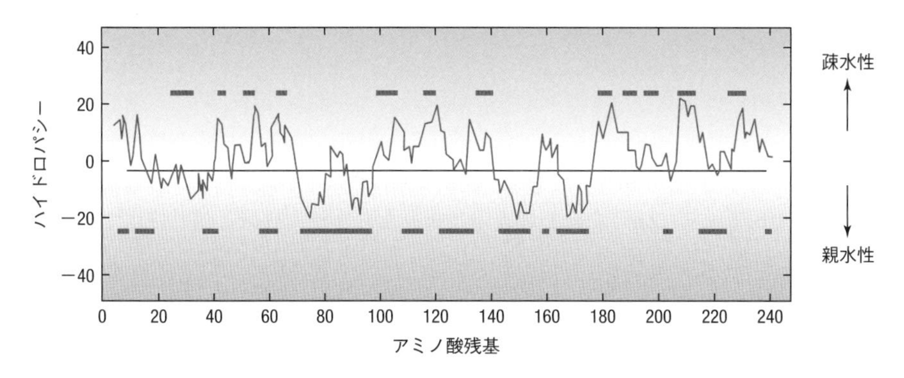

図6・16　ウシ キモトリプシノーゲンのハイドロパシープロット［出典：J. Kyte, R.F. Doolittle, *J. Mol. Biol.*, **157**, 111 (1982)］

6・7・3　分子間力

分子間力は，分子どうしや高分子内の部分間にはたらく静電相互作用に基づく力である．力の強い順に並べると，イオン結合 > 水素結合 > 双極子相互作用 > ファンデルワールス力の順である．しかし，これらの静電相互作用がタンパク質の

分子間力 intermolecular force

安定性に寄与する程度は，力の強さとは相関しない．

ファンデルワールス力
van der Waals force

ファンデルワールス力は，近距離でのみはたらく比較的弱い力であるため，タンパク質がほどけた状態でははたらかない．しかし，折りたたまれたネイティブなタンパク質の内部は原子がよく充塡されているので，このような状態ではファンデルワールス力が安定性に貢献している．

§6・2 で，α ヘリックスや β シートにおいて**水素結合**が重要であることを示した．しかし，水素結合は，タンパク質の安定性にはあまり寄与していない．その理由は，ネイティブ状態のタンパク質中で水素結合を形成している基は，変性した状態でも水分子と水素結合をつくることができるからである．つまり，ネイティブな状態と変性した状態とで比較すると，全体的な水素結合によるエネルギーの差は小さい．このように水素結合の安定性への寄与は小さいが，α ヘリックスや β シートで見たように，ネイティブ状態の構造を決める要因としては重要である．

イオン結合 ionic bond

イオン結合は正負にイオン化した解離基間の相互作用であり，静電的に引き合う力は強い．通常はイオン化した解離基の大部分は水と接する分子表面にあるため，ネイティブなタンパク質の安定性にはあまり寄与しないが，まれに分子内部の疎水的環境にイオン結合が形成されると，共有結合並みの安定化をもたらす．

ジスルフィド結合
disulfide bond

ジンクフィンガーモチーフ
zinc finger motif

6・7・4　ジスルフィド結合や金属を介した結合

タンパク質中の**ジスルフィド結合**は，ポリペプチド鎖内や鎖間に形成される．ジスルフィド形成は，システイン残基のスルファニル基が酸化されることによるため，酸化的な環境である細胞外のタンパク質に多く，還元的な環境である細胞質中のタンパク質にはあまり見られない．タンパク質中のシステイン残基をアラニンなどに置換してもネイティブな折りたたみ構造をとる場合が多いので，ジスルフィド結合は構造のフォールディングに必須ではない．しかし，ジスルフィド結合で架橋されることにより，変性状態の構造のパターンが制限されるので，変性によるエントロピーの増加を小さくすることにより安定性に寄与することが考えられる．

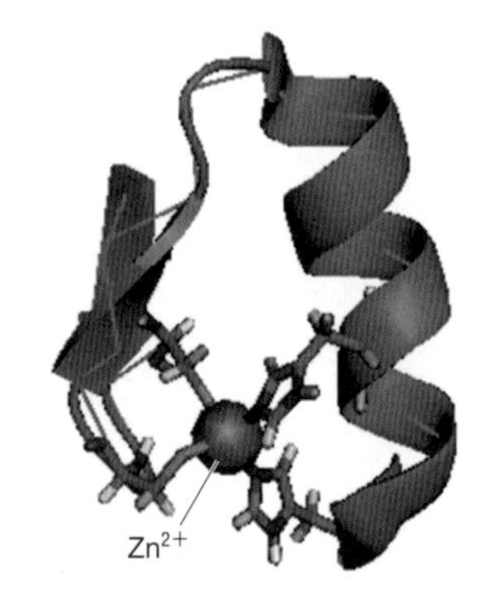

図6・17　ジンクフィンガーモチーフ［出典：PDB 1ZNF に基づいて作成］

金属イオンが小さなドメインを安定化することもある．**ジンクフィンガーモチーフ**は，25〜60 残基からなるペプチド部分が Zn^{2+} イオンを取り囲み，システインやヒスチジンの側鎖が四座配位して形成される（図 6・17）．この構造は核酸に結合するタンパク質によく見られ，通常は安定な立体構造を形成しないような比較的短いペプチド部分を，Zn^{2+} を介して安定に折りたたませ，核酸と相互作用できるようにしている．

6・8　タンパク質のフォールディング

フォールディング folding

タンパク質の立体構造形成（フォールディング）はどのように進むのだろうか．

6・8・1　タンパク質の変性

タンパク質を実験室で扱うときは，低温に保つなど，さまざまな注意が必要である．タンパク質のコンホメーションは，弱い非共有結合のバランスにより保たれており，そのバランスが変わると容易に変性するからである．タンパク質を変性させる要因には，熱や pH などの環境要因や，界面活性剤やカオトロピック*などの物質の作用がある．多くのタンパク質は熱に弱く，100 °C より低い温度で，たいていは変性する．また，pH が変わると，解離基のイオン化状態が変わることにより電荷分布や水素結合のネットワークが変わるため，タンパク質は変性する．界面活性剤は，無極性部分でタンパク質の無極性残基に結合するので，ネイティブな構造に必要な疎水性相互作用を妨げる．実験室でタンパク質の溶液を扱うときは，泡立たせないように気をつける必要がある．これは，空気が N_2 や O_2 など無極性の分子で構成されているため，空気と水の界面でタンパク質の内部に凝集していた疎水性側鎖が空気側に露出しやすくなるからである．また，グアニジウムイオンや尿素などのカオトロピック試薬は，無極性物質の水への溶解度を高める作用があり，タンパク質などの立体構造を不安定化させるので，5〜10 M の濃度でタンパク質を変性させる試薬として用いられる．

* カオトロピック(chaotropic)とは，水分子間の相互作用を減少させることによりタンパク質の構造を不安定化させる物質．

6・8・2　変性タンパク質の再生

多くのタンパク質は，変性させたのちに再生することができる．このことを最初に示したのは，C. Anfinsen によるリボヌクレアーゼ A（RN アーゼ A）を用いた実験である．

再 生 renaturation

RN アーゼ A は，124 アミノ酸残基からなり，四つのジスルフィド結合をもつ単量体タンパク質である．RN アーゼ A は，8 M 尿素の存在下では変性し酵素活性を示さない．ここに十分量の 2-メルカプトエタノールを加えてジスルフィド結合を還元的に切断したのち，尿素と 2-メルカプトエタノールの両方を透析により除去し，再酸化してジスルフィド結合を形成させると，酵素活性が 100％戻る（図 6・18）．

一方，2-メルカプトエタノールだけを除いて再酸化してから尿素を除いた場合は，変性前の 1％程度しか活性を示さない．これは，8 M 尿素の存在下では RN

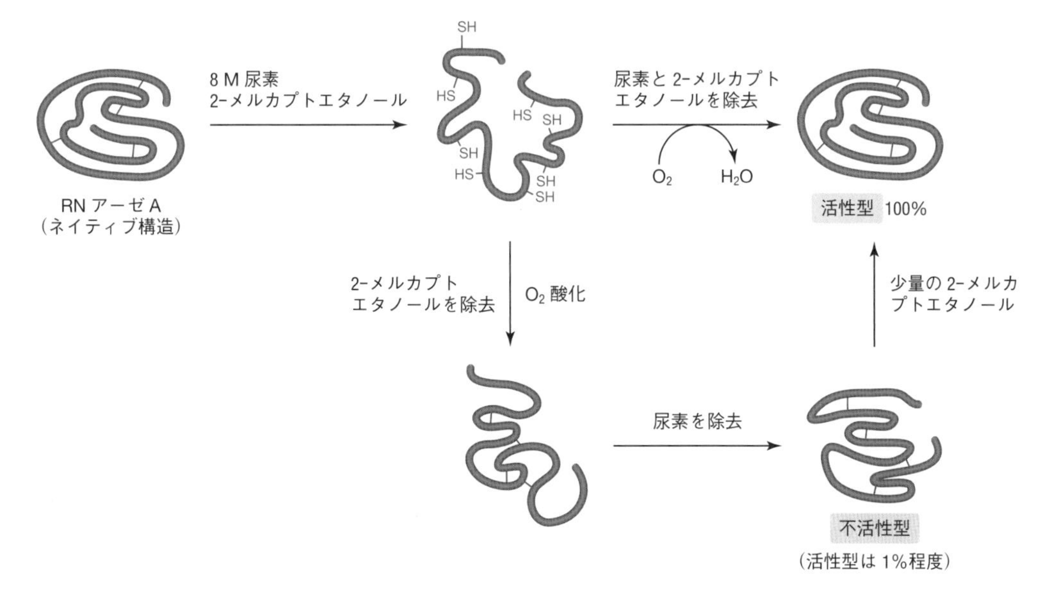

図 6・18　**RN アーゼ A の変性と再生の実験**

アーゼAが変性しているため，再酸化によるジスルフィド形成が，本来のシステインどうしではなくランダムに起こるからである．8個のシステイン残基が4組のジスルフィド結合を形成する際の場合の数は，105通りである．ランダムにジスルフィドが形成されるとすれば，ネイティブと同じ組合わせになる確率は1%である．したがって，活性も1%しか戻らない．この状態で少量の2-メルカプトエタノールを加えると，徐々にジスルフィドの架け替えが進行し，やがて活性が完全に回復する．

これらのことは，タンパク質が固有の立体構造に自ら組み上がる性質が，ポリペプチドそのもの（一次構造）に備わっていることを示している．

6・8・3　タンパク質立体構造は動的

多くのタンパク質は固有の立体構造をとるが，タンパク質は硬いものではない．柔らかく素早くゆらいでいて，そのことが機能にも関係している．たとえば，小さな分子がタンパク質の内部に入ったり出たりすることができるのは，タンパク質が局所的なゆらぎによって絶えず立体構造を変化させているからである．また，タンパク質には，リガンド（酵素ならば基質）と結合するときに，自身の構造を柔軟に変えることによって，リガンドに適合すると考えられているものがある．これを**誘導適合**という．

誘導適合 induced-fit

タンパク質のなかには，通常の状態でもほどけた，立体構造的に無秩序な領域をもつものがある．これは，**天然変性タンパク質**とよばれ，シグナル伝達や調節に関わるものが多い．天然変性タンパク質は，タンパク質全体あるいは一部分が通常の状態では特定の構造をとらない．そのようなアミノ酸配列には極性アミノ酸や荷電したアミノ酸が多く，かさ高い疎水性アミノ酸はほとんどない．天然変性タンパク質の多くは，他の分子と結合することで，安定な二次構造や三次構造をとる．これも誘導適合の一つである（図6・19）．

天然変性タンパク質
intrinsically disordered protein

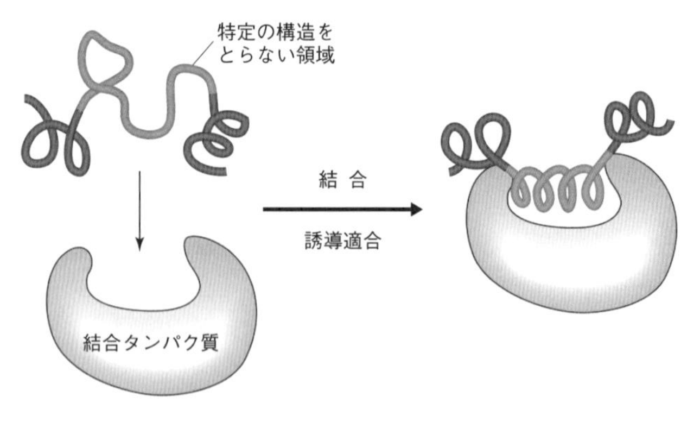

図 6・19　天然変性タンパク質の例

6・8・4　タンパク質のフォールディング経路

タンパク質のコンホメーションの場合の数は，非常に多い．にもかかわらず，多くのタンパク質分子は，数秒以内にネイティブコンホメーションに折りたたまれる．このことは，タンパク質の折りたたみがランダムではなく，ある経路に沿って進むことを示唆する．

ネイティブなタンパク質には疎水性のコアがあり，フォールディングは疎水効果による凝縮によって始まる．このとき，疎水的な環境に取込まれた主鎖の極性基が水素結合を形成し，局所的に二次構造が形成される．そして，二次構造の安定化，三次構造の形成，四次構造の形成へと，フォールディングが階層的に進むと考えられる．熱力学的に見ると，フォールディングは，高エネルギー・高エントロピーのほどけた状態から，低エネルギー・低エントロピーの折りたたまった状態に向かって進む．

§6·7·2 の Anfinsen の実験は，タンパク質のフォールディングが自発的に進行し，正しい組合わせのジスルフィド結合を形成することを示している．しかし，試験管内でのタンパク質の折りたたみは，細胞内での折りたたみに比べて，はるかに時間がかかる．その理由の一つは，誤った組合わせで形成されたジスルフィド結合の架け替えに時間がかかるためである．このジスルフィド結合の架け替えを，細胞内ではプロテインジスルフィドイソメラーゼ（PDI）という酵素が触媒している．PDI には還元型と酸化型があり，還元型 PDI はジスルフィド交換反応による架け替えを触媒し，酸化型 PDI は分子間ジスルフィドの形成反応により最初のジスルフィド結合の生成を触媒する（図 16・20）．

プロテインジスルフィドイソメラーゼ
protein disulfide isomerase

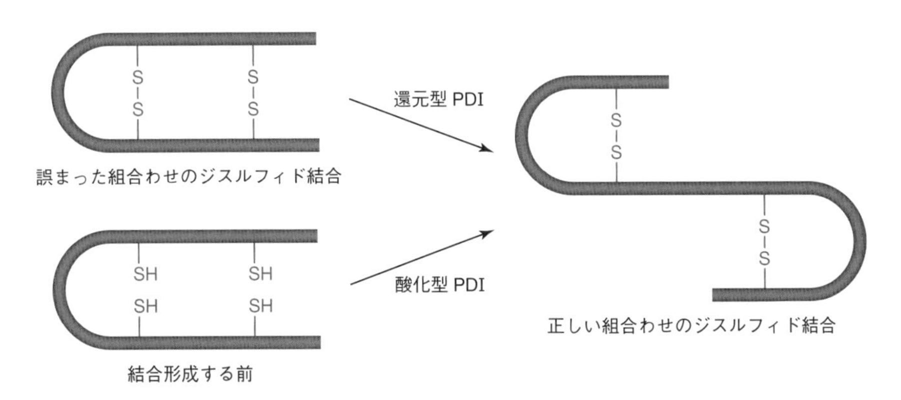

図 6・20 プロテインジスルフィドイソメラーゼ（PDI）によるジスルフィド結合の架け替えと形成 還元型 PDI によるジスルフィド交換反応と，酸化型 PDI によるジスルフィド形成．

6・9 細胞内のフォールディング

タンパク質はリボソームによって N 末端側から合成されるが，合成された部分がリボソームの外部にある程度出てくると，すべての合成が完了する前に折りたたみが始まる．1 分子の mRNA 上には，複数のリボソームが結合していて，同時進行でタンパク合成を行っている．ネイティブ構造を形成する前にからまったりしないのだろうか？ また，細胞は約 70%が水で，タンパク質が約 15%を占める．このように混み合った環境でタンパク合成は行われるが，他のタンパク質にフォールディングが妨害されるようなことはないのだろうか？ もし，タンパク質のフォールディングがうまくいかなかったときは，どうなるのだろう？ このようなことを防ぎ，タンパク質のフォールディングを助ける因子が，細胞内に存在する．

6・9・1　分子シャペロン

分子シャペロン
molecular chaperone

熱ショックタンパク質
heat-shock protein

シャペロニン chaperonin

分子シャペロンは，一部あるいは全体がほどけたポリペプチド鎖に可逆的に結合することにより，疎水性部分が誤って会合してネイティブでないコンホメーションに折りたたまれたり，凝集して沈殿したり，不適切な分子間相互作用を形成したりすることを防ぐ一群のタンパク質である．このことにより，正しいフォールディングやオリゴマーの形成を助ける．分子シャペロンの多くは，高温で発現が増大するため**熱ショックタンパク質**（Hsp）とよばれ，熱変性したタンパク質を再生したり，環境ストレスによる誤ったフォールディングを防ぐ役割をもつ．

細胞にはさまざまな分子シャペロンが存在しているが，ほとんどの分子シャペロンの活性に ATP が必要であり，ATP 加水分解酵素としての活性をもっている．分子シャペロンは，ほどけた，あるいは凝集したポリペプチド鎖の露出した疎水面に結合し，それを伸ばしては放すということを何回も繰返して正しいフォールディングに導く．その原動力となるのは，ATP の加水分解で放出されるギブズエネルギー変化である．図 6・21 (a) に示す大腸菌 GroEL/ES シャペロニンは，大きなオリゴマータンパク質であり，内部にタンパク質が折りたたまる密閉空間をつくり，取込まれたポリペプチドを隔離した環境でフォールディングする（図 6・12 b）．ATP の結合と加水分解が，GroEL/ES のコンホメーション変化をひき起こす．

(a) GroEL/ES 複合体の構造

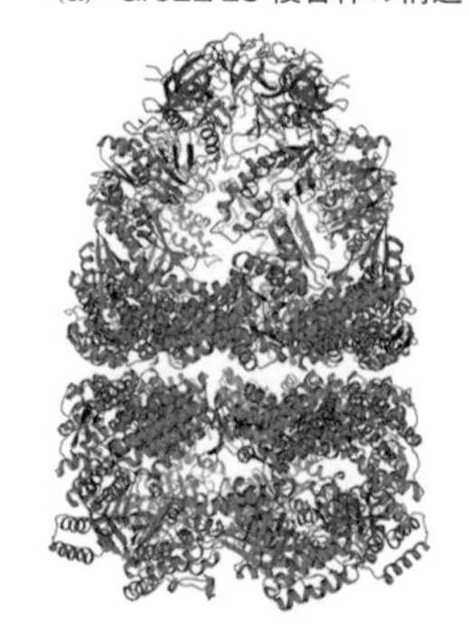

(b)

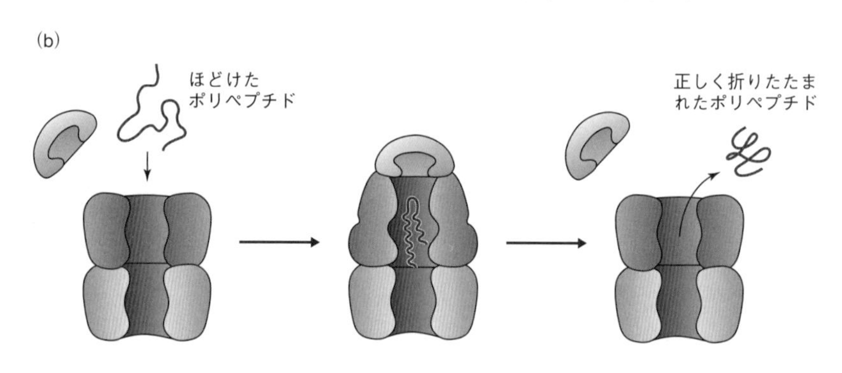

図 6・21　シャペロニンの構造とその作用［出典：(a) PDB 1AON］

6・9・2　フォールディング病

異常なフォールディングによりできたタンパク質の蓄積が関連している病態が知られており，**フォールディング病**とよばれている．たとえば，アルツハイマー病では，アミロイド β ペプチドが重合してアミロイド線維という針状の物質をつくる．伝達性海綿状脳症では，プリオンとよばれるタンパク質が正常とは異なるコンホメーションをとって重合することにより起こる．さまざまな変性タンパク質が病態と関連することが知られているが，変性したタンパク質を分解するしくみも細胞にはある．これについては 18 章で述べる．

■ 章末問題

6・1　リシンはαヘリックスを形成しやすいアミノ酸であるが，リシンが重合したポリリシンは，中性 pH ではポリリシンはαヘリックスを形成せず，ランダムコイルとなる．なぜか？ どうすればαヘリックスを形成しそうか？（ヒント：リシンの置換基の pK_R は，10.54 である）

6・2　ビタミン C が不足すると壊血病をひき起こし，皮膚の創傷の治癒が遅れたり，胃腸出血，歯のぐらつきなどの症状を示す．どのようなメカニズムでこのような症状を起こすか，生化学的に説明せよ．

6・3　この章にリボンモデルで示されている種々の構造を見ると，規則的な二次構造をとらないループ構造は，タンパク質の内部と表面のどちらに多いか？ その理由はどのように考えられるか？

6・4　100 アミノ酸残基からなるタンパク質がある．それぞれの二面角（φ, ψ）がそれぞれ 3 通りの値をとれると仮定すると，このタンパク質のコンホメーションの場合の数はおよそ 10 の何乗か？ このことから，タンパク質のフォールディング過程についてどのようなことが考えられるか？

6・5　タンパク質のフォールディングは，どのように始まると考えられるか？

6・6　天然のタンパク質は，固有の立体構造を形成して機能している．しかし，人工的にランダムに設計したポリペプチドは，ほとんどの場合，水に溶けなかったり，立体構造を形成しない．どのような理由が考えられるか？

第Ⅱ部 タンパク質の機能

7 酸素結合タンパク質

概要 酸素分子 O_2 は，水に溶けにくく溶解度が低い．そのため，ある程度厚さのある生物では，水に溶け込んだ O_2 の拡散だけでは十分に O_2 を供給できず，酸素運搬タンパク質が必要になる．ヒトにはミオグロビンやヘモグロビンといった酸素結合タンパク質があるが，これらが酸素結合において示す性質は，酵素反応やアロステリック効果を理解するうえでの基礎となる．

行動目標

1. ミオグロビンとヘモグロビンの酸素結合における性質の相違を構造的特徴の相違に基づいて説明できる．
2. ヘモグロビンの酸素結合における協同性を説明できる．
3. アロステリック効果を説明できる．

7・1 ミオグロビンの酸素結合

ミオグロビン myoglobin
酸素結合タンパク質 oxygen-binding protein

ミオグロビンは，脊椎動物の筋細胞に大量に含まれる**酸素結合タンパク質**である．ミオグロビンと酸素 O_2 の結合は，ミカエリス・メンテン型酵素（8章を参照）と基質の結合のよいモデルとなる．

7・1・1 ミオグロビンは筋肉の酸素結合タンパク質

筋細胞は，ミトコンドリアで非常に活発に O_2 を消費している．しかし，O_2 は水に溶けにくいため，毛細血管から組織に拡散する速度には限界がある．そこで，O_2 を効率よく拡散させるしくみが必要である．筋細胞でこの役割を担うのが，ミオグロビンである．ミオグロビンは，O_2 と可逆的に結合することにより，O_2 を大量に消費する筋細胞での O_2 の拡散を速め，有効濃度を高める．クジラは，筋細胞に大量のミオグロビンが含まれているので，長い時間海に潜って泳ぐことができる．

7・1・2 ミオグロビンは単量体の酸素結合タンパク質

ヘム heme

哺乳類のミオグロビンは，153 アミノ酸残基からなる球状の単量体タンパク質であり，8本の α ヘリックスがループで結ばれた構造をもつ（図7・1a）．また，補欠分子族として**ヘム**をもつ（図7・1b）．ヘムは，ポルフィリン環が Fe(II) に配位したものである．Fe(II) には六つの配位座があり，そのうち四つでポルフィリンと結合し，五つ目はミオグロビンのヒスチジンが配位し，ヒスチジンと逆側の六つ目

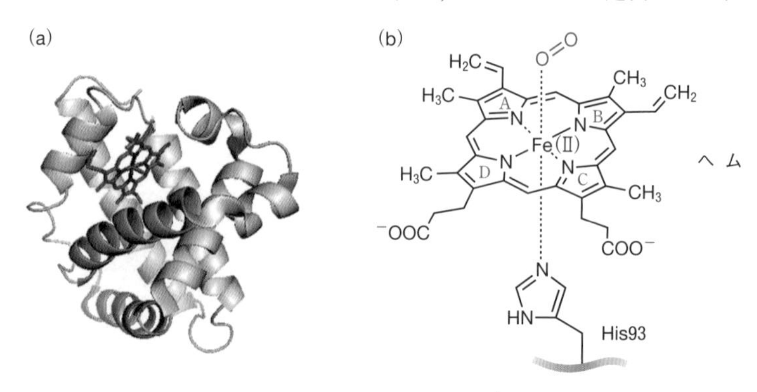

図7・1 ミオグロビンの酸素結合部位
［出典：(a) PDB 1MBN］

に O_2 が可逆的に結合する．ミオグロビンのヘムに O_2 が結合すると，ヘムの電子状態が変化して暗赤色から明るい鮮赤色に変化する．新鮮な肉が赤いのは，このためである．CO，NO，H_2S もヘムに結合する．これは赤血球中のヘモグロビンでも同様で，これらの分子のヘムへの親和性は O_2 よりも高く，一酸化炭素中毒などの原因となる．

7・1・3 ミオグロビンの酸素解離（飽和）曲線は双曲線

酸素解離（飽和）曲線 oxygen dissociation (saturation) curve

ミオグロビン（Mb）と O_2 の結合は可逆的であり，反応式と平衡定数 K（解離定数）は次のように表せる*．

＊［Mb］は Mb の濃度を表す．

$$\mathrm{Mb} + \mathrm{O_2} \rightleftharpoons \mathrm{MbO_2} \qquad (7\cdot1)$$

$$K = \frac{[\mathrm{Mb}][\mathrm{O_2}]}{[\mathrm{MbO_2}]} = \frac{[\mathrm{Mb}]p\mathrm{O_2}}{[\mathrm{MbO_2}]} \qquad (7\cdot2)$$

O_2 は気体なので，(7・2)式のように濃度を分圧 pO_2 に置き換えて表すことができる．ミオグロビンに結合した O_2 の飽和度（O_2 が結合している割合）を Y_{O_2} とすると，全ミオグロビン分子のうち O_2 と結合しているものの割合は，次の式で表される．

$$Y_{\mathrm{O_2}} = \frac{[\mathrm{MbO_2}]}{[\mathrm{Mb}]+[\mathrm{MbO_2}]} \qquad (7\cdot3)$$

(7・2)式を使って (7・3)式を書き換えると，

$$Y_{\mathrm{O_2}} = \frac{p\mathrm{O_2}}{K + p\mathrm{O_2}} \qquad (7\cdot4)$$

この式は**直角双曲線**を示す（図 7・2）．酸素分圧が大きいとき，Y_{O_2} は 1 に近づき，ほとんどの結合部位に O_2 が結合する．これを**飽和**という．ミオグロビン分子の半分が結合する（$Y_{O_2}=0.5$）ときの酸素分圧を p_{50} とすると，(7・4)式から $K=p_{50}$ となり，解離定数は p_{50} と等しい．ミオグロビンの p_{50} は，2.8 Torr（760 Torr＝1 atm）である．生理的な血液の pO_2 は，動脈血で 100 Torr 前後，静脈血で 30 Torr 前後なので，ほとんどのミオグロビン分子が，毛細血管から O_2 を受取ることができる．

飽 和 saturation

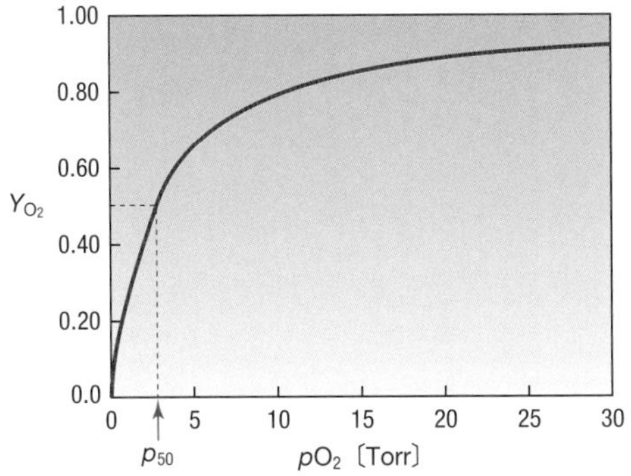

図 7・2 ミオグロビンの酸素解離曲線

7・2　ヘモグロビンの酸素結合

ヘモグロビン hemoglobin

ヒトでは，肺から取入れた O_2 を，血液中の赤血球が全身に運んでいる．赤血球の酸素運搬タンパク質は**ヘモグロビン**である．ヘモグロビンと O_2 の結合は，ミオグロビンとは異なる性質を示し，アロステリック相互作用のよいモデルとなる．

7・2・1　ヘモグロビンは赤血球の四量体酸素結合タンパク質

ヘモグロビンは，α サブユニットと β サブユニット各二つからなる四量体（$\alpha_2\beta_2$）である．オリゴマータンパク質を構成する同一の構造単位をプロトマーというが（§6･5･2 を参照），ヘモグロビンは $\alpha\beta$ プロトマーの二量体ということができる．二つのサブユニットの構造はよく類似しているので，$\alpha\beta$ プロトマーもほぼ対称の構造をもつ．また，各サブユニットの構造は，ミオグロビンとよく類似している．これは，ヘモグロビンがミオグロビンとの共通祖先から進化したことを意味する（図 5・9 を参照）．ヘモグロビンは，ミオグロビンと同様にヘムをもち，ヘムが酸素結合部位である．

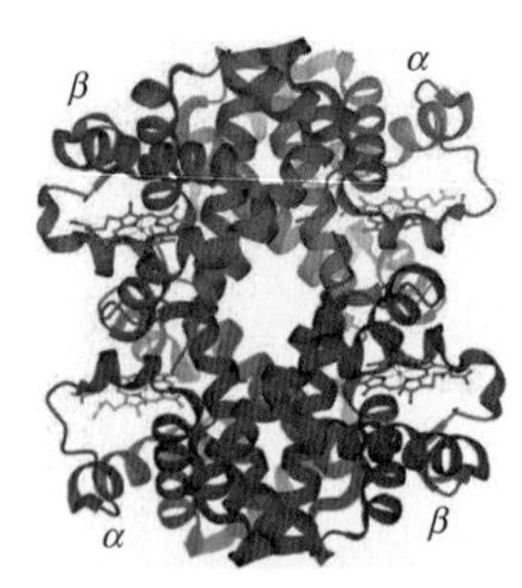

オキシヘモグロビン

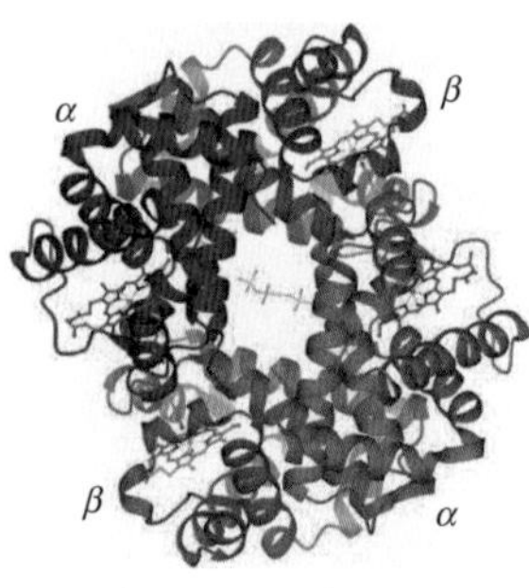

デオキシヘモグロビン

図 7・3　オキシヘモグロビンとデオキシヘモグロビン　［出典：PDB，（上）1QPW，（下）1B86］

ヘモグロビンには，O_2 が結合したときの**オキシヘモグロビン**と，O_2 が結合していないときの**デオキシヘモグロビン**の，2 通りのコンホメーションがあり，O_2 が結合するとヘモグロビン四量体全体の構造が変わる（図 7・3）．

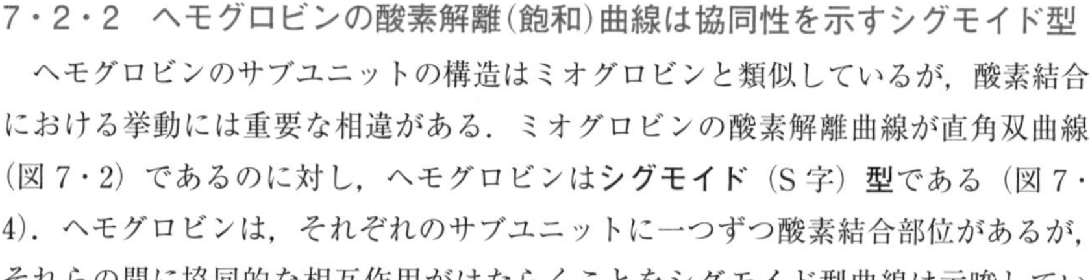

7・2・2　ヘモグロビンの酸素解離（飽和）曲線は協同性を示すシグモイド型

ヘモグロビンのサブユニットの構造はミオグロビンと類似しているが，酸素結合における挙動には重要な相違がある．ミオグロビンの酸素解離曲線が直角双曲線（図 7・2）であるのに対し，ヘモグロビンは**シグモイド**（S 字）**型**である（図 7・4）．ヘモグロビンは，それぞれのサブユニットに一つずつ酸素結合部位があるが，それらの間に協同的な相互作用がはたらくことをシグモイド型曲線は示唆している．ヘモグロビンでは，一つのサブユニットのヘムに O_2 が結合すると，他のサブユニットのヘムの O_2 親和性が増大する．これを**正の協同性**という．

正の協同性
positive cooperativity

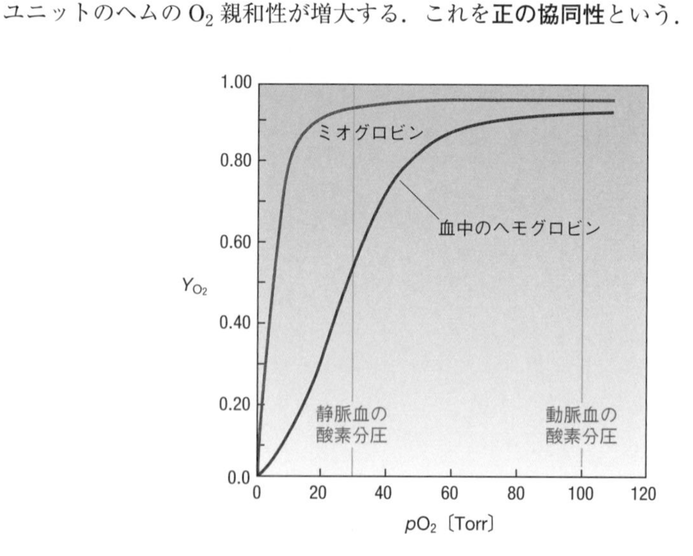

図 7・4　ヘモグロビンの酸素解離曲線

ヘモグロビンにおける協同的な O_2 結合を，n 個の O_2 が同時に結合するとみなすと，

$$\mathrm{Hb} + n\mathrm{O_2} \rightleftharpoons \mathrm{Hb(O_2)}_n \qquad (7\cdot5)$$

この反応の解離定数と飽和度の式は，次のようになる．

$$K = \frac{[\mathrm{Hb}][\mathrm{O_2}]^n}{[\mathrm{Hb(O_2)}_n]} = \frac{[\mathrm{Hb}](p\mathrm{O_2})^n}{[\mathrm{Hb(O_2)}_n]} \qquad (7\cdot6)$$

$$Y_{\mathrm{O_2}} = \frac{[\mathrm{Hb(O_2)}_n]}{[\mathrm{Hb}]+[\mathrm{Hb(O_2)}_n]} = \frac{(p\mathrm{O_2})^n}{K+(p\mathrm{O_2})^n} = \frac{(p\mathrm{O_2})^n}{(p_{50})^n+(p\mathrm{O_2})^n} \qquad (7\cdot7)$$

実験から得られる結果に対してこの式（**ヒル式**という）を最適化して当てはめると，n を求めることができる．実験から求められる n は整数とは限らない．これを，同時に結合する O_2 の数ではなく，サブユニット間の協同性を表すパラメーター（**ヒル係数**という）として考えてみよう．$n=1$ のときは，ミオグロビンで示した(7・4)式となり，協同性はない．$n>1$ のときは，正の協同性を示し，1 個目のリガンドが結合すると 2 個目のリガンドが結合しやすくなると考えられる．逆に $n<1$ のときは**負の協同性**であり，1 個目のリガンドが結合すると，他の結合部位のリガンドへの親和性が低下する．このように，ヒル係数は協同性の指標となる．ヒル係数を実験的に求めるには，(7・7)式を次のように変形すると便利である．

ヒル式 Hill equation

ヒル係数 Hill coefficient

負の協同性 negative cooperativity

$$\log\left(\frac{Y_{\mathrm{O_2}}}{1-Y_{\mathrm{O_2}}}\right) = n\log p\mathrm{O_2} - n\log p_{50} \qquad (7\cdot8)$$

$\log p\mathrm{O_2}$ に対して $\log\left(\frac{Y_{\mathrm{O_2}}}{1-Y_{\mathrm{O_2}}}\right)$ をプロットしたものを，**ヒルプロット**という（図 7・5）．$\frac{Y}{1-Y}=1$ となるときの $p\mathrm{O_2}$ が，親和性の指標となる解離定数 p_{50} である．酸素分圧が低いときは，低親和性（$p_{50}=30$ Torr）の傾き 1 の直線を示し，酸素分圧が高いときは，高親和性（$p_{50}=0.3$ Torr）の直線に漸近する．つまり，1 番目の O_2 に比べて 4 番目の O_2 の解離定数は 100 倍小さく，結合の親和性が 100 倍強く

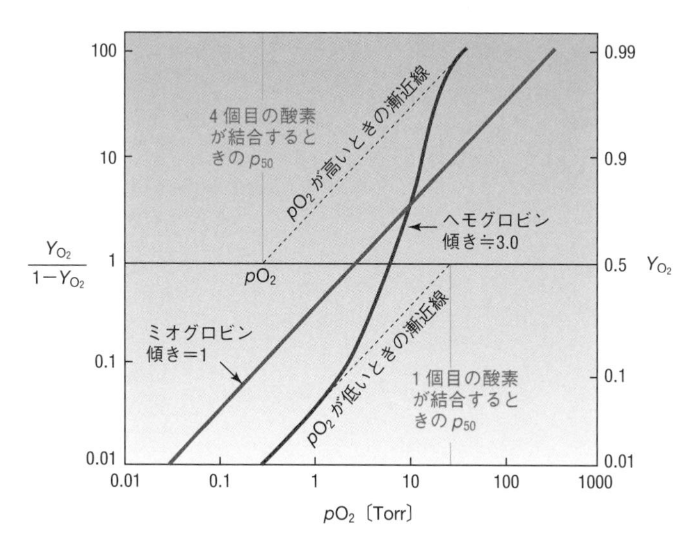

図 7・5　ヘモグロビンとミオグロビンのヒルプロット

なっている．親和性がこのようにシフトする過程で，接線の傾きが最大となるときの値が，ヒル係数 n に相当する．ヘモグロビンのヒル係数は，$n = 2.8 \sim 3.0$ である．

7・3 協同性のしくみ

協同性のしくみを，タンパク質の構造に基づいて考えてみよう．

7・3・1 ヘモグロビンの協同性のしくみ

ヘモグロビンにおける正の協同性は，O_2 に対して低親和性の T 状態と高親和性の R 状態の二つの状態があり，O_2 が一つの結合部位に結合することによって他の結合部位も T 状態から R 状態に変わると考えることで説明できる．実際，ヘモグロビンには二つのコンホメーションがあり（図 7・3），デオキシヘモグロビンが T 状態，オキシヘモグロビンが R 状態のコンホメーションである．デオキシヘモグロビンの酸素結合部位の一つに O_2 が結合すると，オキシヘモグロビンのコンホメーションへの変化が速やかに起こり，まだ O_2 が結合していない結合部位も高親和性となる．一つのサブユニットの変化が分子全体の構造変化となるのは，各サブユニットのコンホメーション変化が，サブユニットの接触面を介して連動するからである．

7・3・2 ボーア効果

ボーア効果 Bohr effect

ヘモグロビンの酸素親和性は，生理的な pH よりアルカリ性になると上昇し，酸性になると低下する．これを**ボーア効果**という．これは，O_2 の結合に伴ってヘモグロビンが T 状態から R 状態になると，さまざまな解離基の存在状態が変化して pK_a が低下し，プロトン（H^+）が放出されることによる．逆にいえば，pH を上げてプロトンを解離させると T 状態から R 状態への変化が促進され，pH を下げてプロトンの解離を抑えると T 状態が安定化される．

ボーア効果には生理的な意義がある．筋肉が運動により活発に O_2 を消費しているとき，CO_2 が生成する．CO_2 は，筋肉から肺に運ばれて呼気として排出されるが，無極性で水への溶解度が低い．しかし，CO_2 には運搬タンパク質は存在せず，

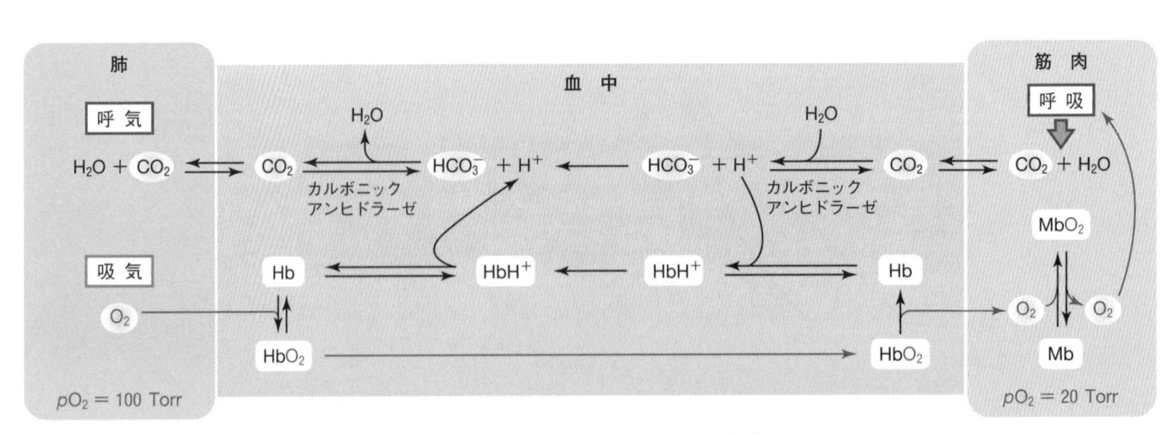

図 7・6　血流による O_2 と CO_2 の輸送

酵素カルボニックアンヒドラーゼ（§8·4·3を参照）の作用により水溶性の H_2CO_3 に変換され，HCO_3^- として血流により肺に運ばれる（図7・6）．そして，肺で再びカルボニックアンヒドラーゼにより CO_2 に戻され，呼気に排出される．活発に O_2 を消費している組織では，H_2CO_3 が生成してプロトンを解離するので pH が低下する．このことは，ボーア効果によってヘモグロビンの R 状態から T 状態への変化を促し，O_2 が解離しやすくなる．CO_2 はまた，N 末端のアミノ基と反応してカルバミン酸に変えることによっても T 状態を安定化する（7・9式）．さらに，このとき放出されるプロトンは，ボーア効果に寄与する．CO_2 産生が O_2 の供給を促すこのようなさまざまなしくみは，合理的である．

$$R-NH_2 + CO_2 \rightleftharpoons R-NH-COO^- + H^+ \qquad (7\cdot9)$$

7・3・3 2,3-ビスホスホグリセリン酸（BPG）による調節

2,3-ビスホスホグリセリン酸（BPG）はデオキシヘモグロビンに結合して T 状態を安定化することにより，ヘモグロビンからの O_2 の解離を促進する．たとえば胎児は，胎盤を介して母親の血液から酸素の供給を受けるが，このことには BPG が寄与している．BPG は，成人のヘモグロビンのデオキシ型四量体の中央の隙間に結合し，オキシ型には結合しない．したがって，BPG の結合により T 状態が安定化し，酸素親和性が下がる．一方，胎児ヘモグロビン（$\alpha_2\gamma_2$）はサブユニット構成が成人（$\alpha_2\beta_2$）と異なり，BPG の結合が弱い．そのため，BPG 存在下で成人ヘモグロビンでのみ O_2 親和性が低下し，O_2 が成人ヘモグロビンから胎児ヘモグロビンへ移動しやすくなる．このことにより，母親のヘモグロビンから胎児のヘモグロビンへの酸素の受け渡しが効率よく行われるのである．

2,3-ビスホスホグリセリン酸
2,3-bisphosphoglycerate

図 7・7 ヘモグロビンの酸素結合部位と BPG 結合部位
［出典：PDB 1A3N］

7・3・4 アロステリック相互作用

ヘモグロビンに一つ目の O_2 が結合すると，T 状態から R 状態へのコンホメーション変化が誘導され，他の結合部位（図7・7）の O_2 親和性が高まる．また，ヘモグロビンに BPG が結合すると T 状態が安定化し，BPG 結合部位とは異なる酸素結合部位の親和性が下がる．このように，リガンドの結合が別の部位のリガンド結合や活性に影響することを，**アロステリック効果**という．BPG のように活性部位（ヘモグロビンの場合は O_2 結合部位）とは異なる部位に結合して影響を及ぼす化合物を，**アロステリックエフェクター**という．協同性は，同一結合部位間のアロステリック効果に起因する．

アロステリック効果
allosteric effect

7・3・5 アロステリック相互作用を説明するモデル

a. 協奏（対称）モデル（図7・8a）　アロステリックタンパク質は，プロトマーが対称性をもって会合したオリゴマーであり，各プロトマーに T 状態と R 状態の二つのコンホメーションがあり，これらは平衡にある．このモデルでは，最初のリガンドが結合するとすべてのプロトマー（ヘモグロビンの場合はサブユニット）が同時（協奏的）に T 状態から R 状態にコンホメーションを変え，分子全体の対称性が維持されると考える．このモデルは，ヘモグロビンの酸素結合に見られる正の協同性を説明することができるが，負の協同性を説明することはできない．

協奏モデル concert model

逐次モデル sequential model

b. 逐次モデル（図7・8b）　一つのプロトマー（またはサブユニット）にリガンドが結合すると，そのプロトマーのコンホメーションが変化し，それが隣のプロトマーのコンホメーション変化を促すと考える．これにより隣のプロトマーがリガンドと結合しやすくなる場合が正の協同性，結合しにくくなる場合が負の協同性である．そして，隣のプロトマーにリガンドが結合すると，さらにコンホメーションが変化し，その隣のプロトマーの変化を促す．このような変化が逐次起こる．

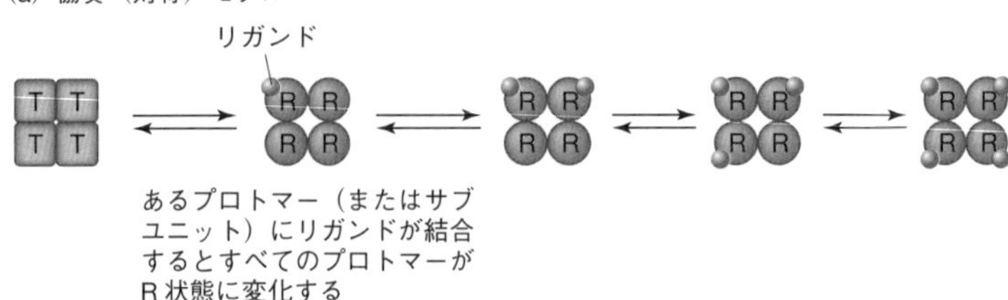

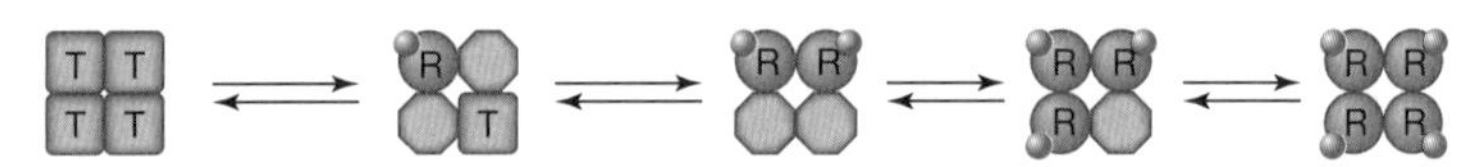

図7・8　アロステリック相互作用のモデル

7・4　変異ヘモグロビンによる鎌状赤血球症

鎌状赤血球症
sickle cell disease

ヘモグロビンにはさまざまな変異による異常ヘモグロビンが知られている．**鎌状赤血球症**は，ヘモグロビン β サブユニットの第6残基グルタミン酸（Glu6）が遺伝子の変異によりバリン（Val）に置換していることに起因する．この変異ヘモグロビンをヘモグロビンSとよぶ．ヘモグロビンSのVal6は，別のデオキシヘモグロビンSにある疎水性のポケットに結合する．これが連鎖することにより，デオキシヘモグロビンSが直鎖状に重合し，赤血球の鎌状化をひき起こす（図7・9）．対立遺伝子（アレル）の両方にヘモグロビンS遺伝子をもつホモ接合体の人は，重篤な貧血を起こし，死に至る場合もある．なお，オキシヘモグロビンには疎水ポケットがないので，重合するのはT状態のヘモグロビンである．

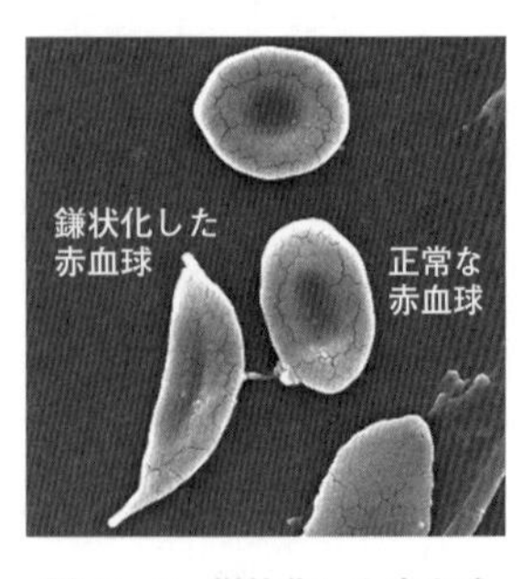

図7・9　鎌状化した赤血球
［出典：Janice Haney Carr/CDC］

ヘモグロビンS遺伝子は，重篤な症状を発するにもかかわらず，中央アフリカでは約30%もの人がヘテロ接合体である．なぜ，死にも至る変異にもかかわらず，淘汰されずに高頻度で受け継がれているのだろうか？　これには理由がある．ヘモグロビンSの遺伝子をもつ人の地理的な分布は，**マラリア**の分布とよく重なる．マラリアは，マラリア原虫の感染が原因となる年間死亡者数が最も多い寄生虫症で，世界の三大感染症の一つである．マラリア原虫は赤血球に寄生し，赤血球のpHを低下させる．するとボーア効果により，デオキシヘモグロビンができやすくなる．そのため，ヘモグロビンSをもつ赤血球は鎌状化しやすくなる．鎌状化した赤血球は脾臓で取除かれるので，マラリア原虫も取除かれる．このようなことから，ヘモグロビン S 遺伝子をヘテロ接合体としてもつ人はマラリアへの抵抗性をもち，マラリアが蔓延している地域では適応上有利にはたらく．

■ 章末問題

7・1　ミオグロビンにおいて，p_{50} が平衡定数 K と等しいことを示せ．

7・2　もしヘモグロビンが四つのサブユニットではなく二つのサブユニットから成っているとすれば，ヒル係数は最大でいくつになるか？

7・3　酸素が薄い高所への適応に，赤血球内の BPG 濃度の上昇が寄与するという．ヘモグロビンの O_2 親和性を下げる BPG が，どのようにして高所適応に寄与するのか？

7・4　ヘモグロビン S をもつ人で，赤血球内の BPG レベルが上がると，どのようなことが起こると考えられるか？

8 酵　　　素

概要 生命の維持のために生体内で起こっている化学反応を代謝という．代謝を担うのは**酵素触媒**であり，酵素反応がどのように制御されるかが非常に重要である．酵素の発見は，19 世紀のジアスターゼ（アミラーゼ）にさかのぼるが，酵素の実体がタンパク質であることが明らかになったのは，1926 年のウレアーゼが最初である．現在では，ある種の RNA 分子も酵素活性をもつことが知られている．ここでは酵素の基本的な性質と，タンパク質が酵素として機能するメカニズムを見ていこう．

行動目標

1. 酵素触媒の特徴を，化学触媒と比較して説明することができる．
2. 酵素の系統名から，どのような酵素かを説明できる．触媒する基質と反応をもとに，酵素を命名することができる．
3. 補因子，共同基質，補欠分子族を説明することができる．
4. 酵素-基質複合体における形態的および電子的相補性を説明できる．
5. 酵素は，活性化ギブズエネルギーを下げることにより反応速度を高めること，活性化ギブズエネルギー変化と速度促進度の関係を説明できる．
6. 多くの酵素に共通して見られる触媒機構を説明できる．

8・1 酵素の基本的な性質と名称

酵 素 enzyme

生体内では，数千もの**酵素**が化学反応を触媒している．まず，それらの一般的な性質と名前のつけ方を知っておく必要がある．

8・1・1 酵素の一般的特徴

化学の実験や工場での生産に用いられる化学触媒による反応は，高温・高圧など過激な条件で行うことが多い．一方，酵素は，生体内の穏やかな条件下で触媒としてはたらく．酵素触媒は，化学触媒と比べて優れた性質をもっている．

速度促進度 rate enhancement

1) 反応速度の促進度が大きい．酵素触媒は，多くの場合で 10^6〜10^{12} 倍反応速度を速める．この速度促進度は，化学触媒に比べて数桁大きい．
2) 反応の促進が，穏やかな条件で行われる．通常，多くの酵素がはたらいている条件は，常温あるいは生物の体温（ヒトでは 37 °C），常圧，ほぼ中性の pH である．このような穏やかな条件で，さまざまな反応が効率よく進行する．
3) 特異性が高い．基質（反応物）に対する特異性が，化学触媒に比べてはるかに高く，また，副反応が少なく特定の生成物を生じる．
4) 調節可能である．多くの酵素は，基質以外の物質の濃度や共有結合修飾などによって活性が大きく変動する．このことが生命現象の調節に重要である．

8・1・2 酵素の命名法

酵素の名称は，ふつう基質の名前または触媒する反応の語尾にアーゼ ase をつける．たとえば，ウレアーゼ urease は，尿素 urea を加水分解して二酸化炭素とアンモニアを生成する酵素である．また，エタノール発酵に関わるピルビン酸デカルボキシラーゼは，ピルビン酸を脱炭酸（decarboxylation）してアセトアルデヒドを生成する．

このような命名は，名称からどのような酵素かがわかるので便利である．しかし，当初は酵素の命名法に規則がなく，名称からは何を触媒するかわからなかったり，同一酵素に複数の名称があったりという混乱があった．そこで，系統的な命名法がつくられ，国際生化学分子生物学連合（IUBMB）が，酵素の名称とEC分類番号を決めている．系統名の付け方は上述したが，すでに広まっている名称を用いるほうが便利な場合もあるので，系統名と常用名が併用されている．たとえば，過酸化水素 H_2O_2 を O_2 と H_2O に不均化するカタラーゼは，常用名である．

EC分類番号は，四つの数字からなる．四つの数字は，順に大分類，中分類，小分類，小分類中の番号を示す．大分類は，反応型による分類で，従来六つであったが，2018年に7番目の分類が加わった（表8・1）．ウレアーゼの大分類は加水分解酵素であり，分類番号はEC 3.5.1.5である．また，ピルビン酸デカルボキシラーゼは脱離酵素でEC 4.1.1.1，カタラーゼは酸化還元酵素でEC 1.11.1.6である．

表 8・1 反応の型による酵素の分類

大 分 類	反 応 の 型
1. 酸化還元酵素（オキシドレダクターゼ）	酸化還元
2. 転移酵素（トランスフェラーゼ）	官能基の転移
3. 加水分解酵素（ヒドロラーゼ）	加水分解
4. 脱離酵素（リアーゼ）	脱離により二重結合を生成
5. 異性化酵素（イソメラーゼ）	異性化
6. 合成酵素（リガーゼ）	ATPの加水分解を伴う化学結合の形成
7. 輸送酵素（トランスロカーゼ）	イオン・分子の膜を横切る移動や膜内での分離

酸化還元酵素 oxidoreductase
転移酵素 transferase
加水分解酵素 hydrolase
脱離酵素 lyase
異性化酵素 isomerase
合成酵素 ligase
輸送酵素 translocase

8・1・3 補 因 子

補因子とは，酵素の触媒活性に必要なタンパク質以外の物質である．酵素には，タンパク質成分だけで機能するものも多いが，補因子を必要とするものも多い．補因子は，Zn^{2+} や Fe^{2+} などの金属イオンである場合と，**補酵素**として知られる有機分子の場合がある．補酵素には，可逆的に酵素に結合して**共同基質**としてはたらくものと，ほぼ不可逆的に結合して**補欠分子族**としてはたらくものがある．共同基質の例としては NAD^+ や ATP，補欠分子族の例としてはヘム（7章を参照）があげられる．**ビタミン**には，補酵素（ビタミンC）や補酵素の前駆体（ビタミン B_1，B_2，B_6，B_{12}，ナイアシン，葉酸など）となるものが多い．図8・1に触媒機構を担

補因子 cofactor
補酵素 coenzyme
共同基質 cosubstrate
補欠分子族 prosthetic group

(a) チアミン二リン酸（TPP）　(b) ピリドキサール5′-リン酸　(c) ビオチン

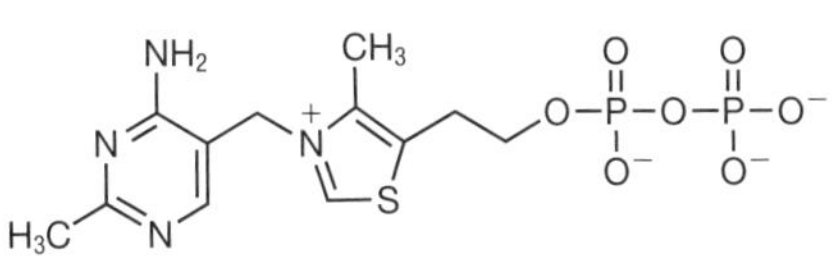

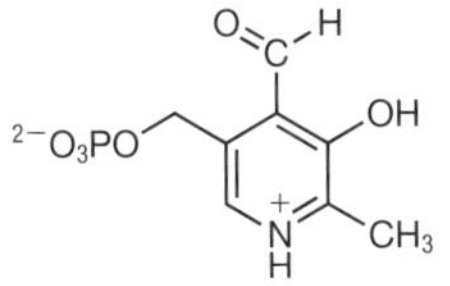

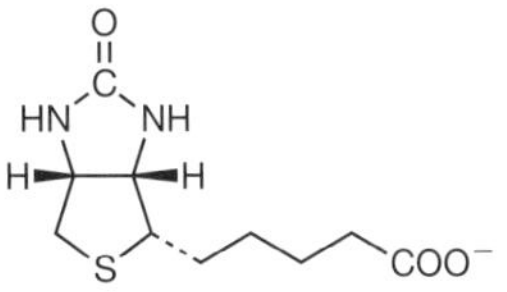

図 8・1 補酵素 (a) チアミン二リン酸（§13・2・2，§14・1・1を参照）．前駆体はチアミン（ビタミン B_1）．(b) ピリドキサール5′-リン酸（§18・2・1）．前駆体はピリドキシン（ビタミン B_6）．(c) ビオチン（ビタミン B_7）（§17・1・1）．酵素のLys残基に共有結合してビオシチンを形成する．

ホロ酵素 holoenzyme
アポ酵素 apoenzyme

う補酵素の例を示す．触媒活性をもつ酵素‒補因子複合体を**ホロ酵素**，ホロ酵素から補因子を取り除いた不活性のタンパク質を**アポ酵素**とよぶ．

8・2 酵素の基質特異性

基 質 substrate

酵素は，それぞれ特有の**基質**と結合し，特有の反応を触媒する．

8・2・1 基質認識のメカニズム

基質特異性 substrate specificity

酵素反応は，酵素と基質との結合により始まる．酵素と基質の結合にはたらく相互作用は，通常は**疎水性相互作用**，**水素結合**，**イオン結合**，**ファンデルワールス力**などの非共有結合である．**基質特異性**は，酵素側の構造と基質側の構造が相補的な関係にあり，相互作用が効果的にはたらくことによる．

相補性には形態的なものと電子的なものがある．疎水性相互作用やファンデルワールス力が効果的にはたらくためには，形態的に相補的であることが必要である．基質の極性が低い部位には，酵素タンパク質の極性の低い基が接することで水が排除され，また，形態的に相補性があり接触面が大きければ，そこにはたらくファンデルワールス力も大きくなる．極性の高い部位については，電子の局在により負電荷性を帯びた部位と正電荷を帯びた部位が接すると，静電的な相互作用が生じる．水素結合が効果的にはたらくためには水素結合の供与基と受容基が適した位置関係で配置していることが必要である．

形態的相補性 geometric complementarity
電子的相補性 electronic complementarity

このように酵素と基質の結合には，**形態的相補性**と**電子的相補性**が重要である．しかし，酵素はつねに基質に相補的な構造をとっている必要はない．タンパク質は柔らかくゆらいだ構造をしており，基質が酵素に結合するときに相補的な構造が誘導されることもある（誘導適合）（§6･8･3を参照）．

8・2・2 特異性の程度

トリプシン trypsin

酵素には基質特異性が非常に高いものもあれば，特異性が低いものもある．特異性が低い例としては，消化に関与するプロテアーゼがある．**トリプシン**は膵臓から分泌されて小腸ではたらくタンパク質分解酵素であり，ペプチド結合を加水分解する．その切断する部位は，塩基性アミノ酸残基のC端側であるが，アルギニン（Arg）でもリシン（Lys）でもよい．また，切断部位の前後以外の構造にはあまり依存しないので，不特定多数のタンパク質を基質として断片化することができる．この切断における特性は，タンパク質の一次構造解析の前段階で利用される（5章を参照）．

トリプシノーゲン trypsinogen
エンテロペプチダーゼ enteropeptidase

基質特異性が低いことは，不特定多数のタンパク質の消化に寄与する酵素としては都合がよい．しかし，このようなプロテアーゼが膵臓の細胞内ではたらいてしまうと，膵臓を傷め膵炎を起こしてしまう危険がある．そこで，トリプシンは不活性前駆体である**トリプシノーゲン**として生合成され，十二指腸に分泌される．分泌されたトリプシノーゲンは，N端側の特定のアミノ酸配列が**エンテロペプチダーゼ**の作用で特異的に切断されることにより，活性のあるトリプシンに変換される．エンテロペプチダーゼは，十二指腸粘膜細胞で生合成されて腸管内腔に分泌されるので，膵臓内のトリプシノーゲンを活性化することはない．また，エンテロペプチダーゼの特異性は非常に厳密であり，Asp-Asp-Asp-Asp-Lys というアミノ酸配列の Lys の C 端側を切断する．エンテロペプチダーゼの作用により活性型のトリプシンが生じると，トリプシンは別のトリプシノーゲン分子の Asp-Asp-Asp-Asp-Lys 配列の C 端側を切断し，腸管内腔で活性型トリプシンの生成が増幅される．

8・3 酵素反応とエネルギー

化学反応の方向性と速度は何によって決まるのだろうか．酵素や触媒による反応の促進を，エネルギー論的に見ていこう．

8・3・1 化学平衡とギブズエネルギー

まず，化学反応の**方向性**が何によって決まるかを理解しておこう．化合物 A と B が反応して化合物 P と Q が生じる可逆的な反応 A＋B ⇄ P＋Q を考える．A と B だけの状態から開始した場合，反応は左から右へ，P と Q だけの状態から開始した場合，反応は右から左へ進行し，いずれも**平衡**に達するまで進む．平衡状態では A，B，P，Q が混在する．反応は必ず反応系のギブズエネルギーの高い状態から低い状態に向かって進行する．平衡はその反応系のギブズエネルギーが最も低くなる状態であり，それ以上，どちら側にも反応は進行しない．このような議論は，反応の方向性や平衡の位置に関する情報を与える．しかし，平衡に達するまでの時間や反応速度については何の情報も与えない．

平 衡 equilibrium

8・3・2 活性化ギブズエネルギーと反応速度

反応速度が何に依存するかを理解しよう．A＋B と P＋Q の間の反応の過程を考える．化合物 A と B が出会って両者の構造に変化が起こり，ギブズエネルギーの高い状態を経て，化合物 P と Q を生じる．この反応の過程で最もギブズエネルギーが高くなる状態（$X^{‡}$）を，**遷移状態**とよぶ（図 8・2）．A と B が反応して P と Q になるためには，必ず遷移状態 $X^{‡}$ を通らなければならず，反応前と遷移状態 $X^{‡}$ とのエネルギー差 $\Delta G^{‡}$ がエネルギー障壁となる．この $\Delta G^{‡}$ を**活性化エネルギー**という．

反応速度 reaction rate

遷移状態 transition state

活性化エネルギー activation energy

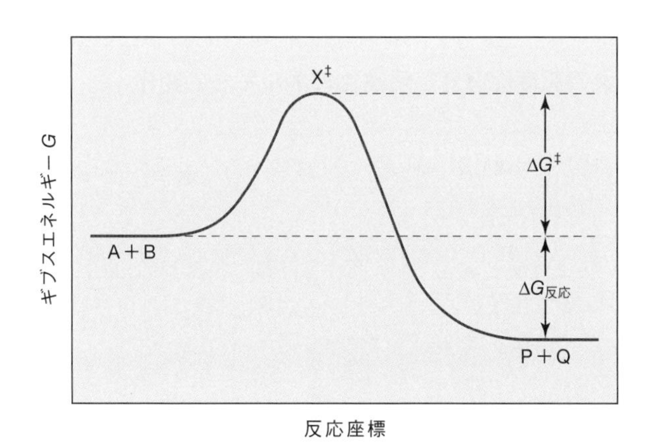

図 8・2 化学反応の反応座標と遷移状態

遷移状態$X^{\ddagger}$が存在する時間は短く，A＋B に戻るか P＋Q に進むかは，同じ確率で起こる．まず，A と B だけが存在する状態を考える．このとき，P と Q を生成する速度は，遷移状態$X^{\ddagger}$の濃度だけに依存する．$X^{\ddagger}$の濃度はA＋B の状態からどれだけこの状態に進むことができるかに依存し，それは，図 8・2 の$\Delta G^{\ddagger}$の大きさに依存する．$\Delta G^{\ddagger}$が大きいほど$X^{\ddagger}$は生じにくく，$\Delta G^{\ddagger}$が小さいほど$X^{\ddagger}$は生じやすくなる．したがって，$\Delta G^{\ddagger}$が小さいほど，P と Q を生成する速度は速い．**触媒**は，この$\Delta G^{\ddagger}$を小さくすることによって，$X^{\ddagger}$を生じる頻度を高める（図 8・3）．

触 媒 catalyst

触媒は，A＋B から$X^{\ddagger}$を生じるときの活性化ギブズエネルギー $\Delta G^{\ddagger}$と，P＋Q から$X^{\ddagger}$を生じる$\Delta G^{\ddagger}_{逆反応}$を，同じだけ低下する．これは，触媒は，正反応と逆反応を同じだけ促進することを意味する．反応が進行し，A と B が減少して P と Q が増加するうちに，A＋B から$X^{\ddagger}$を生じる速度と P＋Q から$X^{\ddagger}$を生じる速度が等しくなり，反応は平衡に達する．$\Delta G^{\ddagger}$の大きさが変わっても，A，B，P，Q のモル当たりのギブズエネルギーは変わらない．したがって，反応前後のギブズエネルギー変化 ΔG は変わらず，平衡定数は変わらない．これは化学触媒でも酵素触媒でも同様である．酵素や化学触媒は，基質から生成物への変換において，反応前後のギブズエネルギー変化 ΔG や平衡定数は変えずに，活性化ギブズエネルギー $\Delta G^{\ddagger}$ の低い反応経路を提供する．

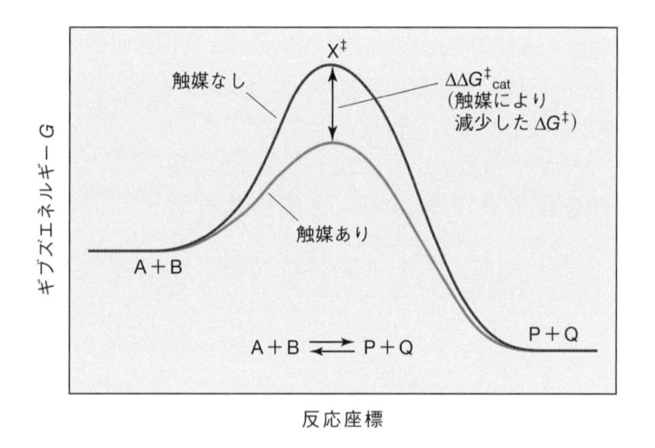

図 8・3 遷移状態図における触媒の作用

8・3・3 酵素の速度促進度と活性化エネルギーの変化

触媒により反応がどれだけ促進されるかは，活性化エネルギー $\Delta G^{\ddagger}$の変化量に依存する．非触媒反応と触媒反応の$\Delta G^{\ddagger}$の差を$\Delta\Delta G^{\ddagger}_{cat}$とすると，**速度促進度**（触媒反応と非触媒反応の速度の比）は，$e^{\Delta\Delta G^{\ddagger}_{cat}/RT}$で表される*．

速度促進度 rate enhancement

* e は自然対数 ln の底であり，$\ln x = \log_e x$.

例題 8・1 速度促進度と$\Delta\Delta G^{\ddagger}_{cat}$の関係を計算してみよう．25 °C で反応速度を 10 倍高めるには，活性化ギブズエネルギー $\Delta\Delta G^{\ddagger}_{cat}$をどれだけ下げることが必要か．$R$は気体定数で，8.314 J K^{-1}mol^{-1} である．

解 答 速度促進度 $= 10 = e^{\Delta\Delta G^{\ddagger}_{cat}/RT}$

$$\Delta\Delta G^{\ddagger}_{cat} = RT\ln 10 = (8.314\ \mathrm{J\,K^{-1}mol^{-1}})(298\ \mathrm{K})\ln 10 = 5.70\ \mathrm{kJ\,mol^{-1}}$$

$\Delta\Delta G^{\ddagger}_{cat} = 5.7\ \mathrm{kJ\,mol^{-1}}$ だけ活性化ギブズエネルギーを下げることが必要である．

復習問題 8・1 反応速度を 10^6 倍高めるには，活性化ギブズエネルギーを 5.7 kJ mol^{-1} の何倍下げる必要があるか．

8・4 酵素触媒機構の基礎

酵素作用の本質は，遷移状態のギブズエネルギーを下げる（遷移状態を安定化する）ことである．それでは，どのようなしくみでこれを行うのだろうか．酵素の触媒機構は，化学触媒と基本的には同じであり，酸塩基触媒，共有結合触媒，金属イオン触媒といったメカニズムがはたらいている．加えて，近接効果・配向効果や遷移状態優先結合のしくみが効率よくはたらくことにより，酵素は反応を大きく促進する．

8・4・1 酸塩基触媒

プロトン（H^+）を供与したり受容したりするアミノ酸側鎖は，**一般酸塩基触媒**として化学反応を促進することができる．**一般酸触媒**はプロトンを供与することにより，**一般塩基触媒**は，プロトンを引抜くことにより，遷移状態のギブズエネルギーを下げる．酵素では，その両方の機構が一緒にはたらくことが多い．これを**協奏酸塩基触媒反応**という．酸または塩基としてはたらくアミノ酸残基としては，アスパラギン酸（Asp），グルタミン酸（Glu），ヒスチジン（His），システイン（Cys），チロシン（Tyr），Lys がよく見られる．

一般酸触媒
general acid catalysis

一般塩基触媒
general base catalysis

協奏酸塩基触媒反応
concerted acid base catalysis

酵素が活性を示す pH 範囲は狭く，pH 曲線はつりがね形を示すことが多い（図 8・4）．その理由としては，酵素または基質のプロトン解離性の官能基が，酵素と基質の結合や酵素活性に関与していて，イオン化状態の変化が基質結合や活性に影響することが考えられる．あるいは，電荷分布の変化によりタンパク質の立体構造

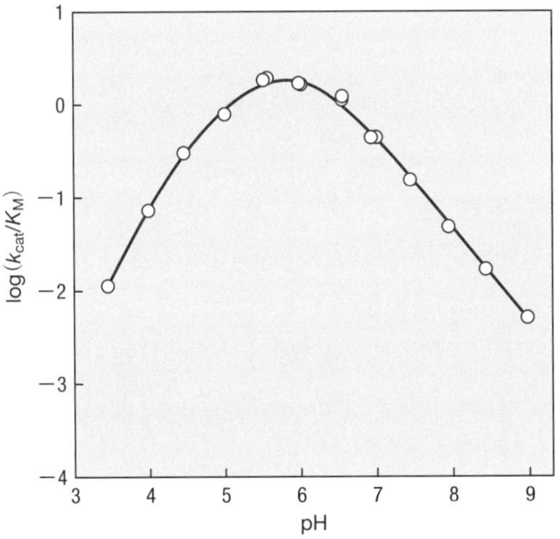

図 8・4 RN アーゼ A の pH 曲線 この酵素では，pK_a 5.4 と 6.4 の 2 個の His 側鎖が触媒機構に関わっている．縦軸は酵素活性の対数（k_{cat}/K_M は触媒効率を表す．p.92 参照）［出典：L. W. Schultz, D. J. Quirk, R. T. Raines, *Biochemistry*, **37** (25), 8886～8898 (1998).］

が変化する場合も考えられる．酵素活性の pH 曲線の変曲点（pK 値）から，酵素活性に関与する基を推定できることも多い．

酸塩基触媒の例として，RNA を加水分解するリボヌクレアーゼ A（RN アーゼ A）を見てみよう．RN アーゼ A では，二つの His 残基が一般酸塩基触媒として協奏的に関与する（図 8・5）．

ステップ 1 N 末端から 12 残基目にある His12 が，一般塩基として RNA の 2′-OH 基からプロトンを引抜き，3′ 位のリン酸基のリン原子への求核攻撃を促す．His119 は一般酸としてプロトンを供与することにより，RNA の切断を促進する．これにより，RNA の 5′ 側断片に 2′,3′-環状中間体が生成する．

ステップ 2 RNA の 3′ 側断片が脱離すると，代わりに水が活性部位に入る．ステップ 1 でプロトンを解離した His119 が，一般塩基として水分子に作用して OH^- のリン原子への求核攻撃を促す．また，ステップ 1 でプロトンを受取った His12 は，一般酸として 2′,3′-環状中間体の加水分解を促進する．加水分解された RNA 5′ 側断片を解離して，酵素は元の状態に戻る．

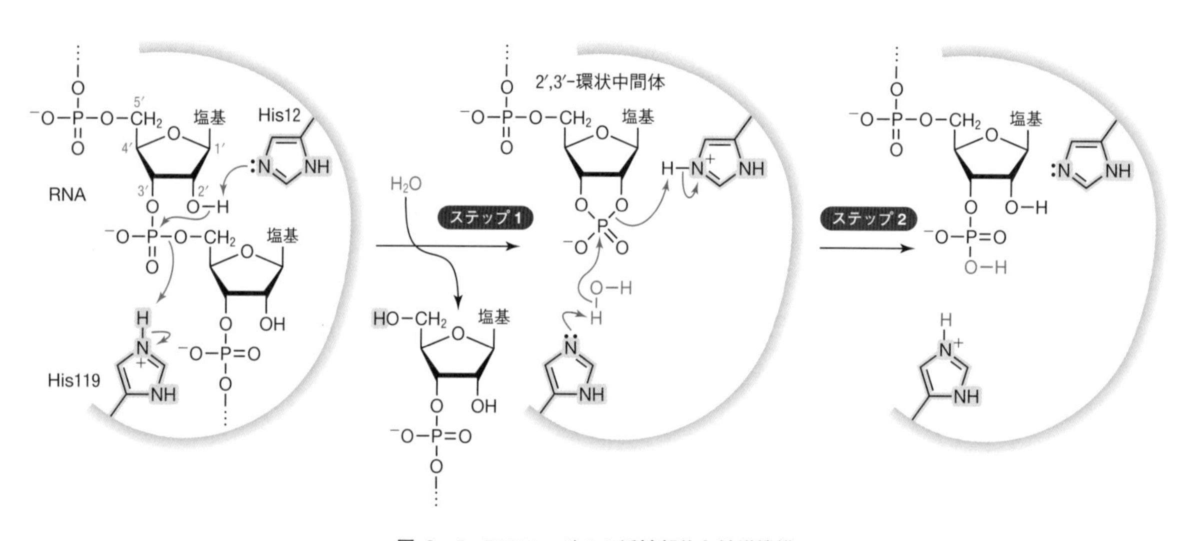

図 8・5　RN アーゼ A の活性部位と触媒機構

8・4・2　共有結合触媒

共有結合触媒
covalent catalysis

求核触媒
nucleophilic catalysis

共有結合触媒は，触媒と基質の間に一時的に共有結合を生じて反応を促進する．多くは酵素の求核基と基質の求電子基との間の共有結合なので，**求核触媒**ともいう．酵素が反応を完結して次の反応を触媒するためには，この共有結合は切れて解離することが必要である．したがって，よい共有結合触媒は，高い求核性をもつだけでなく，脱離基として中間体から離れやすい性質をもつことが必要である．この両方の性質をもつためには，分極しやすい性質をもった基が適している．たとえば，補酵素チアミン二リン酸（TPP）（図 8・1 a）のチアゾール基や補酵素ピリドキサールリン酸（PLP）（図 8・1 b）が形成するシッフ塩基はその好例である．また，Ser のヒドロキシ基，Cys のスルファニル基，His のイミダゾール基，Asp や Glu のカルボキシ基，Lys の ε-アミノ基が共有結合触媒ではたらく基としてよく見られる．

8・4・3　金属イオン触媒

触媒作用に**金属イオン**を必要とする酵素は多い．Fe^{2+}，Cu^{2+}，Mn^{2+}などの遷移金属イオンは，補因子として触媒作用に必須である場合が多い．Na^{+}，K^{+}，Ca^{2+}などは，酵素タンパク質の構造保持に寄与していることが多い．Mg^{2+}やZn^{2+}などは，触媒作用と構造保持の両方の例がある．

金属イオン metal ion

触媒作用における金属イオンの役割には，次のようなものがある．

① **配向効果**（§8・4・4）．基質が反応に適する方向に向くように結合する．
② 酸化状態が可逆的に変化することにより，酸化還元反応を仲介する．
③ 負電荷を静電的に安定化する，あるいは遮蔽する（**静電効果**）．

静電効果 electrostatic effect

金属イオン触媒の例として，次の反応を触媒する**カルボニックアンヒドラーゼ**（7章を参照）を見てみよう．

カルボニックアンヒドラーゼ carbonic anhydrase

$$CO_2 + H_2O \rightleftharpoons HCO_3^- + H^+$$

カルボニックアンヒドラーゼは，活性中心にZn^{2+}をもつ．Zn^{2+}は4配位であり，三つのHis残基と水が四面体形に配位している（図8・6a）．Zn^{2+}に配位した水分子は，分極によりイオン化してOH^-を生じ，これがCO_2を求核攻撃してHCO_3^-を生成する（図8・6b）．このように，Zn^{2+}などの金属イオンは，配位した水分子の酸性度を高めることにより，中性より低いpHでも求核性のOH^-を与えることができる．

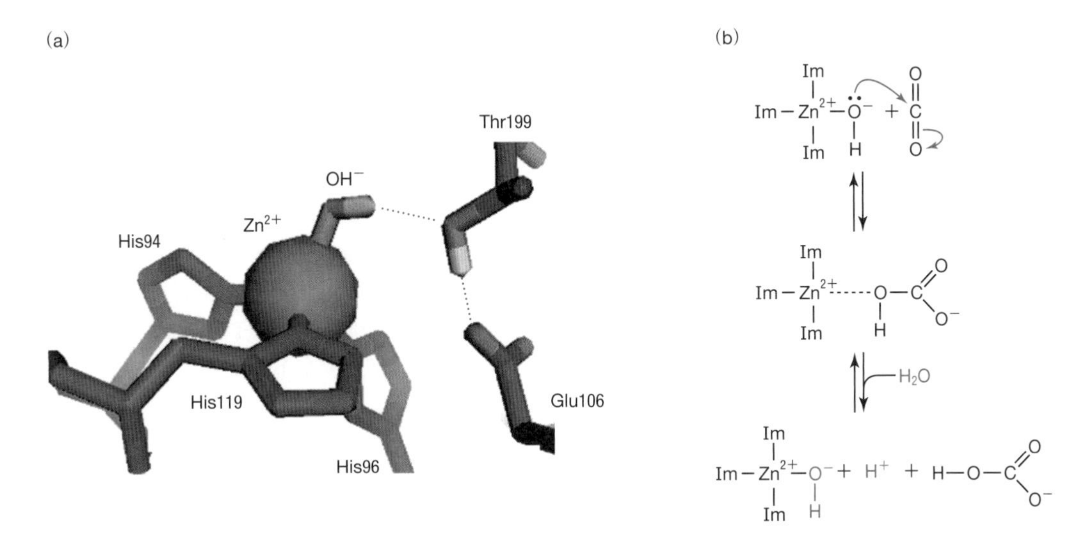

図 8・6　カルボニックアンヒドラーゼの触媒機構

8・4・4　近接効果と配向効果

複数分子による化学反応は，反応に関わる分子どうしが接近することが必要である．酵素は，基質を触媒部位の近くに結合する．また基質が二つ以上のときは，それらをたがいに近づける．このことにより反応が促進される．これを**近接効果**という．しかし，近接効果による促進の度合いは，あまり大きくはない．

近接効果 proximity effect

さらに大きな効果を示すのは，**配向効果**である．複数分子による化学反応において，分子はどのような向きでも反応するわけではなく，反応に適した向きがある．

配向効果 orientation effect

酵素は，基質をちょうどよい向きに向けて結合し，また回転を止めることにより，反応を促進する．これを配向効果という．配向効果による促進度は大きい．

8・4・5　遷移状態の安定化

遷移状態 transition state

§8・3で述べたように，酵素は**遷移状態**の構造を安定化することにより，活性化エネルギーを下げ反応速度を高める．これは，基質が結合部位に結合するとき，酵素が基質をゆがめたり電子分布に影響して，遷移状態の構造に近づけることによる．酵素は，基質そのものよりも遷移状態に対して親和性が高く，遷移状態に優先的に結合して安定化すると考えられる．このことにより遷移状態の濃度が増し，それに比例して反応速度が増大する．

遷移状態の安定化にはさまざまなメカニズムがはたらくが，たとえば，酵素タンパク質中の荷電基の分布は，静電効果により，基質を酵素の活性部位に誘導したり，反応の遷移状態を安定化することに寄与する．

遷移状態優先結合 preferential binding to the transition state

遷移状態優先結合の考え方は，酵素阻害剤の設計にも重要である．酵素は遷移状態に対して高い親和性をもって結合しているのであれば，形や電子分布が遷移状態に類似しているが反応はしない安定な化合物は，その酵素のよい阻害剤になることが考えられる．医薬品には，酵素の阻害剤として作用しているものが多くあるが，遷移状態優先結合に基づいた阻害剤の設計は，医薬品開発における基礎的なアプローチの一つである．

8・4・6　キモトリプシンに見る基質特異性と酵素触媒機構の例

キモトリプシン chymotrypsin

キモトリプシンは，類縁のトリプシン（§8･2･2を参照）と同様に膵臓でつくられて十二指腸に分泌される消化酵素であり，触媒中心としてセリン（Ser195）をもつセリンプロテアーゼの一種である．

a. キモトリプシンの基質特異性のメカニズム　キモトリプシンは，フェニルアラニン（Phe）などの疎水性で大きな側鎖をもつアミノ酸残基のC端側を切断する．キモトリプシンのX線結晶構造から，そのような側鎖がちょうど入る位置に疎水性の**特異性ポケット**があることがわかる（図8・7a）．トリプシンは塩基性アミノ

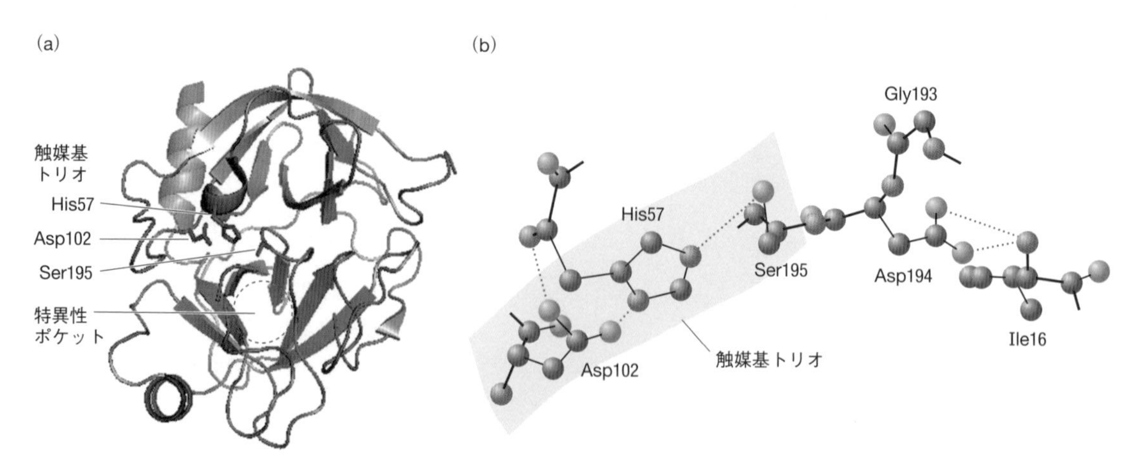

図 8・7　キモトリプシン　(a) 立体構造，(b) 触媒基トリオ．

酸残基のC端側を切断する．トリプシンにもキモトリプシンと同様に特異性ポケットが存在するが，その底部にある残基がキモトリプシンではSerであるのに対し，トリプシンではAspである．Asp側鎖の負電荷が，塩基性アミノ酸残基を認識してそのC端側を切るというトリプシンの基質特異性を生み出していることが考えられる．中性の小さな側鎖をもつアミノ酸残基のC末端側を切断するエラスターゼでは，この基質ポケットが浅くなっている．

b. キモトリプシン触媒機構　酵素反応は，さまざまなメカニズムの組合わせにより進行する．キモトリプシンの触媒活性には，Ser195に加えてHis57とAsp102の**触媒基トリオ**が重要であり（図8・7b），触媒機構は次のように説明される（図8・8）．

ステップ1
His57がSer195側鎖−OHよりH^+を引抜く

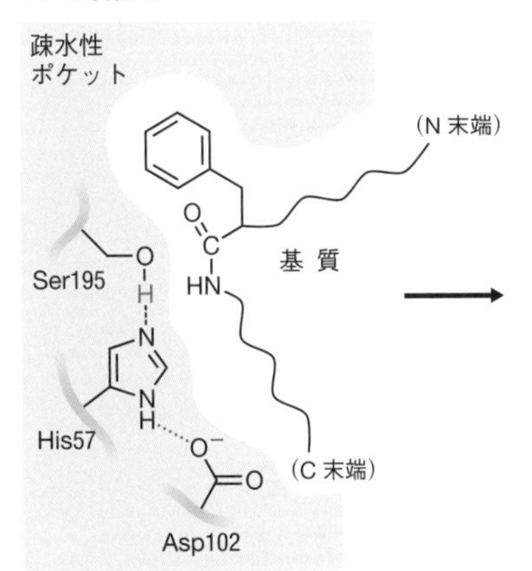

酵素-基質複合体

ステップ2
Ser195が基質のカルボニル炭素を攻撃し四面体形中間体を形成する

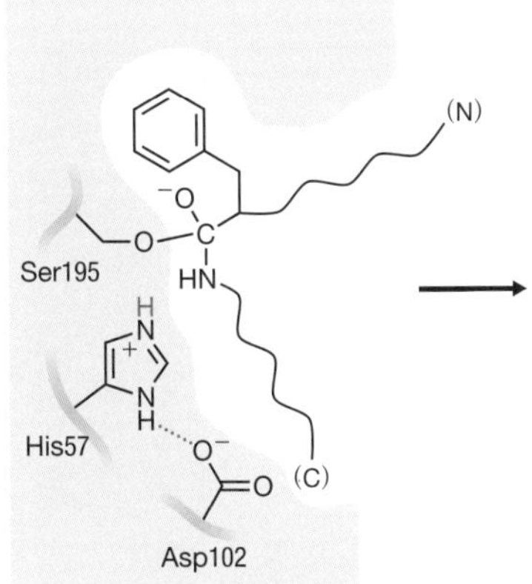

遷移状態

ステップ3
His57がステップ1で引抜いたH^+をペプチドのアミド窒素に渡し，C−N結合が切れる

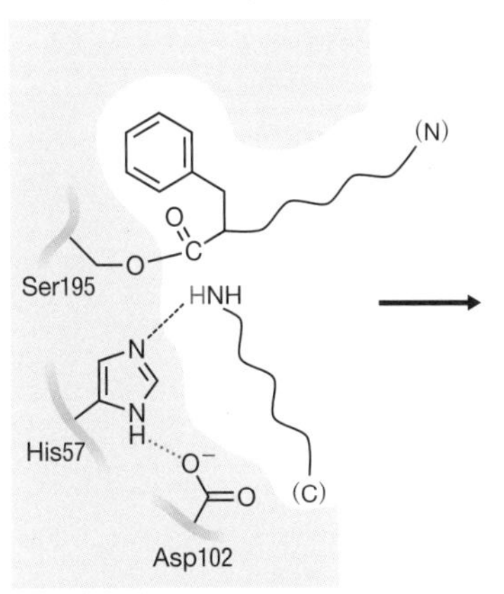

アシル酵素中間体

ステップ4
C末端側ペプチドの代わりに水分子が入りHis57が水分子のH^+を引抜く

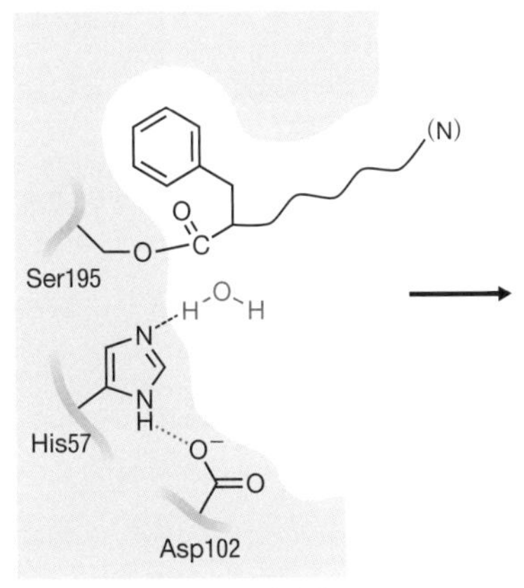

アシル酵素-H_2O複合体

ステップ5
OH^-が基質のカルボニル炭素を攻撃し四面体形中間体を形成する

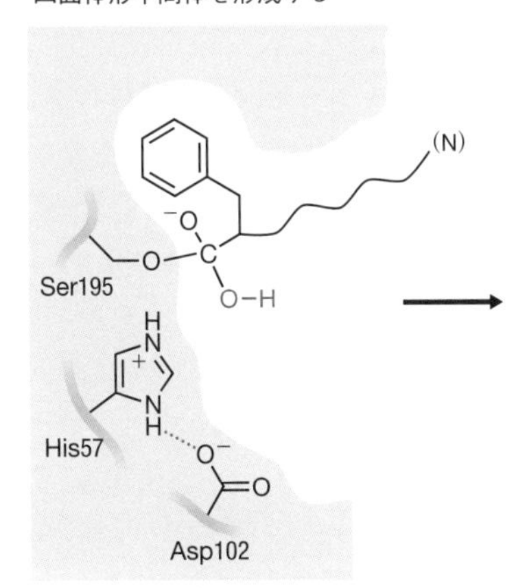

遷移状態

ステップ6
C−O結合が切れN末端側のペプチドが酵素から遊離する

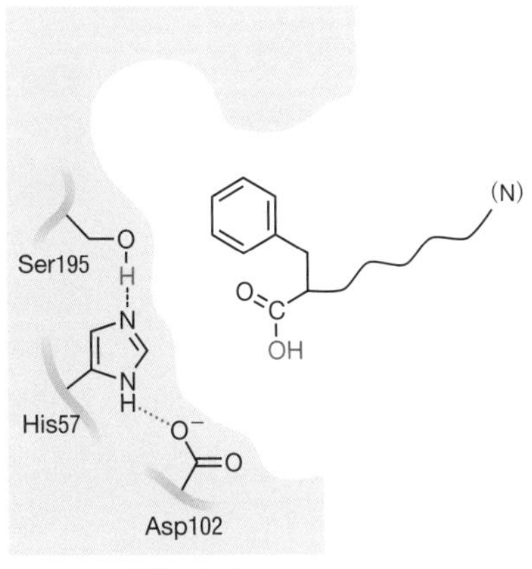

遊離の酵素

図8・8　キモトリプシンの触媒機構

ステップ1 His57 が，Ser195 の側鎖ヒドロキシ基のプロトンを引抜く（一般塩基触媒）．このとき，Asp102 側鎖のカルボン酸イオンが，静電的な効果により，この His57 のはたらきを助ける．

ステップ2 プロトンを解離した Ser195 の側鎖 $-O^-$ が，基質のペプチド結合のカルボニル炭素を求核攻撃し，共有結合中間体を生じる（共有結合触媒）．このとき，反応を受けるペプチド結合と Ser195 の側鎖 $-O^-$ は，反応に適した位置関係にある（近接効果，配向効果，§8·4·4 を参照）．また，遷移状態優先結合の機構も寄与している．Ser195 の側鎖 $-O^-$ が基質ペプチド結合のカルボニル炭素を求核攻撃するとき，カルボニル炭素原子は sp^2 混成軌道から sp^3 混成軌道に変化し，カルボニル酸素はアニオン化して四面体形の中間体を生じる（図 8・8，図 8・9）．このとき，このカルボニル酸素は**オキシアニオンホール**とよばれる位置に入り，Gly193 と Ser195 の主鎖 NH から水素結合を受ける（図 8・9）．このオキシアニオンホールによるメカニズムは，遷移状態を安定化することにより四面体形中間体の形成を促進している．

オキシアニオンホール
oxyanion hole

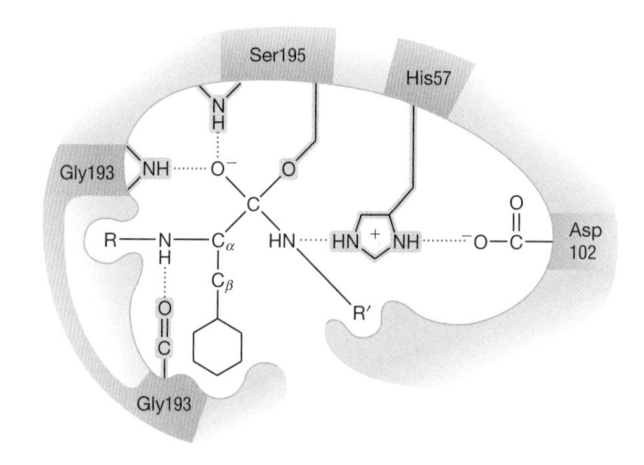

図 8・9　オキシアニオンホールによる四面体形中間体の安定化
［出典：J. D. Robertus, J. Kraut, R. A. Alden, and J. J. Birktoft, *Biochemistry*, **11**, 4302（1972）に基づいて作成.］

ステップ3 ステップ 1 でプロトン化した His57 は，ペプチドのアミド窒素にプロトンを渡し，ペプチド結合の切断を促進する（一般酸触媒）．

ステップ4 切断されたペプチドの C 端側の断片が酵素から遊離し，代わりに水分子が入る．水分子のプロトンを His57 が引抜く（一般塩基触媒）．

ステップ5 プロトンを引抜かれた水が中間体のカルボニル炭素を攻撃し，再び四面体中間体が形成される．

ステップ6 中間体が加水分解される．プロトン化した His57 から Ser195 の側鎖 $-O^-$ にプロトンが渡され（一般酸触媒），また，基質の N 端側断片が遊離して反応が完結する．

このように，一般酸触媒，一般塩基触媒，共有結合触媒，静電効果，近接効果，配向効果，遷移状態安定化の機構が，キモトリプシンの触媒活性に寄与している．

8・5 酵素触媒機構の解析

§8･4･6 で見たような酵素の触媒機構はどのようにして知ることができるのだろうか？ キモトリプシンを例に見てみよう.

8・5・1 触媒残基の同定

酵素の触媒機構に関与するアミノ酸残基を知る手がかりとしては，pH 依存性があることを§8･4･1 で述べた．しかし，それだけでは重要なアミノ酸残基を特定することはできない．セリンプロテアーゼの触媒活性を担う Ser，His，Asp は**化学修飾**と**立体構造解析**（図 8・7）から同定された.

a. 化学修飾　セリンプロテアーゼの触媒残基セリンは，一般に**ジイソプロピルフルオロリン酸**（**DIPF**）により共有結合による修飾を受け，不可逆的に不活性化される．たとえば，キモトリプシンの場合，Ser195 のみが DIPF によって修飾され，他のセリン残基は反応しない.

化学修飾 chemical modification

キモトリプシンの第二の触媒残基である His57 は，**トシル-L-フェニルアラニルクロロメチルケトン**（**TPCK**）によるアフィニティーラベル（親和性標識）により同定された（図 8・10）．この試薬は，キモトリプシンの基質特異性に合うので，フェニルアラニン（Phe）部分で特異性ポケットに結合し，クロロメチルケトン部分が近傍にある His57 と特異的に反応することにより酵素を不活性化する．Phe 部分をトリプシンの基質特異性に合った Lys と置き換えたトシル-L-リシルクロロメチルケトン（TLCK）は，トリプシンを特異的に不活性化する.

アフィニティーラベル affinity labeling

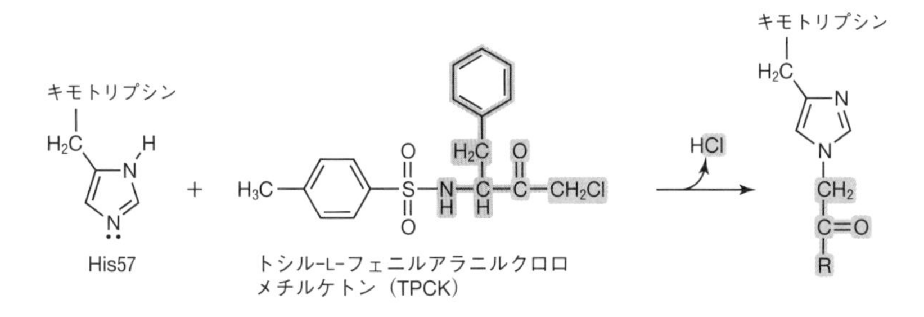

図 8・10 キモトリプシン His57 の TPCK による修飾

b. 部位特異的変異法　遺伝子工学を利用したタンパク質の部位特異的変異法では，任意のアミノ酸残基を任意のアミノ酸に置き換えたタンパク質を作製することができる．この方法は，触媒残基を同定したり，特定アミノ酸残基の役割やメカニズムを明らかにするなどの目的でよく用いられる.

部位特異的変異 site-directed mutagenesis

c. 立体構造解析　X 線結晶構造解析や NMR によるタンパク質立体構造の解明は，酵素の触媒機構を理解するうえで欠かせない．キモトリプシンの触媒機構において Ser195，His57，Asp102 の触媒基トリオが重要であるが，この三つのアミノ酸残基が同族のセリンプロテアーゼにおいても共通した位置関係で存在していることが，X 線結晶構造により明らかにされている．スブチリシンは，キモトリプシンやトリプシンとは分子進化的に異なるファミリーのセリンプロテアーゼであ

立体構造解析 structural analysis

スブチリシン subtilisin

り，立体的な折りたたみ構造もまったく異なっている．しかし，一次構造における並び順は異なるものの，Ser221，His64，Asp32 がキモトリプシンと同様に触媒基トリオを構成している．触媒機構への寄与は，部位特異的変異により活性が低下することにより示唆される．

8・5・2　触媒機構の裏付け

酵素の触媒機構は，立体構造，化学修飾や部位特異的変異法によるアミノ酸残基の情報などから推測することができる．また，遷移状態の構造を模倣した化合物が活性を阻害することも推定メカニズムの裏付けとなる．しかし，それだけでは十分ではない．推定しているメカニズムが正しいかどうかは，酵素反応速度論（9 章を参照）の結果と合うかどうかで検証される．

■ 章末問題

8・1　ある酵素の基質 S をもとに基質 A を設計した．もし，基質 A が反応するときの遷移状態 $A^‡$ と酵素の親和性は基質 S の場合とほとんど変わらず，基質 A に対する親和性が基質 S に対する親和性に比べて高くなったとすると，触媒活性はどうなると考えられるか．図 8・3 を参考にして説明せよ．

8・2　37 °C で，酵素がないときに比べて酵素が反応を 10 倍促進するためには，活性化エネルギー $\Delta G^‡$ をどれだけ下げる必要があるか？ 10^6 倍促進するためには，どれだけか？

8・3　RN アーゼ A は一本鎖 DNA を切断するか？ 図 8・5 をもとに説明せよ．

8・4　キモトリプシンとスブチリシンは，分子進化の過程でまったく別の祖先分子から出発したにもかかわらず同様のメカニズムをもつ．このことから，どのようなことが考えられるか．

8・5　ウシ膵臓トリプシンインヒビター（BPTI）という小さなタンパク質は，トリプシンに非常に強く結合し，酵素活性を阻害する．トリプシン-BPTI 複合体の X 線結晶構造では，BPTI の Lys 残基の側鎖がトリプシンの基質特異性を示すポケットに結合し，また，活性中心 Ser 残基の側鎖酸素原子が BPTI の Lys 残基のカルボニル炭素に結合して図 8・9 の四面体中間体と同様の構造を形成していることが観察される．にもかかわらず，BPTI が切断を受けないのはなぜか考えよ．

酵素反応速度論 9

概要 酵素は非常にすぐれた触媒である．そのメカニズムを知ることは，医薬品開発や産業への応用において重要である．酵素反応の速度が反応条件によってどのように変化するかは，反応物の変化経路，すなわち反応機構を反映している．また，阻害剤がどのように作用しているかも，反応速度と基質濃度や阻害剤濃度との関係に反映される．酵素反応速度論は，立体構造や触媒残基に関する情報とともに，酵素の触媒機構の解明や医薬品開発のために欠かせない．

行動目標

1. ミカエリス・メンテン式の種々のパラメーターの意味を説明できる．
2. ラインウィーバー・バークプロットを説明できる．
3. 可逆阻害のさまざまな阻害様式を説明し，それぞれの反応式とラインウィーバー・バークプロットを示すことができる．

9・1 酵素の反応速度式

反応速度式 rate equation

化学反応における反応物の減少や生成物の増加と時間の関係は，数式（速度式）で表すことができる．速度式は反応の機構を反映しており，化学反応速度論は反応機構の理解に欠かせない．これは，酵素反応速度論においても同様である．

酵素反応速度論 enzyme kinetics

9・1・1 酵素反応の速度式：ミカエリス・メンテン式

酵素に関する反応速度論は，K. F. Braun（ブラウン）と H. L. Le Chatelier（ル シャトリエ）によるスクラーゼの研究から始まった（1902 年）．そして，L. Michaelis（ミカエリス）と M. L. Menten（メンテン）により平衡状態を仮定した酵素反応の速度式（1913 年），G. E. Briggs（ブリッグス）と J. B. S. Haldane（ハルデン）により定常状態を仮定した速度式（1925 年）が導かれた．スクラーゼは次の反応を触媒する．

$$\text{スクロース} + H_2O \longrightarrow \text{グルコース} + \text{フルクトース}$$

この反応の速度は，スクロースの濃度に依存する．しかし，スクロースの濃度を十分に高くすると，反応速度はスクロース濃度によらず一定となる．このことは，この酵素反応の過程が次の二つの反応からなると仮定すると説明できる．第一段階は，酵素 E と基質（スクロース）S が複合体 ES をつくる反応，第二段階は，酵素-基質複合体 ES が生成物 P と酵素 E とに分解する反応であり，次の式で表せる（k_1，k_{-1}，k_2 はそれぞれの反応の反応速度定数）．

$$\mathrm{E} + \mathrm{S} \underset{k_{-1}}{\overset{k_1}{\rightleftharpoons}} \mathrm{ES} \xrightarrow{k_2} \mathrm{P} + \mathrm{E} \qquad (9\cdot 1)$$

基質濃度が十分に高いとき，酵素はすべて ES となり，第二段階が律速となる．これは，酵素が基質で飽和され，遊離の酵素は存在しない状態である．したがって，それ以上基質濃度が増しても ES の濃度は変化せず，速度に影響しない．このことにより，スクロース濃度が高いときに反応速度が基質濃度によらず一定となることが説明できる．

このような酵素反応は，どのような速度式になるだろうか．(9・1)式の第二段階が律速であり，ES についての一次反応なので，反応速度 v は（9・2)式となる．ES

の濃度変化は，ES が生じる過程と減る過程によるので，(9・3)式のように表せる．

$$v = \frac{d[P]}{dt} = k_2[ES] \qquad (9 \cdot 2)$$

$$\frac{d[ES]}{dt} = k_1[E][S] - k_{-1}[ES] - k_2[ES] \qquad (9 \cdot 3)$$

ここで，2 通りの考え方により，式を整理する．一つは平衡状態の仮定，もう一つは定常状態の仮定である．

a. 平衡状態の仮定による酵素反応速度式　(9・1)式の反応式において，$k_{-1} \gg k_2$ と仮定する．これは，反応の第一段階は平衡にあると仮定していることに相当する．全酵素量を E_T，平衡定数を K_S とすると，

$$[E]_T = [E] + [ES] \qquad (9 \cdot 4)$$

$$K_S = \frac{k_{-1}}{k_1} = \frac{[E][S]}{[ES]} = \frac{([E]_T - [ES])[S]}{[ES]} \qquad (9 \cdot 5)$$

(9・4)式と (9・5)式から [E] を消去すると，

$$[ES] = \frac{[E]_T[S]}{K_S + [S]} \qquad (9 \cdot 6)$$

(9・6)式を (9・2)式に代入すると，

$$v = k_2[ES] = \frac{k_2[E]_T[S]}{K_S + [S]} \qquad (9 \cdot 7)$$

この式は，ミオグロビンの酸素結合曲線（7 章を参照）と同様に，直角双曲線を表す．

b. 定常状態の仮定による酵素反応速度式　[S]≫[E] のとき，反応のごく初期は ES 複合体の濃度が増加する．その後，ES 複合体が形成される速度と，複合体が解離あるいは生成物へと進むことにより減少する速度とがつり合った状態となり，ES 複合体の濃度が一定に保たれる定常状態になる（図 9・1）．つまり，

$$\frac{d[ES]}{dt} = k_1[E][S] - k_{-1}[ES] - k_2[ES] = 0 \quad (定常状態) \qquad (9 \cdot 8)$$

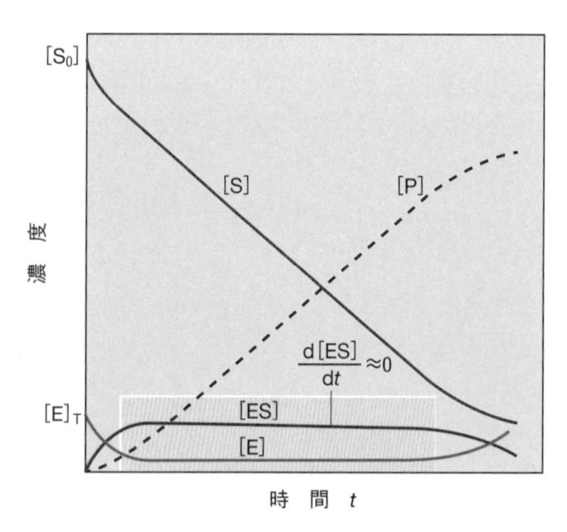

図 9・1　酵素反応における定常状態　図の灰色網かけ部分のように，反応のごく初期の過程を経ると，ES の濃度はほぼ一定となる．

よって,

$$k_1[\mathrm{E}][\mathrm{S}] = k_{-1}[\mathrm{ES}] + k_2[\mathrm{ES}] \qquad (9\cdot9)$$

(9・4)式と (9・9)式から [E] を消去して,式を変形すると,

$$\frac{([\mathrm{E}]_\mathrm{T} - [\mathrm{ES}])[\mathrm{S}]}{[\mathrm{ES}]} = \frac{k_{-1} + k_2}{k_1} \qquad (9\cdot10)$$

ここで,(9・10)式の右辺を**ミカエリス定数** K_M として定義すると,次のように式変形できる.

ミカエリス定数
Michaelis constant

$$[\mathrm{ES}] = \frac{[\mathrm{E}]_\mathrm{T}[\mathrm{S}]}{K_\mathrm{M} + [\mathrm{S}]} \qquad (9\cdot11)$$

これを (9・2)式に代入して,初速度 v_0 $(t=0)$ の式として表すと,

$$v_0 = \left(\frac{\mathrm{d}[\mathrm{P}]}{\mathrm{d}t}\right)_{t=0} = k_2[\mathrm{ES}] = \frac{k_2[\mathrm{E}]_\mathrm{T}[\mathrm{S}]}{K_\mathrm{M} + [\mathrm{S}]} \qquad (9\cdot12)$$

このように定常状態を仮定して求めた速度式 (9・12)式は,平衡状態の仮定によって求めた速度式 (9・7)式と同じ形である.(9・7)式を導いたときの仮定 $k_{-1} \gg k_2$ のもとでは,$K_\mathrm{S}=K_\mathrm{M}$ となるので,平衡状態の仮定は,定常状態の仮定の特殊なケースであるといえる.

最大速度 V_max は,酵素が基質で飽和したときの反応速度である.したがって,

$$V_\mathrm{max} = k_2[\mathrm{E}]_\mathrm{T} \qquad (9\cdot13)$$

これを用いると,(9・11)式は次のように書き換えることができる.

$$v_0 = \frac{V_\mathrm{max}[\mathrm{S}]}{K_\mathrm{M}+[\mathrm{S}]} \qquad (9\cdot14)$$

この式を**ミカエリス・メンテンの式**といい,酵素反応速度論の基本となる式である.この式は,初速度と基質濃度の関係が直角双曲線となることを示している (図9・2).

ミカエリス・メンテン式
Michaelis-Menten equation

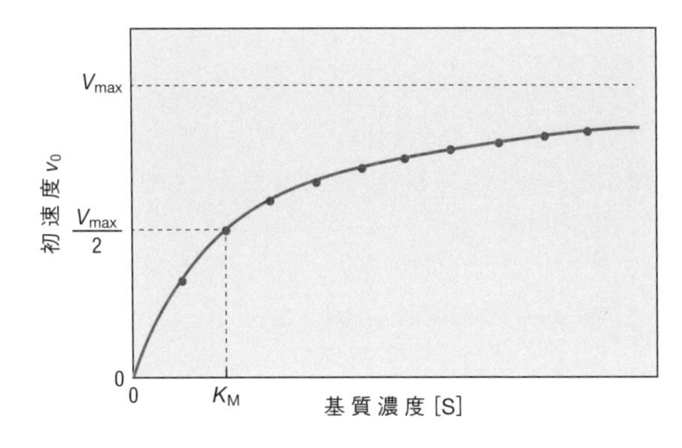

図 9・2 ミカエリス・メンテン型酵素反応

9・1・2 ミカエリス・メンテン式のパラメーター

ミカエリス定数 K_M がもつ意味について考えてみよう.基質濃度が十分に大きいとき ($[\mathrm{S}] \gg K_\mathrm{M}$),(9・14)式は $v_0=V_\mathrm{max}$ となり,最大速度となることがわかる.また,基質濃度がミカエリス定数 K_M に等しいとき ($[\mathrm{S}]=K_\mathrm{M}$),初速度は $\frac{V_\mathrm{max}}{2}$ と

なる．

$$v_0 = \frac{V_{max} K_M}{K_M + K_M} = \frac{V_{max}}{2}$$

つまり，K_M は，反応速度が最大速度の半分になるときの基質濃度に相当する．K_M が小さい酵素は，低い基質濃度で触媒能が最大に達する．

定常状態の仮定において，K_M を（9・10）式の右辺として定義したので，$K_S = \frac{k_{-1}}{k_1}$ より，

$$K_M = \frac{k_{-1} + k_2}{k_1} = \frac{k_{-1}}{k_1} + \frac{k_2}{k_1} = K_S + \frac{k_2}{k_1}$$

K_S は酵素と基質の親和性の指標であり，小さいほど酵素の基質に対する親和性は大きい．$\frac{k_2}{k_1}$ が K_S より小さいとき，K_M は K_S に近くなるので，K_M は酵素と基質の親和性を示す．これは，$k_2 < k_{-1}$ のとき，すなわち ES → P 反応が ES → E+S より遅いときである．

ターンオーバー数，回転数
turnover number

触媒定数（代謝回転数）k_{cat} は，次の式で定義される．k_{cat} は，酵素の各活性部位が単位時間当たりに反応を触媒する回数を表し，これを**回転数**（または**ターンオーバー数**）という．

$$k_{cat} = \frac{V_{max}}{[E]_T} \qquad (9 \cdot 15)$$

$\frac{k_{cat}}{K_M}$ は，酵素の触媒効率を表す指標となる．$[S] \ll K_M$ のときは，ほとんどの酵素が基質を結合しておらず，$[E] \fallingdotseq [E]_T$ である．したがって，(9・14)式と（9・15)式から，

$$v_0 \approx \left(\frac{k_2}{K_M}\right)[E]_T[S] \approx \left(\frac{k_{cat}}{K_M}\right)[E][S] \qquad (9 \cdot 16)$$

である．

(9・16)式は，$[S] \ll K_M$ のとき，反応は酵素と基質の二次反応になり，見かけの二次反応速度定数が $\frac{k_{cat}}{K_M}$ に相当することを示している．E と S の二次反応は，溶液中で E と S が出会う頻度に依存する．したがって，(9・1)式において P が生成する速さは，E と S が出会う速度を超えることはできず，拡散に支配される．つまり，$\frac{k_{cat}}{K_M}$ には上限があり，最も触媒効率のよい酵素で，拡散支配の限度（拡散律速）に近い $10^9\ M^{-1}s^{-1}$ 程度である．

9・1・3　ラインウィーバー・バークプロット

ラインウィーバー・バークプロット Lineweaver-Burk plot

ミカエリス・メンテン式を逆数にしてプロットすると，K_M，V_{max} や $\frac{V_{max}}{K_M}$ の値を視覚的に捉えやすくなる．これを，ラインウィーバー・バークプロットという（図 9・3）．

K_M，k_{cat}，$\frac{k_{cat}}{K_M}$ は，酵素と基質の組合わせによって変わるが，それぞれ固有の値であり，酵素の特質を示す指標として重要である．これらのパラメーターを実験的に求めるには，いろいろな基質濃度で反応の初速度 v_0 を測定する．その酵素反応がミカエリス・メンテン式に従うならば，x 軸に [S]，y 軸に v_0 をとったグラフは直角双曲線になるはずである．よって，ミカエリス・メンテン式により描かれる直角双曲線が実験的に求めた各値に最も合うように，K_M 値と V_{max} 値を求めればよ

い．これはコンピューターを用いて計算できるが，ラインウィーバー・バークプロットを作図することによって求めることもできる．

ミカエリス・メンテン式（9・14 式）の両辺を逆数にすると，次の式になる．

$$\frac{1}{v_0} = \left(\frac{K_M}{V_{max}}\right)\frac{1}{[S]} + \frac{1}{V_{max}} \qquad (9\cdot17)$$

この式は，初速度の逆数が基質濃度の逆数の一次式に従うことを示しており，両者をそれぞれ縦軸と横軸にとってラインウィーバー・バークプロットにすれば，直線となる（図 9・3）．このとき，縦軸の切片は V_{max} の逆数，横軸切片の絶対値は K_M の逆数，グラフの傾きは，触媒効率に相関する $\frac{V_{max}}{K_M}$ の逆数である．したがって，これらのパラメーターを簡単に求めることができる．また，このプロットは，酵素の速度論的特徴を視覚的に捉えるのに便利である．

図 9・3　ラインウィーバー・バークプロット

速度論のパラメーターを実験的に求めるためには，[S] が 0.5 K_M から 5 K_M の範囲でデータを集めるとよい．なお，ラインウィーバー・バークプロットでは [S] も v_0 も逆数にして扱うため，[S] がさらに小さい条件でのデータは誤差が拡大され，K_M と V_{max} の決定に大きく影響するので注意する．

9・1・4　二基質反応の反応様式

§9·1·1 では単基質酵素反応について速度式を求めたが，酵素反応は単基質よりも二基質のもののほうが多い．たとえば，酸化還元反応では酸化される基質と還元される基質があり，また，転移反応では基質から基質へと基が転移するので，これらの酵素反応はふつう**二基質反応**である．二基質反応は，**逐次反応**と**ピンポン反応**の二つに大きく分けることができる（図 9・4）．

① **逐次反応**: 二つの基質が両方とも酵素と結合してから生成物が生じる．二つの基質が酵素に結合する順序が決まっている場合を**定序機構**，決まっていない場合を**ランダム機構**という．この違いは，ランダム機構では二つの基質の結合部位が最初から存在するのに対し，定序機構では第一基質が結合しないと第二基質の結合部位ができないことによる．

二基質反応 bisubstrate reaction

逐次反応 sequential reaction

定序機構 ordered mechanism

ランダム機構 random mechanism

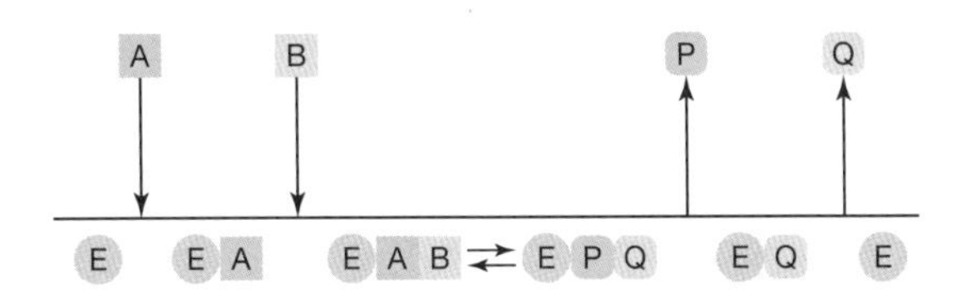

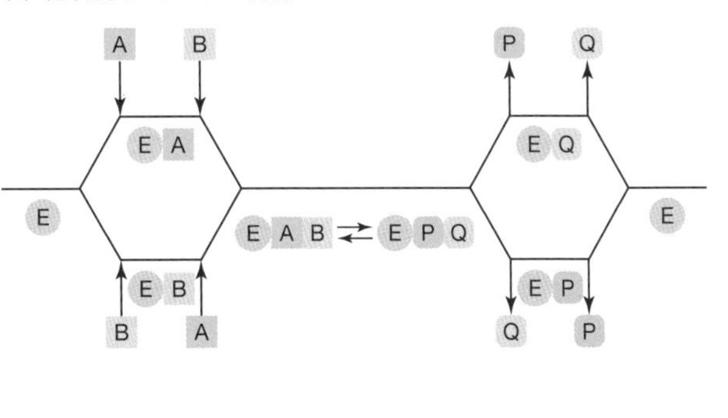

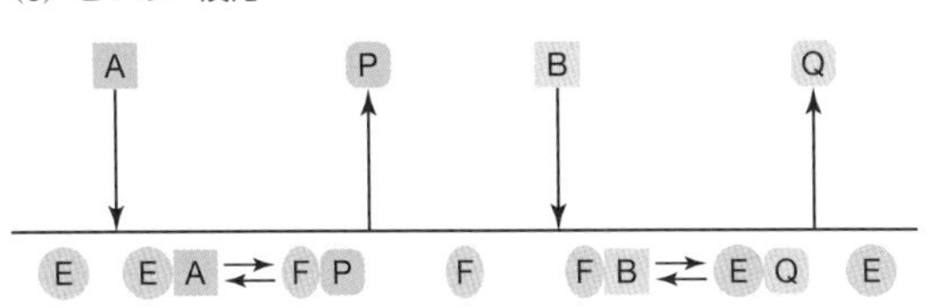

図 9・4　二基質反応のおもな反応様式　A，B: 基質，P，Q: 生成物，E: 酵素，F: 酵素（中間体）．

ピンポン反応
ping pong reaction

② **ピンポン反応:** 逐次反応のように二つの基質が酵素上に共存するのではなく，まずは最初の基質が結合・反応して遊離し，次に第二の基質が結合して反応・遊離する．

二基質酵素のこのような様式の違いは反応速度論で区別できる（本書では扱わない）．

酵素の反応機構を知るうえで反応速度論は重要である．ただし，反応速度論だけで反応機構がわかるわけではない．8 章で述べたような他の情報を含めて，考えうる機構を反応速度論で検証する．想定するモデルが反応速度論の結果と矛盾する場合は，その仮説を棄却する必要がある．

9・2 酵素阻害剤の阻害様式

酵素阻害剤
enzyme inhibitor

酵素阻害剤とは，酵素の活性を減少させる物質である．医薬品として使われる物質の半数近くが酵素阻害剤である．酵素阻害剤の作用様式を調べたり，あるいは酵素阻害剤を評価するときに，酵素反応速度論が使われる．酵素阻害剤は，**可逆的阻害剤**と**不可逆的阻害剤**の二つに大きく分類される．

可逆阻害
reversible inhibition

9・2・1 可逆阻害の様式

可逆的阻害剤の阻害様式には，① 競合阻害，② 不競合阻害（反競合阻害），③ 非競合阻害，④ 混合阻害がある．これらの阻害様式の反応式の相違は，図 9・5 のように示すことができる．これらの阻害様式は，酵素反応速度論により区別される．

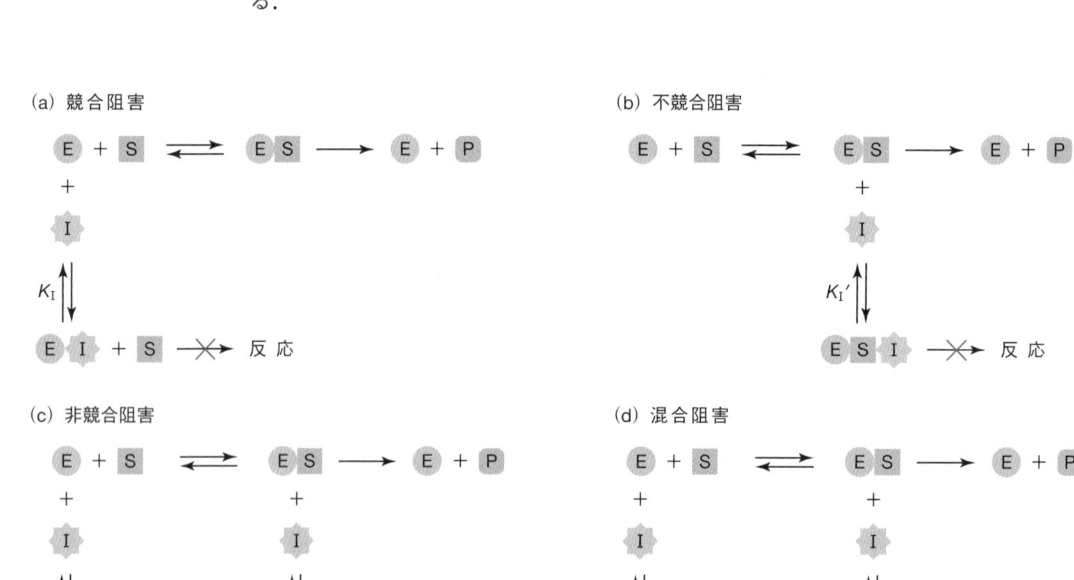

図 9・5 いろいろな阻害様式の反応式 E: 酵素，S: 基質，P: 生成物，I: 阻害剤

9・2・2 競合阻害

競合阻害は，阻害剤が酵素 E の基質結合部位に基質と競合して結合するが，触媒作用を受けない場合である（図 9・5 a）．基質結合部位に結合することから，競合阻害剤は基質と構造が似ている場合が多い．特に，8 章で述べたように遷移状態類似体は有効である．

競合阻害
competitive inhibition

競合阻害剤は，酵素の活性部位に結合して見かけの K_M 値を上げるが，V_{max} は変わらない．競合阻害のミカエリス・メンテン式およびラインウィーバー・バークプロットは図 9・6 のようになり，阻害剤が存在しない場合と存在する場合の直線が y 軸上で交わる．α は阻害剤の濃度と酵素に対する親和性の関数であり，$\alpha>1$ である．K_I は**阻害定数**であり，この値が小さいほど，低濃度で阻害作用を示す強い阻害剤である．競合阻害では，[S] は実際より小さく見え，見かけの K_M 値（$K_M^{app}=\alpha K_M$）が大きくなる．V_{max} および触媒定数 k_{cat} は影響を受けない．

阻害定数 inhibition constant

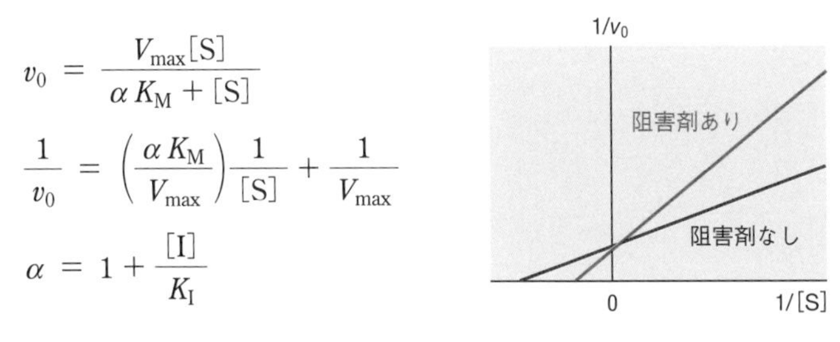

図 9・6 競合阻害のミカエリス・メンテン式とラインウィーバー・バークプロット

9・2・3 不競合阻害（反競合阻害）

不競合阻害は，阻害剤が酵素基質複合体 ES には結合するが，遊離の酵素 E には結合しない場合であり（図 9・5 b），酵素の触媒能に影響するが基質結合には影響しない．基質とは結合部位が異なるので，基質と構造が似ている必要はない．

不競合阻害
uncompetitive inhibition

不競合阻害剤は，見かけの K_M（$K_M^{app}=\dfrac{K_M}{\alpha'}$）も見かけの V_{max}（$V_{max}^{app}=\dfrac{V_{max}}{\alpha'}$）も小さくなるが，$\dfrac{K_M^{app}}{V_{max}^{app}}$（$=\dfrac{K_M}{V_{max}}$）の比は変わらない．したがって，ラインウィーバー・バークプロットは，阻害剤が存在しない場合と平行になる（図 9・7）．基質結合に影響しないにもかかわらず K_M^{app} が小さくなるのは，ES に阻害剤が結合し

$$v_0 = \frac{V_{max}[S]}{K_M + \alpha'[S]} = \frac{\dfrac{V_{max}}{\alpha'}[S]}{\dfrac{K_M}{\alpha'} + [S]}$$

$$\frac{1}{v_0} = \left(\frac{K_M}{V_{max}}\right)\frac{1}{[S]} + \frac{\alpha'}{V_{max}}$$

$$\alpha' = 1 + \frac{[I]}{K_I'}$$

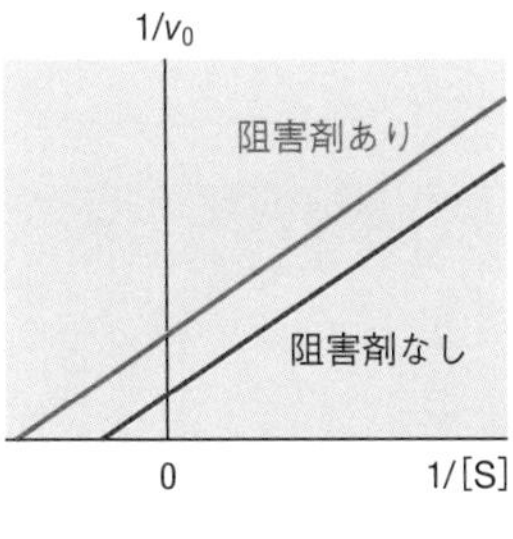

1/v_0
阻害剤あり
阻害剤なし
0
1/[S]

図 9・7 不競合阻害のミカエリス・メンテン式とラインウィーバー・バークプロット

て ESI となることにより ES が反応から取除かれ，さらなる ES の生成が促されるためと考えられる．

9・2・4 非競合阻害

非競合阻害
non-competitive inhibition

非競合阻害は，遊離の酵素 E と酵素-基質複合体 ES の両方に，阻害剤が同じ親和性で結合する場合である（図 9・5 c）．基質結合部位とは別の部位に結合することにより，酵素のコンホメーションを変化させて酵素反応を阻害するが，基質の結合には影響を与えない．酵素の見かけの K_M を変えずに見かけの V_{max} を下げる．したがって，ラインウィーバー・バークプロットでは，阻害剤が存在しない場合と存在する場合の直線が x 軸上で交わる（図 9・8）．これは，混合阻害の式（図 9・9）において $\alpha=\alpha'$（$K_I=K_I'$）の場合に相当する．純粋非競合阻害ともよばれる．

$$v_0 = \frac{V_{max}[S]}{\alpha(K_M + [S])}$$

$$\frac{1}{v_0} = \left(\frac{\alpha K_M}{V_{max}}\right)\frac{1}{[S]} + \frac{\alpha}{V_{max}}$$

$$\alpha = 1 + \frac{[I]}{K_I}$$

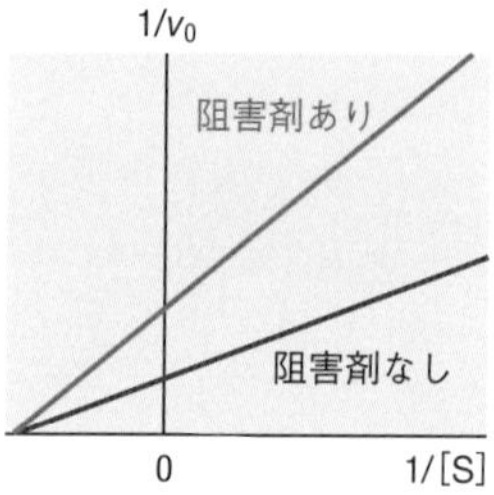

図 9・8　非競合阻害のミカエリス・メンテン式とラインウィーバー・バークプロット

9・2・5 混合阻害

混合阻害 mixed inhibition

混合阻害は，遊離の酵素 E と酵素-基質複合体 ES の両方に阻害剤が結合するが，その親和性が異なる場合である（図 9・5 d）．混合阻害のミカエリス・メンテン式とラインウィーバー・プロットは，図 9・9 のように表される．直線の交点は $\alpha>\alpha'$ のとき第二象限，$\alpha<\alpha'$ のとき第三象限にあり，酵素の見かけの V_{max} は下がるが，K_M は増大（$\alpha>\alpha'$）または減少（$\alpha<\alpha'$）する．

$$v_0 = \frac{V_{max}[S]}{\alpha K_M + \alpha'[S]}$$

$$\frac{1}{v_0} = \left(\frac{\alpha K_M}{V_{max}}\right)\frac{1}{[S]} + \frac{\alpha'}{V_{max}}$$

$$\alpha = 1 + \frac{[I]}{K_I} \qquad \alpha' = 1 + \frac{[I]}{K_I'}$$

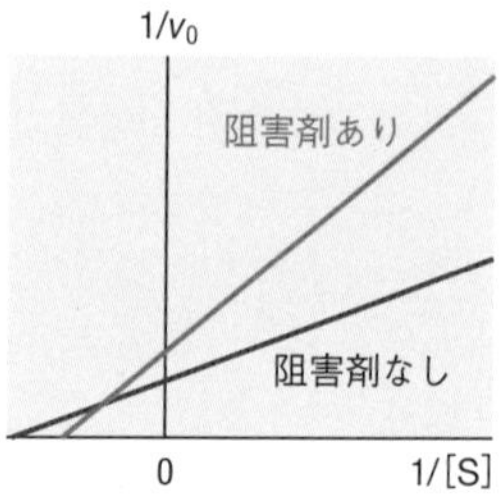

図 9・9　混合阻害のミカエリス・メンテン式とラインウィーバー・バークプロット（$\alpha>\alpha'$ の場合）

9・2・6 不可逆阻害

不可逆阻害
irreversible inhibition

不活性化剤 inactivator

不可逆的阻害剤は，酵素に非常に強固に結合して不可逆に失活させるもので，**不活性化剤**ともよばれる．8 章で述べた DIPF や TPCK のように，酵素の触媒機構に寄与するアミノ酸残基と共有結合する物質は，不可逆的阻害剤である．不可逆阻害により一部の酵素が失活すると，その分だけ有効な酵素濃度が減少するので，V_{max} は小さくなる．しかし，阻害を受けていない酵素は正常にはたらくので，K_M は変わらない．

■ 章末問題

9・1　ミカエリス・メンテンの式に従う酵素で，反応速度が V_{max} の 90% となるときの基質濃度は，K_M の何倍か？ V_{max} の 95% となるのは？

9・2　同じ反応を触媒し，$\frac{k_{cat}}{K_M}$ が同じ値で K_M 値が異なる二つの酵素がある．基質濃度を十分に高くすることができるとき，短時間でより多くの生成物を生産するためには，K_M 値が大きい酵素と小さい酵素のどちらが優れていると考えられるか？

9・3　ある酵素の K_M は 4 μM であるが，競合阻害剤を 1 μM 加えたところ，見かけの K_M が 12 μM になった．K_I はいくつか？

9・4　不可逆的阻害剤は，見かけの K_M を変えずに，見かけの V_{max} を下げる．これは，非競合阻害と同じである．不可逆的阻害と非競合阻害を区別するためには，どのような実験をすればよいか？

10 膜タンパク質

概要 生体膜は脂質とタンパク質からなるが，その組成は膜によって異なる．真核細胞の細胞膜では，タンパク質が質量比で約 50％を占めることが多い．また，さまざまな化学反応を担うミトコンドリア内膜は，それよりも多くのタンパク質を含んでいることが知られている．生体膜に含まれているタンパク質分子を**膜タンパク質**という．膜タンパク質には，化学反応を触媒する酵素のほかに，栄養素や不要物の膜輸送を担うものや細胞外から細胞内への情報伝達に関わるものなどさまざまな種類がある．

行動目標

1. 膜タンパク質を，内在性膜タンパク質，膜アンカータンパク質，表在性膜タンパク質に分類して説明できる．
2. 分泌タンパク質や膜タンパク質の生合成の過程を説明できる．
3. 膜における物質の単純拡散，促進拡散，受動輸送，能動輸送を説明できる．
4. イオンチャネル型受容体，チロシンキナーゼ型受容体，G タンパク質共役型受容体を説明できる．

10・1 生体膜の構造と膜タンパク質

脂質二重層 lipid bilayer

リン脂質 phospholipid

グリセロリン脂質 glycerophospholipid

スフィンゴ脂質 sphingolipid

フリップフロップ flip-flop

ラテラル拡散 lateral diffusion

膜タンパク質 membrane protein

細胞膜や細胞小器官を形成する膜は，脂質とタンパク質が非共有結合によって集合したシート状の集合体である．その基本的な構造は，さまざまな種類の両親媒性の脂質が疎水効果により形成している**脂質二重層**（二分子膜）である．ここに膜タンパク質が埋め込まれたり，表面に結合したりしている（図 3・11 a を参照）．

脂質二重層を形成する脂質成分は，ほとんどが**リン脂質**で，おもに**グリセロリン脂質**と**スフィンゴ脂質**である．これらは，極性の頭部と 2 本の非極性尾部をもち，頭部を水溶媒側，尾部を膜の内部に向けて脂質二重層をつくる．またセラミドに糖が結合した**糖脂質**や**コレステロール**なども，生体膜を構成する脂質成分である．脂質二重層では，二分子膜の反対面への拡散（**フリップフロップ**）は非常に遅いが，同じ面内での側方への拡散（**ラテラル拡散**，水平拡散）は速い．脂質二重層の流動性は，飽和脂肪酸と不飽和脂肪酸の組成や，コレステロールの含量によって変わる．生体膜は脂質二重層にたくさんの**膜タンパク質**が埋め込まれているが，通常，膜タンパク質も脂質のラテラル拡散に伴って側方に移動する．

10・2 膜タンパク質の分類と構造

膜タンパク質は，細胞膜や細胞小器官の膜に結合しており，それぞれが固有の局在を示す．また，個々の膜タンパク質は膜に結合する方向性も決まっているので，膜の両側は異なった性質を示す．膜タンパク質は，膜との相互作用の様式によって，**内在性膜タンパク質**，**膜アンカータンパク質**，**表在性膜タンパク質**の三つに分類することができる．

10・2・1 内在性膜タンパク質

内在性膜タンパク質 intrinsic membrane protein

膜貫通タンパク質 transmembrane protein

内在性膜タンパク質は，脂質二重層に入り込むことにより膜と強く結合している．内在性膜タンパク質のほとんどは，膜を完全に貫いている**膜貫通タンパク質**である．これらを膜から取出すためには，ドデシル硫酸ナトリウム（SDS）のような界面活性剤で膜を壊して可溶化する必要がある．

膜貫通タンパク質は，両親媒性分子であり，膜を貫通している領域（**膜貫通ドメイン**）と膜の両側で水溶媒に露出した親水性領域をもつ．膜貫通タンパク質には，膜貫通ドメインを一つだけもち膜を1回貫通するもの（図10・1a）と，膜を複数回貫通するもの（図10・1b）がある．膜貫通ドメインは，多くの場合，おもに非極性アミノ酸残基と無電荷極性残基が連なった約20残基からなる**αヘリックス**で脂質二重層を貫通しており，疎水性相互作用で膜に強く結合している．親水性の極性残基に富む部分は，膜の両側で膜外の水に露出している．膜の外側に突き出したドメインは，水溶性の球状タンパク質と同様の性質をもつ．タンパク質一次構造のどの部分が膜貫通ドメインであるかは，ハイドロパシープロット（図6・16を参照）により予測することができる．

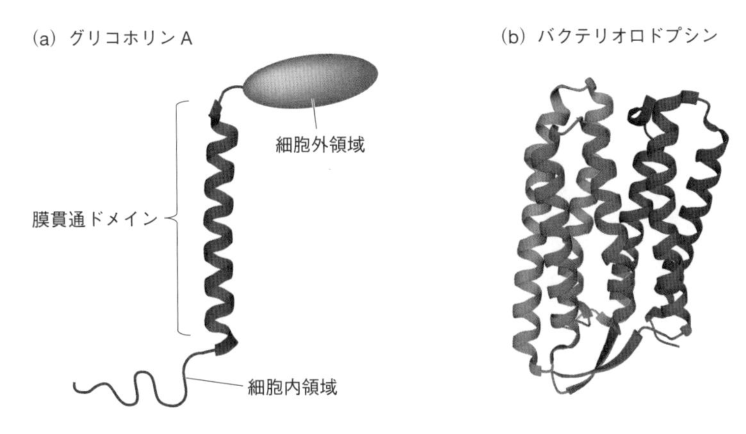

図10・1 膜貫通タンパク質 (a) グリコホリンA（1回貫通），(b) バクテリオロドプシン（7回貫通）［出典：(a) PDB 5EH6，(b) PDB 1XJI］

βバレル構造をもつ膜タンパク質もある．**ポリン**は，βバレル構造により膜を貫通する親水性チャネルを形成する（図10・2）．膜を貫通するβバレル構造において，疎水性アミノ酸は，タンパク質の外側に向いて膜の疎水性の層と接し，親水性残基がチャネル内部を向き，親水性の小孔を形成する．ポリンは糖，イオン，アミノ酸のような小さな物質の拡散に関与している（§10･3･1を参照）．

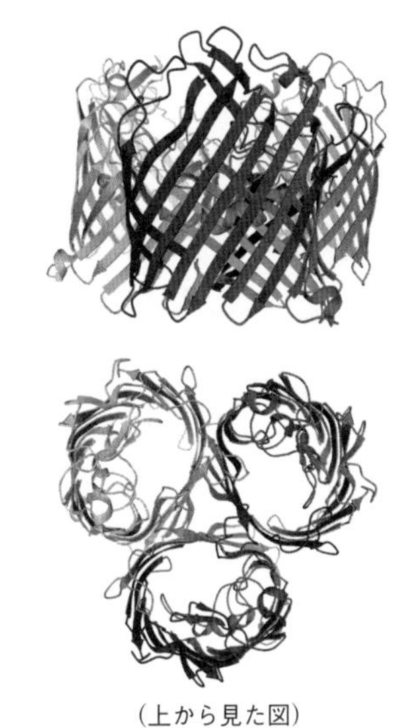

図10・2 大腸菌OmpFポリンの構造 ［出典：PDB 2OMF］

10・2・2 膜アンカータンパク質（脂質結合タンパク質）

膜アンカータンパク質（脂質結合タンパク質）は，脂質二重層に埋まっている脂質と共有結合することにより，膜につなぎとめられている．膜アンカータンパク質には3種類あり，それぞれ，プレニル基，脂肪族アシル基，グリコシルホスファチジルイノシトール（GPI）に共有結合したものである．一つのタンパク質に二つ以上の脂質が共有結合する場合もある．

膜アンカータンパク質 membrane-anchored protein, lipid-anchored membrane protein

a. プレニル化タンパク質 プレニル基として**イソプレン**単位（C_5）三つからなる**ファルネシル基**（C_{15}）や，四つからなる**ゲラニルゲラニル基**（C_{20}）が結合していることが多い（図10・3a）．プレニル化の部位はC末端のCaaX配列（CはCys，aは任意の脂肪族アミノ酸）のシステイン残基であることが多く，S原子にチオエーテル結合でつながる．アミノ酸残基Xがアラニン，メチオニン，セリン

プレニル化タンパク質 prenylated protein

ファルネシル基 farnesyl group

ゲラニルゲラニル基 geranylgeranyl group

低分子量 GTP 結合タンパク質
small GTP biding protein

の場合はファルネシル化，ロイシンの場合はゲラニルゲラニル化される．プレニル化タンパク質の例としては，Ras などの**低分子量 GTP 結合タンパク質**があり，細胞膜の内側に結合している．

脂肪族アシル化タンパク質
fatty acylated protein

b. 脂肪族アシル化タンパク質　アシル基として**ミリスチン酸**（C_{14}）か**パルミチン酸**（C_{16}）が結合している．ミリスチン酸は，タンパク質の N 末端グルタミン酸残基の α-アミノ基にアミド結合で結合する．パルミチン酸は，タンパク質の特定のシステイン残基にチオエステル結合する．

GPI 結合タンパク質
GPI-anchored protein

c. GPI 結合タンパク質　細胞膜の外側だけに局在し，外表面に存在する多くのタンパク質が GPI 結合タンパク質である．このタンパク質は C 末端のカルボキシ基が，ホスホエタノールアミンおよびオリゴ糖を介してホスファチジルイノシトールと結合している（図 10・3 b）．

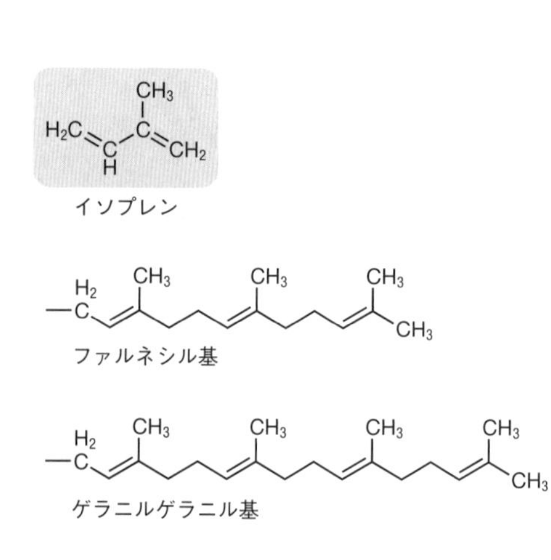

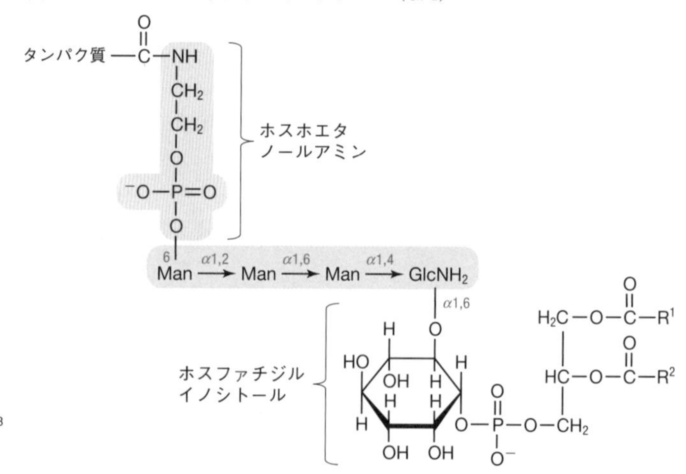

図 10・3　膜アンカータンパク質に結合する脂質

10・2・3　表在性膜タンパク質（膜面タンパク質）

表在性膜タンパク質
peripheral membrane protein

表在性膜タンパク質は，膜表面で内在性膜タンパク質や脂質と弱い相互作用によりゆるく結合している．この結合は，高塩濃度の溶液や pH 変化などの温和な条件で外れる．たとえば，ミトコンドリア電子伝達系のシトクロム c（15 章を参照）は正に帯電しており，負の電荷をもつリン脂質と相互作用することによりミトコンドリア内膜の外側面に結合している．

10・2・4　分泌タンパク質と膜貫通タンパク質の生合成

タンパク質の合成（翻訳）を行うリボソームには**遊離型**と粗面小胞体に結合した**小胞体結合型**があるが，膜貫通タンパク質や分泌タンパク質，リソソームなどの内膜系細胞小器官の内腔に局在するタンパク質の翻訳は，まず遊離型リボソームにより開始される（図 10・4）．これらのタンパク質には，通常 N 末端またはその近くに疎水性のシグナル配列があり，リボソームから出てきたシグナル配列にシグナル配列認識粒子（SRP）が結合して翻訳がいったん停止する．この翻訳途中のタンパ

シグナル配列認識粒子
signal recognition particle

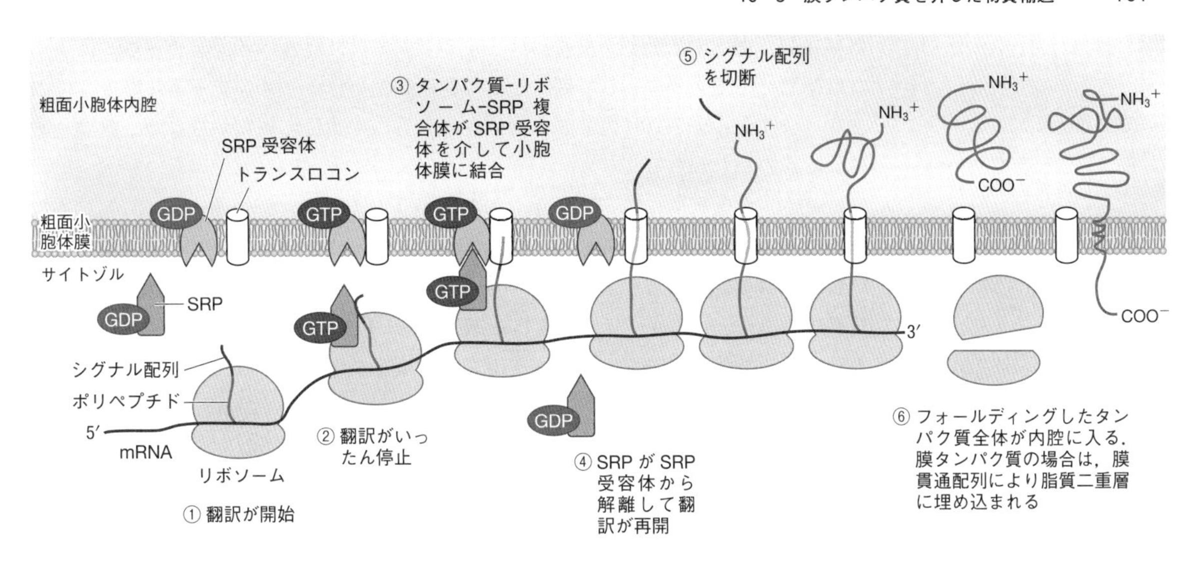

図 10・4　分泌タンパク質と内在性膜タンパク質の生合成経路

ク質-リボソーム-SRP の複合体は粗面小胞体の膜に結合し，その後，SRP が離れて翻訳が再開される．翻訳が再開されたポリペプチドは，小胞体膜に存在するトランスロコンとよばれるタンパク質複合体が形成する小孔を通って小胞体内腔に入る．分泌タンパク質や細胞小器官内腔に局在するタンパク質の場合は，シグナル配列が切断されてタンパク質全体が内腔に入り，フォールディングする．一方，膜タンパク質の場合は，疎水性の膜貫通配列により脂質二重層に埋め込まれる．

10・3　膜タンパク質を介した物質輸送

細胞膜や細胞小器官の膜ではさまざまな物質の輸送が行われている．生体膜を物質が通過する過程には**非仲介輸送**（単純拡散）と，膜タンパク質を介した**仲介輸送**がある．非仲介輸送は物質の濃度勾配に従って行われる．仲介輸送は，濃度勾配に従った**受動仲介輸送**（促進拡散）と濃度勾配に逆らった**能動輸送**に分けられる．能動輸送には，ATP 加水分解などのエネルギーを直接利用する**一次能動輸送**と間接的に利用する**二次能動輸送**がある．

非仲介輸送 nonmediated transport
仲介輸送 mediated transport
受動仲介輸送 passive-mediated transport
能動輸送 active transport

10・3・1　チャネルによる受動仲介輸送

脂質二重層は，無機イオンや，糖質，アミノ酸などの親水性有機分子はほとんど通さないので，これらを細胞に出入りさせるためには輸送系の介在が必要である．受動仲介輸送における促進拡散では，物質が濃度勾配に従ってチャネルやトランスポーター（§10･3･2 を参照）とよばれる膜貫通タンパク質を介して移動する．

チャネルの例として，グラム陰性細菌やミトコンドリアの外膜に存在する**ポリン**がある（図 10・2）．ポリンは，陽イオンや陰イオン，あるいは糖やアミノ酸のような小さな分子（おおむね分子量 600 以下）を自由に透過させる（§15・1 を参照）．その他のチャネルとして，おもに水を通す**アクアポリン**や，種々の**イオンチャネル**がある．Na^+，K^+，Cl^- を効率よく通すイオンチャネルは，すべての細胞

アクアポリン aquaporin
イオンチャネル ion channel

に存在し，細胞の活動や調節において重要である．これらのイオンチャネルは，通常は閉じていて必要に応じて開く．その開閉の制御は，**イオンチャネル型受容体**のようにシ**グナル分子**（**リガンド**）に依存するものや**電位**に依存するもの，**機械刺激**によるものなどがある．

電位依存性チャネル
voltage-gated channel

機械刺激受容チャネル
mechanosensitive channel

チャネルが選択的に特定のイオンのみを通すしくみを，細菌由来の K^+ チャネルである **KcsA** を例に見てみよう．KcsA は 158 アミノ酸残基からなる膜貫通タンパク質で，ホモ四量体としてチャネルを形成している（図 10・5）．孔の直径は細胞質側で約 0.6 nm（6 Å）で，水和した K^+ はその孔を通過できる．孔の壁面には疎水性アミノ酸残基が並んでいて，イオンとの相互作用は小さい．この孔の奥は直径が 0.3 nm に狭まり，水和した K^+ は入ることができない．この領域は**選択性フィルター**とよばれ，カルボニル酸素が K^+ に配位するのに適したように一定間隔で並んでいる．K^+ は水和している水分子から抜け出してこの選択性フィルターの小さい孔に進む．Na^+ は，K^+ より小さいにもかかわらず，選択性フィルターを通過することができない．これは，選択性フィルターのカルボニル酸素の並びが K^+ よりも小さい Na^+ に配位するには適しておらず，水和した Na^+ から水分子を外して Na^+ を取込むことができないからである．

選択性フィルター
selective filter

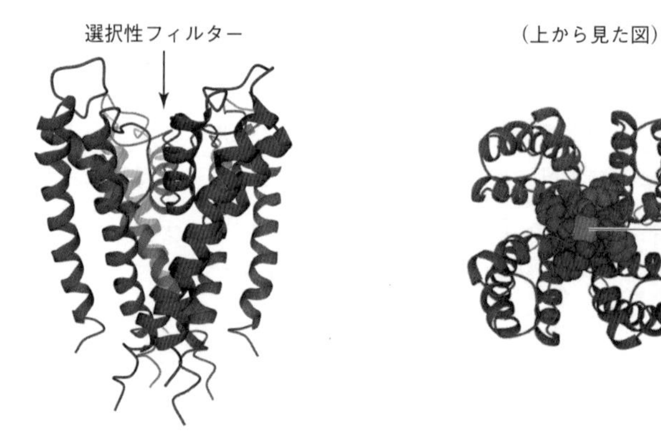

図 10・5　KcsA　K^+ チャネルの構造と選択性フィルター［出典：PDB，（左）1BL6，（右）1BL8］

10・3・2　トランスポーターによる受動仲介輸送

トランスポーター（輸送体）
transporter

トランスポーター（輸送体）は，小分子の輸送に関わる膜タンパク質である．チャネルが膜内外をつなぐ通路孔により輸送を行うのに対し，トランスポーターは，基質の結合部位を膜の内外に交互に開口することにより輸送を行う．トランスポーターによる小分子の促進拡散がどのように行われるかを，赤血球の**グルコーストランスポーター**（GLUT1）を例に見てみよう（図 10・6 a）．

GLUT1 は，二つのコンホメーション間をシフトすることにより，グルコース結合部を膜の両側に交互に開く．輸送の反応は以下の 4 ステップからなる．

① 膜の一方からグルコースが GLUT1 内部の結合部位に結合する．

② GLUT1 のコンホメーションが変化し，これまで開口していた側が閉じ，代わりに膜の反対側が開口する．

③ 膜の反対側に結合部位が露出し，グルコースがそちら側に解離する．
④ GLUT1 は元のコンホメーションに戻る．

このサイクルを繰返すことにより，濃度勾配に依存した方向に輸送が行われる．このようなトランスポーターが介在する促進拡散の速度の濃度依存性は，ミオグロビンの酸素結合曲線や，ミカエリス・メンテン型酵素における反応速度と基質濃度の関係と同様に，直角双曲線を示す（図 10・6 b）．

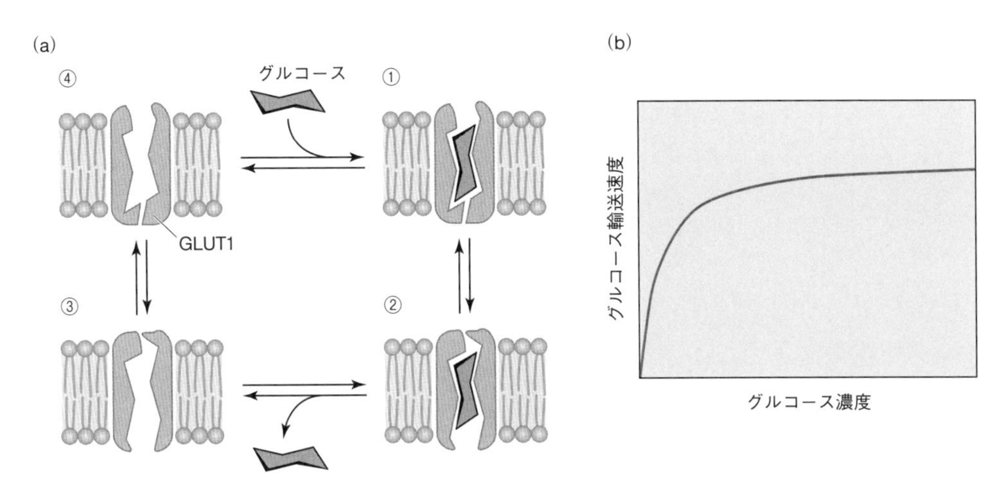

図 10・6 トランスポーターによる輸送 (a) グルコース輸送のモデル．(b) 促進拡散の速度の濃度依存性．

10・3・3 能動輸送

膜の内外のイオンの濃度勾配は，神経の活動やミトコンドリアにおける ATP の合成など，さまざまな生命現象において重要である．物質を濃度勾配に逆らって移動させるには，ギブズエネルギー変化 ΔG の大きい反応との共役が必要である．これを行うのが**能動輸送**であり，共役するエネルギーの違いにより一次能動輸送と二次能動輸送の二つに分類される．

a. 一次能動輸送 一次能動輸送の多くは，**ATP 加水分解**のエネルギーを直接利用して物質を輸送するもので，ATP アーゼ活性をもつイオンポンプ（イオン輸送性 ATP アーゼ）や，ATP 結合カセットトランスポーター（**ABC トランスポーター**）などによって行われる．いずれも，ATP 加水分解によるコンホメーション変化を利用している．イオンポンプの例としては，Na^+/K^+-ATP アーゼがある．ほとんどすべての動物細胞にあり，Na^+を濃度勾配に逆らって外に汲み出し，K^+を細胞内に取込む．ABC トランスポーターには，脂質，糖，ビタミン，外来の薬物，イオン，ペプチド，タンパク質などを輸送するものが知られている．

一次能動輸送 primary active transport

b. 二次能動輸送 一度に 1 分子が移動する場合を**単輸送**とよぶが，2 種類の分子またはイオンが同時に移動する輸送もある．輸送方向が同じ場合を**共輸送**，逆の場合を**対向輸送**（逆行輸送）とよぶ．二次能動輸送では，一次能動輸送で形成したイオンの濃度勾配や電位差を利用して共輸送や対向輸送により他の分子を輸送する．たとえば，食物由来のグルコースは，濃度勾配に逆らって腸管腔から小腸上皮細胞に取込まれるが，Na^+との共輸送による二次能動輸送であり，Na^+/グル

二次能動輸送 secondary active transport
単輸送 uniport
共輸送 symport
対向輸送 antiport

コース共輸送体タンパク質が媒介する（図 10・7）．これは，Na^+/K^+-ATP アーゼによる一次能動輸送によって形成された Na^+ の濃度勾配（細胞外＞細胞内）を利用している．一方，小腸上皮細胞から毛細血管側へのグルコースの輸送は，グルコースの濃度勾配に依存した受動輸送である（図 10・7）．この輸送は，上述の GLUT1 や類縁の GLUT2 により行われる．

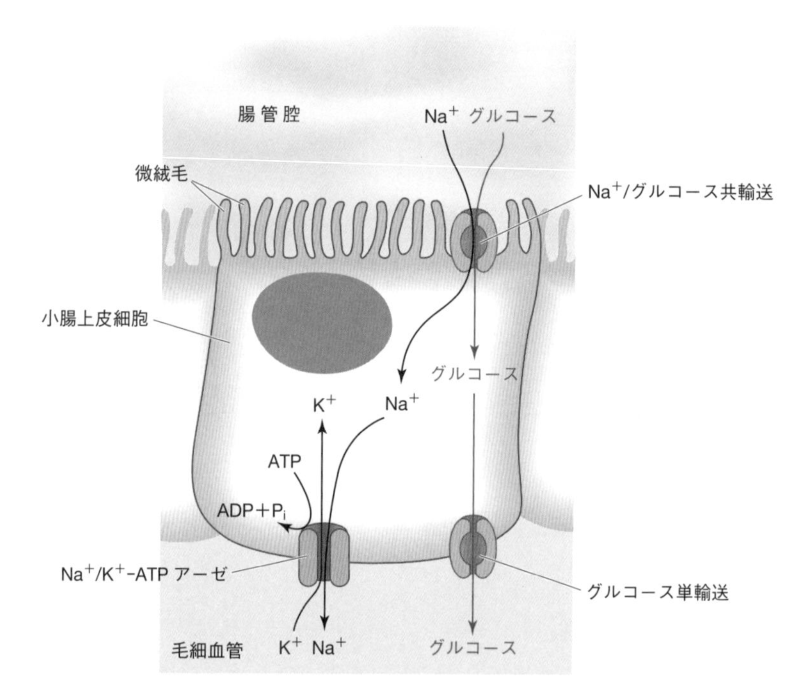

図 10・7　小腸上皮細胞におけるグルコースの輸送

10・4　細胞膜受容体を介したシグナル伝達

シグナル分子 signaling molecule

受容体 receptor

細胞膜受容体 membrane receptor

細胞は，他の細胞からの**シグナル分子**を**受容体**で受取る．哺乳類には非常に多くの種類のシグナル分子があり，遺伝子発現，アポトーシス，細胞分裂，代謝などの制御に関与している．シグナル伝達の機能不全は，がんなどの疾病にもつながる．シグナル分子は，タンパク質やペプチド性の水溶性分子，ステロイドなどの脂溶性分子，一酸化窒素のような低分子など多様である．細胞膜を透過しない水溶性のシグナル分子は，**細胞膜受容体**で受取ることが多い．細胞膜受容体は膜貫通タンパク質であり，シグナル分子（リガンド）が結合することによりコンホメーションが変化して細胞内にシグナルが伝達される．シグナル伝達のされ方によって，イオンチャネル型，チロシンキナーゼ型，G タンパク質共役型の三つに分類される．

10・4・1　イオンチャネル型受容体

イオンチャネル型受容体 ionotropic receptor

イオンチャネル型受容体は，細胞外側に存在するリガンド結合部位にリガンドが結合することにより，細胞膜中に形成されたチャネルが開口するタイプの受容体である．神経細胞間の情報伝達を行う部位である**シナプス**においてはたらく受容体は，その代表的な例である．たとえば，ニコチン性アセチルコリン受容体は，細胞外側に神経伝達物質であるアセチルコリンが結合すると，チャネルが開いて Na^+ が細胞外から細胞内に流入し，細胞膜を脱分極する．

シナプス synapse

10・4・2 チロシンキナーゼ型受容体（酵素型受容体）

チロシンキナーゼ型受容体には，インスリン受容体などさまざまな種類があり，酵素活性を介してシグナルを伝達する．チロシンキナーゼ型受容体では，多くの場合，**リン酸化カスケード**を介してシグナルを伝達する．その過程は，次のように進む．細胞外のリガンド結合部位にリガンドが結合すると，受容体が二量体化し，細胞内側のドメインのチロシン残基が自己リン酸化される．ここに，リン酸化チロシン結合ドメインである SH2 ドメインをもつシグナル伝達タンパク質が結合し，下流のキナーゼが活性化される．活性化されたキナーゼは標的タンパク質をリン酸化し，さらにシグナルがつぎつぎと下流に伝えられ，核での遺伝子発現の誘導などが起こる．

チロシンキナーゼ型受容体 receptor tyrosine kinase

リン酸化カスケード phosphorylation cascade

10・4・3 G タンパク質共役型受容体（GPCR）

G タンパク質共役型受容体（GPCR）にはアドレナリン受容体など多様な種類があり，GPCR を標的とする医薬品は多い．7 本の膜貫通ヘリックスをもつことから，**7 回膜貫通受容体**ともよばれる．GPCR は，細胞外からリガンドやアゴニスト*が結合すると，細胞質側に結合した **GTP 結合タンパク質（G タンパク質）**を活性化してシグナルを伝達する．この G タンパク質は，α，β，γ のサブユニットからなるヘテロ三量体で，三量体 G タンパク質ともよばれる．たとえば，リガンドが結合すると受容体のコンホメーションが変化して，不活性型 G タンパク質の α サブユニットに結合している **GDP** が **GTP** に交換される（図 10・8 a）．すると，GTP 結合型 α サブユニットが三量体から解離して膜を側方移動し，膜に結合している

G タンパク質共役型受容体 G protein-coupled receptor

＊ アゴニストとは，受容体に結合して生理的なリガンドと同様の機能を示す物質．

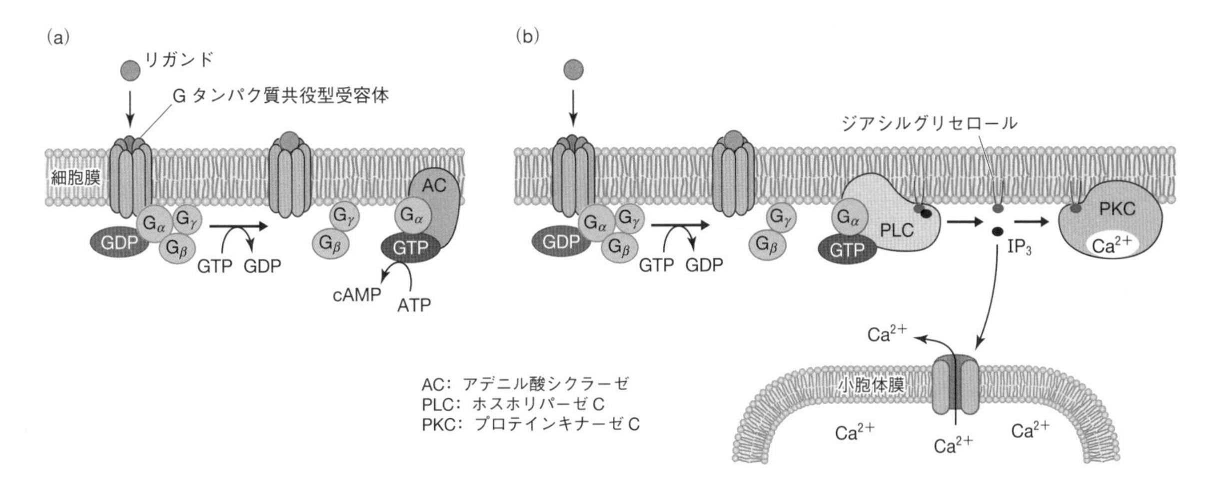

図 10・8 G タンパク質共役型受容体 (a) GPCR からアデニル酸シクラーゼによる cAMP 産生を介したシグナル伝達，(b) GPCR からホスホリパーゼ C による IP_3 産生を介したシグナル伝達．

アデニル酸シクラーゼ
adenylate cyclase

セカンドメッセンジャー
second messenger

イノシトール 1,4,5-トリスリン酸
inositol 1,4,5-trisphosphate

アデニル酸シクラーゼを活性化し，**セカンドメッセンジャー**の **cAMP** が産生される．α サブユニットは GTP を GDP にゆっくりと加水分解する酵素活性をもっているので，シグナルは自動的に停止する．GDP 結合型 α サブユニットは，アデニル酸シクラーゼから離れ，$\beta\gamma$ サブユニットと再会合する．

GPCR には，ホスファチジルイノシトール経路を活性化して，セカンドメッセンジャーの**イノシトール 1,4,5-トリスリン酸**（**IP$_3$**）を介したシグナルを伝達するものもある（図 10・8 b）．

■ 章末問題

10・1　細胞膜を物質が通過する様式を，4 通りに分けて説明せよ．

10・2　トランスポーターの濃度依存曲線（図 10・6 b）が直角双曲線になる理由を説明せよ．

10・3　一次濃度輸送では，ATP の加水分解エネルギーを利用して，濃度勾配に逆らってイオンを輸送する．もし，膜内外の濃度差が十分に大きくて逆にこのイオンが濃度勾配に従って流れると，どのような反応が起こると考えられるか？

10・4　細胞内の Na^+ 濃度が 10 mM，細胞外が 150 mM であるとき，細胞の内外でのエネルギー差（化学ポテンシャルの差）は，次の式で計算できる．37 °C のときの値を求めよ．気体定数 $R = 8.314\ \mathrm{J K^{-1} mol^{-1}}$ とする．

$$\Delta G = RT \ln\left(\frac{[\mathrm{Na^+}]_{内}}{[\mathrm{Na^+}]_{外}}\right)$$

第Ⅲ部　代　謝

11 代謝とエネルギー

概要 生物は，外部から物質やエネルギーを取入れ，それらを利用して秩序ある生体分子や構造体を構築し，生命活動を生み出している．生命活動を維持するために生体内で起こる化学反応を**代謝**という．代謝には**異化**と**同化**がある．異化反応では，栄養成分や生体成分を発エルゴン的に分解して得られる化合物を再利用したり，酸化して取出されるギブズエネルギーを ATP などの高エネルギー化合物に貯蔵したりする．この場合のおもな酸化剤は，O_2 と NAD^+である．同化反応では，異化反応で得た化合物を材料に，高エネルギー化合物の分解と共役させることで吸エルゴン反応を駆動し，さまざまな生体分子を合成する．

行動目標

1. 代謝経路の特徴をギブズエネルギー変化に基づいて説明できる．
2. 高エネルギー化合物について説明できる．
3. NAD^+および FAD の構造と機能を説明できる．

11・1 代謝とギブズエネルギー

代謝 metabolism
代謝経路 metabolic pathway
異化 catabolism
同化 anabolism

代謝とは，生命活動を維持するために生体内で起こる化学反応全体のことである．特定の生成物に至る一連の酵素反応を**代謝経路**という．代謝経路は大きく二つの経路に分けられる．一つは**異化**経路とよばれ，栄養素や生体成分を発エルゴン的に分解し，ギブズエネルギーを取出す．もう一つの**同化**経路では吸エルゴン的に合成反応が行われ，単純な成分から複雑な生体分子をつくり出す．いずれの過程も熱力学の法則に従って進行する．

11・1・1 反応ギブズエネルギー

ある化学反応 $a\mathrm{A}+b\mathrm{B} \longrightarrow c\mathrm{C}+d\mathrm{D}$ のギブズエネルギー変化 ΔG は次の式で表される．

$$\Delta G = \Delta G^\circ + RT \ln \frac{[\mathrm{C}]^c[\mathrm{D}]^d}{[\mathrm{A}]^a[\mathrm{B}]^b}$$

標準反応ギブズエネルギー standard reaction Gibbs energy

1 章で述べたように，ΔG の値が負の場合，反応は自発的に進む．この式の右辺の第 1 項 ΔG° を**標準反応ギブズエネルギー**といい，通常は 25 °C において，標準状態（1 bar）で反応が起こる場合の 1 mol 当たりのギブズエネルギー変化を表す．生化学では pH 7.0 の水溶液中であることを考慮した生物学的標準状態を用いるのが便利で，その場合の標準反応ギブズエネルギーを $\Delta G^{\circ\prime}$ と表す．第 2 項は，温度や各反応物・生成物の濃度によって変わる．平衡状態では $\Delta G=0$ なので，$\Delta G^{\circ\prime}$ と平衡定数 K の間に次の関係式が成り立つ．

$$\Delta G^{\circ\prime} = -RT \ln \frac{[\mathrm{C}]^c[\mathrm{D}]^d}{[\mathrm{A}]^a[\mathrm{B}]^b} = -RT \ln K$$

標準生成ギブズエネルギー standard Gibbs energy of formation

構成元素の安定な単体を出発物質として目的物質が 1 mol 生成するときの反応ギブズエネルギー変化を，**標準生成ギブズエネルギー**という．$\Delta G^{\circ\prime}$ の値は，生成物の標準生成ギブズエネルギーから反応物の標準生成ギブズエネルギーを引いて計算するか，もしくは平衡定数を実験的に求めて上の式により求めることができる．反応の自発的方向は ΔG の符号により決まるが，細胞内の反応物と生成物の濃度は測定することが難しい場合が多い．そこで，$\Delta G^{\circ\prime}$ を用いて生化学反応について議論することも多い．

11・1・2 反応ギブズエネルギーと代謝経路の調節

生物は，平衡状態から離れた非平衡の定常状態で生命活動を営む（§1・2・2 を参照）．それを代謝経路のレベルで考えると，中間体の生成と消費がほぼ同じ速度に保たれた状態である．しかし，さまざまな生命活動の必要に応じて代謝経路の流量が調節されなければならない．そのしくみは，代謝経路における各反応の ΔG と酵素の活性により説明できる．ΔG が 0 に近い反応は平衡状態に近いことから，**近平衡反応**という．多くの代謝反応はこのタイプで，反応物や生成物の濃度に依存して可逆的に速やかに反応が進む．一方，代謝経路中には ΔG が大きな負の値をとる反応が一つ，または少数ある．このような反応は発エルゴンの不可逆反応なので，その代謝経路全体の方向を決めることになる．たとえば，下の例では $\mathrm{B} \longrightarrow \mathrm{C}$ が方向を決める．

$$\mathrm{A} \rightleftarrows \mathrm{B} \longrightarrow \mathrm{C} \rightleftarrows \mathrm{D} \rightleftarrows \mathrm{E}$$

このような反応段階は，律速段階となることが多く，代謝の流量を制御する．代謝経路の調節において，このような段階を担う酵素活性の調節は重要である．酵素は活性化エネルギーを下げて反応を促進するが（8 章を参照），その活性はアロステリック制御やリン酸化・脱リン酸などの共有結合修飾による速やかな制御を受けることもあれば，遺伝子発現レベルで酵素量を調節するゆっくりとした制御を受けることもある（12 章を参照）．

同化と異化は，基本的には逆反応と考えてもよいが，まったく同じ経路をたどるわけではない．代謝経路のうちの少なくとも一部分は，別経路を通らなければならない．なぜなら，代謝経路には，上で述べたように ΔG が大きな負の値であるために反応が不可逆的に進む段階があるからである．その逆方向の反応の ΔG は大きな正の値となるため，自発的には反応が進行しない．したがって，その反応段階は，ΔG が負となる別の反応経路を通らなければならない．その例を解糖系と糖新生に見ることができる（13 章を参照）．異なる経路を通るということには，それぞれ独自に制御できるという利点がある．

11・2 高エネルギー化合物

1 章で述べたように，生物は食物中の栄養分子を酸化してエネルギーを得る．しかし，単に O_2 で酸化するのでは，エネルギーが熱として放散するだけになってしまい，生命活動に広く利用できない．そこで，エネルギーを小分けして取出し，他の化合物中の結合に**化学エネルギー**として蓄え，必要に応じてその分解反応を利用して吸エルゴン反応を駆動する．

11・2・1　ATP

アデノシン三リン酸
adenosine triphosphate, ATP

アデノシン三リン酸（**ATP**，図 11・1）は RNA の前駆体でもあるが，最も重要なエネルギー貯蔵分子でもある．ATP は，糖や脂質などの酸化的分解や光合成の光反応で得られるエネルギーを用いて ADP と P_i（無機リン酸）から合成される．ATP は，生体分子の生合成，細胞膜を介する物質の能動輸送（濃度の低い側から高い側への輸送），筋収縮などさまざまな生体反応や仕事に用いられる．

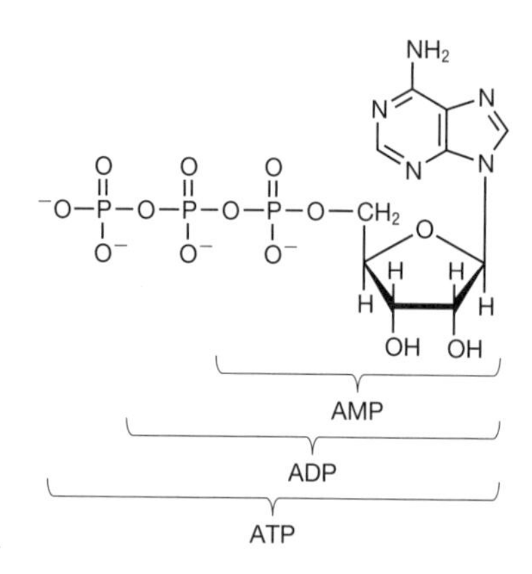

図 11・1　ATP，ADP，AMP の化学構造

ATP が加水分解されるとき，大きなエネルギーが放出される分子機構は，ATP とその加水分解産物の安定性に基づいて説明できる．

1）ATP は分子内に近接する四つの**負電荷**をもち，それらがたがいに反発するが，加水分解されればその一部が解消する．

2）加水分解物が**共鳴**により安定化される．たとえば，P_i の場合，いくつかの共鳴構造がある（図 11・2）．

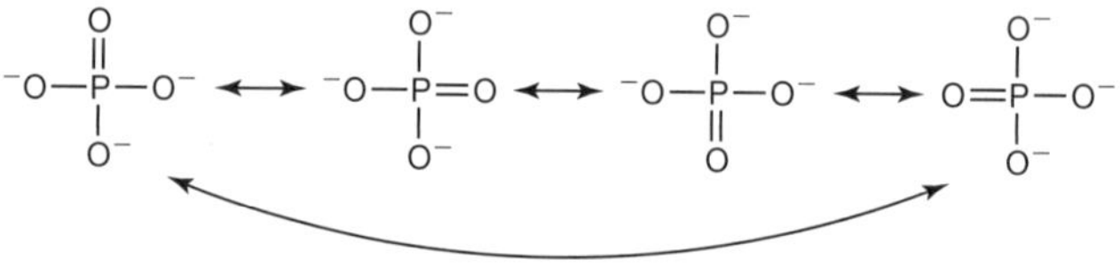

図 11・2　リン酸の共鳴構造

3）水分子の溶媒和による安定化が，ATP と比べてリン酸のほうが大きい．

11・2・2　高エネルギーリン酸化合物と ATP の合成

リン酸基転移ポテンシャル
phosphate-group tranfer potential

基質レベルのリン酸化
substrate-level phosphorylation

リン酸化合物の加水分解の $\Delta G^{\circ\prime}$ を**リン酸基転移ポテンシャル**という．代表的なリン酸化合物の値を表 11・1 に示す．ATP は高エネルギー化合物の一つではあるが，細胞内に見られるリン酸化合物のなかでは，その値は中程度である．したがって，ATP よりも高いリン酸基転移ポテンシャルをもつ化合物を用いて ADP にリン酸基を結合することができる．これを**基質レベルのリン酸化**という．

表 11・1 代表的なリン酸化合物が加水分解される反応の標準反応ギブズエネルギー

化合物	$\Delta G^{\circ\prime}$〔kJ/mol〕	化合物	$\Delta G^{\circ\prime}$〔kJ/mol〕
ホスホエノールピルビン酸	−61.9	グルコース 1-リン酸	−20.9
1,3-ビスホスホグリセリン酸	−49.4	PP_i	−19.2
ATP（⟶ AMP+PP_i）	−45.6	フルクトース 6-リン酸	−13.8
アセチルリン酸	−43.1	グルコース 6-リン酸	−13.8
ホスホクレアチン	−43.1	グリセロール 3-リン酸	−9.2
ATP（⟶ ADP+P_i）	−30.5		

基質レベルのリン酸化は，一種の**共役反応***であり，発エルゴン反応と吸エルゴン反応を組合わせて全体として発エルゴンとすることによって吸エルゴン反応を駆動する．ATP 合成の場合，ADP+P_i ⟶ ATP の反応は $\Delta G^{\circ\prime}=+30.5$ kJ/mol の吸エルゴン反応であるが，たとえば筋肉ではホスホエノールピルビン酸の加水分解反応と共役させ，その大きなギブズエネルギー変化（$\Delta G^{\circ\prime}=-61.9$ kJ/mol）を利用して，二つの反応全体で $\Delta G<0$（発エルゴン）となる（図 11・3 a）．ただし，この反応を触媒する酵素，ピルビン酸キナーゼは二つの反応を別々に行うわけではなく，ホスホエノールピルビン酸のリン酸基を直接 ADP に与えて全体として発エルゴン反応とする．

* 共役反応（coupled reaction）とは，二つの反応があり，片方の反応の生成物が，他方の反応の反応物となる場合の，全反応のことである．

(a)

		$\Delta G^{\circ\prime}$〔kJ/mol〕
吸エルゴン反応	ADP + P_i ⇄ ATP + H_2O	+30.5
発エルゴン反応	ホスホエノールピルビン酸 + H_2O ⇄ ピルビン酸 + P_i	−61.9
全共役反応	ホスホエノールピルビン酸 + ADP + P_i ⇄ ピルビン酸 + ATP	−31.4

(b)

		$\Delta G^{\circ\prime}$〔kJ/mol〕
吸エルゴン反応	グルコース + P_i ⇄ グルコース 6-リン酸 + H_2O	+13.8
発エルゴン反応	ATP + H_2O ⇄ ADP + P_i	−30.5
全共役反応	グルコース + ATP ⇄ グルコース 6-リン酸 + ADP	−16.7

図 11・3 ATP を含む共役反応の例 (a) は ATP の合成反応，(b) は ATP の加水分解反応を伴う．どちらも吸エルゴン反応と発エルゴン反応を組合わせ，全共役反応では発エルゴン反応となる．

なお，ホスホエノールピルビン酸の分解物であるピルビン酸は，同時にエノール形からケト形への異性化が起こる（図 11・4）ため，ギブズエネルギー変化が大きい．

ATP の合成には，基質レベルのリン酸化のほかに，膜の内外でプロトンの濃度

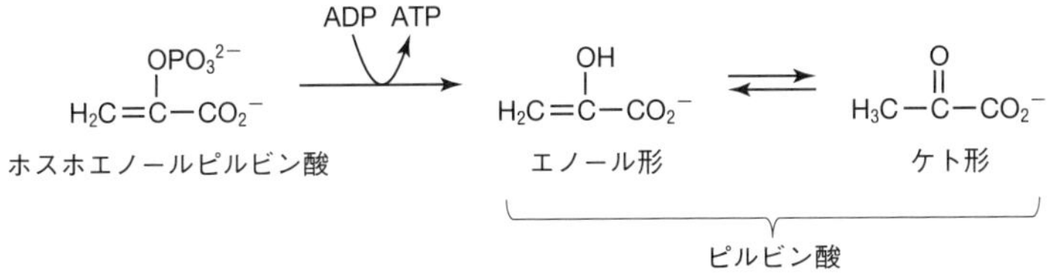

$$\underset{\text{ホスホエノールピルビン酸}}{H_2C{=}C(OPO_3^{2-}){-}CO_2^-} \xrightarrow{\text{ADP}\ \text{ATP}} \underset{\text{エノール形}}{H_2C{=}C(OH){-}CO_2^-} \rightleftharpoons \underset{\text{ケト形}}{H_3C{-}C({=}O){-}CO_2^-}$$

（エノール形・ケト形：ピルビン酸）

図 11・4 ホスホエノールピルビン酸の分解

勾配を利用した合成方法がある．電子伝達系と共役している場合は**酸化的リン酸化**（15 章を参照），光合成の場合は**光リン酸化**（16 章）という．

11・2・3　高エネルギー化合物による吸エルゴン反応の駆動

生体内の多くの反応では，ATP の加水分解反応により他の吸エルゴン反応を駆動する（図 11・3 b）．ATP の加水分解は，ADP＋P_i を生成する反応に加え，AMP＋PP_i（二リン酸またはピロリン酸）を生成する反応もある．PP_i はピロホスファターゼにより分解されるので，この二段階の反応により ATP の**リン酸無水物結合**が二つとも切れて高エネルギーが放出される．また，ヌクレオシド三リン酸を基質として核酸の重合反応を行う際，PP_i が生成するが，この反応自体のギブズエネルギー変化はほぼ 0 であり，反応の進行にはピロリン酸の加水分解が不可欠である．

ATP と CTP，GTP，UTP（まとめて NTP と記す）は，対応するヌクレオシド二リン酸（NDP）と ATP からヌクレオシド二リン酸キナーゼのはたらきにより合成される．

$$\mathrm{NDP} + \mathrm{ATP} \rightleftharpoons \mathrm{NTP} + \mathrm{ADP}$$

この反応の $\Delta G^{\circ\prime}$ はほぼ 0 で，ATP 以外の NTP も糖や脂質の代謝でエネルギー源として利用されるが，それらが消費されるとすぐ補給される．

アセチル CoA
acetyl coenzyme A, acetyl-CoA

リン酸無水物結合以外にも，加水分解によって大きなエネルギーを放出する結合がある．**アセチル CoA**（図 11・5）は，代謝分解物の共通中間体の一つで，エネルギー代謝における中心的存在である．その分子内にある**チオエステル結合**も大きな結合エネルギーをもち，加水分解の $\Delta G^{\circ\prime}$ は－31.5 kJ/mol で，ATP が加水分解される場合の値（－30.5 kJ/mol）よりも 1 kJ/mol 発エルゴン的である．チオエステルの加水分解は，酸素エステルの場合より発エルゴン的である．その理由は，酸素エステルでは C=O 結合の電子が C－O$^-$ 結合をつくるような安定な共鳴構造をつくることができるが，チオエステルではそのような共鳴構造をつくることができないからである．クエン酸回路では，スクシニル CoA 分子内のチオエステル結合の分解と GTP の合成が共役している（14 章を参照）．リン酸は環境中に多いとはいえないので，生物進化においてリン酸化合物を使う以前には，チオエステル結合をもつ化合物が用いられていたという仮説がある．

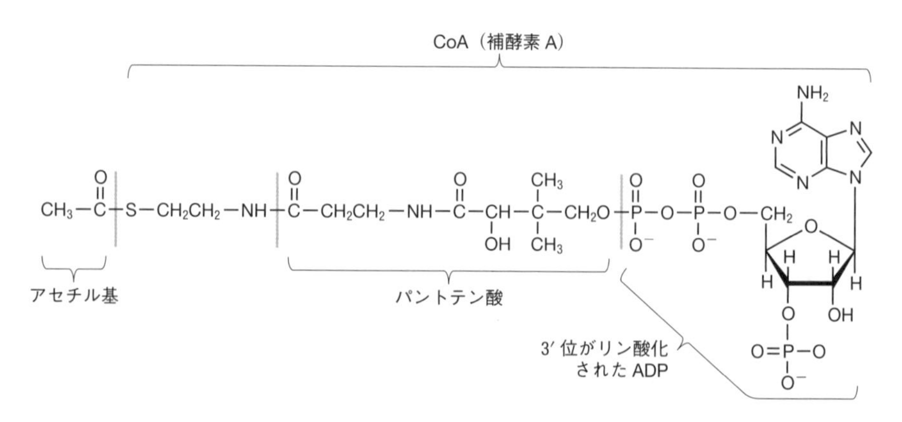

図 11・5　アセチル CoA の化学構造

11・3 酸化と還元

光合成では CO_2 を還元して糖が合成されるが，これは光エネルギーがなければ進行しない吸エルゴン反応である．真核生物と多くの原核生物は好気生物で，光合成でつくられた糖や有機化合物を酸化し，そのエネルギーで ATP などを合成する．嫌気生物は，解糖系（13 章を参照）のように有機化合物間の酸化還元を行ったり，硫酸イオン（SO_4^{2-}）などを酸化剤として非酸素呼吸で ATP を合成する．このように，**酸化還元反応**は，生物が利用するギブズエネルギーのほとんどをまかなう．

酸化還元反応
oxidation-reduction reaction

11・3・1 電子伝達体 NAD$^+$と FAD

酸化還元反応は，**電子**のやりとりを伴う反応であるが，必ずしも酸素が関わるとは限らない．酸化反応と還元反応は同時に起こる．**酸化**とは電子を取除く反応であり，電子受容体によっては電子の授受に加えて，プロトンの移動を伴ったり，溶液中にプロトンが遊離し，電子だけが受け渡される場合もある．

酸化還元反応を触媒する酵素には**補因子***が必要で，実際に電子の授受に関わるのはその補因子である．多くの代謝物の酸化に関わる最初の電子伝達体は，**ニコチンアミドアデニンジヌクレオチド**（**NAD$^+$**）である（図 11・6）．この分子は，塩基－糖－リン酸－リン酸－糖－塩基，という構造をしているので，ジヌクレオチドの名前がついている．二つの塩基はアデニンとニコチンアミド，糖はリボースである．NAD$^+$は，代謝物から二つの電子（二つの水素原子）を受取って還元され，**NADH** になる．このとき，水素原子の一つはヒドリドイオン（H^-）としてニコチンアミドに付加し，もう一つはプロトン（H^+）として溶液中に遊離される．逆に，

* 補因子とは，酵素に十分な触媒活性を与えるための補助的な低分子量物質で，補酵素や金属イオンが含まれる．（詳細は 8 章を参照）

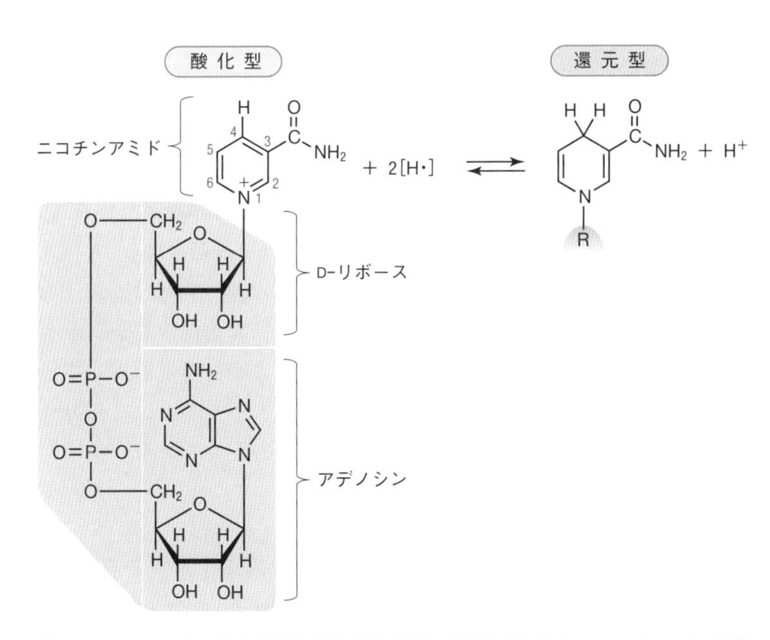

図 11・6 NAD$^+$の化学構造と酸化還元反応　反応は分子中のニコチンアミド環で起こる．NAD$^+$と書かれるが，＋の記号はニコチンアミド部分の電荷を表しているに過ぎず，分子全体はリン酸基の存在により負である．還元反応ではヒドリドイオンとプロトンが移動する．

NADH が酸化されるときは，溶液中の H^+ に電子を一つ渡し，NADH の水素原子も含めて二つの水素原子を基質に付加する．NAD^+ は補酵素の一種で，還元型の NADH は別の酵素のはたらきで酸化される．このように還元と再酸化を繰返すことによって触媒的に作用し，電子をある分子から別の分子へと受け渡す．

フラビンアデニンジヌクレオチド
flavin adenine dinucleotide

もう一つの重要な電子伝達体は，**フラビンアデニンジヌクレオチド**（**FAD**）である（図 11・7）．この分子も NAD^+ と同様にジヌクレオチドの構造をとるが，二つの糖のうちの一つはリボースの還元糖であるリビトールである（§4・2 を参照）．FAD が還元されるのは，リボフラビン中の環構造であり，電子を一つまたは二つをやりとりできる．FAD は補欠分子族であり，アポ酵素から離れることなく，結合したままの状態を保つ．

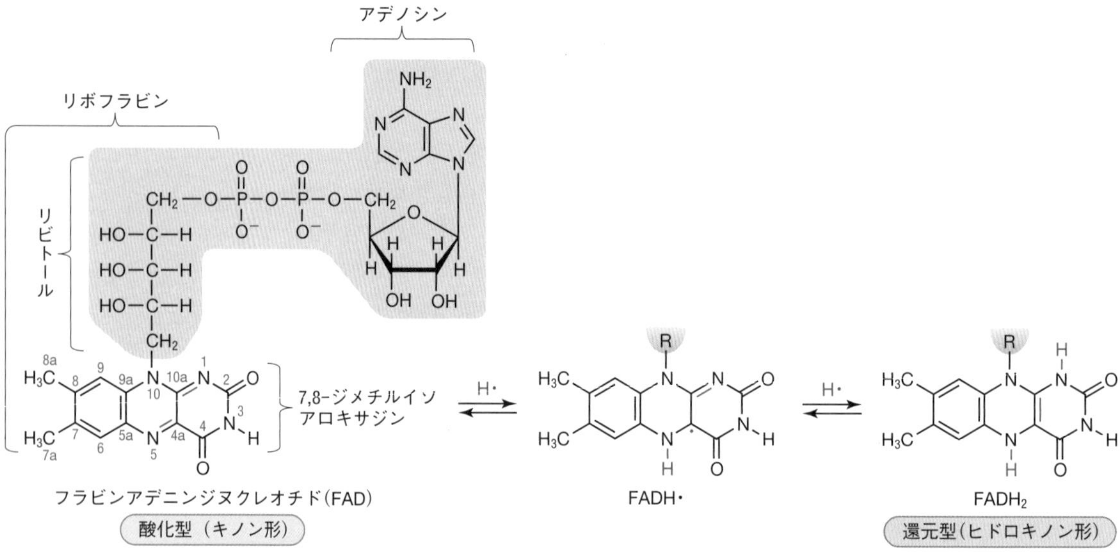

アデノシン
リボフラビン
リビトール
7,8-ジメチルイソアロキサジン
フラビンアデニンジヌクレオチド(FAD)
酸化型（キノン形）
FADH・
$FADH_2$
還元型(ヒドロキノン形)

図 11・7　FAD の化学構造と酸化還元　FAD は 1 電子還元されてラジカル（FADH•）になるか，2 電子還元されて $FADH_2$ になる．

グルコースの酸化でエネルギーを得る場合，好気生物は**解糖系**（13 章を参照），**クエン酸回路**（14 章），酸素への**電子伝達**（15 章）の三段階を経るが，NADH は解糖系とクエン酸回路で，$FADH_2$ はクエン酸回路で生成する．そして NADH と $FADH_2$ からの電子を第三段階の電子伝達系でリレー式に一群の電子伝達体に受け渡していき，最後に酸素に渡されて H_2O が生じる．この一連の過程で膜を介したプロトンの濃度勾配ができ，そのポテンシャルエネルギーによって $ADP+P_i \longrightarrow ATP$ の反応が起こる．

11・3・2　NAD^+/NADH の酸化還元電位とギブズエネルギー変化

NADH から H_2O が生じるまでの反応をまとめた次の反応を考える．

$$\mathrm{NADH} + \mathrm{H^+} + \frac{1}{2}\mathrm{O_2} \longrightarrow \mathrm{NAD^+} + \mathrm{H_2O}$$

このとき，$\Delta G^{\circ\prime} = -218\,\mathrm{kJ/mol}$ である．この反応は，次の二つの半反応に分ける

ことができる.

$$\mathrm{NADH} \longrightarrow \mathrm{NAD^+} + \mathrm{H^+} + 2\mathrm{e^-}$$

$$\frac{1}{2}\mathrm{O_2} + 2\mathrm{H^+} + 2\mathrm{e^-} \longrightarrow \mathrm{H_2O}$$

酸化還元反応のギブズエネルギー変化は，二つの半反応の電位差によって求められる．半反応は還元反応として書くのが習慣で，標準還元電位 $E^{\circ\prime}$ は以下のようになる.

$$\mathrm{NAD^+} + \mathrm{H^+} + 2\mathrm{e^-} \longrightarrow \mathrm{NADH} \qquad E^{\circ\prime} = -0.315\,\mathrm{V}$$

$$\frac{1}{2}\mathrm{O_2} + 2\mathrm{H^+} + 2\mathrm{e^-} \longrightarrow \mathrm{H_2O} \qquad E^{\circ\prime} = 0.816\,\mathrm{V}$$

これらの値は水素の半反応 $2\mathrm{H^+} + 2\mathrm{e^-} \rightleftarrows \mathrm{H_2}$ を 0 V とした場合を標準としている．正の大きな標準還元電位をもつ酸化型物質は，電子親和性が高く，電子受容体となりやすい．ギブズエネルギー変化と電位差の間には，ネルンストの式,

$$\Delta G^{\circ\prime} = -nF\Delta E^{\circ\prime}$$

が成り立つので，$\Delta G^{\circ\prime}$ の値が求められる．n は反応に関わる電子の物質量，F はファラデー定数である．上記の NADH が $\mathrm{NAD^+}$に酸化されて水が生成する反応では，次のように大きな発エルゴン反応となる．これにより生じるギブズエネルギーが，電子伝達系で ATP 合成に用いられる.

$$\Delta G^{\circ\prime} = -nF\Delta E^{\circ\prime} = -2(96485\,\mathrm{J\,V^{-1}\,mol^{-1}})(0.816\,\mathrm{V} + 0.315\,\mathrm{V})$$
$$= -218\,\mathrm{kJ\,mol^{-1}}$$

■ 章末問題

11・1　代謝経路の反応方向が不可逆であること，および同化と異化が異なる経路をとることの理由をギブズエネルギー変化により説明しなさい.

11・2　ATP の化学構造を書き，構造単位ごとの名称を示しなさい．また，ATP の加水分解により大きなエネルギーを放出する理由を説明し，その共役反応について説明しなさい.

11・3　$\mathrm{NAD^+}$と FAD の構造を書きなさい．また，どの部分がどのように還元されるかを示しなさい．さらに，NADH と $\mathrm{FADH_2}$ の代謝における役割を述べなさい.

12 酵素の機能調節

概要 細胞には，酵素が触媒する反応が何千とある．それらはいくつかの**代謝経路**にまとめられる．生体が環境の変化に応じつつ成長や分化を正常に行うためには，種々の代謝経路を必要に応じて制御し，多くの生化学反応の調和を保つことが必要である．そうした経路を制御する機構として，**酵素活性**がタンパク質レベルで調節されるメカニズムを見てみよう．

行動目標

1. 代謝調節点として，不可逆反応を触媒する酵素が重要であることを説明できる．
2. 代謝流量を制御する酵素は，アロステリック機構，共有結合修飾，基質の供給量や遺伝子発現の変化で調節されることを説明できる．
3. アロステリックエフェクターは，酵素の活性部位以外の場所に結合して酵素活性を変化させることを説明できる．
4. 共有結合修飾の例として，プロテインキナーゼのカスケードが代謝需要や環境の変化に敏感に対応するしくみであることを説明できる．

12・1 代謝の調節

代謝経路は，化学反応の連鎖により，生体に必要な物質やエネルギーを産生する経路である．一連の化学反応は，ほとんどが酵素により触媒されている．代謝反応の種類は数千種にも及び，それらを制御することが生体にとって重要である．

12・1・1 代謝調節の意義

代謝経路の酵素反応を適切に調節することは，次のような点で非常に重要である．

1) 各反応経路を調節することにより，細胞の構造や機能を維持するのに必要な物質を，必要に応じて無駄なく生産する．
2) エネルギー生産反応を調節することにより，必要なエネルギーに見合うだけの栄養源を無駄なく消費する．
3) 状況に応じて特異的な反応の速度を加減することにより，環境や栄養源濃度などの変化に迅速に対応する．

酵素のはたらきを制御する方法は，大きく分けると，① 酵素量の調節と，② 酵素の触媒速度の調節，の二つである．酵素の量は，その合成と分解の速度のバランスによって決まるが，その効果が現れるまでには比較的時間がかかる．一方，酵素の触媒速度の調節は，即効性がある．ここでは，酵素触媒速度の制御機構について見ていこう．

12・1・2 代謝経路の調節点

生化学反応のうち，ギブズエネルギー変化 ΔG が小さい反応は可逆であるが，ΔG が大きい反応は不可逆となる．可逆的な過程は，順反応と逆反応が同一の酵素によって触媒され，基質の供給量で反応の方向が制御される．一方，不可逆的な反応は，逆の過程を別の酵素が異なる経路で触媒する．このような場合，両方向の反応を個別に制御することが可能である．したがって，ΔG が大きい過程は，代謝経路において重要な調節点となることが多い．調節点における酵素の調節機構は，大きく二つに分けられる．**アロステリック機構**による調節と，**共有結合修飾**による調節である．

例題 12・1 KEGG は，代謝経路などに関する情報を統合したデータベースである（https://www.genome.jp/kegg/kegg_ja.html）．KEGG を使って糖代謝の経路を見てみよう．

解 答 KEGG のウェブサイトにアクセスする．“データタイプごとのエントリーポイント”の“KEGG PATHWAY”をクリックする．次に，“1. Metabolism”の“Carbohydrate”をクリックする．さらに，“1.1 Carbohydrate metabolism”の“00010 Glycolysis/Gluconeogenesis”をクリックすると，解糖・糖新生に関わる経路が表示される．化合物名のそばにある○をクリックすると，構造式や化合物の情報が表示される．2.7.1.1 のように表示されているのは酵素の EC 番号であり，これをクリックすると，その反応を触媒する酵素の情報が表示される．生物種などによって異なる経路も含まれているので複雑だが，代謝による物質変換の経路をたどることができる．

KEGG: Kyoto Encyclopedia of Genes and Genomes

復習問題 12・1 KEGG を利用して，酸化的リン酸化“oxidative phosphorylation”の経路を見てみよう．プロトンがミトコンドリアマトリックスから膜間部に移動しているステップはどれか？ また，それとは逆方向にプロトンを移動しているステップはどれか？

アロステリック効果 allosteric effect

アロステリック部位 allosteric site

12・2 アロステリック酵素

代謝調節点において，酵素活性がアロステリックに調節されることがよく見られる．

12・2・1 アロステリック酵素とは

アロステリック効果とは，タンパク質のある部位における機能が，別の部位（**アロステリック部位**）に結合する分子により調節されることである（図 12・1）．ヘモグロビンの酸素結合における BPG（2,3-ビスホスホグリセリン酸）による調節（7 章を参照）は，その一例である．**アロステリック酵素**は，通常，複数サブユニットからなり，アロステリック部位をもつ．アロステリック部位に結合するリガンドは，**アロステリックエフェクター**とよばれる．酵素活性を増加させるものは正のエフェクター，減少させるものは負のエフェクターである．エフェクターがアロステリック部位に結合することにより，他のサブユニットを含めてタンパク質のコンホメーションが協同的に変化し，酵素活性が変化する．

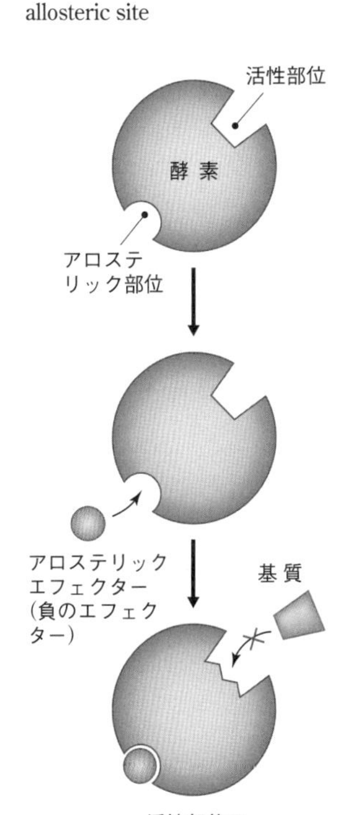

図 12・1 アロステリック酵素

12・2・2 アスパラギン酸カルバモイルトランスフェラーゼ（ATC アーゼ）におけるアロステリック調節

アスパラギン酸カルバモイルトランスフェラーゼ（**ATC アーゼ***）は，ピリミジンヌクレオチド合成経路の初期の段階において，カルバモイルリン酸とアスパラギ

* ATC アーゼは，同酵素の別名であるアスパラギン酸トランスカルバモイラーゼ（aspartate transcarbamoylase）の略称．

ン酸から N-カルバモイルアスパラギン酸を生成する反応を触媒する（図 19・6 を参照）．ピリミジン生合成の調節は，大腸菌では ATC アーゼで行われる*1．この経路の生成物の一つは **CTP**（シチジン三リン酸）である．十分量のピリミジンヌクレオチドが存在するとき，CTP は負のアロステリックエフェクターとして ATC アーゼをフィードバック制御し，この経路を停止させる（図 12・2）．

*1 哺乳類では，その前段階のカルバモイルリン酸が生成する反応で調節される．

カルバモイルリン酸 + アスパラギン酸 → (ATC アーゼ) → N-カルバモイルアスパラギン酸 + $H_2PO_4^-$ → UMP → CTP

阻 害

図 12・2　ATC アーゼの反応と CTP によるフィードバック阻害

ATC アーゼの初速度 v_0 と基質濃度［S］の関係は，ミカエリス・メンテン型酵素のような双曲線ではなく，シグモイド（S 字形）である（図 12・3）．これは，ヘモグロビンにおける酸素結合（7 章を参照）と同様に，ATC アーゼの活性部位間に**協同性**があることを示している．この酵素反応において，CTP は負のエフェクター，ATP は正のエフェクターとなる．核酸の生合成にはピリミジンヌクレオチドとプリンヌクレオチドが同程度必要なので，CTP と ATP が逆のエフェクターとして作用することは，供給量のバランスを取るうえで意義がある．

協同性 cooperativity

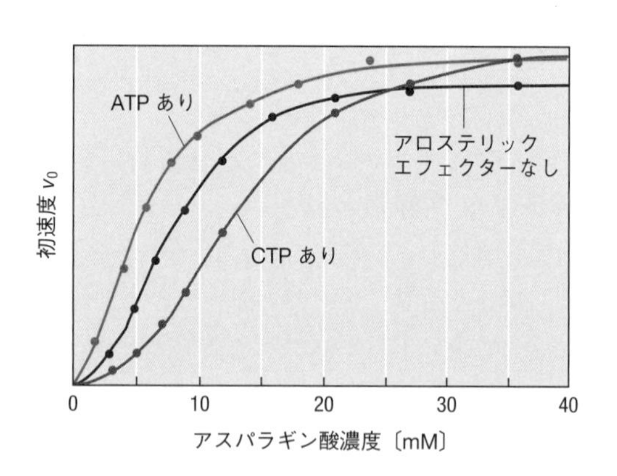

図 12・3　ATC アーゼの初速度と基質アスパラギン酸濃度の関係

12・2・3　ATC アーゼの構造とアロステリックな調節機構

触媒サブユニット catalytic subunit

調節サブユニット regulatory subunit

ATC アーゼは，6 個の**触媒サブユニット**（c）と 6 個の**調節サブユニット**（r）からなり，触媒サブユニット三量体（c_3）二つと調節サブユニット二量体（r_2）三つが会合している（図 12・4）．酵素に基質が結合すると **T 状態**の構造から **R 状態***2 の構造に変化する．この二つは平衡状態にあり，基質の濃度が高いと平衡は R 状態側に移動する．CTP は，調節サブユニットに結合して平衡を T 状態側に移動さ

*2 T 状態は tense（張りつめた），R 状態は relaxed（緩んだ）の頭文字をとっている．

せる．

ATC アーゼの触媒サブユニット三量体 c_3 だけを単離すると，触媒活性はあるが基質による協同性は見られない．また，CTP や ATP による制御も受けない．一方，調節サブユニット二量体 r_2 だけを単離すると，エフェクターは結合するが，触媒活性は見られない．完全な複合体では，r_2 が結合することにより c_3 は T 状態のコンホメーションをとり，c_3 の一つに基質が結合すると R 状態のコンホメーションに変化し，このことが r_2 のコンホメーション変化を介して，もう一つの c_3 も R 状態へシフトすることを促す．ATC アーゼは，自身が関与する経路の産物である CTP が T 状態の r_2 に結合することにより負のフィードバック制御を受ける．また，別の経路で生合成される ATP が R 状態の r_2 に結合して安定化することにより正の制御を受ける．このように，ATC アーゼの活性は，ピリミジンヌクレオチドとプリンヌクレオチドのバランスによってアロステリックに調節されるが，二つの代謝経路を協調的に制御するうえで，即効性のあるしくみである．

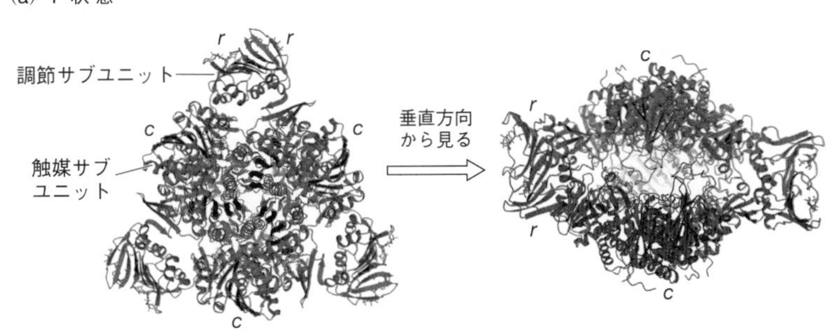

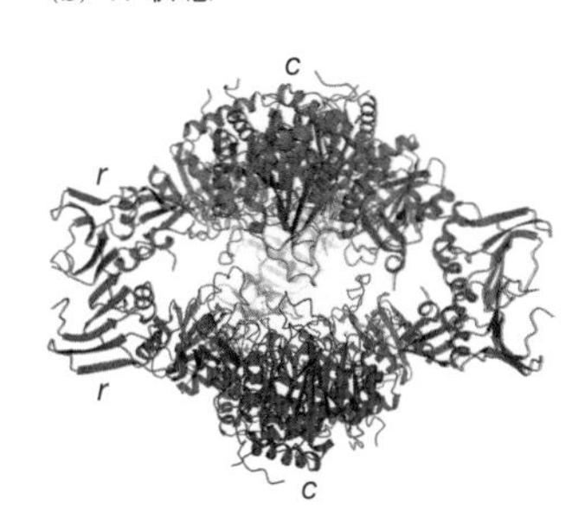

図 12・4 ATC アーゼの立体構造 ［出典：(a) PDB 5AT1，(b) PDB 8ATC］

12・3 共有結合修飾による調節

酵素触媒活性の調節のもう一つの重要な方法は，**共有結合修飾**である．その代表的な例は，特定のセリン，トレオニン，チロシンのリン酸化・脱リン酸による調節である．この調節機構は，真核生物では代謝制御や細胞内の情報伝達において，きわめて重要である．

共有結合修飾 covalent modification

12・3・1 リン酸化による調節

タンパク質の**リン酸化**は，種々の**プロテインキナーゼ**により行われる．リン酸化による酵素活性の調節は，活性化にはたらく場合も阻害にはたらく場合もある．また，**ホスファターゼ**による**脱リン酸**によって可逆的な制御を受ける．酵素のリン酸化状態は，グルカゴン，アドレナリン（エピネフリン），インスリンなど，さまざまなホルモンにより調節されることが多い．

リン酸化 phosphorylation

プロテインキナーゼ protein kinase

ホスファターゼ phosphatase

脱リン酸 dephosphorylation

リン酸化による調節の例として，グリコーゲン代謝（§13・6 を参照）における**グリコーゲンホスホリラーゼ**を見てよう．この酵素は，エネルギー貯蔵多糖であるグリコーゲンを分解する際に，最初の段階であり律速段階でもある加リン酸分解を

＊ アイソザイム（isozyme）とは，同じ生物に存在し，活性はほぼ同じだが遺伝子が異なる酵素のことをいう．

触媒してグルコース 1-リン酸を生成する．3 種の**アイソザイム**＊があり，筋，肝，脳に存在する．筋肉のグリコーゲンホスホリラーゼ（以下，ホスホリラーゼと略す）は，ホモ二量体で，リン酸化・脱リン酸とアロステリック相互作用により制御される（図 12・5）．リン酸化された形を**ホスホリラーゼ *a***，脱リン酸形を**ホスホリラーゼ *b*** という．筋肉のホスホリラーゼは，通常は *b* 形として存在する．

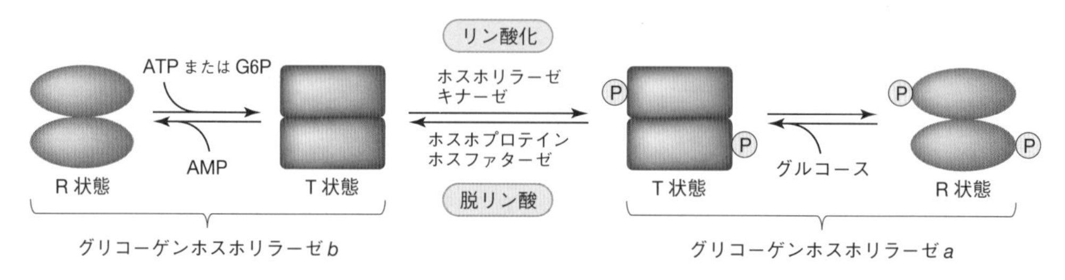

図 12・5　グリコーゲンホスホリラーゼの活性の制御

ホスホリラーゼには，活性のある R 状態と不活性な T 状態とがあり，その平衡はアロステリックな調節を受けている．ホスホリラーゼ *b* は，正のエフェクターである **AMP** が存在しないときは T 状態が安定である．ATP が消費されて AMP が増えると，R 状態が安定化されて活性化する．また，**ATP** と **G6P**（グルコース 6-リン酸）は，ホスホリラーゼ *b* の負のエフェクターであり，T 状態を安定化する．これらのことにより，ホスホリラーゼ *b* は，ATP や G6P が十分にあるとき（エネルギー需要が低いとき）は不活性化し，グリコーゲンを分解しない．ATP が消費されて AMP が増えると活性化してグリコーゲンを分解する．

エネルギー需要が高いとき，アドレナリンがホルモンとして筋肉における cAMP 産生を促す．cAMP は，プロテインキナーゼ A を活性化することによってホスホリラーゼキナーゼのリン酸化を促す．リン酸化されたホスホリラーゼキナーゼは，ホスホリラーゼをリン酸化して *b* 形から *a* 形に変換する．ホスホリラーゼ *a* は，*b* 形と逆に，R 状態に平衡が傾いていて活性化している．ホスホリラーゼ *a* に対しては**グルコース**が負のエフェクターとなり，グルコースが結合すると T 状態が安定化して不活性化する．つまり，ホスホリラーゼ *a* は，グリコーゲンを分解することによりグルコース需要が十分に満たされると，不活性化する．また，ホスホプロテインホスファターゼによって脱リン酸されると *b* 形に戻る．

12・3・2　リン酸化カスケードによる調節

タンパク質のリン酸化・脱リン酸は，代謝における制御だけでなく，**シグナル伝達**においても重要である．前節で述べた cAMP の産生に始まって複数のリン酸化酵素が連鎖することによりホスホリラーゼ *b* がリン酸化される過程のように，一連のタンパク質のリン酸化が連鎖して起こることを**リン酸化カスケード**という．活性化されたリン酸化酵素が複数分子の標的酵素を活性化することが連鎖することにより，シグナルが増幅されて伝わる．種々のリン酸化カスケードがさまざまなシグナル伝達においてはたらいており，細胞の増殖などさまざまな生命現象の調節に関与している．

リン酸化カスケード
phosphorylation cascade

12・4 その他の調節

生体内では，ほかにもさまざまなしくみによる調節が行われている．リン酸化以外の酵素活性によるカスケードと，細胞内の区画化について見てみよう．

12・4・1 酵素前駆体（チモーゲン）によるプロテアーゼの活性制御

酵素前駆体
zymogen, proenzyme

リン酸化・脱リン酸のように，共有結合修飾は可逆的な制御機構としてはたらき，細胞内の状態を速やかに調節するうえで有効である．このような調節機構とは異なり，不可逆な活性制御機構もある．§8·2·2 の**エンテロペプチダーゼ**による不活性前駆体トリプシノーゲンのプロセシングを介した活性化は，その一例である．また，血液凝固を制御するしくみは，平常時は前駆体により酵素活性の発現を抑え，必要時にプロテアーゼのカスケードにより迅速にシグナルを増幅する例である．

血液凝固
blood clotting, blood coagulation

血液凝固系は，複数のプロテアーゼが連鎖したカスケードである．血中にはフィブリノゲンというタンパク質が循環している．フィブリノゲンは可溶性であるが，**トロンビン**というセリンプロテアーゼによって限定的に切断されると不溶性のフィブリンとなって網目構造をつくり，血中細胞を捕らえて血液が凝固する．血液凝固は，血管が損傷を受けたときには速やかに進行して過度な出血を止めることが必要であるが，不必要に血液凝固が起こると血栓を生じて脳梗塞や心筋梗塞の原因となる．そこで，血液凝固は多種類のプロテアーゼ（**血液凝固因子**）前駆体の限定的な切断による連鎖的な活性化（**血液凝固カスケード**）により高度に制御されている（図 12・6）．血管が損傷を受けると，血液凝固カスケードによって，フィブリン形成活性が短時間で増幅される．活性化血液凝固因子に遺伝的な欠損があると血友病をひき起こす場合が知られている．

血液凝固因子
blood coagulation factor

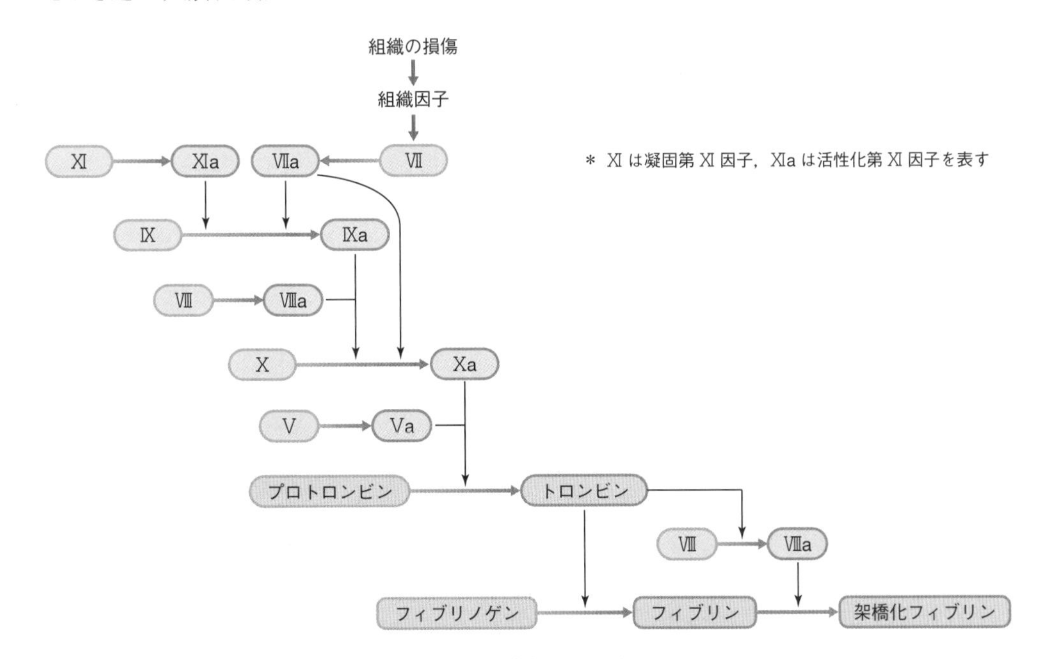

図 12・6 血液凝固カスケード

12・4・2 細胞内の区画化

細胞内では非常に多数の酵素反応が同時に進行している．しかし，これらは雑多に混ざり合っているわけではない．細胞内はさまざまに**区画化**され，そうした環境で関連する生化学反応が進行している．このことは，細胞が生化学反応を制御するために重要なことである．たとえば，タンパク質はつねに合成され，かつ分解されているが，タンパク質の合成と分解は異なる区画で行うことが合理的である．一方，エネルギー的に進みにくい反応に進みやすい反応を共役させるためには，同じ区画で反応を行うことが重要である．このような区画化は，一つには膜で囲まれた細胞小器官に分けて行われている．もう一つには，関連する酵素が集合して一つの複合体を形成することによって行われている．

また，**液-液相分離**によるドロプレット（液滴）が膜のないオルガネラとして機能し，その中に酵素が区画化され反応が効率的に進行する例も知られている．

細胞内の区画化は，さまざまな代謝経路で見られる．たとえば，解糖（13章を参照）に関わる酵素はサイトゾル*1，脂肪酸のβ酸化（17章）やクエン酸回路（14章）に関わる酵素群はミトコンドリアのマトリックス*2に存在する．ミトコンドリアの内膜には，酸化的リン酸化に関わる呼吸鎖複合体などの酵素群が規則的に配列している（15章）．

*1 真核細胞は核と細胞質からなり，細胞質から細胞小器官を除いた部分をサイトゾル（cytosol）とよぶ，細胞質ゾルあるいは細胞質基質ともいう．

*2 クエン酸回路の酵素のうちコハク酸デヒドロゲナーゼは，ミトコンドリア内膜に存在する．

多酵素複合体の例としては，三つの酵素が多数会合した**ピルビン酸デヒドロゲナーゼ複合体**（14章を参照）があげられる．この酵素複合体は，ピルビン酸をアセチルCoAに変換する反応を触媒する．多酵素複合体を形成することは，触媒効率を高め，副反応を抑えたり，同調的に制御できるなどの意義がある．

■ 章末問題

12・1　代謝経路には，ΔGが非常に大きい段階が少なくとも一つ含まれることが多い．このことには，どのような利点があるか？

12・2　リン酸化が酵素の活性を変えるメカニズムは，どのように考えることができるか？

12・3　アロステリックエフェクターは，基質とは別の結合部位に結合するので，基質に似ている必要はない．このような調節機構の利点は何か？

12・4　消化酵素のうちプロテアーゼは不活性前駆体として生合成されるのに対して，アミラーゼは活性型として生合成される．それはどのような理由と考えらえるか？

糖質代謝 13

概要 **グルコース**は，生物にとって重要なエネルギー源である．グルコースを酸化してエネルギーを取出す過程は，大きく二つに分けられる．第一段階は，グルコースから**ピルビン酸**に至る解糖で，酸素を用いずにグルコースを嫌気的に酸化する．第二段階の**クエン酸回路**（14章）は，酸素が関与する好気的過程である．動物では，グルコースは**グリコーゲン**として貯蔵され，グルコースが必要な場合にグリコーゲンを分解して供給する．さらにグルコースが必要な場合は，**糖新生**を行う．

行動目標

1. グルコースをピルビン酸に分解する解糖系は，エネルギー投資段階とエネルギー回収段階に分けることができ，全体の収支としてグルコース 1 分子当たり ATP と NADH が各 2 分子得られることを説明できる．
2. ピルビン酸は，嫌気条件下では，筋肉ではホモ乳酸発酵，酵母ではアルコール発酵により還元されて NAD^+を再生し，好気条件下では，アセチル CoA に変換されてクエン酸回路に入ることを説明できる．
3. ホスホフルクトキナーゼ（PFK）の反応は，解糖反応における主要な流量調節点であり，アロステリックな調節を受けることを説明できる．
4. ペントースリン酸経路は，グルコース代謝の別経路で，生合成に使われる NADPH やリボース 5-リン酸を供給する役割をもつことを説明できる．
5. グリコーゲンホスホリラーゼがグリコーゲンの分解を，グリコーゲンシンターゼがグリコーゲン合成を触媒し，これらはアロステリック調節やリン酸化・脱リン酸による調節を受けることを説明できる．
6. グリコーゲン代謝はインスリン，グルカゴン，アドレナリンなどのホルモンで制御されることを説明できる．
7. 糖新生はほとんどが解糖の逆行だが，ギブズエネルギー変化（ΔG）が大きい三つの過程は別の反応によることを説明できる．
8. 糖新生はグルカゴンなどのホルモン，アロステリックエフェクター，基質の濃度，遺伝子発現によって調節されることを説明できる．

13・1 解糖系の反応

細胞は，エネルギー供給を必要とするとき，**グルコース**を**解糖系**によって分解する．一方，急なエネルギー生産が必要でないとき，グルコースは，動物では**グリコーゲン**，植物では**デンプン**として蓄えられる．解糖は，グルコースを酸素を用いずに酸化する過程で，サイトゾルに存在する 10 種類の酵素により触媒される．この過程で，1 分子のグルコースを 2 分子のピルビン酸に変換し，取出されるエネルギーを使って ADP と P_i から ATP を合成する（図 13・1）．解糖の 10 反応は，エネルギーを投資する第一段階と，回収する第二段階に分けることができる．

解糖系 glycolytic pathway

13・1・1 解糖の第一段階（エネルギーの投資）

第一段階（反応❶～反応❺）では，エネルギー（ATP）を投資することにより，グルコース 1 分子が 2 分子の**グリセルアルデヒド 3-リン酸**（**GAP**）に分割される．まず ATP 1 分子を使ってヘキソキナーゼによりグルコースがリン酸化されて**グルコース 6-リン酸**（**G6P**）を生じ（反応❶），次にグルコース-6-リン酸イソメラーゼにより異性化し（反応❷），再びATP 1分子を使ってホスホフルクトキナーゼ（PFK）によりリン酸化される（反応❸）．そして，アルドラーゼにより開裂されて，トリオースであるGAPとジヒドロキシアセトンリン酸（DHAP）を生じる（反応❹）．GAPとDHAPはトリオースリン酸イソメラーゼの作用で相互変換するので（反応❺），1分子のグルコースから2分子のGAPが生じたことに相当する．ここまでで，グルコース1分子当たり2分子のATPが消費され，2分子のGAPが生じる（13・1式）．エネルギーは回収されない．

$$\text{グルコース} + 2\text{ATP} \longrightarrow 2\text{GAP} + 2\text{ADP} \qquad (13\cdot1)$$

13・1・2　解糖の第二段階（エネルギーの回収）

解糖の第二段階（反応❻～反応❿）では，第一段階で生じたGAPが**ピルビン酸**に変換され，その過程でエネルギーが回収される．まず，GAPがグリセルアル

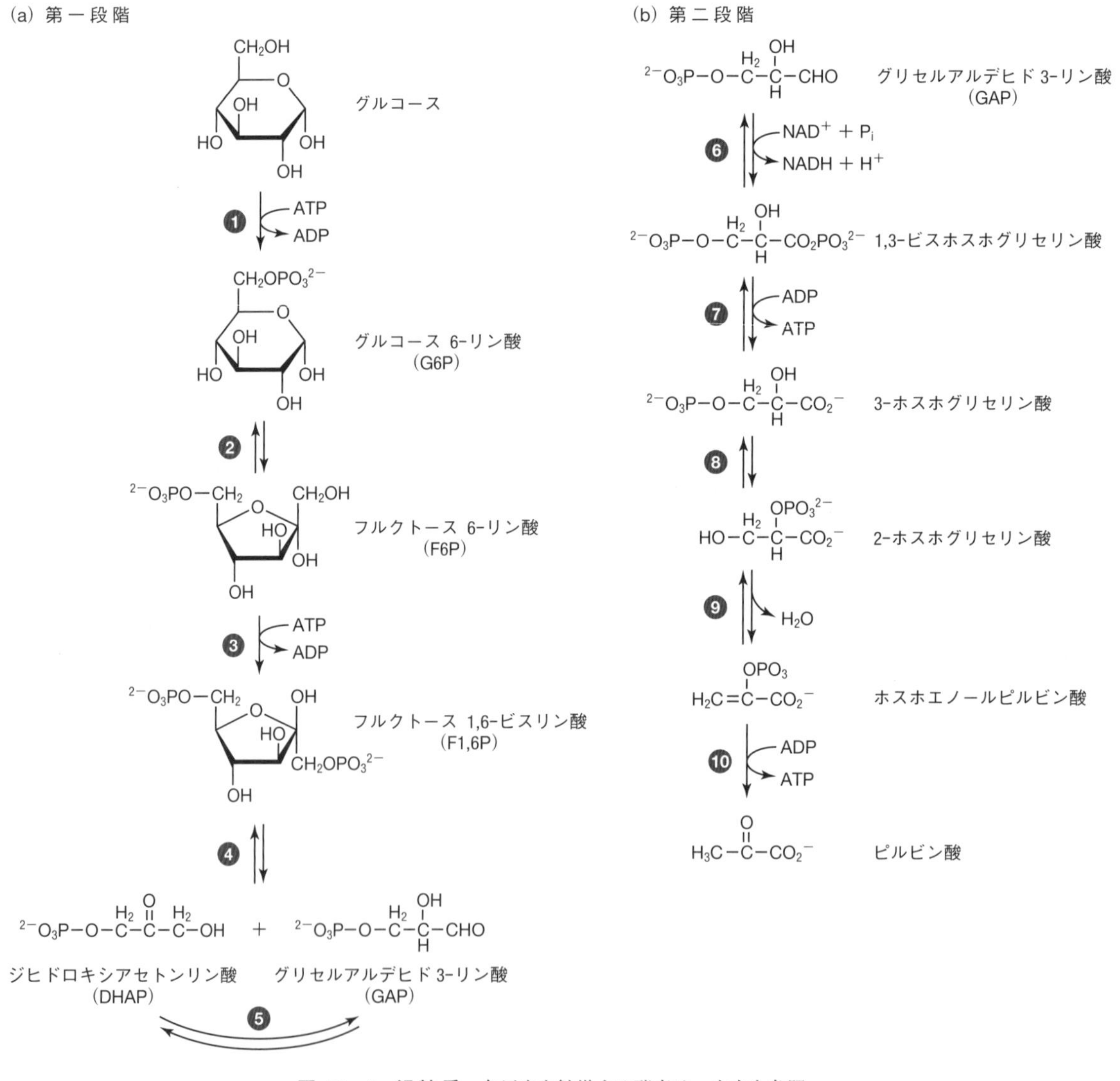

図 13・1　解糖系　各反応を触媒する酵素は，本文を参照．

デヒド-3-リン酸デヒドロゲナーゼ（GAPDH）により酸化的にリン酸化され（反応❻），次にホスホグリセリン酸キナーゼ*により脱リン酸されて ATP を生じる（反応❼）．さらに，ホスホグリセリン酸ムターゼによる異性化（反応❽），エノラーゼによる脱水（反応❾）を経て，ピルビン酸キナーゼ*により脱リン酸されて再び ATP を生じ，ピルビン酸になる（反応❿）．この第二段階では GAP 1 分子当たり 2 分子の ATP を生じる（13・2 式）．

* なお，ホスホグリセリン酸キナーゼやピルビン酸キナーゼの名称は，逆反応（ATP によるリン酸化）に対してつけられたものであるが，ピルビン酸キナーゼの反応はエネルギー差が大きいため，逆反応は実質的には進行しない．

$$\text{GAP} + \text{NAD}^+ + 2\text{ADP} + \text{P}_\text{i} \longrightarrow \text{ピルビン酸} + \text{NADH} + 2\text{ATP} + \text{H}_2\text{O} + \text{H}^+ \qquad (13\cdot2)$$

グルコース 1 分子当たりでは，4 分子の ATP を生じる．解糖系全体の差引きでは，グルコース 1 分子当たり 2ATP が利益（2 分子の投資に対して 4 分子を回収）となり，また，2 分子の NAD^+ が NADH に還元される（13・3 式）．

$$\text{グルコース} + 2\text{NAD}^+ + 2\text{ADP} + 2\text{P}_\text{i} \longrightarrow 2\,\text{ピルビン酸} + 2\text{NADH} + 2\text{ATP} + 2\text{H}_2\text{O} + 2\text{H}^+ \qquad (13\cdot3)$$

13・2 ピルビン酸の代謝

解糖系 10 反応による最終産物は，**ピルビン酸**である．続いてピルビン酸は，生物の種類や環境などに依存して**乳酸**，**エタノール**，あるいは**アセチル CoA** に変換される．酸素存在下では，好気生物は，ピルビン酸をアセチル CoA に変換し，このアセチル基をクエン酸回路を通して CO_2 と H_2O に変換する．この過程でさらに多くのエネルギーが回収されるが，これについては 14 章で述べる．一方，嫌気条件での代謝によりエネルギーを得る過程を**発酵**というが，ピルビン酸の還元には，動物の筋肉におけるホモ乳酸発酵と酵母におけるアルコール発酵がある．

発 酵 fermentation

13・2・1 ホモ乳酸発酵によるピルビン酸の代謝

ホモ乳酸発酵 homolactic fermentation

解糖では，反応❻の GAPDH による反応で NAD^+ を消費し，NADH を産生する．好気的な条件では，NADH は真核細胞のミトコンドリアの電子伝達経路で NAD^+ に再酸化される（15 章を参照）．しかし，活発に運動している筋肉では，酸素供給が十分でないと嫌気状態となり，NAD^+ の供給が追いつかないと解糖系のはたらきが弱まる．このような状態の筋肉では，乳酸デヒドロゲナーゼ（LDH）がはたらき，ピルビン酸を NADH で還元して乳酸と NAD^+ を生成する（13・4 式）．

$$\text{ピルビン酸} + \text{NADH} + \text{H}^+ \rightleftharpoons \text{乳酸} + \text{NAD}^+ \qquad (13\cdot4)$$

この反応により NAD^+ が供給されるので，しばらくは解糖による ATP の産生を継続することが可能になる．しかし，この反応は可逆的なので，やがてピルビン酸と乳酸は平衡に達する．骨格筋でつくられる乳酸の大部分は血流で肝臓に運ばれ，ピルビン酸に変換されてグルコースの合成に使われる．グルコースからピルビン酸を経て乳酸に至る経路は，嫌気的解糖とよばれる．全反応は（13・5）式のようになる．

$$\text{グルコース} + 2\text{ADP} + 2\text{P}_\text{i} \longrightarrow 2\,\text{乳酸} + 2\text{ATP} + 2\text{H}_2\text{O} \qquad (13\cdot5)$$

アルコール発酵
alcohol fermentation

13・2・2　アルコール発酵によるピルビン酸の代謝

酵母では，ピルビン酸は脱炭酸されて CO_2 とアセトアルデヒドになる（13・6式）．この反応は，ピルビン酸デカルボキシラーゼにより触媒される．ピルビン酸デカルボキシラーゼは，補酵素としてチアミン二リン酸（TPP）を必要とする酵素である．

$$\text{ピルビン酸} \longrightarrow \text{アセトアルデヒド} + CO_2 \qquad (13\cdot6)$$

この反応で生じるアセトアルデヒドは，アルコールデヒドロゲナーゼの作用により，NADH で還元されて NAD^+ とエタノールを生じる（13・7式）．

$$\text{アセトアルデヒド} + NADH + H^+ \rightleftharpoons \text{エタノール} + NAD^+ \qquad (13\cdot7)$$

13・3　解糖系の調節

代謝経路では，ギブズエネルギー変化（ΔG）の大きい過程が重要な流量調節点となることが多い．解糖系について見てみよう．

13・3・1　解糖系の律速段階と流量調節

解糖反応のうちヘキソキナーゼ（反応❶），PFK（反応❸），ピルビン酸キナーゼ（反応❿）が触媒する三つの反応は，ΔG が大きいため不可逆である（図13・2）．その他の反応は，ΔG が小さく可逆であり，平衡状態に近い．この三つの非平衡反応のうち，骨格筋などの組織で解糖の流量調節に特に重要なのは，反応❸である．反応❶は，解糖がグリコーゲンから始まる場合には必要がない．実際，肝臓や筋肉では，グルコースはグリコーゲンとして蓄えられており，解糖は遊離グルコースからではなくグリコーゲンから進む場合も多い．この場合は，グリコーゲンの加リン酸分解によるグルコース 1-リン酸（G1P）の生成と G6P への変換を経て解糖系に入るので，反応❶は寄与しない（§13･6･1 で述べる）．また，反応❿は解糖の最終段階なので，解糖全体の流量調節への寄与は小さい．次の節では，筋肉における解糖の調節について述べる．肝臓における解糖に関しては，§13･7･2 で糖新生の調節と合わせて述べる．

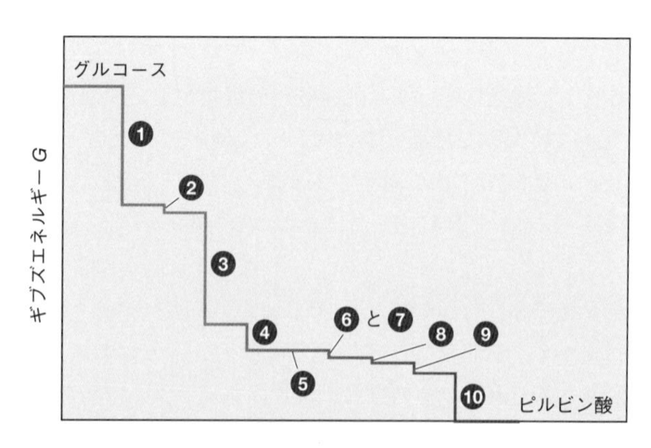

図 13・2　解糖におけるギブズエネルギー変化（ΔG）［出典：E.A. Newsholme, C. Start, "Regulation in Metabolism," p.97, Wiley（1973）のデータに基づく］

13・3・2 筋肉における PFK を介した解糖系の調節

筋肉における解糖の流量調節において，反応❸の PFK は最も重要であり，ATP や ADP，AMP などによりアロステリックな制御を受ける．

微生物や哺乳類では，PFK は四量体の構造をもち，R 状態と T 状態の二つのコンホメーションがある．ATP は，PFK の基質であると同時に，アロステリックな阻害剤にもなる．これは，基質としての結合部位とは別に，阻害剤としての ATP 結合部位が PFK の各サブユニットにあることによる．ATP によるアロステリック阻害に対して，ADP，AMP，フルクトース 2,6-ビスリン酸（F2,6P）（図 13・3）は，活性化剤として阻害を解除するようにはたらく．

ATP は，基質結合部位には R 状態でも T 状態でも結合するが，阻害剤結合部位に結合するのは T 状態のときだけである．ATP 濃度が高いとき，ATP は阻害剤結合部位に結合して T 状態を安定化させる．T 状態では，PFK のもう一つの基質である F6P の親和性が低いので，反応が阻害される．一方，AMP や ADP などの活性化剤は，R 状態の PFK に結合して R 状態を安定化し，ATP による阻害に拮抗する．AMP や ADP は，ATP に比べて濃度変化がはるかに大きいので，アロステリックエフェクターとして有効に PFK の活性を制御する．

13・3・3 基質回路による解糖系の流量の調節

哺乳類の糖新生（§13・7 で述べる）は，ピルビン酸などからグルコースを合成する過程であり，ΔG が小さい反応は，解糖と同じ酵素が担う．しかし，解糖の反応❸（13・8 式）は ΔG が大きいので不可逆であり，PFK は逆反応を触媒しない．

$$\text{F6P} + \text{ATP} \longrightarrow \text{F1,6P} + \text{ADP} \qquad (13 \cdot 8)$$

糖新生において反応❸に逆行する反応は，PFK とは別のフルクトース-1,6-ビスホスファターゼ（FBP アーゼ）によって触媒される．この酵素は，フルクトース

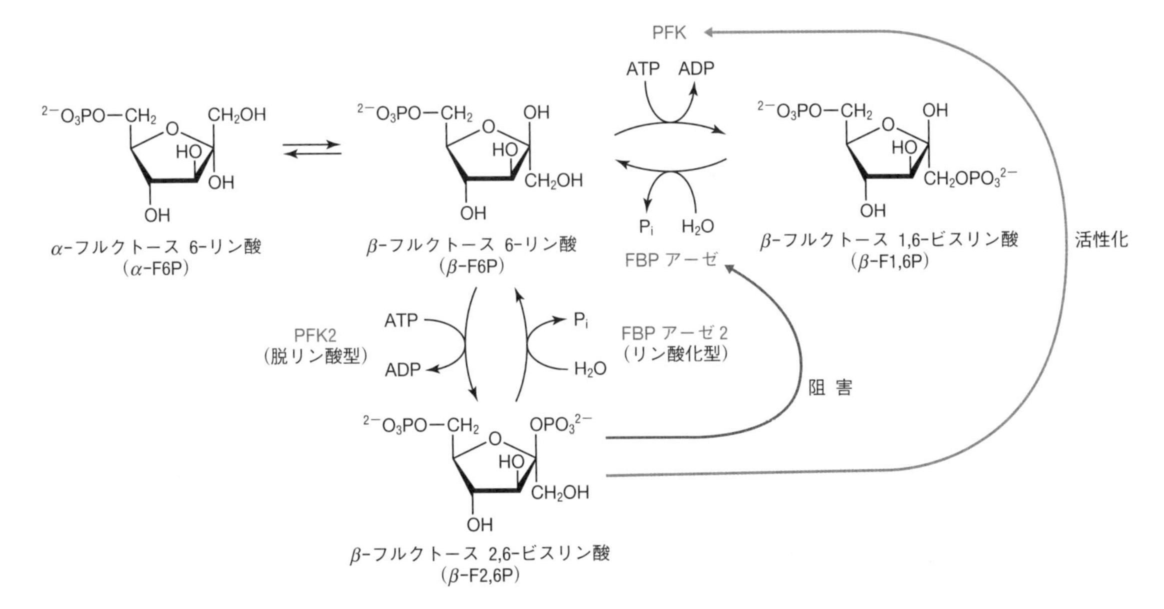

図 13・3 基質回路による解糖系の流量調節 解糖系の反応❸と FBP アーゼによる逆反応で形成される基質回路（上段）と，F2,6P による流量調節（下段）．

1,6-ビスリン酸（F1,6P）を加水分解してフルクトース 6-リン酸（F6P）を生じる反応（13・9 式）を触媒する．

$$\mathrm{F1{,}6P + H_2O \longrightarrow F6P + P_i} \qquad (13\cdot 9)$$

この酵素も PFK と同様にサイトゾルにあるので，PFK と FBP アーゼによる反対方向の二つの反応の組合わせにより基質回路（基質サイクル）*が構成され，F6P と F1,6P の変換が可逆となる（図 13・3）．この基質回路の二つの酵素の反応（13・8 式と 13・9 式）を足し合わせると，(13・10)式になる．

$$\mathrm{ATP + H_2O \longrightarrow ADP + P_i} \qquad (13\cdot 10)$$

＊ 基質回路（substrate cycle）とは，二つの化合物の間の変換において，異なる酵素が逆方向の反応を触媒することにより形成されるサイクル．

無益回路 futile cycle

このことは，F6P と F1,6P の相互変換を繰返すことにより，ATP だけがひたすら消費されることを意味する．これを**無益回路**とよぶ．しかし，この一見無駄に見える基質回路は，解糖系の流量を調節する機能をもっており，(13・8)式と（13・9)式の差引きの流量は，フルクトース 2,6-ビスリン酸（F2,6P）の濃度で決まる．F2,6P は，PFK のアロステリック活性化剤であると同時に，FBP アーゼをアロステリックに阻害する（図 13・3）．このことにより，F2,6P は解糖の流量を大きく変化させることができる．

13・4　グルコース以外のヘキソースの代謝

自然界でよく見られるヘキソースは，グルコースのほかにフルクトース，ガラクトース，マンノースである．これらもグルコースと同様に主要なエネルギー源であり，酵素的に解糖中間体に変換されることにより解糖系で異化代謝を受ける（図 13・4）．

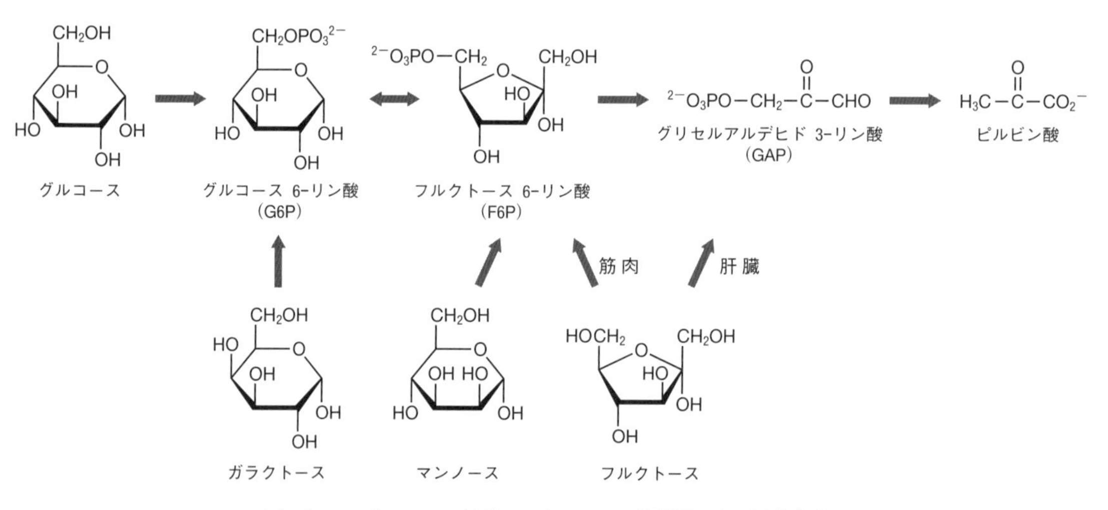

図 13・4　グルコース以外のヘキソースの解糖系による異化代謝

a. フルクトース　　フルクトースは，筋肉ではヘキソキナーゼにより F6P に変換されて解糖系に入る．一方，肝臓では GAP に変換されてから解糖系に入る．これは，肝臓でグルコースのリン酸化にはたらいているグルコキナーゼはフルクトースをリン酸化できないためである．フルクトースは，フルクト-1-キナーゼの作用でフルクトース 1-リン酸（F1P）に変換され，グリセルアルデヒドと DHAP に開裂することを介して GAP を生じる．

b. ガラクトース　ガラクトースは，グルコースのエピマーであり，ヘキソキナーゼの作用を受けない．ガラクトースは，ガラクトキナーゼにより ATP でリン酸化され，生成したガラクトース 1-リン酸と UDP-グルコースがガラクトース-1-リン酸ウリジルトランスフェラーゼの作用を受け，UDP-ガラクトースと G1P を生じる．UDP-ガラクトースは，UDP-ガラクトース-4-エピメラーゼの作用により UDP-グルコースに変換される．UDP-グルコースは，グリコーゲン合成の基質である（§13・6・2）．UDP-グルコースから直接あるいはグリコーゲンを経由して G1P が生じると，G1P がホスホグルコムターゼによって G6P に変換され，解糖系に入る．

c. マンノース　マンノースもグルコースのエピマーであるが，ヘキソキナーゼの作用でマンノース 6-リン酸に変換される．これがさらにマンノース-6-リン酸イソメラーゼの作用で F6P に異性化され，解糖系に入る．

例題 13・1　例題 12・1 と同様に，KEGG を使ってフルクトースの代謝を見てみよう．この章は，おもに “00010 Glycolysis/Gluconeogenesis” の経路に関連する内容を扱っているが，フルクトースの代謝は，“00051 Fructose and mannose metabolism” で見ることができる．この経路のどこに PFK があるか，探してみよう．

解 答　KEGG のウェブサイト（https://www.genome.jp/kegg/kegg_ja.html）にアクセスする．“データタイプごとのエントリーポイント” 欄の “KEGG PATHWAY” をクリックする．次に，“1. Metabolism” 欄の “Carbohydrate” をクリックする．さらに，“1.1 Carbohydrate metabolism” の “00051 Fructose and mannose metabolism” をクリックすると，フルクトースやマンノースの代謝に関わる経路が表示される．β-D-Fructose-6P と β-D-Fructose-6P_2 の間にある 2.7.1.11 が PFK である．

復習問題 13・1　KEGG の “00051 Fructose and mannose metabolism” で F1P はどこにあるか，また，F1P から GAP を生成する経路が，PFK とは別にもあることを確認しよう．フルクトースの過剰摂取が肥満につながるという説があるが，PFK とは別の経路があることはこの説にどのように関連しそうか？

13・5 ペントースリン酸回路

脳や筋肉の細胞では，グルコースはほとんどが解糖によって代謝される．これに対し，脂肪酸合成を行う組織では，解糖とは別の，**ペントースリン酸回路**というグルコース代謝経路が存在する．

ペントースリン酸回路
pentose phosphate cycle

ペントースリン酸回路は，解糖系と同様に G6P を酸化し，最終的に解糖の中間体である F6P と GAP を生じる（図 13・5）．しかし，この過程で ATP は産生されず，還元力をもつ NADPH，ヌクレオチドの生合成に必要なリボース 5-リン酸（R5P）などが生じる．この経路の役割は，脂肪酸やコレステロールなどの生合成に必要な NADPH をつくること，ヌクレオチドや核酸の生合成に必要な R5P をつくること，食物由来の過剰なペントースを代謝することである．また，植物や微生物では，芳香族アミノ酸の生合成に必要なエリトロース 4-リン酸がこの経路から供給される．

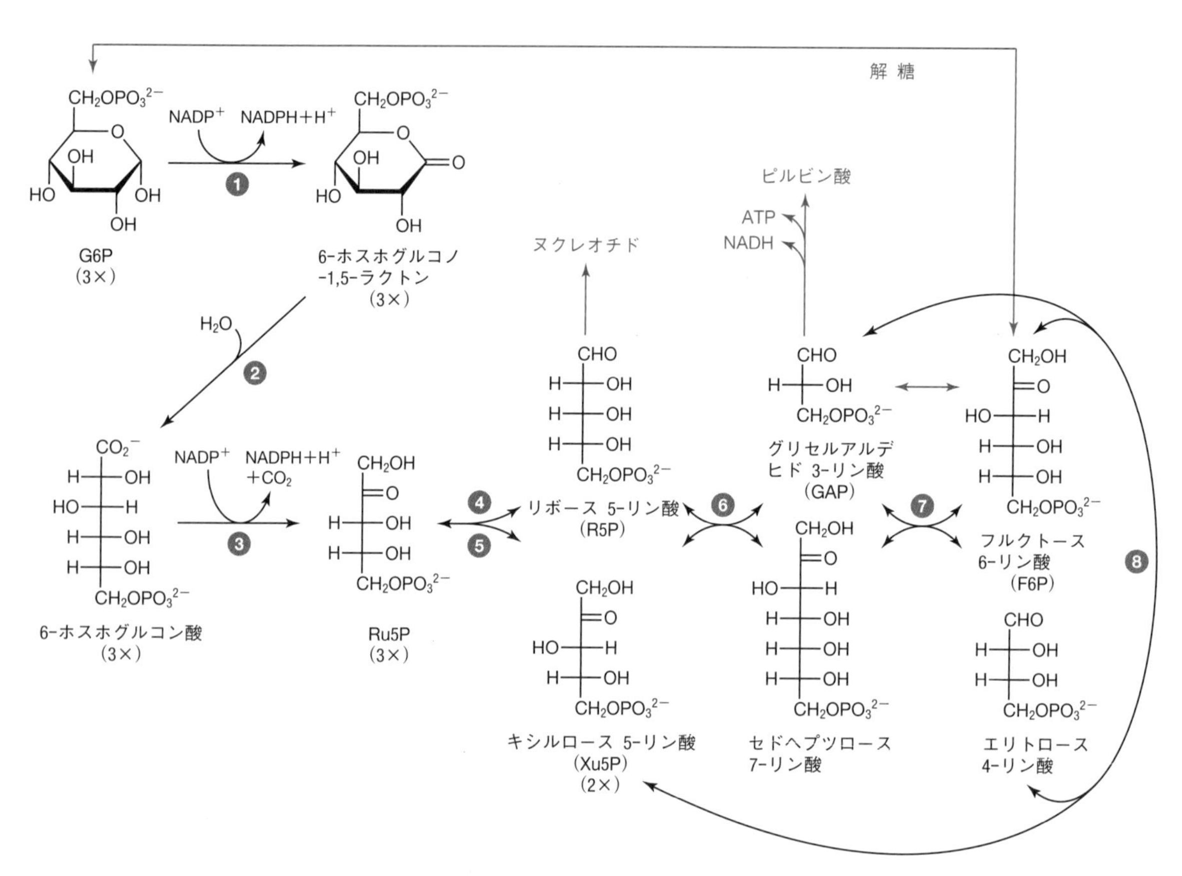

図 13・5　ペントースリン酸回路　赤字と赤線は，解糖系，およびヌクレオチド合成への経路を示す．各反応の触媒酵素は次のとおりである．❶グルコース-6-リン酸デヒドロゲナーゼ．❷6-ホスホグルコノラクトナーゼ．❸6-ホスホグルコン酸デヒドロゲナーゼ．❹リボース-5-リン酸イソメラーゼ．❺リブロース-5-リン酸 3-エピメラーゼ．❻および❽トランスケトラーゼ．❼トランスアルドラーゼ．

ペントースリン酸回路は，二つの段階に分けることができる．最初は酸化反応系で，G6P が酸化的に脱炭酸され，リブロース 5-リン酸 (Ru5P)，2 分子の NADPH，および CO_2 を生じる（13・11 式）．

$$\text{G6P} + 2\text{NADP}^+ + \text{H}_2\text{O} \longrightarrow \text{Ru5P} + 2\text{NADPH} + 2\text{H}^+ + \text{CO}_2 \quad (13\cdot11)$$

次の段階は可逆な反応系で，需要に応じて何を生成するかが変わる．まず，Ru5P の異性化またはエピマー化により，R5P またはキシルロース 5-リン酸 (Xu5P) をそれぞれ生成する．細胞がヌクレオチドを合成するとき，あるいは細胞が同じ量の R5P と NADPH を必要とするようなときは，ここまでの反応で対応できる．一方，細胞が，ヌクレオチドや核酸の構成要素である R5P よりも還元力である NADPH を必要とするときは，過剰の Ru5P は R5P と Xu5P に変換され，2 分子の Xu5P と 1 分子の R5P から一連の反応で 2 分子の F6P と 1 分子の GAP を生成する．F6P と GAP は解糖系に入る．ペントースリン酸回路の全反応は（13・12)式のようになる.

$$3\,\mathrm{G6P} + 6\,\mathrm{NADP^+} + 3\,\mathrm{H_2O} \longrightarrow 6\,\mathrm{NADPH} + 6\,\mathrm{H^+} + 3\,\mathrm{CO_2} + 2\,\mathrm{F6P} + \mathrm{GAP} \quad (13 \cdot 12)$$

成熟した赤血球は分裂しないので，核酸生合成のための R5P を必要としないし，脂肪酸合成も行わない．にもかかわらず，赤血球でペントースリン酸回路は重要である．これは，赤血球には多量の還元型グルタチオン（GSH）が必要だからである．赤血球に過酸化物がたまると，細胞膜などが損傷を受ける．グルタチオンペルオキシダーゼは，GSH を使って過酸化物を還元除去する．このとき GSH は酸化型グルタチオン GSSG となるが，グルタチオンレダクターゼが NADPH を用いてこれを GSH に戻す．このように赤血球を正常に保つためには，NADPH の供給が必要である．

13・6 グリコーゲン代謝

グリコーゲンは，α(1→4)結合による重合に加えて α(1→6)結合により分枝した構造をもつホモ多糖である（§4・3・2 を参照）．動物，およびカビなどの菌類や細菌においてグルコースを蓄える役割がある．その合成と分解の過程を見てみよう．

グリコーゲン glycogen

13・6・1 グリコーゲンの分解

動物の脳や赤血球は，エネルギー源をほとんどグルコースに依存している．グルコースが必要な場合，主として肝臓のグリコーゲンからグルコースが血中に動員され，脳などの組織に供給される．グリコーゲンは筋肉にも大量に貯蔵されているが，このグリコーゲンは，筋肉の収縮に必要な ATP の産生のためのエネルギーとして使われ，他の組織へのグルコース供給には使われない．

グリコーゲン分解には，3 種の酵素（グリコーゲンホスホリラーゼ，グリコーゲン脱分枝酵素，ホスホグルコムターゼ）がはたらく（図 13・6）．**グリコーゲンホスホリラーゼ**（§12・3・1 を参照）は，グリコーゲンの非還元末端グルコシル残基

グリコーゲンホスホリラーゼ glycogen phosphorylase

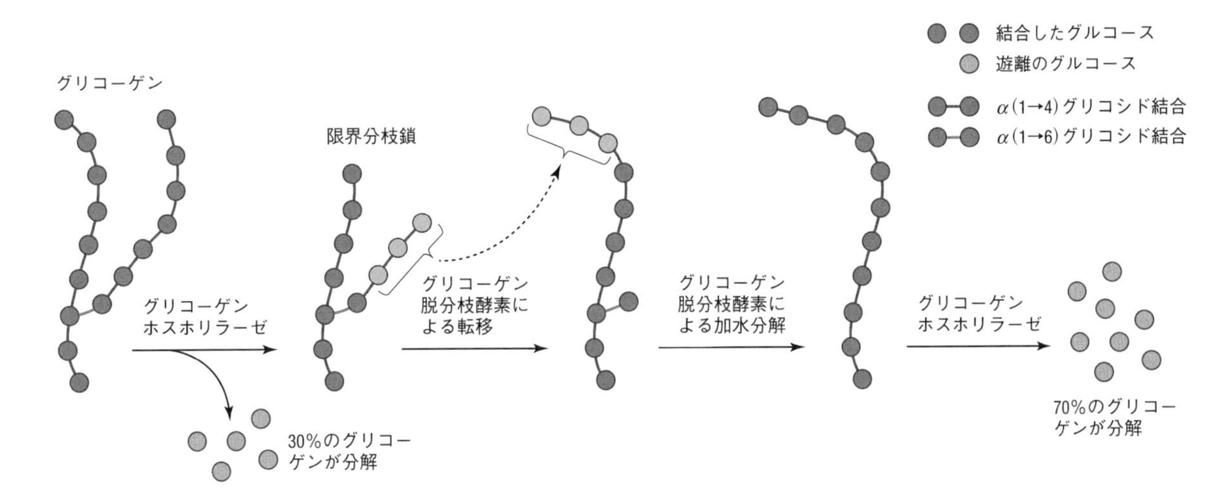

図 13・6 グリコーゲンの分解

を加リン酸分解して G1P を生じる．しかし，分枝グルコースが 4 残基程度になるとグリコーゲンホスホリラーゼによる加リン酸分解は停止する．4 残基まで分解された分枝グルコースを**限界分枝鎖**という．

グリコーゲン脱分枝酵素
glycogen debranching enzyme

グリコーゲン脱分枝酵素は，グリコーゲンの枝を切り取る酵素であるが，α(1→6) グルコシダーゼとしての活性部位と，枝の転移酵素としての活性部位をもつ．この酵素は，まず限界分枝鎖に作用して，α(1→4) 結合した外側の 3 残基部分を非還元末端に転移する．そして，残った α(1→6) 結合を加水分解する．分枝が除去されることによりグリコーゲンホスホリラーゼが再び作用できるようになる．

ホスホグルコムターゼ
phosphoglucomutase

ホスホグルコムターゼは，G1P と G6P を相互変換する酵素である．ホスホリラーゼがグリコーゲンから切り出した G1P を，ホスホグルコムターゼが G6P に変える．G6P は，解糖系やペントースリン酸回路で代謝される．

肝臓は，筋肉とは異なり，他の組織にグルコースを供給する役割をもつ．しかし，G6P は細胞膜を通過できない．そこで，肝臓では G6P をグルコース-6-ホスファターゼによりグルコースに加水分解し，グルコースが他の組織に運び出される．筋肉にはこの酵素がないので，血中にグルコースを放出できない．

13・6・2　グリコーゲンの合成

食後，血糖値が上昇してインスリンが分泌されると，グルコースは肝臓と筋肉に取込まれてグリコーゲンとして貯蔵される．グリコーゲン合成の直接の基質は，

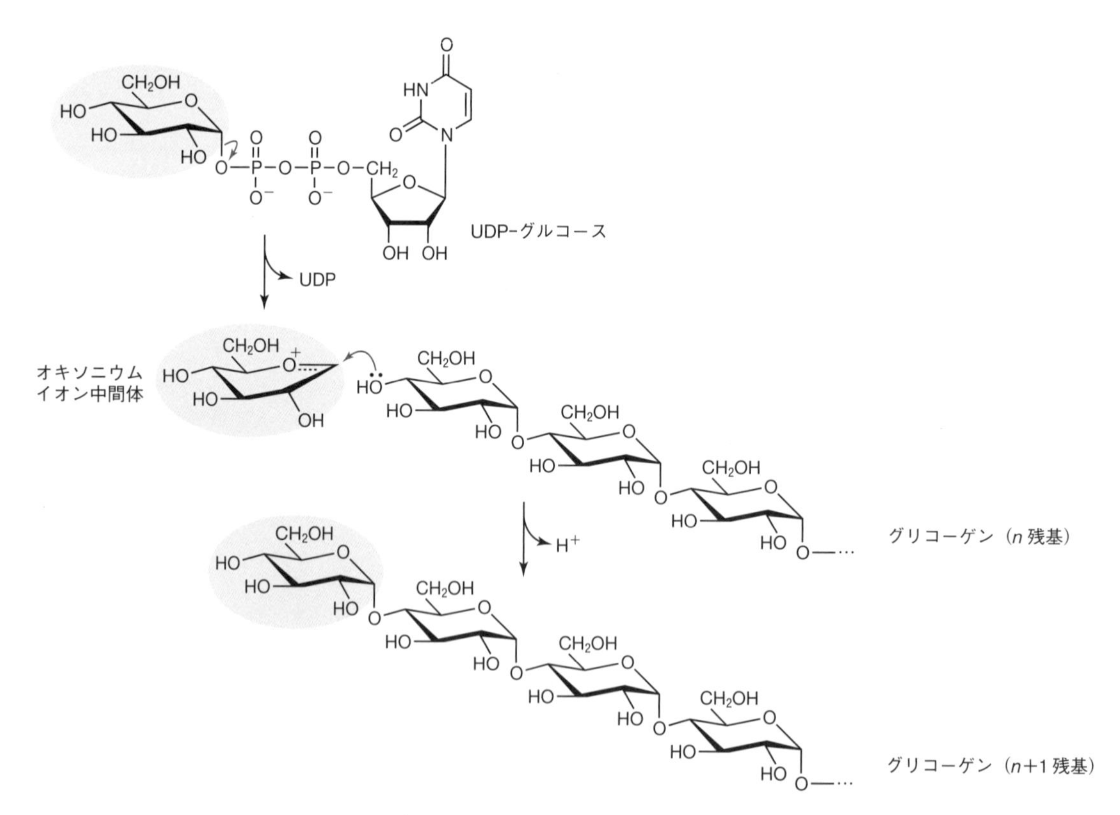

図 13・7　グリコーゲンシンターゼによる α(1→4) 結合の伸長

UDP-グルコースである．細胞に取込まれたグルコースがリン酸化されてG6Pを生じ，ホスホグルコムターゼによってG1Pに変換される．そしてUDP-グルコースピロホスホリラーゼの作用により，G1PとUTPからUDP-グルコースが生成される．UDPはよい脱離基であり，グリコーゲンシンターゼがUDP-グルコースのグルコシル部分をグリコーゲン非還元末端のC4-OH基に移す．これにより，$\alpha(1\rightarrow4)$ グリコシド結合がつくられる（図13・7）．この酵素は直鎖状に糖鎖を伸ばすだけなので，グリコーゲンの合成には，ほかに分枝酵素が必要である．分枝酵素は，$\alpha(1\rightarrow4)$ 結合したグリコーゲン鎖の末端7残基を切り取り，同じ鎖または別の鎖のグルコース残基のC6-OHに転移させ，$\alpha(1\rightarrow6)$ 結合による枝をつくる（図13・8）．

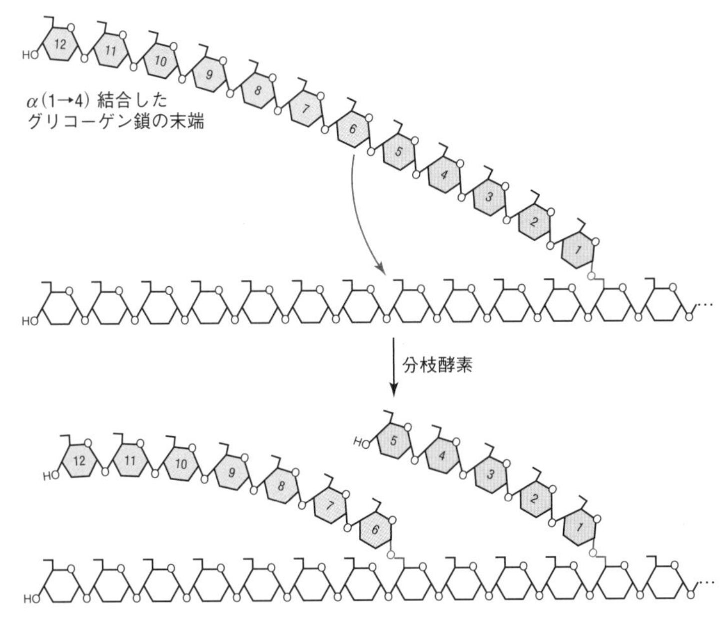

図 13・8　分枝酵素による $\alpha(1\rightarrow6)$ 結合の形成［出典：D. Voet, J. Voet, C. Pratt, "Fundamentals of Biochemistry: Life at the Molecular Level", 5th Ed., p.535, John Wiley & Sons, Inc.（2016）に基づいて作成.］

13・6・3　グリコーゲン代謝の調節

グリコーゲン代謝に関与する主要な臓器は，肝臓と筋肉である．グリコーゲンは，グリコーゲンホスホリラーゼにより分解され，グリコーゲンシンターゼにより合成される．グリコーゲンの分解と合成は，これらの酵素のアロステリック相互作用や共有結合修飾で調節される（図12・5を参照）．また，グリコーゲン代謝は，インスリン，グルカゴン，アドレナリンといったホルモンでの制御を受けている（図13・9）．

ホルモン刺激がないとき，脱リン酸形のグリコーゲンホスホリラーゼ*b*（12章を参照）とグリコーゲンシンターゼは，いずれもアロステリック制御を受ける．グリコーゲンホスホリラーゼ*b*は，AMPが正のエフェクターで，ATPとG6Pが負のエフェクターとなる．一方，グリコーゲンシンターゼはG6Pが正のエフェクターである．つまり，ATPとG6Pが低濃度でAMPが高濃度のとき，グリコーゲンホス

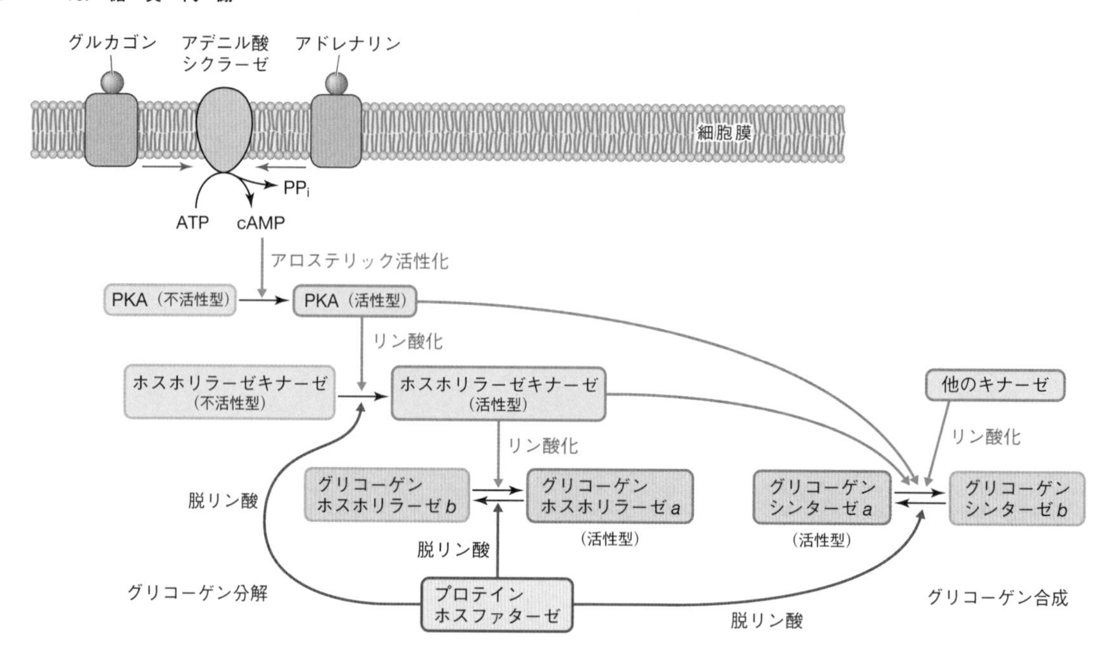

図 13・9　グリコーゲン代謝の調節経路の模式図

ホリラーゼが活性化，グリコーゲンシンターゼが阻害され，グリコーゲン代謝は分解の方向に向く．逆に ATP と G6P の濃度が高いときはグリコーゲン合成の方向に向く．

ホルモンにより制御を受けるときは，グリコーゲンホスホリラーゼとグリコーゲンシンターゼは，共有結合修飾（リン酸化）によっても制御され，アロステリックエフェクターに対する感受性が変わる．筋肉と肝臓において，アドレナリンは cAMP 産生を上昇させ，cAMP 依存的に活性化したプロテインキナーゼ A（PKA）がホスホリラーゼキナーゼをリン酸化する．これにより活性化したホスホリラーゼキナーゼが，ホスホリラーゼ *b* をリン酸化して *a* 形に変換する（図 13・9）．ホスホリラーゼ *b* が AMP や ATP によってアロステリックに活性が調節されるのに対し，ホスホリラーゼ *a* は AMP による促進がなくても活性をもつ．ホスホリラーゼ *a* と *b* の比は，PKA で調節されるホスホリラーゼキナーゼの活性と，ホスホプロテインホスファターゼ 1（PP1）の活性によって変化する．グリコーゲンホスホリラーゼがリン酸化で活性化されるのに対し，グリコーゲンシンターゼはリン酸化（*a*→*b*）で不活性化され，脱リン酸（*b*→*a*）で活性化される．

このように，グリコーゲンの合成と分解のバランスは，いくつかのホルモン（インスリン，グルカゴン，およびアドレナリン）によって制御されている．食後，血中グルコース濃度が高くなると，インスリン/グルカゴン比が増大してグリコーゲンの合成が促進される．逆にグルコース濃度が下がると，グルカゴンが増加し，肝臓に貯蔵されたグリコーゲンを分解してグルコースを動員するシグナルを出す．筋肉にはグルカゴンの受容体がないので，筋肉はグルカゴンには応答しない．緊急時にストレスがかかると，副腎髄質からアドレナリンが放出され，肝臓や筋肉にグリコーゲンを急速に分解するようにシグナルを送る．

13・7 糖 新 生

13・7・1 糖新生の経路

肝臓に貯蔵されるグリコーゲンの量は，脳にグルコースを半日ほど供給できる程度である．さらにグルコースの需要がある場合，**糖新生**の経路が用いられる．肝臓と腎臓では，ピルビン酸，乳酸，クエン酸回路の中間体，あるいはある種のアミノ酸からオキサロ酢酸への変換を介して，糖新生によりグルコース分子が合成される．

糖新生 gluconeogenesis

糖新生でピルビン酸をグルコースに変換する一連の反応のうち七つは解糖の逆反応であり，解糖と同じ酵素が触媒する（図 13・1）．しかし，三つの不可逆な過程（反応❶，❸，❿）を逆行するためには，エネルギー的に有利な別の反応を迂回しなければならない．反応❶は，グルコース-6-ホスファターゼが G6P を加水分解し（図 13・10 a），反応❸は FBP アーゼが F1,6P を加水分解することにより逆反応を進める（図 13・3）．反応❿の逆反応では，ピルビン酸カルボキシラーゼがピルビン酸をカルボキシ化してオキサロ酢酸に変換し，これをホスホエノールピルビン酸カルボキシキナーゼ（PEPCK）が脱炭酸とリン酸化によりホスホエノールピルビン酸に変換する（図 13・10 b）．

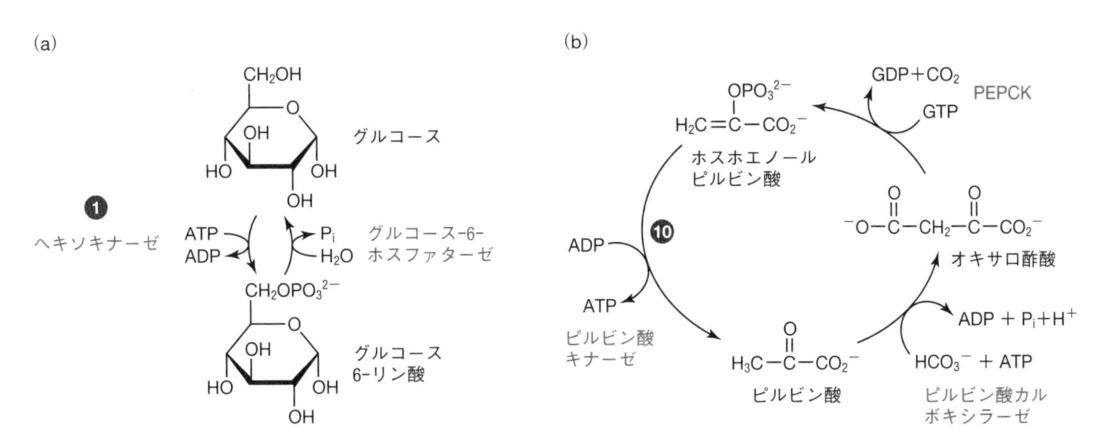

図 13・10 糖新生 (a) 解糖経路の反応❶（左）と糖新生における反応（右）．(b) 解糖経路の反応❿（左）と糖新生における反応（右の二段階反応）．

13・7・2 基質回路における糖新生と解糖の調節

解糖と糖新生は，三つの反応において別の経路を通るので，三つの基質回路が存在する（図 13・3，図 13・10）．したがって，代謝流量を調節する点も三つある．これらの調節点において，アロステリックエフェクター，リン酸化，あるいは関連酵素の合成速度を変えることにより，糖新生と解糖は逆方向に調節される．

a. 基質回路 F6P ⇄ F1,6P（図 13・3）　F2,6P は，糖新生における FBP アーゼを阻害し，解糖における PFK をアロステリックに活性化する．F2,6P の濃度は，二機能酵素（PFK2/FBP アーゼ 2）のリン酸化の状態で調節される．この二機能酵素は，F6P をリン酸化して F2,6P を生成する 6-ホスホフルクト-2-キナーゼ活性部位と，F2,6P を加水分解して F6P に戻す活性部位を別のドメインにもつ．肝臓で，グルカゴンやアドレナリンのセカンドメッセンジャーである cAMP で活性化された PKA によって PFK2/FBP アーゼ 2 がリン酸化されると，FBP アーゼ 2 活性により F2,6P の加水分解が促進される．F2,6P 濃度が低下すると，PFK 活性が低下して解糖が抑制されるとともに，FBP アーゼが活性化されて糖新生が促進される．PFK2/FBP アーゼ 2 が脱リン酸されると，PFK2 活性により F2,6P を合成する．また，グルカゴンなどによる細胞内 cAMP の上昇は，FBP アーゼ遺伝子の転写を促進し，PFK および PFK2/FBP アーゼ 2 遺伝子の転写を抑制する．

b. 基質回路 グルコース ⇄ G6P（図 13・10 a）　グルカゴンなどによる細胞内 cAMP の上昇は，糖新生に関与するグルコース-6-ホスファターゼ遺伝子の転写を促進し，解糖に関与するヘキソキナーゼ遺伝子の転写を抑制する．

c. 基質回路 ホスホエノールピルビン酸 ⇄ ピルビン酸（図 13・10 b）　糖新生に関与する PEPCK は，アロステリックな制御を受けず，遺伝子レベルの発現で活性が制御される．インスリンは PEPCK 遺伝子の転写を阻害し，グルカゴンなどによる細胞内 cAMP の上昇は PEPCK の転写を促進する．また，cAMP の上昇は，ピルビン酸キナーゼのリン酸化による不活性化を介して解糖を抑制する．

■ 章 末 問 題

13・1　7 章で見たように，赤血球の BPG（2,3-ビスホスホグリセリン酸，2,3-BPG）はヘモグロビンの酸素親和性を低下させ，酸素の解離を促進する．2,3-BPG はビスホスホグリセリン酸ムターゼの作用で 1,3-ビスホスホグリセリン酸（1,3-BPG）から生じ，2,3-ビスホスホグリセリン酸ホスファターゼの作用で 3-ホスホグリセリン酸に加水分解される．もし，赤血球のヘキソキナーゼの活性が低下したら，ヘモグロビンの酸素親和性はどうなるか？ ピルビン酸キナーゼの活性が低下した場合はどうか？

13・2　肝臓では，フルクトースはグルコースよりも早く代謝される．その理由を考えよ．

13・3　ペントースリン酸回路の流量は，G6P を脱炭酸する過程の最初の反応を触媒するグルコース 6-リン酸デヒドロゲナーゼにより調節される．この酵素の欠損症は，酸化的な損傷に対して過敏になる．その理由を説明せよ．

13・4　グルカゴンはピルビン酸キナーゼのリン酸化による不活性化を誘導する．もし，ピルビン酸キナーゼが不活性化されなかったら，どのようなことが起こりそうか？

クエン酸回路 14

概要 **グルコース**の異化経路は，基本的に二つの段階からなる．第一段階の解糖（13章）では，グルコースが酸化されてピルビン酸が生成する．第二段階は**クエン酸回路**（TCA回路，クレブス回路）であり，好気的な過程でピルビン酸の各炭素原子は最終的に$\mathbf{CO_2}$になる．クエン酸回路は，糖だけでなく脂質やアミノ酸の代謝により生成するアセチルCoAのアセチル基を燃焼して，**NADH**や$\mathbf{FADH_2}$，**GTP**を生成する．クエン酸回路はまた，**糖新生**などの同化の過程に中間体を供給する役割も担う．

行動目標

1. 解糖の産物であるピルビン酸は，好気生物では，好気条件下でアセチルCoAに変換されてクエン酸回路に入ることを説明できる．
2. クエン酸回路では，アセチル基が2分子のCO_2に酸化され，NADH，$FADH_2$，GTPが生成することを説明できる．
3. クエン酸回路のエネルギー需要に応じた流量調節に，ピルビン酸デヒドロゲナーゼ複合体，クエン酸シンターゼ，イソクエン酸デヒドロゲナーゼ，2-オキソグルタル酸デヒドロゲナーゼ複合体が重要であることを説明できる．
4. クエン酸回路は，糖新生，脂肪酸合成，アミノ酸合成などに代謝物を供給すること，クエン酸回路の中間体が他の経路から補充されることを説明できる．
5. ある種の生物は，クエン酸回路に関連したグリオキシル酸回路で，アセチルCoAからオキサロ酢酸を生成することを説明できる．

14・1 クエン酸回路の概要

14・1・1 ピルビン酸の酸化的脱炭酸によるアセチルCoAの生成

クエン酸回路では，**アセチルCoA**に由来するアセチル基（$-COCH_3$）が酸化される．§13・2では，ピルビン酸の代謝経路として，嫌気的条件におけるホモ乳酸発酵とエタノール発酵のほかに，好気的条件におけるアセチルCoAへの変換があることにふれた．アセチルCoAのアセチル基は，糖質だけでなく脂質や一部のアミノ酸の分解物にも由来する．このアセチル基がクエン酸回路で代謝されることにより，多くのエネルギーが利用可能なかたちで取出される．このように，アセチルCoAはエネルギー代謝の中心的存在ともいえる物質である．

アセチルCoA acetyl coenzyme A, acetyl-CoA

解糖で生成した**ピルビン酸**は，サイトゾルで乳酸への還元を受けなければ，H^+との共輸送によりミトコンドリアに入る．そして，ピルビン酸からアセチルCoAへの変換を，ミトコンドリアマトリックスにある**ピルビン酸デヒドロゲナーゼ複合体**が触媒する．ピルビン酸デヒドロゲナーゼ複合体では，最初にピルビン酸の脱炭酸が行われるが，この反応は，アルコール発酵において酵母ピルビン酸デカルボキシラーゼが触媒するピルビン酸の脱炭酸（§13･2･2を参照）とは異なる．酵母ピルビン酸デカルボキシラーゼによる脱炭酸は，非酸化的でNAD^+は関与せず，生成物はアセトアルデヒドである．一方，ピルビン酸デヒドロゲナーゼ複合体による脱炭酸は，NAD^+を用いた酸化的な過程で，生成物はアセチル基（アセチルCoA）である．このとき生じるNADHは，ミトコンドリアで再酸化される．

ピルビン酸 pyruvic acid

ピルビン酸デヒドロゲナーゼ複合体 pyruvate dehydrogenase complex

ピルビン酸デヒドロゲナーゼ複合体は，**ピルビン酸デヒドロゲナーゼ**（**E1**），**ジヒドロリポアミド*S*-アセチルトランスフェラーゼ**（**E2**）および**ジヒドロリポアミドデヒドロゲナーゼ**（**E3**）の三つの酵素がそれぞれ多数集まったものである．3種

＊ リポ酸はE2のリシン残基の側鎖アミノ基とアミド結合し，リポアミドとなっている．

類の酵素ユニットが集合することで，触媒の効率が高くなっている．これらの酵素による触媒反応には，チアミン二リン酸（TPP），リポ酸*，補酵素A（CoA），FAD，およびNAD^+の五つの補酵素が関与し，五つの連続する反応により，ピルビン酸からCO_2を解離し，残ったアセチル基を補酵素A（CoA）と結合させる（図14・1）．この反応は，ギブズエネルギー変化が大きく，不可逆な過程である．生成物のアセチルCoAはクエン酸回路に入り，代謝される．この五つの反応をまとめると下式のようになる．

$$\text{ピルビン酸} + \text{CoA} + \text{NAD}^+ \longrightarrow \text{アセチルCoA} + \text{CO}_2 + \text{NADH} + \text{H}^+$$

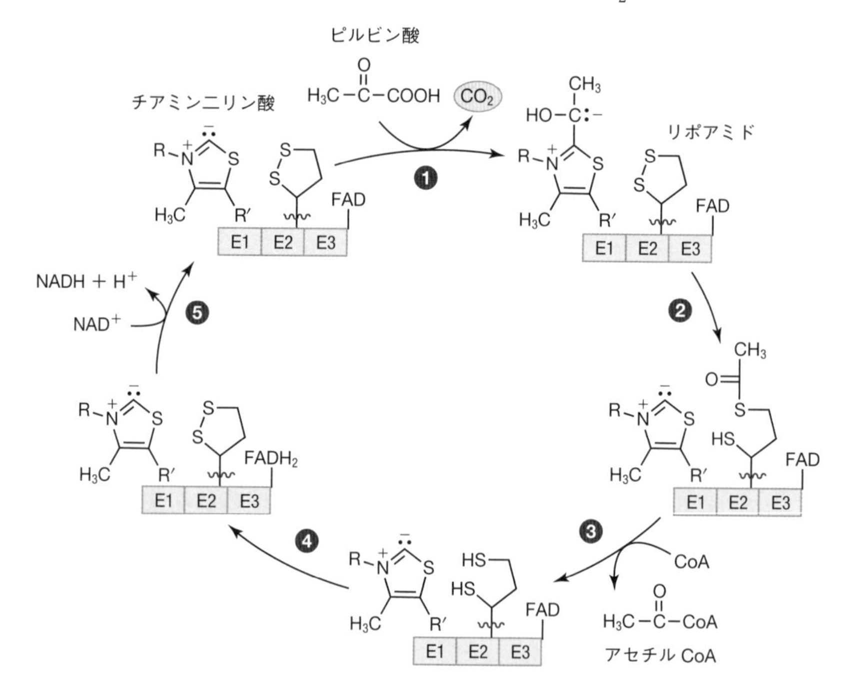

図 14・1　ピルビン酸デヒドロゲナーゼ複合体による5反応

14・1・2　クエン酸回路の反応

クエン酸回路 citric acid cycle

TCA 回路 tricarboxylic acid (TCA) cycle

クレブス回路 Krebs cycle

クエン酸回路（TCA回路，クレブス回路）は，好気生物がアセチルCoAのアセチル基を完全に酸化してCO_2を生成するとともに，放出される化学エネルギーを用いて還元型補酵素NADHや$FADH_2$を生成する一連の生化学的反応である．NADHと$FADH_2$は，次の段階である電子伝達系に電子を渡すことにより再酸化されるが，このときO_2が還元され，そのギブズエネルギー変化がATPの生産に使われる（15章を参照）．

クエン酸回路は八つの酵素よりなり，真核生物では，それらはすべてミトコンドリアに局在している．これらの酵素が，多段階触媒サイクルによりアセチル基を2分子のCO_2に酸化し，3分子のNADH，1分子の$FADH_2$，1分子のGTPを生産する（図14・2）．

クエン酸シンターゼ citrate synthase

ステップ1 **クエン酸シンターゼ**が，アセチルCoAとオキサロ酢酸を縮合し，**クエン酸**を生じる．これによりアセチル基がクエン酸回路に入る．この反応は，ギブズエネルギー変化が大きく，不可逆である．

ステップ2 **アコニターゼ**が，クエン酸を**イソクエン酸**に可逆的に異性化する．なお，クエン酸とイソクエン酸はカルボキシ基を三つもっており，このことが，クエン酸回路の別名 TCA（トリカルボン酸）回路の由来である．クエン酸はプロキラル*な分子であるが，アコニターゼはこれを区別するので，生じるイソクエン酸のアセチル基由来の炭素は，C4 と C5（図 14・2 の上側の炭素）である．

ステップ3 **イソクエン酸デヒドロゲナーゼ**が，イソクエン酸を酸化して**オキサロコハク酸**と **NADH** を産生する．オキサロコハク酸は，容易に脱炭酸して **2-オキソグルタル酸**と CO_2 を生じる．この反応は不可逆である．

アコニターゼ aconitase

* プロキラルとは，その化合物自体はキラリティーをもたないが一段階の反応でキラルな化合物になるもの．

イソクエン酸デヒドロゲナーゼ isocitrate dehydrogenase

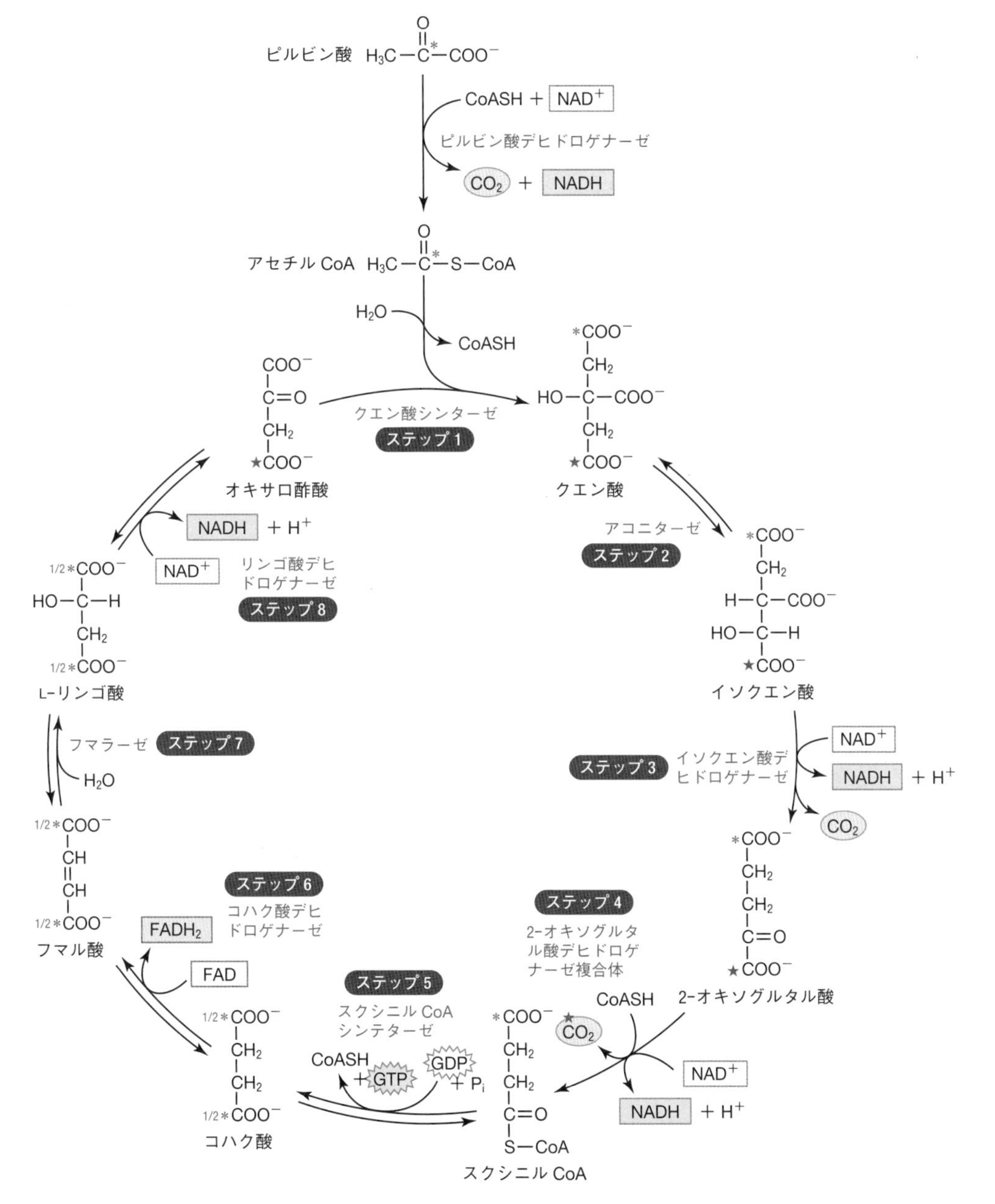

図 14・2 クエン酸回路　ピルビン酸の 2 位炭素に由来する炭素に＊，オキサロ酢酸の 4 位炭素に由来する炭素に★を付けて示した．

2-オキソグルタル酸デヒドロゲナーゼ複合体
2-oxoglutarate dehydrogenase complex

ステップ4 **2-オキソグルタル酸デヒドロゲナーゼ複合体**が，2-オキソグルタル酸の酸化的脱炭酸で**スクシニル CoA** を生じ，CO_2 と **NADH** を産生する．この酵素は，ピルビン酸デヒドロゲナーゼ複合体と類似した巨大酵素複合体である．この反応も不可逆である．

スクシニル CoA シンテターゼ
succinyl-CoA synthetase

ステップ5 **スクシニル CoA シンテターゼ**が，スクシニル CoA の加水分解と共役して**コハク酸**と **GTP**（生物によっては ATP）を生成する．なお，GTP は ATP と等価であり，エネルギーのロスなく容易に ATP に変換することができる．

コハク酸デヒドロゲナーゼ
succinate dehydrogenase

ステップ6 **コハク酸デヒドロゲナーゼ**が，補酵素 **FAD**（フラビンアデニンジヌクレオチド）を用いてコハク酸を酸化して**フマル酸**にするとともに，$FADH_2$ を産生する．

フマラーゼ fumarase

ステップ7 **フマラーゼ**が，フマル酸の二重結合に水和をさせることにより**リンゴ酸**を生成する．

リンゴ酸デヒドロゲナーゼ
malate dehydrogenase

ステップ8 **リンゴ酸デヒドロゲナーゼ**が，NAD^+を用いてリンゴ酸を酸化することにより **NADH** を生成するとともに，**オキサロ酢酸**が再生される．オキサロ酢酸が再生されることにより，クエン酸回路が回り続ける．

NADH は ステップ3,4,8，$FADH_2$ は ステップ6，GTP は ステップ5 で生成する．また，ステップ3,4 で CO_2 が発生する．クエン酸回路一回りでの正味の反応は，次のようになる．

$$\text{アセチル CoA} + 3NAD^+ + FAD + GDP + P_i + 2H_2O \longrightarrow 2CO_2 + CoA + 3NADH + 2H^+ + FADH_2 + GTP$$

14・1・3　クエン酸回路の調節

クエン酸回路は，エネルギーの需要に応じて調節される．調節には，不可逆過程を触媒する酵素が重要である．すなわち，アセチル CoA を供給するピルビン酸デヒドロゲナーゼ複合体と，クエン酸シンターゼ（ステップ1），クエン酸回路の律速酵素であるイソクエン酸デヒドロゲナーゼ（ステップ3），2-オキソグルタル酸デヒドロゲナーゼ複合体（ステップ4）である．

a. ピルビン酸デヒドロゲナーゼ複合体の調節　ピルビン酸デヒドロゲナーゼ複合体は，脱炭酸を伴う不可逆な過程を触媒する．哺乳類においては，**ピルビン酸**を**アセチル CoA** に変換する唯一の経路であり，生成物阻害や共有結合修飾により調節される．反応生成物であるアセチル CoA は，E2 の活性部位で補酵素 A（CoA）と競合する．NADH は，E3 の活性部位で NAD^+と競合する．また，アセチル CoA と NADH は，ピルビン酸デヒドロゲナーゼキナーゼという酵素を活性化し，この酵素が E1 をリン酸化し，複合体の酵素活性が失われる．このようなことから，アセチル CoA/CoA 比や NADH/NAD^+比が高いと，ピルビン酸デヒドロゲナーゼ複合体による反応は進まない．

b. クエン酸回路 ステップ1,3,4 の調節　クエン酸回路の燃料である**アセチル CoA** と生成物である **NADH** は，クエン酸回路の酵素の調節に重要である（図14・3）．ステップ1 を触媒する**クエン酸シンターゼ**は，ミトコンドリア内におけるアセチル CoA やオキサロ酢酸の濃度では飽和していないので，これらの基質の濃度変化に依存して代謝流量が変動する．

NADH/NAD$^+$比も，**クエン酸シンターゼ**（ステップ1），**イソクエン酸デヒドロゲナーゼ**（ステップ3），**2-オキソグルタル酸デヒドロゲナーゼ**（ステップ4）の調節に重要である．これらは，いずれも NADH で阻害されるので，NADH 濃度が減少すると活性が上昇する．

また，イソクエン酸デヒドロゲナーゼは，**ADP** によってアロステリックに活性化され，**ATP** によって阻害される．

筋収縮は ATP を消費するが，筋収縮のシグナルである Ca^{2+}は，ピルビン酸デヒドロゲナーゼ，イソクエン酸デヒドロゲナーゼ，および 2-オキソグルタル酸デヒドロゲナーゼを活性化する．このことは，筋収縮のシグナルがクエン酸回路の活性化を通して ATP 生産を促進するので，合理的である．

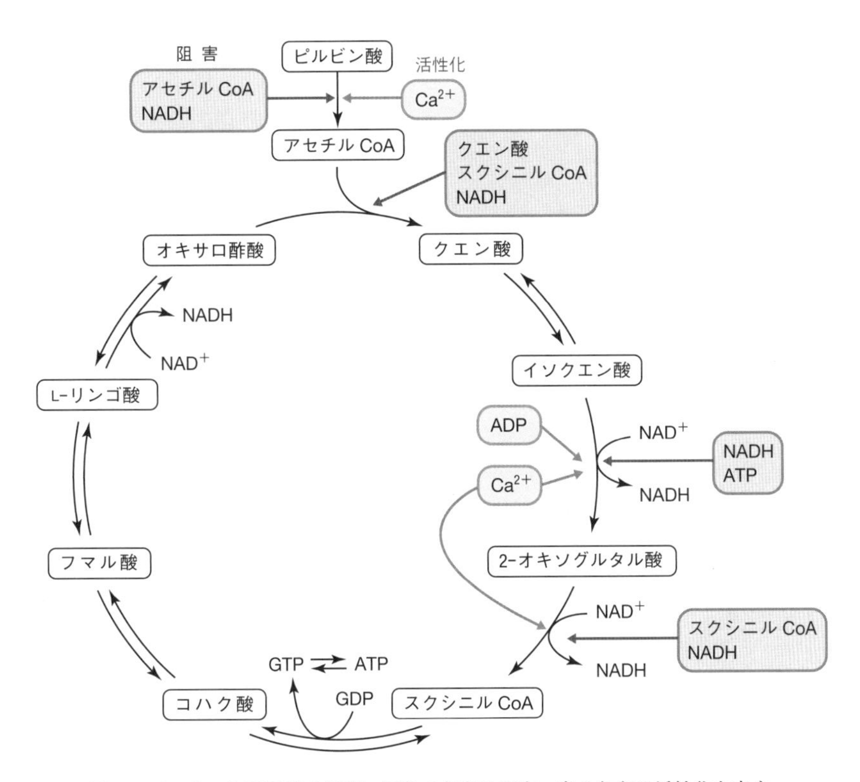

図 14・3 クエン酸回路の調節 灰色の矢印は阻害，赤の矢印は活性化を表す．

14・2 クエン酸回路の関連反応

14・2・1 クエン酸回路中間体の同化への利用（カタプレロティック反応）

クエン酸回路は，エネルギー生産に関わる異化過程である．その一方で，クエン酸回路の中間体は，さまざまな生合成経路の前駆体となり，**同化**過程にも寄与する（図 14・4，⟶）．たとえば，**オキサロ酢酸**は糖新生（13 章を参照）に用いられる．クエン酸回路の反応はミトコンドリアで行われるが，糖新生はサイトゾルで行われる．しかし，オキサロ酢酸はミトコンドリア膜を通過できない．そこで，クエン酸

オキサロ酢酸 oxaloacetic acid

回路のオキサロ酢酸を糖新生に供給するためには，これをリンゴ酸またはアスパラギン酸に変えてサイトゾルに運び出し，逆反応によりオキサロ酢酸に戻す．また，オキサロ酢酸と2-オキソグルタル酸はアミノ酸合成にも用いられる(18章を参照)．

アセチル CoA は脂肪酸合成に用いられる（17章を参照）．アセチル CoA は，ミトコンドリアマトリックスでピルビン酸デヒドロゲナーゼ複合体により産生され，脂肪酸生合成はサイトゾルで行われる．しかし，アセチル CoA はミトコンドリア膜を通過できない．そこで，クエン酸をミトコンドリアからサイトゾルに運び出し，ATP-クエン酸リアーゼにより，アセチル CoA とオキサロ酢酸に分解する．このほか，**スクシニル CoA** はヘムなどのポルフィリン合成に用いられる．このように同化過程にクエン酸回路の中間体が用いられることを，**カタプレロティック反応**（消費反応）という．

カタプレロティック反応（消費反応） cataplerotic reaction

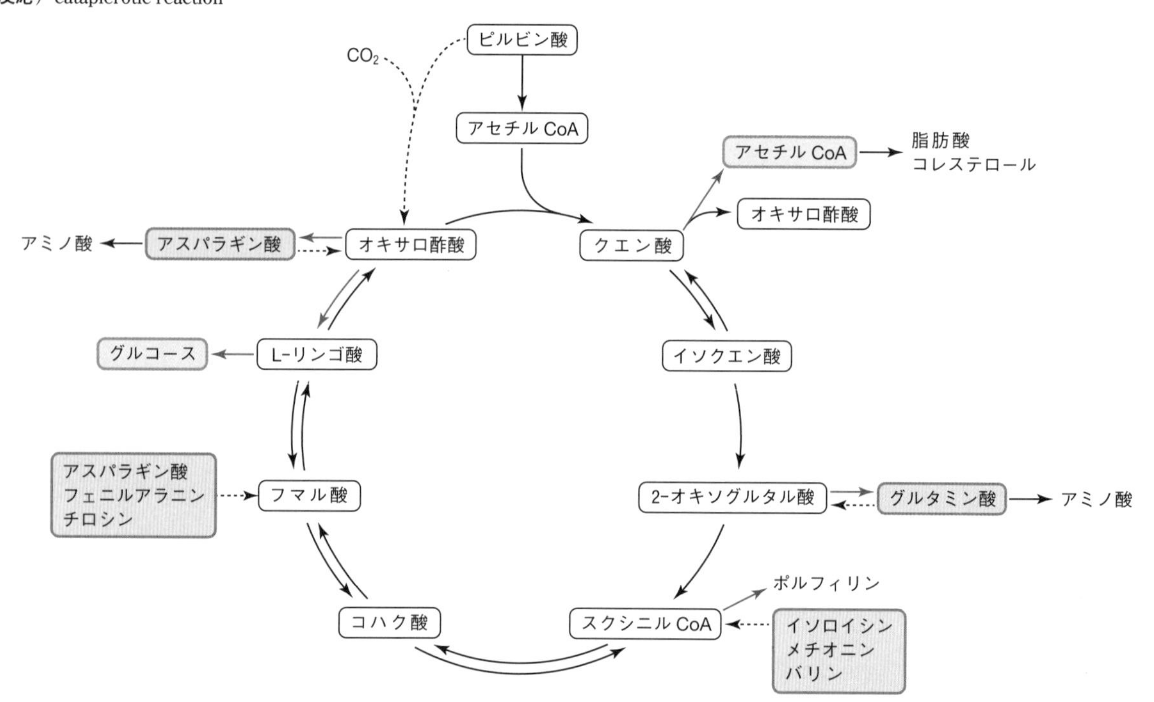

図 14・4　カタプレロティック反応（⟶）とアナプレロティック反応（---►）の概要

14・2・2　クエン酸回路中間体の補充（アナプレロティック反応）

好気生物では，クエン酸回路はエネルギーの主要な供給源である．エネルギー生産を維持するためには，カタプレロティック反応で消費された中間体をすぐに補充しなければならない．クエン酸回路の中間体が他の経路から補充されることを**アナプレロティック反応**（補充反応）という（図14・4，---►）．なかでも，ピルビン酸からオキサロ酢酸をつくる**ピルビン酸カルボキシラーゼ**の反応は重要である．オキサロ酢酸が不足するとアセチル CoA が高濃度に蓄積し，ピルビン酸カルボキシラーゼが活性化する．ピルビン酸カルボキシラーゼによりピルビン酸からオキサロ酢酸が生成する反応は，糖新生の出発反応でもある（13章を参照）．また，ある種のアミノ酸から，2-オキソグルタル酸やオキサロ酢酸などが供給される．

アナプレロティック反応（補充反応） anaplerotic reaction

14・2・3 グリオキシル酸回路

グリオキシル酸回路
glyoxylate cycle

植物やある種の菌類などでは，動物と異なり，アセチル CoA を原料として**グリオキシル酸回路**によりオキサロ酢酸を合成し，糖新生に原料を供給することができる．グリオキシル酸回路は，クエン酸回路の一部の酵素を利用した，クエン酸回路の変形経路である（図 14・5）．クエン酸回路におけるイソクエン酸からコハク酸に至る過程の二つの脱炭酸反応（ステップ 3, 4）が，グリオキシル酸回路では迂回されている．この違いにより，クエン酸回路ではアセチル基が 2 分子の CO_2 に分解されるのに対し，グリオキシル酸回路では，正味の反応として 2 分子のアセチル CoA からオキサロ酢酸が合成される．

$$2\,\text{アセチル CoA} + 2\text{NAD}^+ + \text{FAD} \longrightarrow \text{オキサロ酢酸} + 2\text{CoA} + 2\text{NADH} + \text{FADH}_2 + 2\text{H}^+$$

植物の芽は，エネルギーや物質の供給を蓄えた**脂肪酸**に依存しており，発芽において脂肪酸を糖に変換する．このとき，脂肪酸が分解されてアセチル CoA となり，アセチル CoA がオキサロ酢酸と縮合してクエン酸となり，それがグリオキシル酸回路の一連の酵素反応（図 14・5）を介して，糖新生の原料となるオキサロ酢酸に変換される．

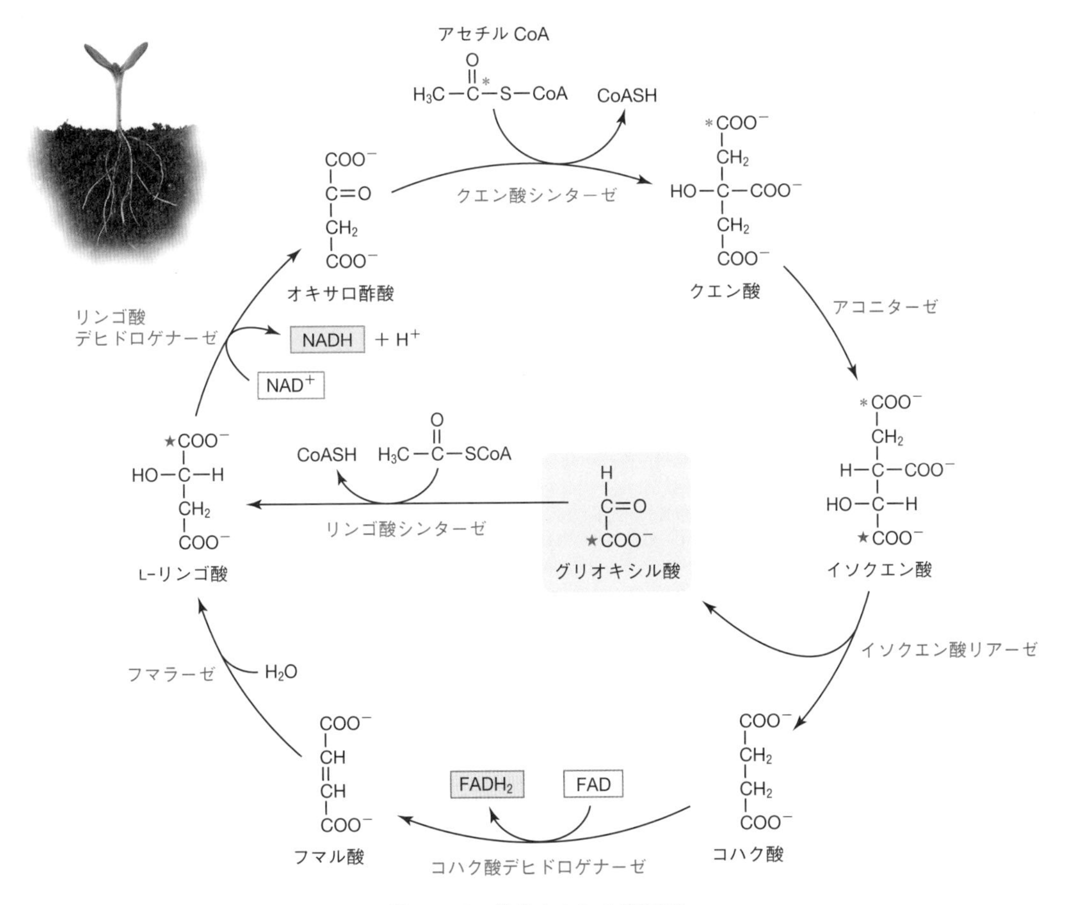

図 14・5 グリオキシル酸回路

■ 章末問題

14・1　カルボニル基を ^{14}C 標識したアセチル CoA がクエン酸回路に入ったとき，標識した炭素が $^{14}CO_2$ として出てくるのは何サイクル目のどの反応か？ 図 14・2 を見て考えよ．

14・2　メチル基を ^{14}C 標識したアセチル CoA がクエン酸回路に入ったとき，標識した炭素が $^{14}CO_2$ として最初に出てくるのは何サイクル目か？ 図 14・2 を見て考えよ．

14・3　クエン酸回路の重要な役割を二つ述べよ．

14・4　クエン酸回路がエネルギー代謝の中心と考えられる理由を述べよ．

14・5　脚気は，ビタミン B_1（チアミン）の欠乏により発症する．このとき，ピルビン酸や乳酸が蓄積する．その理由を説明せよ．

電子伝達とATP合成 15

概要 真核細胞がもつミトコンドリアでは，解糖系やクエン酸回路で生じたNADHや$FADH_2$から**電子伝達系**（または**呼吸鎖**）とよばれる一連の酵素複合体に電子が受け渡されることでATP合成の駆動力が形成され，**ATP合成酵素**のはたらきによりATPが合成される．この一連の過程を**酸化的リン酸化**とよぶ．本章ではこのしくみを見ていこう．

行動目標

1. ミトコンドリアの構造と機能を説明できる．
2. ミトコンドリアの電子伝達系について説明できる．
3. 酸化的リン酸化について説明できる．

15・1 ミトコンドリアの機能

ミトコンドリアは，直径が0.5～1.0 μmの楕円形で，ちょうど細菌のような形をした細胞小器官である．ミトコンドリアは**外膜**と**内膜**からなり，それら二つの膜の間の領域を**膜間腔**，内膜の内側を**マトリックス**とよぶ（図15・1）．内膜は**クリステ**とよばれる円盤状あるいは管状の複雑な貫入構造を形成している．マトリックスにはクエン酸回路や脂肪酸酸化のほとんどの酵素と基質が存在している．一方，酸化的リン酸化に関わる電子伝達系のタンパク質や補酵素Q，ATP合成酵素などは内膜に存在している．ミトコンドリアの外膜には，細菌の外膜と同様，**ポリン**というタンパク質が形成する小孔があり，イオンを含むほとんどの小分子は通過できる．ポリンは電位依存性陰イオンチャンネル（VDAC）としても知られる．一方，内膜はほとんどの極性分子に対して非透過性で，自由に通過できるのはO_2，CO_2，H_2Oなど一部の小分子に限られる．ピルビン酸やADP，ATP，Ca^{2+}，リン酸などの酸化的リン酸化に関わる物質は内膜に存在する特異的な輸送タンパク質を通して輸送される．

ミトコンドリア mitochondrion
外膜 outer membrane
内膜 inner membrane
膜間腔 intermembrane space
マトリックス matrix
クリステ cristae
ポリン porin

電位依存性陰イオンチャネル voltage-dependent anion channel

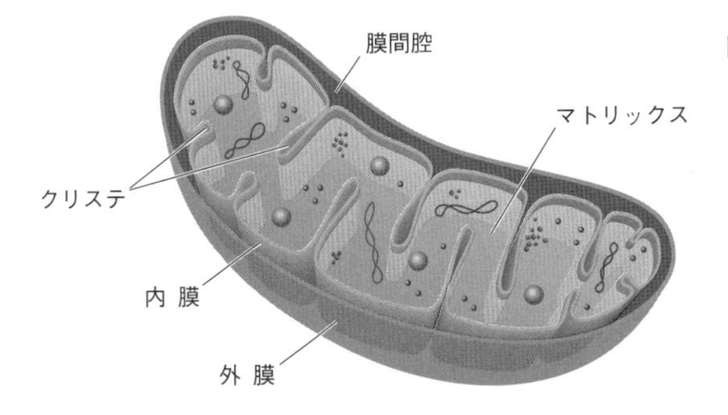

図15・1 ミトコンドリアの構造 ミトコンドリア断面の模式図を示す．ミトコンドリアは外膜によって外部（サイトゾル）と仕切られている．その内側には内膜が存在する．内膜は複雑に貫入して，クリステ構造をつくる．内膜の内側はマトリックス，外膜と内膜の間は膜間腔とよばれる．[画像の出典：LDarin/shutterstock]

ATP/ADP交換輸送体は，内膜に存在する膜タンパク質で，約30 kDaのサブユニットからなるホモ二量体である．各サブユニットは内膜を6回貫通しており，マトリックス側または膜間腔側に開口した二つのコンホメーションをもつ．それら二つのコンホメーションを交互にとることで，マトリックス内で合成されたATPを

ATP/ADP交換輸送体 ATP/ADP translocase

膜間部に運び出し，代わりにATP合成の基質となるADPを膜間部からマトリックスに運び込む対向輸送（10章を参照）を行う．

この対向輸送を駆動しているのは，電子伝達系のはたらきにより生じている電気的な勾配（膜電位，$\Delta\psi$）である．すなわち，内膜の内側（マトリックス側）は，外側に比べて電気的に負であり，また，プロトン（H^+）濃度が低くアルカリ性になっている（次節§15・2，§15・3で詳しく述べる）．ATP/ADP交換輸送体は電荷−4のATPと電荷−3のADPを1：1で交換輸送するので，正味−1の電荷を内膜の内側から外側へ移動することになる（このように正味の電荷移動が伴う輸送を**起電的輸送**という）．また，ADPと並んでATP合成のもう一つの基質である無機リン酸（P_i）*1は，P_iとH^+を共輸送する膜貫通タンパク質である**リン酸キャリアー**（P_iトランスポーター）によりマトリックスに輸送される．すなわち，リン酸キャリアーはH^+の濃度勾配（ΔpH）を駆動力としてP_iを輸送する．

起電的輸送
electrogenic transport

*1　無機リン酸とは，オルトリン酸（H_3PO_4）のことである．生体内では，多くのリン酸が，核酸やリン脂質などの有機分子中にあり，それらと区別するためH_3PO_4を無機リン酸とよぶことが多い．

15・2 電子伝達

電子伝達系の機能は，NADHや$FADH_2$から電子を受取り，その還元力を利用して，ミトコンドリ内膜に隔てられたH^+の**電気化学的勾配**（ΔpHと$\Delta\psi$）を形成することにある．電子伝達系では，電子は，還元力の高い（酸化還元電位*2の低い）ものから還元力の低い（酸化力の高い，酸化還元電位の高い）ものへと順次受け渡され，最終的にO_2の還元に使われてH_2Oが生成される．本節では，その過程で機能する**複合体Ⅰ〜Ⅳ**と，電子キャリアである**補酵素Q**（**CoQ**）と**シトクロム*c***（**Cyt *c***）の構造と機能を見ていこう（図15・2）．

電子伝達系
electron transport system

電気化学的勾配
electrochemical gradient

*2　酸化還元電位とは，電子との親和性を表す指標である．酸化還元電位が低ければ電子を放出しやすく，逆に高ければ電子を受取りやすい．

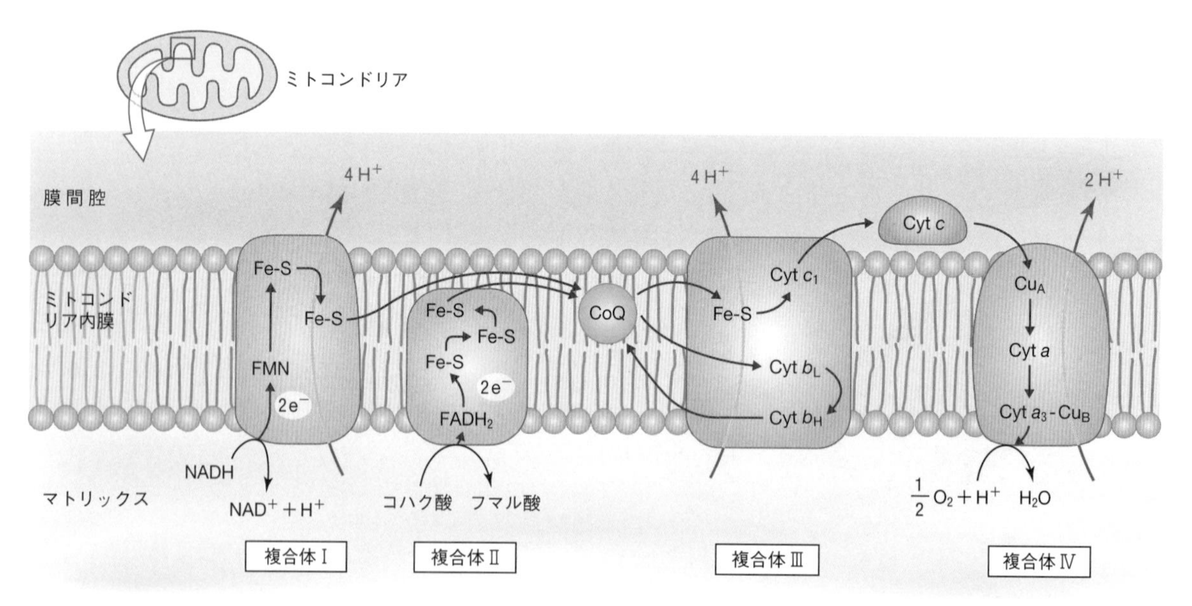

図 15・2　電子伝達系を構成する複合体と電子およびプロトンの移動　電子伝達系は四つのタンパク質複合体（複合体Ⅰ〜Ⅳ）と二つの電子キャリア，すなわち，補酵素Q（CoQ）とシトクロム*c*（Cyt *c*）からなる．NADHおよび$FADH_2$から取出された電子は図中の矢印（⟶）のように各複合体中の鉄または銅を含む酸化還元中心を通って最終的に酸素と水素に受け渡され，水が生成される．その過程で複合体Ⅰ，複合体Ⅲ，複合体Ⅳでは，図中の赤矢印のようにH^+がマトリックスから膜間腔に汲み出され，H^+の電気化学的勾配が形成される．

15・2・1 複合体 I (NADH-CoQ オキシドレダクターゼ)

複合体 I (**NADH-CoQ オキシドレダクターゼ**) は，1 分子の NADH から 2 個の電子を受取り，CoQ に電子を渡す (図 15・2)．その過程で，4 個の H^+をマトリックスから膜間腔に輸送する．

複合体 I
electron transport complex I

NADH-CoQ オキシドレダクターゼ
NADH-CoQ oxidoreductase

複合体 I は，哺乳類では 45 個のサブユニットからなる約 900 kDa の大きなタンパク質複合体で，膜貫通アームドメインとマトリックス側を向いた膜表在アームドメインからなる L 字型の構造をもつ．膜表在アームドメインは電子の伝達を行うドメインとして，また，膜貫通アームドメインは H^+の輸送路として機能する．膜表在アームドメインは 1 分子の**フラビンモノヌクレオチド** (**FMN**) と 8〜9 分子の**鉄-硫黄クラスター** (図 15・3) を含んでおり，これらが電子の伝達を行う酸化還元中心としてはたらく．FMN は，FAD ($FADH_2$) とよく似た分子で，NADH から 2 個の電子を受取る．鉄-硫黄クラスターは，鉄原子に無機硫黄とタンパク質のシステイン残基の硫黄が配位した分子で，FMN から一度に 1 個ずつ電子を受取る．複合体 I には **2Fe-2S** と **4Fe-4S** の 2 種類 (図 15・3) の鉄-硫黄クラスターが存在する．膜表在アームドメインは電子伝達により構造変化を起こし，それが膜貫通アームドメインに伝えられることで H^+輸送が駆動される．

フラビンモノヌクレオチド
flavin mononucleotide, FMN

鉄-硫黄クラスター
iron-sulfur cluster

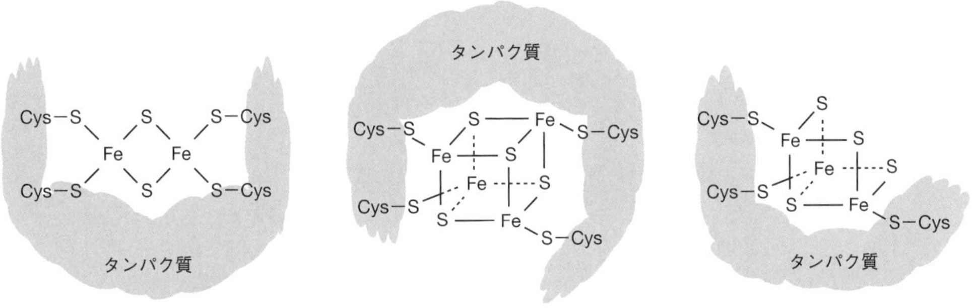

図 15・3 鉄-硫黄クラスターの構造 電子伝達系の複合体 I〜III は，その内部に電子の受け渡しを行う酸化還元中心として鉄-硫黄クラスターをもつ．鉄-硫黄クラスターは，鉄原子と無機硫黄原子の数によって，2Fe-2S，4Fe-4S，3Fe-4S の 3 種に分類される．それぞれの鉄原子には，無機硫黄原子とタンパク質のシステイン (Cys) 由来の硫黄原子が合わせて四つ配位している．

15・2・2 複合体 II (コハク酸-CoQ オキシドレダクターゼ)

複合体 II (**コハク酸-CoQ オキシドレダクターゼ**) は，4 種類のサブユニットからなるプロトマーの三量体である．構成サブユニットとしてクエン酸回路のコハク酸デヒドロゲナーゼを含み，コハク酸をフマル酸へと触媒する過程で 2 個の電子を取出す．コハク酸から取出された電子は補欠分子族の FAD に渡り，FAD は $FADH_2$ となる．その後，電子は，$FADH_2$ から順に複合体内の **2Fe-2S**，**4Fe-4S**，**3Fe-4S** の各鉄-硫黄クラスターを伝わり，最終的に CoQ へと受け渡される．複合体 II は，複合体 I と異なり，H^+の輸送は行わない．

複合体 II
electron transport complex II

コハク酸-CoQ オキシドレダクターゼ
succinate-CoQ oxidoreductase

15・2・3 補酵素 Q (CoQ)

補酵素 Q coenzyme Q, CoQ

CoQ は，電子伝達系において唯一タンパク質と結合していない補因子で，複合

ユビキノン ubiquinone

ユビセミキノン ubisemiquinone

ユビキノール ubiquinol

体Ⅰと複合体Ⅱから電子を受取り，複合体Ⅲに電子を伝達する．**酸化型 CoQ**（**ユビキノン**）は，1 個の水素原子（すなわち，電子と水素イオン）を受取ると，**ラジカル型 CoQ**（**ユビセミキノン**）となる．さらにもう 1 個の水素原子を受取って**還元型 CoQ**（**ユビキノール**）となる．すなわち，CoQ は三つの酸化状態をとる 2 電子キャリア（同時に 2 個の電子を運びうる運搬体）である（図 15・4）．哺乳動物の CoQ は 10 個のイソプレンの繰返し配列からなる疎水性の炭化水素鎖をもつことから Q_{10} とよばれる．

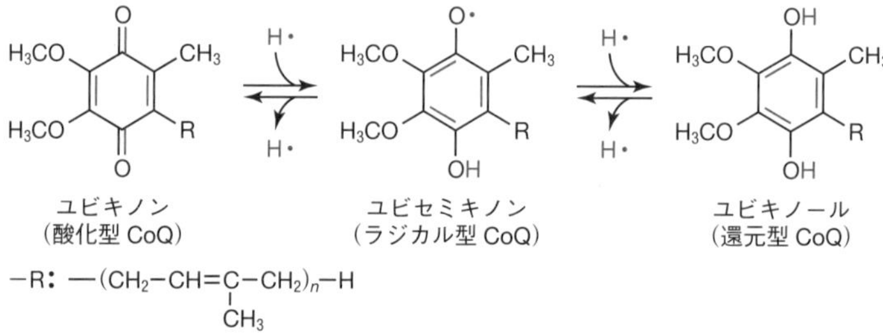

ユビキノン（酸化型 CoQ）　⇄（H•）　ユビセミキノン（ラジカル型 CoQ）　⇄（H•）　ユビキノール（還元型 CoQ）

$-R: -(CH_2-CH=C(CH_3)-CH_2)_n-H$

図 15・4　補酵素 Q の構造と酸化還元状態の変化　補酵素 Q（CoQ）は，1 個または 2 個の H•（不対電子をもつ水素原子，すなわち，e^- と H^+）と結合して，酸化型からラジカル型，還元型になる．CoQ は，ミトコンドリア内膜中を拡散して電子伝達系の複合体Ⅰ，複合体Ⅱから複合体Ⅲへ電子を運ぶ．R はイソプレン単位の繰返し配列からなる長い炭化水素鎖の尾部で，CoQ はこの疎水鎖によりミトコンドリア内膜のリン脂質二重層に保持される．

15・2・4　複合体Ⅲ（CoQ-シトクロム *c* オキシドレダクターゼ）

複合体Ⅲ electron transport complex Ⅲ

CoQ-シトクロム *c* オキシドレダクターゼ CoQ-cytochrome *c* oxidoreductase

ヘム b_L heme b_L

鉄-硫黄タンパク質 iron-sulfur protein

リスケ中心 Rieske center

Q サイクル Q cycle

複合体Ⅲ（**CoQ-シトクロム *c* オキシドレダクターゼ**）は，還元型 CoQ から 2 個の電子を受取り，シトクロム *c* に受け渡す．その過程で，1 個の還元型 CoQ 当たり 4 個の H^+ をマトリックスから膜間腔に輸送する．複合体Ⅲは，ウシ心筋ミトコンドリアでは 11 サブユニット（酵母では 9 サブユニット）をプロトマー単位とするホモ二量体の構造をもつ．電子伝達体として，**ヘム b_L**（**b-566**），**ヘム b_H**（**b-562**），**ヘム c_1** の三つのヘムと 2Fe-2S 鉄-硫黄クラスターを有する．ヘム b_L とヘム b_H は**シトクロム *b* サブユニット**に，ヘム c_1 は**シトクロム c_1 サブユニット**に，2Fe-2S は**鉄-硫黄タンパク質**（**ISP**）**サブユニット**に結合している．ISP の 2Fe-2S の一つの Fe にはシステイン残基ではなくヒスチジン残基が配位しており，これを発見者の名にちなんで**リスケ中心**とよぶ．

複合体Ⅲでは，還元型 CoQ から受取った電子は **Q サイクル**とよばれる複雑な経路を通ってシトクロム *c* に受け渡される．Q サイクルは，還元型 CoQ からラジカル型 CoQ を生成する 1 サイクル目と，ラジカル型 CoQ ともう一つの還元型 CoQ から酸化型 CoQ と還元型 CoQ を再生する 2 サイクル目からなる．それら二つのサイクルの反応をまとめると次のようになる．2 個の還元型 CoQ から $4H^+$ と $4e^-$ が取出され，$4H^+$ は膜間腔へ輸送され，$2e^-$ は ISP の 2Fe-2S，シトクロム c_1 サブユニットのヘム *c* を経てシトクロム *c* に渡される．残りの $2e^-$ は，シトクロム *b* サブユニットのヘム b_L と b_H を経て酸化型 CoQ を還元し，1 個の還元型 CoQ を再生する（図 15・2）．

15・2・5 シトクロム *c* (Cyt *c*)

シトクロム *c* (Cyt *c*) は，複合体Ⅲから複合体Ⅳに電子を運ぶ 1 電子キャリアで，ミトコンドリア内膜の外表面に存在する膜表在性タンパク質である．Cyt *c* は，104 アミノ酸残基，約 12 kDa のタンパク質で，電子を受取る酸化還元中心として分子内にヘム *c* をもつ（図 15・5）．ヘム *c* の周りを正電荷のリシン残基 9 個が取り囲んでおり，この正電荷の環状構造が複合体Ⅲや複合体Ⅳの負電荷と相互作用する．

シトクロム *c* cytochrome *c*

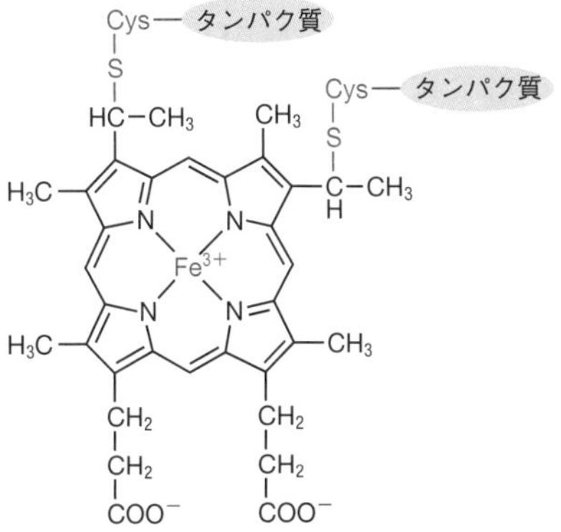

図 15・5 シトクロム *c* に含まれるヘム *c* の構造 シトクロム *c* がもつ補欠分子族ヘム *c* は，ポルフィリン環の中央に鉄が結合した構造をもつ．ヘム *c* は，複合体Ⅲのシトクロム c_1 にも含まれる（図 15・2 参照）．複合体Ⅳのシトクロム *a*，a_3 がもつヘム *a* や，複合体Ⅲのシトクロム b_L（b-566），b_H（b-562）がもつヘム *b* とはポルフィリン環上の置換基の構造が異なる．

15・2・6 複合体Ⅳ (Cyt *c* オキシダーゼ)

複合体Ⅳ (Cyt *c* オキシダーゼ) は，Cyt *c* から電子を受取り，最終的に酸素に電子を渡し，水を生成する（図 15・2）．その過程で，2 個の Cyt *c* 当たり 2 個の H^+ をマトリックスから膜間腔に輸送する（実際には，4 個の Cyt *c* から得た 4 個の電子で 1 個の O_2 を還元し，2 個の H_2O を生成する間に 4 個の H^+ を輸送する）．このマトリックスから膜間腔に輸送される H^+ を，一方向的に輸送されるプロトンという意味で，**ベクトリアルプロトン**とよぶ．複合体Ⅳでは，このベクトリアルプロトンとは別にマトリックス中のプロトンが，1 分子の O_2 を還元して 2 分子の H_2O を生成するごとに，4 個消費される．このプロトンを，方向性のない量的なプトロンという意味で，**スカラープロトン**とよぶ．複合体Ⅳはこれらプロトンの輸送と消費により電気化学的勾配の形成を行う．

複合体Ⅳ electron transport complex Ⅳ

Cyt *c* オキシダーゼ Cyt *c* oxidase

ベクトリアルプロトン vectorial proton

スカラープロトン scalar proton

哺乳動物の複合体Ⅳは，13 個の異なるサブユニットからなる 410 kDa のプロトマーのホモ二量体である．酸化還元中心として，**Cu_A 中心**（2 個の銅原子），**シトクロム *a*** (Cyt *a*)，**シトクロム a_3**(Cyt a_3)-**Cu_B** を含み，この順に電子が伝達される．酸素の還元と水の生成は Cyt a_3-Cu_B 上で起こる．

Cu_A 中心 Cu_A center

15・3 酸化的リン酸化

電子伝達系により形成された H^+ の電気化学的勾配は，**ATP 合成酵素**（F_1F_O-ATP アーゼ，複合体Ⅴ）により ATP の化学的エネルギーに変換される．その過程が**酸化的リン酸化**である．

ATP 合成酵素 ATP synthase

酸化的リン酸化 oxidative phosphorylation

すでに述べたように，電子伝達系の複合体Ⅰ，Ⅲ，Ⅳは，電子伝達の過程でマトリックスから膜間腔へ H^+を輸送する．その結果，ミトコンドリア内膜をはさんでマトリックス側は膜間腔側に対して H^+濃度が低く，膜電位は負となる（図 15・6）．それが H^+の電気化学的勾配，すなわち，**プロトン駆動力**である．ATP 合成酵素は，H^+がこの電気化学的勾配に従いマトリックス側に流れ込むエネルギーを利用して ATP を合成する．

プロトン駆動力
proton motive force，pmf

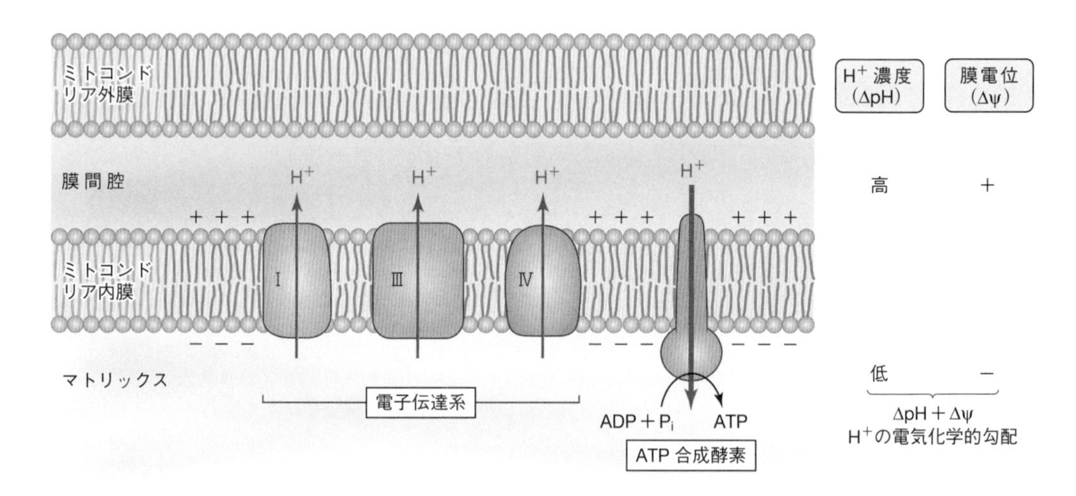

図 15・6　プロトン駆動力による ATP の合成　電子伝達系の複合体 I，III，IV は，電子伝達に伴って H^+をマトリックスから膜間腔へ輸送する．その結果，膜間腔はマトリックスに対して H^+濃度が高く，膜電位が正の状態となる．ATP 合成酵素は，このプロトンの電気化学的勾配を駆動力として ATP を合成する．ATP 合成酵素は，プロトンがその電気化学的勾配に従ってマトリックス側に流入する輸送路を形成しており，まるで水車のようにプロトン流入のエネルギーを ATP の化学エネルギーに変換する．

H^+チャネル　H^+ channel

ATP 合成酵素は ATP 分解活性をもつ膜表在性の F_1 部分と **H^+チャネル**活性をもつ膜内在性の F_o 部分から成る（図 15・7）．大腸菌では，F_1 部分は α，β，γ，δ，ε の 5 種，F_o 部分は a，b，c の 3 種のサブユニットからなる．哺乳動物などの高等生物では，これらの基本サブユニットに加えて，さらに複数のサブユニットが存在する．α サブユニットと β サブユニットは，3 個ずつが交互にリング状に並んだ構

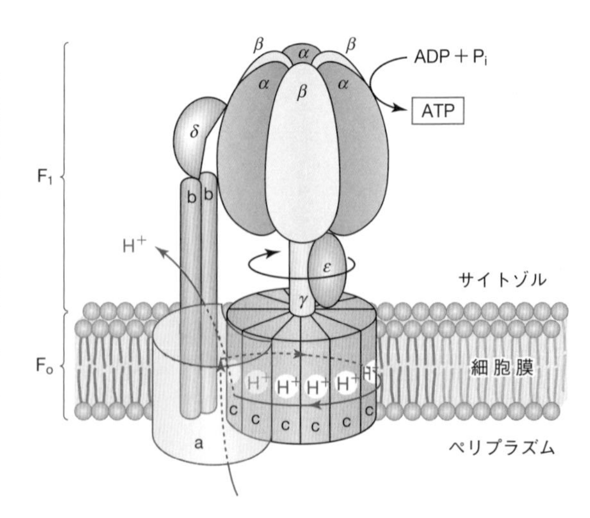

図 15・7　ATP 合成酵素のサブユニット構造と回転による ATP 合成　大腸菌 ATP 合成酵素のサブユニット構造．哺乳類などの高等動物の ATP 合成酵素も，主要部分は同様の構造をもつ（図中のサイトゾル，細胞膜，ペリプラズムは，真核生物のミトコンドリア ATP 合成酵素では，それぞれ，マトリックス，ミトコンドリア内膜，膜間腔に相当する）．ATP 合成酵素は，膜表在性の F_1 部分と膜内在性の F_o 部分からなる．F_1 部分は α，β，γ，δ，ε サブユニット，F_o 部分は a，b，c サブユニットからなる．c，γ，ε サブユニットは回転子として，その他のサブユニットは固定子として機能する．

造 ($\alpha_3\beta_3$) をもち，そのリング中央をγサブユニットとεサブユニットの複合体が突き刺さった構造をとる．cサブユニットは，10〜12 個集まってcリングとよばれる構造をとり，aサブユニットとの境界にH^+チャネルを形成する．δサブユニットと 2 個のbサブユニットは複合体を形成し，F_1 部分と F_o 部分の連結に機能している．

電気化学的勾配に従って F_o 部分にH^+が流入すると，cリングとγ，εサブユニットは，$\alpha_3\beta_3$ を含むその他の部分に対し回転する．そのため，ATP 合成酵素を分子モーターになぞらえて，cリング，γ，εサブユニットの複合体を**回転子**，その他の部分を**固定子**とよぶ．

回転子 rotator
固定子 stator

$\alpha_3\beta_3$ 複合体はα，βサブユニット各 1 個からなる構造 ($\alpha_1\beta_1$) をプロトマーとして機能する（図 15・8 の O，L，T が各プロトマーに対応する）．$\alpha_3\beta_3$ 複合体に挿入されたγサブユニットはその複合体中で非対称に存在しており，それにより三つのプロトマーはリガンド（ADP+P_i または ATP）に対する親和性が異なる三つのコンホメーション（O，L，T）をとる（図 15・8）．H^+の流入に伴いcリングが回転すると，それに伴ってγサブユニットも $\alpha_3\beta_3$ 複合体中で回転する．それにより $\alpha_3\beta_3$ 複合体の各プロトマーは，O から L，L から T，そしてまた O へと連続的にコンホメーションが変化する．ATP の合成は，ADP と P_i を結合した L 型のプロトマーのコンホメーションが T 型へと変化した結果としてひき起こされる．3〜4 個のH^+が膜間腔からマトリックスへ流入し，cリングを 120° 回転させるごとに 1 個の ATP が合成される．

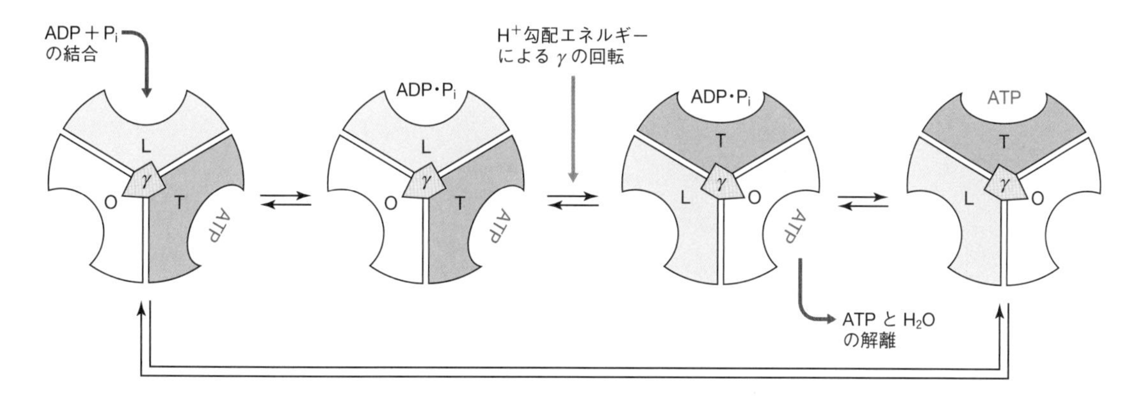

図 15・8 F_1 部分の構造変化に伴うヌクレオチド結合状態の変化 F_1 の $\alpha_3\beta_3$ ヘテロ六量体は，コンホメーションが異なる三つの $\alpha_1\beta_1$ ヘテロ二量体（プロトマー）からなる．三つのプロトマーは，リガンド（ATP および ADP+P_i）に対する親和性が低い O（Open），リガンドにゆるく結合する L（Loose），強く結合する T（Tight）の三つのコンホメーションをとる．L 状態のプロトマーに ADP と P_i が結合すると，H^+の電気化学的勾配のエネルギーを受けてγサブユニットが 120° 回転し，O，L，T のコンホメーションが，それぞれ L，T，O へと変化する．このとき，O となったプロトマーから ATP が解離する．また，L から T に変化したプロトマーでは結合している ADP と P_i から ATP が合成される．この反応が連続的に起こることで，γサブユニットが 1 回転するごとに 3 個の ATP が合成される．

■ 章末問題

15・1 ミトコンドリアの構造と機能について簡潔に説明せよ．また，その機能をつかさどる物質輸送系（膜タンパク質）を例示せよ．

15・2　電子伝達系において NADH から H_2O が生成される過程を電子伝達系の構成因子の機能に注目して説明せよ．

15・3　ミトコンドリアに以下の①～③いずれかの処理をした場合，ATP の合成量がそれぞれどのように変化するか述べよ．また，その理由も述べよ．

① 内膜に穴をあける処理を行った．

② プロトノフォア（膜のプロトン透過性を高める試薬）を添加した．

③ ミトコンドリアの外側の pH を高くした．

15・4　F_1F_o-ATP アーゼがプトロン駆動力を ATP の化学結合エネルギーに変換する機構を説明せよ．

光　合　成 16

概要 **光合成**は，**光エネルギー**を利用して空気中の**二酸化炭素**から**糖**などの生体物質をつくり出す反応で，地球上の生態系の基礎となっている．光合成を行う生物が，どのようなしくみで太陽光などの光エネルギーを利用して二酸化炭素から糖などの生体物質を合成するかを見ていこう．

行動目標

1. 光合成においてクロロフィルがどのようにはたらくかを説明できる．
2. チラコイド膜上に存在する光合成に関連するタンパク質複合体のはたらきと複合体間の関係を説明できる．
3. CO_2 固定反応と光反応との関係を説明できる．

16・1 光合成とクロロフィル

光合成生物は，光照射下で空気中の**二酸化炭素** CO_2 から**糖**をつくり，**酸素** O_2 を発生する．**光合成**では，光エネルギーが化学エネルギーに変換されつぎつぎと代謝が進行するが，この最初の過程で**クロロフィル**が重要な役割を果たしている．

光合成 photosynthesis

16・1・1 光合成と葉緑体

高等植物は，光合成を行って O_2 を発生する生物の代表であるが，**緑藻**や**紅藻**などの真核生物や，**シアノバクテリア**などの原核生物も光合成を行う．また，光エネルギーを利用するが O_2 を産生しない光合成細菌も存在する．光合成反応は，高等植物や緑藻などの真核生物では葉緑体内，原核生物では細胞内で行われる．

高等植物 higher plant
緑藻 green alga
紅藻 red alga
シアノバクテリア cyanobacteria

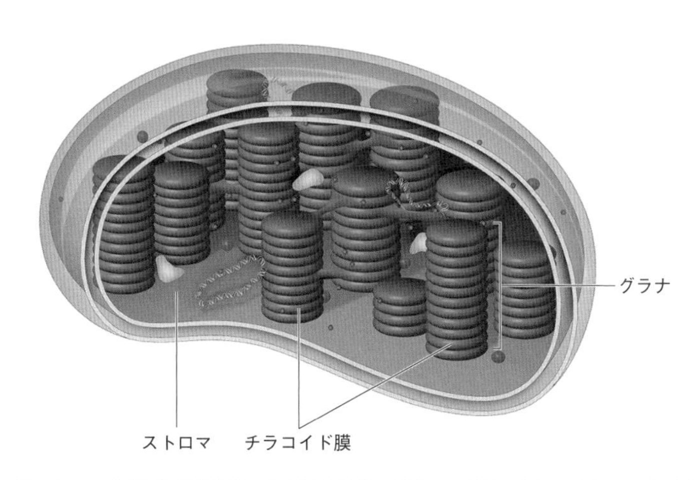

図 16・1 葉緑体の模式図 ［画像の出典：Aldona Griskeviciene/shutterstock］

葉緑体は，二重膜に囲まれた細胞小器官で，内部に**ストロマ**とよばれる液性部分と**チラコイド膜**とよばれる袋状の膜部分をもち，チラコイド膜が積み重なった部分は**グラナ**とよばれる（図 16・1）．葉緑体は，細胞質とは独立してタンパク質合成や転写および複製に関連する装置をもつ．葉緑体を構成するタンパク質の一部は，葉緑体内の DNA にコードされていて，葉緑体内で合成される．一方，核 DNA に

葉緑体 chloroplast
ストロマ stroma
チラコイド膜 thylakoid membrane
グラナ granum

コードされ，サイトゾルで合成されたのち，葉緑体内に輸送されて機能する葉緑体タンパク質もある．どちらのグループにも光合成に必要なタンパク質が含まれる．たとえば，炭素固定回路（§16・3で述べる）で中核的なはたらきをするリブロース-1,5-ビスリン酸カルボキシラーゼ（RuBisCO（ルビスコ））は，葉緑体DNAにコードされる大サブユニットと核DNAにコードされる小サブユニットが8個ずつ組合わさって一つの複合体をつくり，機能している．

RuBisCO：ribulose-1,5-bisphosphate carboxylase/oxygenase

葉緑体の起源は，太古に細胞に取込まれたシアノバクテリアであるとする**細胞内共生説**が有力な説であり，一部の遺伝子が宿主細胞の染色体に取込まれたと考えられている．

細胞内共生説
symbiogenesis, endosymbiotic theory

16・1・2　クロロフィル

クロロフィル chlorophyll
光合成反応中心
photosynthetic reaction center
集光性色素
light-harvesting pigment

葉緑体には多数の**クロロフィル**分子があり，**光合成反応中心**で機能するものと，**集光性色素**として機能するものがある．光合成で必要な光エネルギーは，色素クロロフィルにより吸収され，その光エネルギーは最終的には反応中心のクロロフィルに伝わり，電子伝達が起こる．クロロフィルは，ポルフィリン環の中心にMgが配位した分子量およそ900の分子である．青と赤の波長領域に吸収のピークがあり，緑色に見える．光を吸収すると励起され，反応性に富む高エネルギー状態になる．クロロフィル自身にはO_2を発生したりCO_2を吸収したりする機能はないが，光合成反応で中心的な役割を果たしている．

16・1・3　光合成反応の概要

光反応 light reaction
炭素固定反応 carbon fixation

光合成の反応の実態は，20世紀前半までよくわかっていなかった．R. Hill（ヒル）によりCO_2の吸収反応と独立にO_2発生が観察できることが示され，解明が進んだ．Hillは，葉をすり潰してCO_2固定能を失った抽出液に電子受容体（酸化剤）を加え，そこに光を照射することによりO_2が発生することを見いだした．生体内では$NADP^+$が電子受容体としてはたらいているが，代わりに酸化剤である鉄シュウ酸塩やフェリシアン化カリウムを加えた場合も，チラコイド膜から電子が伝達されO_2発生が見られた．また，放射性同位体を用いた研究から，光合成で発生するO_2はCO_2由来ではなく，H_2O由来であった．さらに，放射性の^{14}Cで標識されたCO_2を用いることにより炭素固定（炭酸固定）経路が解明され，光合成反応の全体像が明らかになっていった．

光合成の反応は，数多くの化学反応が組合わさったものであるが，光エネルギーを使ってATPやNADPHをつくる過程（**光反応**）と，それらをエネルギー源としてCO_2から糖を合成する過程（**炭素固定反応**）に大きく分けることができる（図16・2）．光反応はチラコイド膜上，炭素固定反応はストロマ画分（シアノバクテリアの場合はサイトゾル）で進行する．

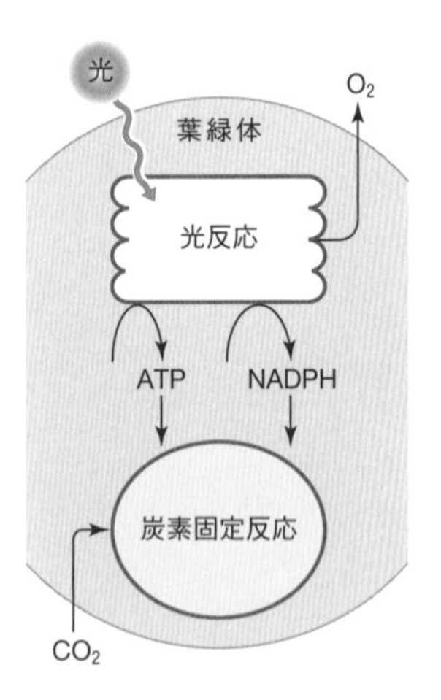

図 16・2　光合成の概略図

16・2　光　反　応

まず，光エネルギーを使って**ATP**や**NADPH**をつくる過程について見てみよう．

16・2・1 光合成電子伝達系の概要

光反応は，チラコイド膜上に存在するタンパク質複合体により行われる．おもな成分として，**光化学系Ⅱ（PSⅡ）反応中心複合体**，**シトクロム b_6/f 複合体**，および**光化学系Ⅰ（PSⅠ）反応中心複合体**があり，各複合体の間を，**プラストキノン（PQ）**や**プラストシアニン（PC）**といった電子伝達成分がつないでいる．ここでは，チラコイド膜上に存在する光合成に関連するタンパク質複合体のはたらきと，タンパク質複合体どうしの関係を見てみよう．

光化学系Ⅱ photosystem Ⅱ
光化学系Ⅰ photosystem Ⅰ
シトクロム b_6/f cytochrome b_6/f
プラストキノン plastoquinone
プラストシアニン plastocyanin

光合成電子伝達では，PSⅡとPSⅠの両複合体が協調してはたらく．これらはいずれも30個程度のタンパク質からなる巨大な複合体である．構成タンパク質の内部にはクロロフィルやカロテノイドなどの色素，キノンやフェオフィチン（Pheo）* などの電子伝達成分が結合し，さらに鉄やマンガン* などの金属も配位しており，電子の受け渡しに関与している．

* Pheo とマンガンは PSⅡ にのみある．

PQは低分子キノン化合物である．PSⅡにより還元されて2個の電子とプロトン（H^+）を取込むとキノール（ヒドロキノン）となり，再び酸化されると電子と H^+ を放出してキノンに戻る（図16・3）．

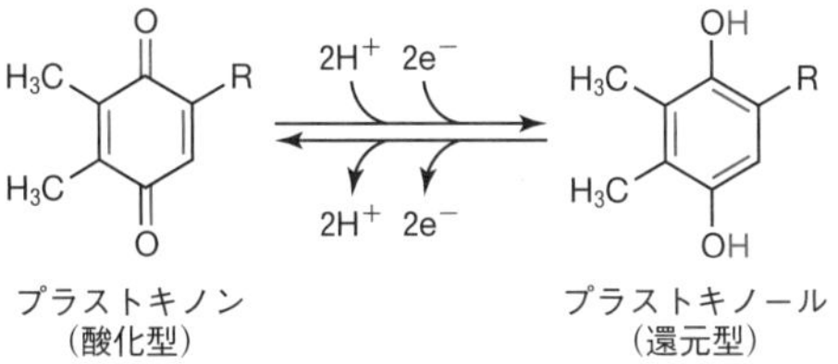

プラストキノン（酸化型） ⇄ ($2H^+$ $2e^-$) プラストキノール（還元型）

図 16・3 プラストキノンの酸化還元 Rはイソプレノイド側鎖．

一方，PCは，銅を含む約10 kDaのタンパク質であり，PQからの電子を受取ると，Cu^{2+} が Cu^+ になる．そして，電子をPSⅠに渡すと Cu^{2+} に戻る．PSⅡ複合体とPSⅠ複合体の周辺には，クロロフィルを多く含有する集光性クロロフィルタン

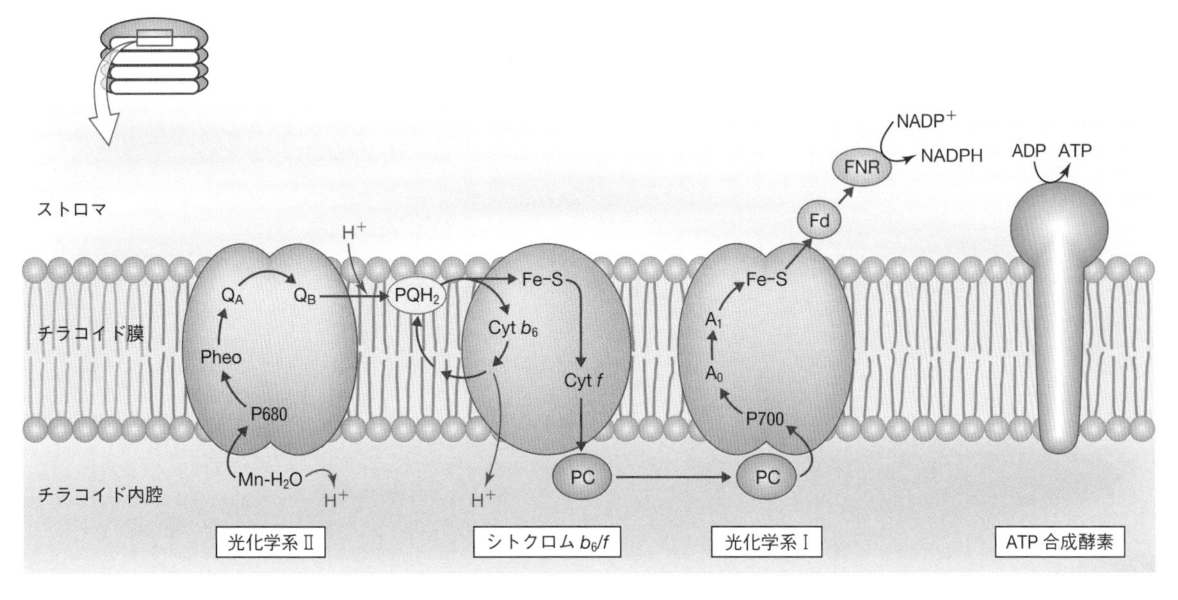

図 16・4 光合成電子伝達系 ⟶ が電子の動きを表す．

パク質が存在する．このタンパク質は，光を照射するとエネルギーを吸収し，そのエネルギーをPSⅡやPSⅠ複合体に渡してこれらを励起する．励起した反応中心複合体から，チラコイド膜での電子伝達が進行する．電子の移動経路を追ってみると，始点はPSⅡ複合体に結合した水から電子が取出される部位である．そして，電子は，PSⅡ複合体の内部（P680，Q_A，Q_B）*1 を通り，PQ，シトクロム b_6/f 複合体，PCへと渡る．さらに，PCからPSⅠ複合体の内部（P700，A_0，A_1）*2 を経由し，**フェレドキシン**（Fd）へと渡り，FNRを経て最後に $NADP^+$ が電子を受取り **NADPH** が生成する（図16・4）．

*1 Q_A と Q_B は，PSⅡの電子伝達成分でどちらもプラストキノンである．

*2 A_0 と A_1 はPSⅠの電子伝達成分で，A_0 はクロロフィル，A_1 はフィロキノンである．

フェレドキシン ferredoxin

FNR: ferredoxin $NADP^+$ oxidoreductase

電子が各成分の間を必ず決まった方向に移動していくのには，**酸化還元電位**が関わっている．それぞれの電子伝達成分の酸化還元電位は，各成分の電子への親和性を示す．図16・5は，縦軸に酸化還元電位を，横軸に光合成のおもな電子伝達成分の電子移動の順番をプロットした図である．酸化還元電位は，水素を基準（0 V）とし，上をマイナス側，下をプラス側とし，電子が上の物質から下の物質に流れるように示してある．図16・5は，電子伝達に関わる成分がZ型に並んでいることから，**Zスキーム**とよばれる．電子を受取った **P680** が光エネルギーを吸収して励起すると，酸化還元電位の低いP680*となり，P680*からPheoやPQを経てPCへと，酸化還元電位の高い物質へ（図の上から下へ）順次電子の移動が起こる．同様に，電子を受取った **P700** が光エネルギーによって励起したP700*から，A_0，A_1，Fdを経て $NADP^+$ へと電子の移動が起こる．酸化還元電位の低い物質から高い物質へ電子が移動することは，ミトコンドリアの電子伝達系と同様である（図15・2を参照）．光合成のZスキームの図ではPSIとPSⅡの反応中心で，それぞれ光エネルギーによる励起が加わるため，Zスキームとよばれる特徴的な形となっている．この意味をPSI，PSⅡの反応機構と合わせて詳しく見ていく．

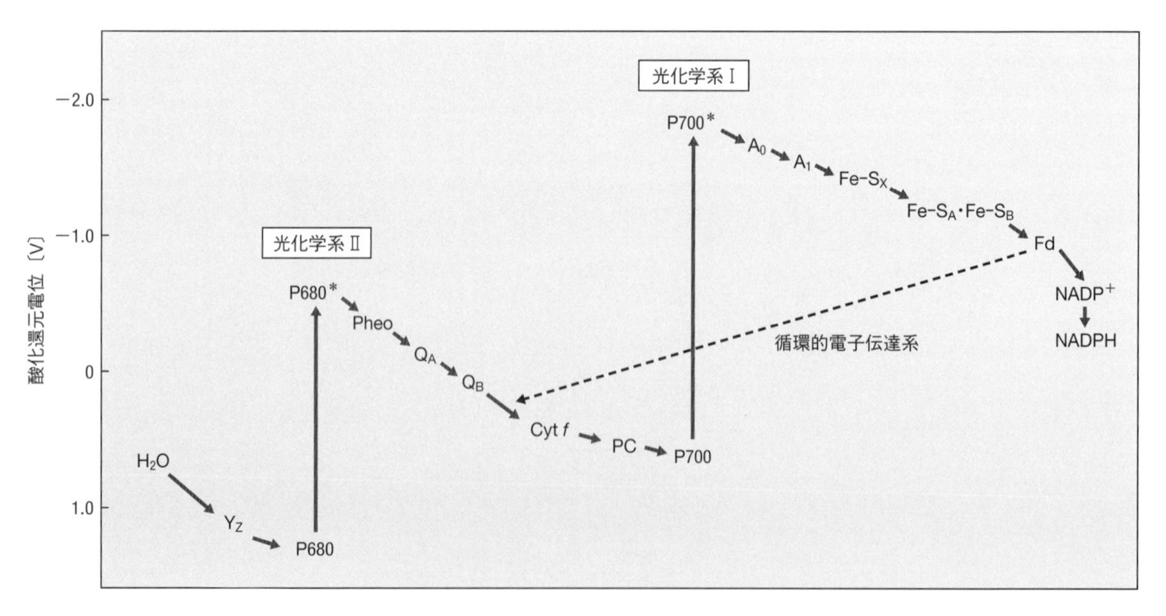

図 16・5　Zスキーム

16・2・2　光化学系Ⅱ（PSⅡ）複合体

PSⅡ複合体の反応中心**P680**は，**クロロフィル *a***の二量体である．光エネルギーを受取る前（基底状態）は，電子を受容しやすい（酸化還元電位の高い）状態であり，PQ方向には電子を与えられない．しかし，光エネルギーを吸収すると，酸化還元電位の低い励起状態（P680*）に変化する．P680*は近接した電子伝達成分であるPheoに電子を与え，PheoからQ_A，そしてPQ（Q_B）へと順に電子が伝わっていく．電子を放出したP680は基底状態に戻り，Zスキームの下側の酸化還元電位が高い状態となる．PSⅡ複合体でP680のチラコイド内腔側（PQ方向とは逆のルーメン側）には，**Mnクラスター**とよばれるMnイオンを含む水分解反応を触媒する部位（水-Mn配位体）が存在する（図16・4）．基底状態に戻ったP680は，P680*が電子を与えたPQとは反対の水-Mn配位体側から電子を受取り，光エネルギーを受取る前の状態に戻る．電子を渡した水-Mn配位体は，Mnイオンの電荷の変化を伴いながら状態を変化させ，4回の電子移動につき1回，O_2が発生する．すなわち，2分子の水が4個の電子を放出することによりO_2が発生する．なお，P680と水-Mn配位体の間の電子伝達の経路に$\mathbf{Y_Z}$とよばれるPSⅡ複合体のタンパク質のチロシン残基が位置し，P680に電子を与え，水-Mn配位体から電子を受取る（図16・5）．このように，反応中心のクロロフィル二量体は，水-Mn配位体側から受取った電子を光エネルギーを利用してPQ側に送り出すという，電子のポンプのような役割を担っている．PSⅡでの水の分解は，O_2の発生とともにH^+のルーメン側への放出をもたらす．また，PSⅡからPQに電子が渡される際にストロマ側のH^+が取込まれてPQH_2となるため，ストロマ側のH^+が減少する．その後，PQH_2からもH^+がシトクロムb_6/f複合体のルーメン側に放出される．

Mnクラスター Mn cluster

16・2・3　光化学系Ⅰ（PSⅠ）複合体

PSⅠの反応中心は，クロロフィル*a*の二量体からなる**P700**で，基底状態は酸化還元電位が高く，光エネルギーを吸収すると酸化還元電位が低い励起状態に変化する．そして，PSⅡと似た原理でFd（フェレドキシン）の方向に電子を伝達し，励起状態から基底状態に戻るとPCから電子を受取り，光エネルギーを受取る前の状態に戻る．PSⅠ複合体の中を移動してFdに渡った電子は，最終的に$NADP^+$に渡され**NADPH**が生じる．PSⅡのP680と同様に，PSⅠのP700は光照射下で励起状態と基底状態を往復しながら，光エネルギーを駆動力としてポンプのように電子を輸送する．

16・2・4　光リン酸化

光合成電子伝達では最終的に**NADPH**が合成されるが，加えて，一連の電子伝達の過程でH^+がストロマ側からチラコイド内腔（ルーメン）側へと移動することは重要である．その結果，チラコイド膜のストロマ側とルーメン側の間でH^+の濃度勾配（電気化学的勾配）が形成され，そのエネルギーを利用して**ATP**が合成される．この光依存的なATP合成の過程を**光リン酸化**という．葉緑体のもつ**ATP合成酵素**は，ミトコンドリアや細菌のATP合成酵素（図15・7を参照）と同様に，H^+の移動と共役してATPを合成する．葉緑体のATP合成酵素は，ミトコンドリ

光リン酸化
photophosphorylation

アや細菌のものとアミノ酸配列が類似しており，共通の起源をもつと考えられる．

PQ による電子伝達において，2 個の電子の移動で 4 個の H^+が輸送されることが知られている．これは，シトクロム b_6/f 複合体が，PSⅡにより還元された PQ から受取った電子を単に PC に渡すだけではなく，その電子を酸化型 PQ の還元にも使うためであると考えられている．その過程でシトクロム b_6/f 複合体はストロマの H^+を取込んで PQH_2 を生成し，そしてルーメン側に H^+を放出することにより，さらに多くの H^+が移動する．このしくみは，ミトコンドリアでも機能しており Q サイクルとよばれる（15 章を参照）．

循環的電子伝達系
cyclic electron flow

また，**循環的電子伝達系**とよばれる電子伝達経路が存在し，条件によってははたらくことが知られている．この経路では PSⅡは関与せず，PSⅠからフェレドキシンに伝達された電子が，$NADP^+$でなく，PQ とシトクロム b_6/f 複合体を経由して（図 16・5 の Z スキームでの点線），再度，PSⅠに伝達される．その結果，NADPH はつくられず ATP の生産量が増える．

16・3 炭素固定反応

光合成において，CO_2 は，**炭素固定回路**とよばれる代謝経路で**ヘキソース**（C_6）に変換される．ここでは，CO_2 が生体内に取込まれたあとの代謝，CO_2 固定反応と光反応との関係を見ていこう．

16・3・1 還元的ペントースリン酸回路（カルビン・ベンソン回路）

還元的ペントースリン酸回路
reductive pentose phosphate cycle

炭素固定の代謝経路は回路をなし，CO_2 がペントース（C_5）との反応を経て還元的に糖に取込まれることから，**還元的ペントースリン酸回路**とよばれる（図 16・6）．また，M. Calvin（カルビン）と A. A. Benson（ベンソン）らの炭素の放射性同位体を用いた研究により

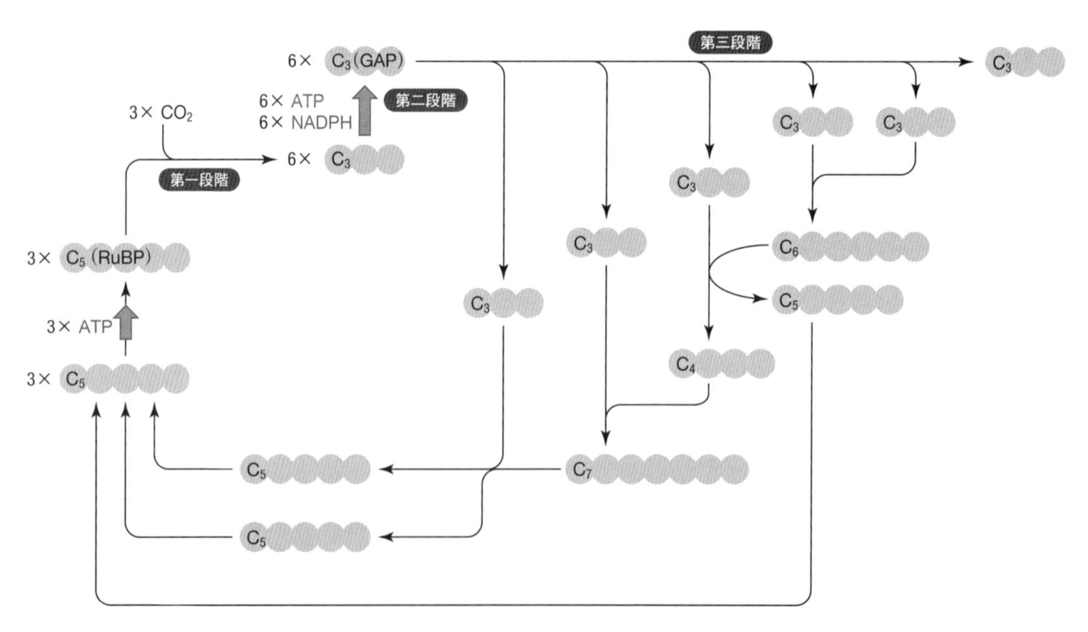

図 16・6　還元的ペントースリン酸回路

その反応の詳細が解明されたことから，**カルビン・ベンソン回路**ともよばれる．CO_2 を原料として C_6 をつくる一連の反応にはエネルギーの投入が必要であるが，光反応でつくられた ATP や NADPH が用いられる．炭素固定回路は，複雑で多くの代謝産物が含まれるが，三段階の反応に整理できる．

カルビン・ベンソン回路
Calvin-Benson cycle

第一段階 CO_2 を**リブロース 1,5-ビスリン酸**（**RuBP**，C_5）と反応させて 2 分子の **3-ホスホグリセリン酸**（**3PG**，C3）を生成するカルボキシ化である（$C_5 + CO_2 \longrightarrow 2 \times C_3$）．

第二段階 3PG を**グリセルアルデヒド 3-リン酸**（**GAP**）に変える還元反応で，ATP と NADPH を消費する．

第三段階 GAP から RuBP を再生産する反応である．

リブロース 1,5-ビスリン酸
ribulose 1,5-bisphosphate

3-ホスホグリセリン酸
glycerate 3-phosphate

グリセルアルデヒド 3-リン酸
glyceraldehyde 3-phosphate

第二段階までで，3 分子の CO_2 と 3 分子の C_5 から 6 分子の C_3 が生じることになるが，そのうち 1 分子の GAP がヘキソース（C_6）やデンプンなどの生合成に使われ，5 分子の C_3 は，第三段階で C_5 の再生成に用いられる．

16・3・2 RuBP の再生

CO_2 の固定には，CO_2 と同じ分子数の **RuBP**（C_5）が必要である．3 分子の CO_2 と 3 分子の C_5 から生じる 6 分子の C_3 のうち 5 分子の C_3 を用いて 3 分子の C_5（RuBP）を再生すれば，もう一度同じ分子数の CO_2 を固定できる．この反応は，RuBP の再生反応経路とよばれるペントース分岐経路で行われる．アルドラーゼやトランスケトラーゼ（図 16・7）により，C_4 と C_3 とから C_7 を生成したり，C_7 と C_3 とから 2 分子の C_5 を生成したりといった反応の組合わせである．最終的に**リブロース 5-リン酸**（**Ru5P**）がつくられ，5-ホスホリブロキナーゼによる Ru5P＋ATP ⟶ RuBP＋ADP の反応で RuBP が再生される．3 分子の CO_2 が 3 分子の C_5 と反応して 6 分子の 3PG（C_3）が生じ，GAP への還元に 6ATP＋6NADPH を消費し，分岐経路を経て 3 分子の ATP を使って RuBP を再生するというサイクルである．

リブロース 5-リン酸
ribulose 5-phosphate

$$6CO_2 + 18ATP + 12NADPH + 12H^+ \longrightarrow C_6H_{12}O_6 + 18ADP + 18P_i + 12NADP^+ + 6H_2O$$

1 分子の CO_2 を固定するために 2 分子の NADPH，3 分子の ATP を使っている収支になる．

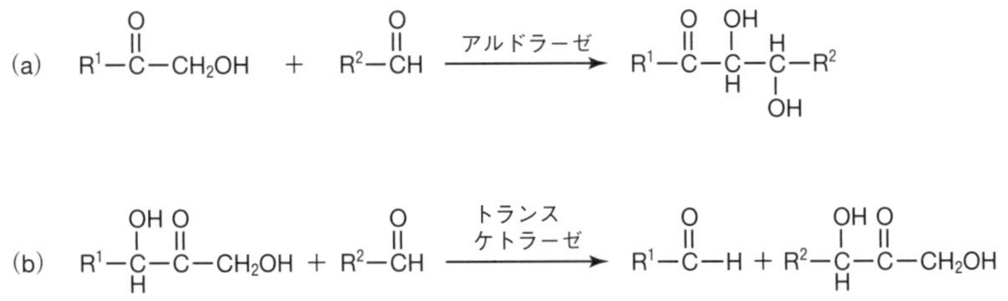

(a) $R^1-C(=O)-CH_2OH + R^2-CH(=O) \xrightarrow{\text{アルドラーゼ}} R^1-C(=O)-CH(OH)-CH(OH)-R^2$

(b) $R^1-CH(OH)-C(=O)-CH_2OH + R^2-CH(=O) \xrightarrow{\text{トランスケトラーゼ}} R^1-C(=O)-H + R^2-CH(OH)-C(=O)-CH_2OH$

図 16・7 RuBP の再生反応 (a) アルドラーゼの反応．(b) トランスケトラーゼの反応．

16・3・3 高エネルギー物質の葉緑体外での利用

光合成により炭素化合物や ATP や NADPH などの高エネルギー化合物が葉緑体の中でつくられるが，葉緑体の包膜はこれらの化合物を透過させない．また，光合成産物の多くは，昼に葉緑体内でつくられ**デンプン**として貯蔵されるが，デンプンもそのままでは葉緑体の包膜を横断できない．そのため，夜間に，**グルコース**や**マルトース**に分解されたり，グルコース 6-リン酸を経て**トリオースリン酸***（GAP，ジヒドロキシアセトンリン酸）や 3PG に変換されて葉緑体外に輸送され，炭素源として利用される．葉緑体内で得られたエネルギーを，デンプンを経ずに効率よく細胞質で利用するにはどのようにすればよいだろうか．

＊ トリオースリン酸は，三つの炭素からなる三炭糖にリン酸基がついたもの．三単糖には，グリセルアルデヒドとジヒドロキシアセトンがある．

トリオースリン酸トランスロケーターは，葉緑体の包膜に局在し，光合成で合成されたトリオースリン酸や 3PG とリン酸を交換輸送する．葉緑体外に光合成の中間産物を供給するとともに，リン酸を葉緑体内に取込むので，光合成に必要な基質としての P_i の供給が保たれる．

また，ストロマ内に過剰に還元力があるときに，NADPH により**オキサロ酢酸**を**リンゴ酸**に代謝し，サイトゾルへ輸送して NAD^+により酸化してオキサロ酢酸に戻すことにより NADH を生成する．これにより，葉緑体の NADPH を細胞質に輸送することと同等になる．強光などでストロマ内の還元力が過剰になると酸化ストレスが生じるので，この**リンゴ酸-オキサロ酢酸シャトル**はその防御にも役立つ．

リンゴ酸-オキサロ酢酸シャトル malate-oxaloacetate shuttle

16・3・4 光　呼　吸

光合成全体の反応は，**RuBisCO** が制御している．RuBisCO は葉の中に大量に存在し，世界で最も大量に存在するタンパク質とされている．この酵素は，CO_2 と

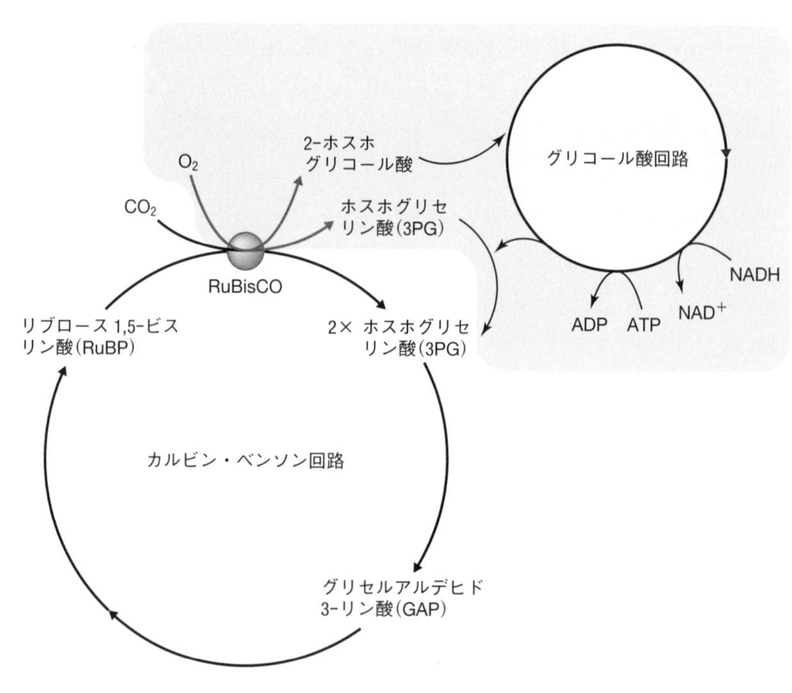

図 16・8 光 呼 吸 赤の網かけ部が光呼吸の経路．

RuBP から 2 分子の 3PG を合成する反応を触媒するが，CO_2 濃度が低いときや O_2 濃度が高いときに，副反応として O_2 と RuBP を反応させて **3PG** と **2-ホスホグリコール酸**を生産する．これにより，光合成の中間産物が失われ，光合成の効率が低下する．さらに，2-ホスホグリコール酸は一連の反応で分解されて CO_2 を生じる．また，ATP と NADH を消費して 2-ホスホグリコール酸を 3PG に変換する経路もはたらき，これにより CO_2 固定反応が持続する．これらの反応は**光呼吸***とよばれる．一見エネルギー的に無駄な反応であり，RuBisCO の性質が不完全なために副反応が起こってしまうと考えられている．太古の地球は大気中の O_2 濃度は低く CO_2 濃度が高かったが，光合成により O_2 濃度の上昇がもたらされ，環境変化により光合成に不利となる反応が起こるようになったとも考えられている．そこで，光合成生物はこのような環境に適応し，RuBisCO 近傍の CO_2 濃度を高くして光合成効率を高めるための **CO_2 濃縮機構**とよばれるメカニズムを進化させたと考えられている．

光呼吸 photorespiration

＊ 光呼吸の代謝は代謝産物が葉緑体，ペルオキシソーム，ミトコンドリアの間を移行しながら進行する．このとき，2 分子の 2-ホスホグリコール酸から 1 分子の 3PG と CO_2 が生成する．

CO_2 濃縮機構 CO_2 concentrating mechanism

16・3・5 C_4 光合成

多くの植物種では，大気中の CO_2 が RuBP と直接反応し，C_3 化合物に取込まれる．このような植物は，**C_3 植物**とよばれる．これに対し，CO_2 が C_4 化合物に取込まれる植物が存在し，**C_4 植物**とよばれる．トウモロコシやススキがその例である．

C_4 植物では，CO_2（HCO_3^-）が葉肉細胞内でホスホエノールピルビン酸（PEP）カルボキシラーゼにより固定され，**オキサロ酢酸**が生成する（図 16・9）．

$$H_2C=C(OPO_3^{2-})-COO^- \xrightarrow{HCO_3^- \;\;\; P_i} {}^-OOC-CH_2-C(=O)-COO^-$$

ホスホエノールピルビン酸　　オキサロ酢酸

図 16・9 C_4 植物における炭素固定反応

このオキサロ酢酸は，NADP-リンゴ酸デヒドロゲナーゼにより**リンゴ酸**に還元される．リンゴ酸は維管束鞘細胞に輸送される．この細胞間の輸送は原形質連絡を介する輸送である．維管束鞘細胞でリンゴ酸は，リンゴ酸酵素により酸化的に脱炭酸してピルビン酸と CO_2 になり，CO_2 がカルビン・ベンソン回路で固定される．上記の代表的な経路以外に，固定炭素の輸送を**アスパラギン酸**が担っているタイプがあり，さらに，脱炭酸反応についても異なる酵素が関与するタイプが存在しており，C_4 植物の光合成には多様性が見られる．

サボテンなどの仲間は異なった CO_2 濃縮機構をもち，**CAM*植物**とよばれる（図 16・10）．CAM 植物は，夜間，気孔から CO_2 を取込み，PEP カルボキシラーゼによりオキサロ酢酸を経てリンゴ酸をつくり，液胞に貯蔵する．そして，日中，気孔が閉じられて水分の蒸発が抑えられている状態で，リンゴ酸から CO_2 が放出され，カルビン・ベンソン回路で糖をつくる．

＊ CAM：crassulacean acid metabolism，ベンケイソウ型有機酸代謝

キンシャチ(サボテン科)

コダカラベンケイ(ベンケイソウ科)

図 16・10 CAM 植物の例

16・3・6 光合成の調節

明所で光エネルギーを十分利用できる条件では，活発に ATP の合成が行われ，炭素固定反応も順調に進行する．しかし，弱光下や暗所など光エネルギーを十分に

チオレドキシン thioredoxin

利用できない条件では，ATP や NADPH を十分つくれないため，炭素固定反応を抑える必要がある．光合成活性を電子伝達速度に応じて調節する系があり，調節反応には**チオレドキシン**が関わっている．チオレドキシンは光合成電子伝達に伴って Fd により還元され，調節対象とする酵素のジスルフィド結合を還元して酵素活性を活性化する．逆に光合成電子伝達が低下すると Fd による還元がなくなり，チオレドキシンによる還元が行われず，酵素のジスルフィド結合が形成する方向にはたらく．このように光条件に応じてチオレドキシンの作用が変化し，制御対象となる酵素活性を調節する．炭素固定回路の五つの酵素がチオレドキシンによる調節を受ける．一方，RuBisCO は RuBisCO アクチベースにより，光照射化で葉緑体内の酸化還元状態や ATP/ADP 比に応じて活性化される．

光合成の調節には，酵素の量を増減させたりするなど遺伝子発現の調節を介したものもある．さらに，集光性色素タンパク質を増減させて光環境に合わせて集光能力を変える調節も行っており，最適な光強度・温度などの特性を変化させている．

■ 章末問題

16・1　クロロフィルは光合成の一連の反応のなかでどのようにはたらくか説明せよ．

16・2　チラコイド膜上に存在する光合成に関連するタンパク質複合体をあげ，それらのはたらきと複合体間の関係を説明せよ．

16・3　CO_2 固定反応と光反応との関係を説明せよ．

16・4　光合成では O_2 が発生するが，どういう物質に由来し，どのように発生するか説明せよ．

16・5　光合成において ATP がつくられるしくみを説明せよ．

脂質代謝 17

概要 すべての生物において，**極性脂質**は細胞膜など生体膜の主要な成分であり，**中性脂質**はエネルギーや炭素の貯蔵を担う．脂質のなかには，情報伝達物質として重要なものもある．したがって，脂質の合成や分解は生物が生命活動を営むうえで重要である．生物は，脂肪酸および脂肪酸を疎水基とするグリセロ脂質やスフィンゴ脂質を合成する．ステロールやそのアシル化体であるステロールエステルも合成する．脂肪酸，ステロールのいずれも，アセチル CoA が生合成の前駆体である．脂肪酸やステロールからは，エイコサノイドやステロイドホルモンがおのおの合成される．ヒトでは，中性脂質は血漿リポタンパク質により必要とされる組織に運搬され，その構成脂肪酸は **β 酸化**によりアセチル CoA に分解され，さらにクエン酸回路により CO_2 へと分解される．この分解と呼吸鎖のはたらきで，ATP が生成する．ヒトにおいてケトン体はアセチル CoA から合成され，必要とされる組織に移動する．そこでアセチル CoA に分解され，クエン酸回路・呼吸鎖のはたらきにより ATP が合成される．

行動目標

1. 脂肪酸の合成と不飽和化の過程を説明できる．アラキドン酸はエイコサノイドの前駆体であることを説明できる．
2. グリセロリン脂質，グリセロ糖脂質，スフィンゴ脂質やステロールなどの極性脂質，およびトリアシルグリセロールやコレステロールエステルなどの中性脂質に関して，生合成の過程を説明できる．コレステロールはステロイドホルモンの前駆体であることを説明できる．
3. ヒトの体内におけるトリアシルグリセロールの消化・吸収・輸送の過程を説明できる．コレステロールの輸送の過程を説明できる．脂肪酸の β 酸化を説明できる．
4. アセチル CoA はケトン体に可逆的に変換され，ケトン体は他の組織で代謝燃料として利用されることを説明できる．

17・1 脂肪酸の合成

脂肪酸の生合成は，最初に**アセチル CoA** のアセチル基（C_2 化合物）に**マロニル CoA** のマロニル基（C_3）が脱炭酸縮合し，以後，マロニル基の脱炭酸縮合を繰返しながら進行する（図 17・1）．ここでは，アセチル CoA カルボキシラーゼがアセチル CoA からマロニル CoA を合成する反応，そして**脂肪酸合成酵素**が炭素鎖を伸長する反応，さらに，脂肪酸の不飽和化について見ていこう．

アセチル CoA acetyl CoA
マロニル CoA malonyl CoA

脂肪酸合成酵素 fatty acid synthase

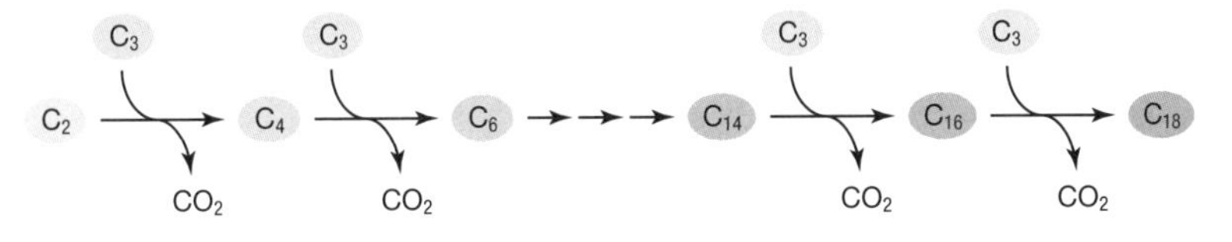

図 17・1 脂肪酸合成反応の概略

17・1・1 アセチル CoA カルボキシラーゼ

アセチル CoA カルボキシラーゼ acetyl-CoA carboxylase

マロニル CoA の合成は，アセチル CoA と HCO_3^- が基質となり，アセチル CoA カルボキシラーゼにより触媒される．この反応では，ATP 依存的に HCO_3^- からカルボキシ基がアセチル CoA に転移される（図 17・2，17・1 式）．

$$\text{アセチル CoA} + HCO_3^- + ATP \longrightarrow \text{マロニル CoA} + ADP + P_i \quad (17 \cdot 1)$$

ビオチンカルボキシル運搬タンパク質
biotin carboxyl carrier protein

ビオチンカルボキシラーゼ
biotin carboxylase

トランスカルボキシラーゼ
transcarboxylase

この反応は，カルボキシ基のキャリアーとなる**ビオチンカルボキシル運搬タンパク質**に加えて，**ビオチンカルボキシラーゼ**および**トランスカルボキシラーゼ**の二つの酵素活性が協調することで成立する．ビオチンカルボキシル運搬タンパク質には，そのリシン（Lys）残基側鎖のアミノ基に補酵素ビオチンが補欠分子としてアミド結合している．そのビオチンアームの先端が各カルボキラーゼに順次さし出される．まずビオチンカルボキシラーゼがATP依存的にビオチンをカルボキシ化し（図17・2，赤字），次にそのカルボキシ基をトランスカルボキシラーゼがアセチルCoAに転移してマロニルCoAが合成される．この反応は，脂肪酸合成の律速段階の一つである．

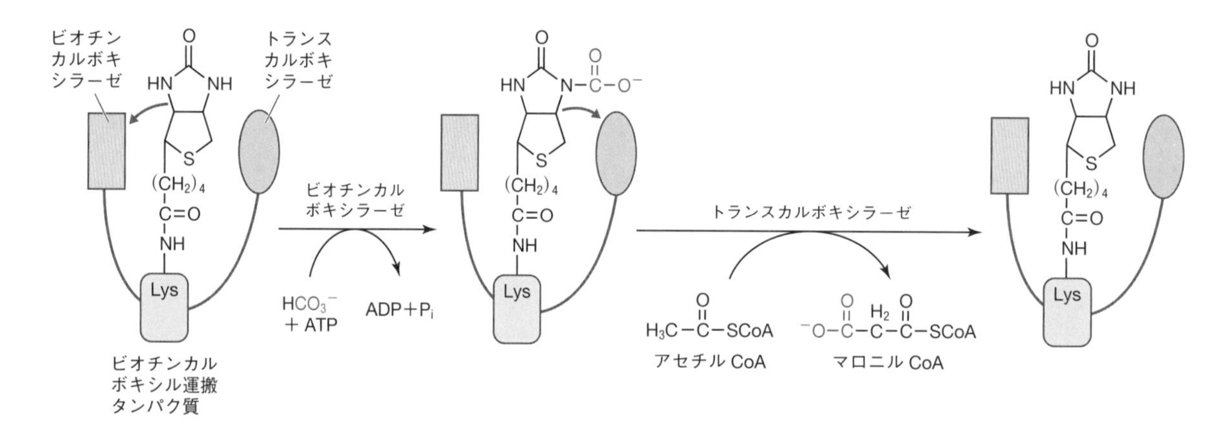

図 17・2　アセチル**CoA**カルボキシラーゼの反応

アセチルCoAカルボキシラーゼは，哺乳類と植物のいずれにおいても二つのタイプがあり，その一方（哺乳類ではサイトゾル型，高等植物では葉緑体型）が脂肪酸合成の制御に重要と考えられる．動物では上記三つの各機能に対応するドメインが1本のポリペプチド鎖上に存在する多機能性タンパク質である．これに対し，細菌や植物の葉緑体に存在するアセチルCoAカルボキシラーゼは，各機能に対応するサブユニットタンパク質から構成されるタンパク質複合体である．

17・1・2　脂肪酸合成酵素

アシル基運搬タンパク質
acyl carrier protein

脂肪酸合成酵素は，7種のタンパク質活性の協調により，脂肪酸合成反応を進める（表17・1）．まず，**アシル基運搬タンパク質**（**ACP**）のセリン残基に補酵素Aと同様のホスホパンテテインが補欠分子としてリン酸エステル結合する（図17・3a）．この補欠分子は，そのアーム（図17・3b，赤線）の先端にあるSH基に基質のアシル基をチオエステル結合させ，各酵素活性ドメインに反応順に提供する（図17・3b，赤矢印）．動物の脂肪酸合成酵素は，単一のポリペプチド鎖上に各活性に対応するドメインをもつ多機能性タンパク質である（図17・3c）．これに対し，細菌や植物の脂肪酸合成酵素は，各活性に対応するサブユニットタンパク質から構成されるタンパク質複合体である．脂肪酸合成酵素は，マロニルCoAを合成するアセチルCoAカルボキシラーゼと同じく，動物細胞や細菌ではサイトゾルに，植物細胞では葉緑体に局在する．

表 17・1 脂肪酸合成に必要なタンパク質活性

タンパク質	機　能
アシル基運搬タンパク質(ACP)	基質をホスホパンテテインのアームの先に結合させ，各種酵素へ提供する.
アセチル CoA-ACP アセチルトランスフェラーゼ(AT)	アセチル基を含め，アシル基を β-ケトアシル-ACP シンターゼのシステイン残基に転移させる.
マロニル CoA-ACP トランスフェラーゼ(MT)	マロニル基を ACP に転移させる.
β-ケトアシル-ACP シンターゼ(KS)	アシル基にマロニル基を脱炭酸縮合させ，β-ケトアシル基を合成する.
β-ケトアシル-ACP レダクターゼ(KR)	β 炭素のケト基をヒドロキシ基に還元する.
β-ヒドロキシアシル-ACP デヒドラターゼ(HD)	α 炭素の水素と β 炭素のヒドロキシ基を H_2O として脱離させ，両炭素を二重結合させる.
エノイル-ACP レダクターゼ(ER)	二重結合を還元し，飽和アシル基を合成する.

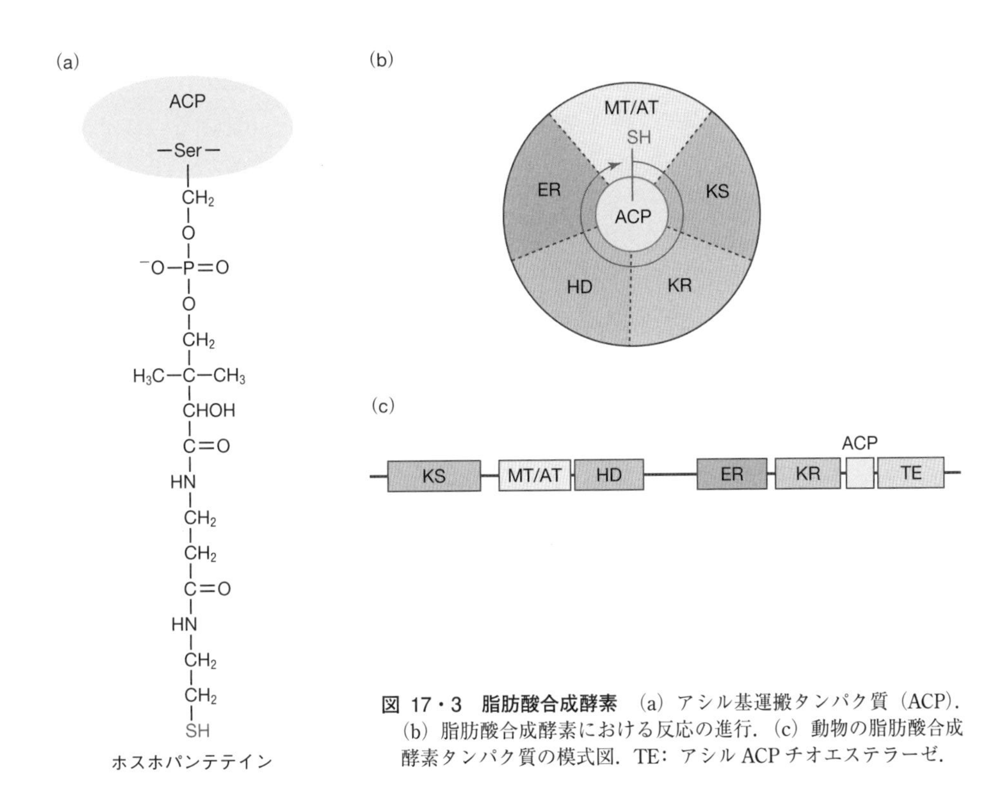

図 17・3 脂肪酸合成酵素 (a) アシル基運搬タンパク質 (ACP). (b) 脂肪酸合成酵素における反応の進行. (c) 動物の脂肪酸合成酵素タンパク質の模式図. TE: アシル ACP チオエステラーゼ.

脂肪酸合成酵素による反応の詳細を見てみよう (図 17・4).

① アセチル CoA のアセチル基 (図 17・4 ① 灰色) が，アセチル CoA-ACP アセチルトランスフェラーゼ (AT) により，ACP のアームの末端に転移する.

② このアセチル基は，β-ケトアシル-ACP シンターゼ (KS) の特定のシステイン残基の SH 基に転移し，チオエステル結合する. このようにして，KS はアセチル基を受取る.

③ マロニル CoA-ACP トランスフェラーゼ (MT) により，ACP がマロニル CoA よりマロニル基 (図 17・4 ③ 赤) を受取る. 以後，④〜⑦の四つの反応を経て，

アセチル CoA-ACP アセチルトランスフェラーゼ acetyl-CoA-ACP acetyltransferase

β-ケトアシル ACP シンターゼ β-ketoacyl-ACP synthase

マロニル CoA-ACP トランスフェラーゼ malonyl-CoA-ACP transferase

飽和したアシル基が形成される.

④ KS により，アセチル基がマロニル基に転移され，その際，CO_2 が遊離する．このアセチル基とマロニル基の脱炭酸縮合により，アセトアセチル（β-ケトアシル）基が生成する.

β-ケトアシル-ACP レダクターゼ β-ketoacyl-ACP reductase

β-ヒドロキシアシル-ACP デヒドラターゼ β-hydroxyacyl-ACP dehydratase

エノイル-ACP レダクターゼ enoyl-ACP reductase

⑤ β-ケトアシル-ACP レダクターゼ（KR）により，アセトアセチル基の β-ケト基が NADPH を用いて還元され，β-ヒドロキシブチリル基が生成する.

⑥ β-ヒドロキシアシル-ACP デヒドラターゼ（HD）により，β-ヒドロキシブチリル基が脱水され，*trans*-Δ^2-ブテノイル基が生成する.

⑦ エノイル-ACP レダクターゼ（ER）により，*trans*-Δ^2-ブテノイル基の二重結合が NADPH を用いて還元され，飽和アシル基であるブチリル基が生成する．このブチリル基は，② のアセチル基と同様に，KS に転移する．以後，この飽和アシル基に ④〜⑦ の反応が繰返され，最終的には動物ではパルミチン酸（16:0）まで鎖長が伸長する（17・2 式）.

$$\text{アセチル CoA} + 7\,\text{マロニル CoA} + 14\,\text{NADPH} + 14\,\text{H}^+ \longrightarrow \text{パルミチン酸} + 7\,\text{CO}_2 + 8\,\text{CoA} + 14\,\text{NADP}^+ + 6\,\text{H}_2\text{O} \qquad (17 \cdot 2)$$

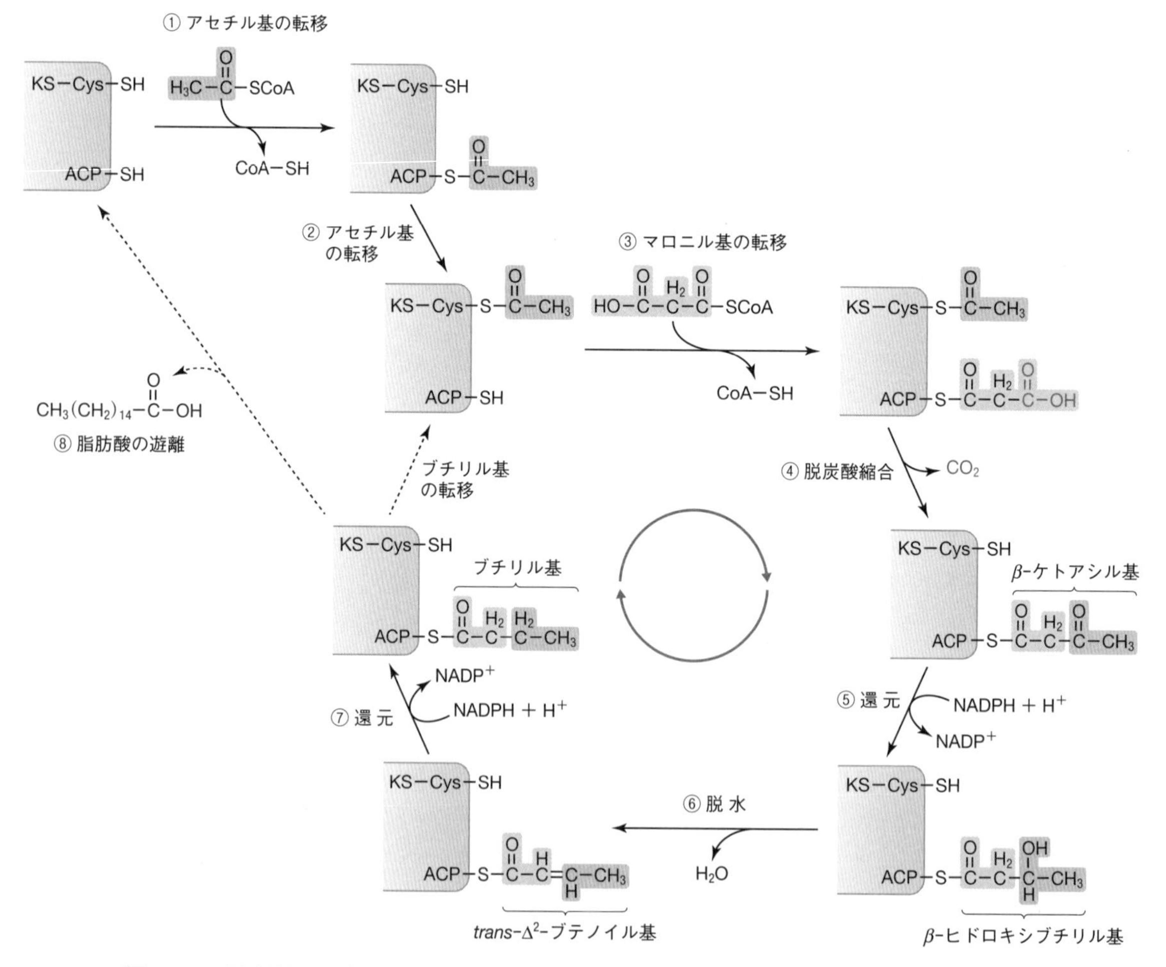

図 17・4　脂肪酸合成酵素の反応　簡略化のため，脂肪酸合成酵素のうち ACP と KS のみが示してある.

⑧ 16:0 は，アシル-ACP チオエステラーゼ（図 17・3 c）により，脂肪酸合成酵素の ACP ドメインから切り出され，脂肪酸合成酵素による反応は終結する．植物では，16:0-ACP や 18:0-ACP が脂肪酸合成酵素の産物となる．アセチル CoA カルボキシラーゼと脂肪酸合成酵素の反応を合わせると（17・3)式となる．

アシル-ACP チオエステラーゼ acyl-ACP thioesterase

$$8\text{アセチル CoA} + 7\text{ATP} + 14\text{NADPH} + 14\text{H}^+ \longrightarrow \text{パルミチン酸} + 8\text{CoA} + 7\text{ADP} + 7\text{P}_i + 14\text{NADP}^+ + 6\text{H}_2\text{O} \quad (17・3)$$

17・1・3 脂肪酸の活性化

脂肪酸は，遊離の状態では水に溶けにくく，また反応性に乏しい．このため，動物では，その後の鎖延長を行うために，脂肪酸合成酵素により生成したパルミチン酸（16:0）を CoA エステル（16:0-CoA）として活性化する（17・4 式）．

$$16:0 + \text{ATP} + \text{CoA} \longrightarrow 16:0\text{-CoA} + \text{AMP} + \text{PP}_i \quad (17・4)$$

この反応は，アシル CoA シンテターゼにより触媒される．16:0-CoA は，小胞体で脂肪酸合成酵素と同様の反応系により 18:0-CoA へと鎖が伸長される．ただし，植物や細菌の場合，脂肪酸合成酵素の産物は活性化された 16:0-ACP や 18:0-ACP であり，これらが葉緑体内や細菌細胞内で脂質合成の基質となる．あるいは，植物の場合，これらアシル ACP はアシル CoA へと変換され，小胞体で脂質合成の基質として利用される．

アシル CoA シンテターゼ acyl-CoA synthetase

17・1・4 不飽和脂肪酸の合成

不飽和脂肪酸は，飽和脂肪酸の炭素間に二重結合が導入されることで合成される（図 17・5）．これには還元力と酸素が必要で，たとえばオレイン酸（18:1 (Δ^9)）は，動物では 18:0-CoA から 18:0-CoA デサチュラーゼにより合成され，還元型シトクロム b_5 の還元力を必要とする（17・5 式）．

$$18:0\text{-CoA} + 2\,\text{還元型シトクロム}\,b_5\,(\text{Fe}^{2+}) + \text{O}_2 + 2\text{H}^+ \longrightarrow 18:1\text{-CoA} + 2\,\text{酸化型シトクロム}\,b_5\,(\text{Fe}^{3+}) + 2\text{H}_2\text{O} \quad (17・5)$$

一方，植物では 18:0-ACP から 18:0-ACP デサチュラーゼにより合成され，還元力は還元型フェレドキシンから提供される．植物では，さらに 18:1 の不飽和化により，リノール酸（18:2 ($\Delta^{9,12}$)）や α-リノレン酸（18:3 ($\Delta^{9,12,15}$)）が合成される（図 17・5，⟶）．動物はこの活性をもたず，植物が合成する 18:2 ($\Delta^{9,12}$) と 18:3 ($\Delta^{9,12,15}$) を必須脂肪酸として摂取し，その鎖長伸長や不飽和化を通して，より長鎖で高い不飽和度の脂肪酸を合成する．つまり，18:2 ($\Delta^{9,12}$) からはアラキドン酸（20:4 ($\Delta^{5,8,11,14}$)）が合成され（図 17・5，⟶），18:3 ($\Delta^{9,12,15}$) からはエイコサペンタエン酸（20:5 ($\Delta^{5,8,11,14,17}$)）やドコサヘキサエン酸（22:6 ($\Delta^{7,10,13,16,19}$)）が合成される（図 17・5，⟶）．

18:2 ($\Delta^{9,12}$) や，それを前駆体として合成される不飽和脂肪酸はすべて，メチル末端に最も近い位置の二重結合が同末端から 6 番目と 7 番目の炭素間に入っており，***n*-6 系不飽和脂肪酸**とよばれる（図 17・5）．一方，18:3 ($\Delta^{9,12,15}$) や，これを前駆体として合成される不

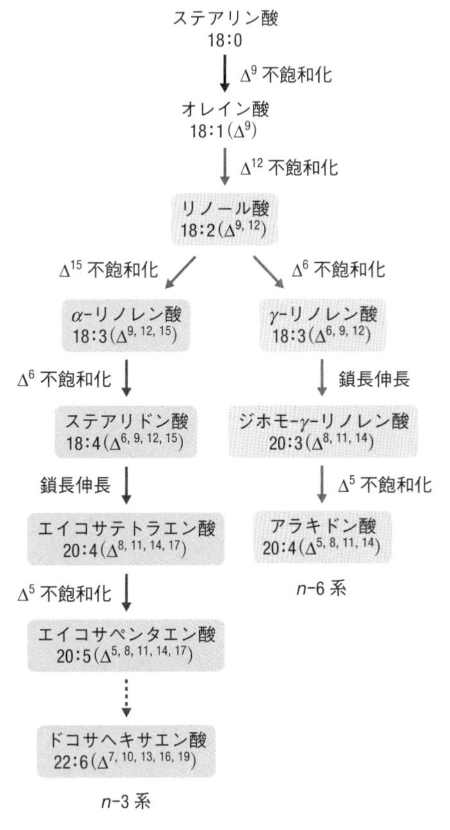

図 17・5 不飽和脂肪酸の合成

飽和脂肪酸の場合，メチル末端側の二重結合は3番目と4番目の炭素に入っており，***n*-3系不飽和脂肪酸**とよばれる（図17・5）．

20:4 ($\Delta^{5,8,11,14}$) はエイコサノイドに変換される．つまり，プロスタグランジンH_2 (PGH_2) シンターゼにより2分子の酸素が取込まれ，環状構造をもつプロスタグランジンやトロンボキサンが合成される（図17・6）．あるいは，リポキシゲナーゼにより1分子の酸素が取込まれ，直鎖状のロイコトリエンへと変換される（図17・6）．

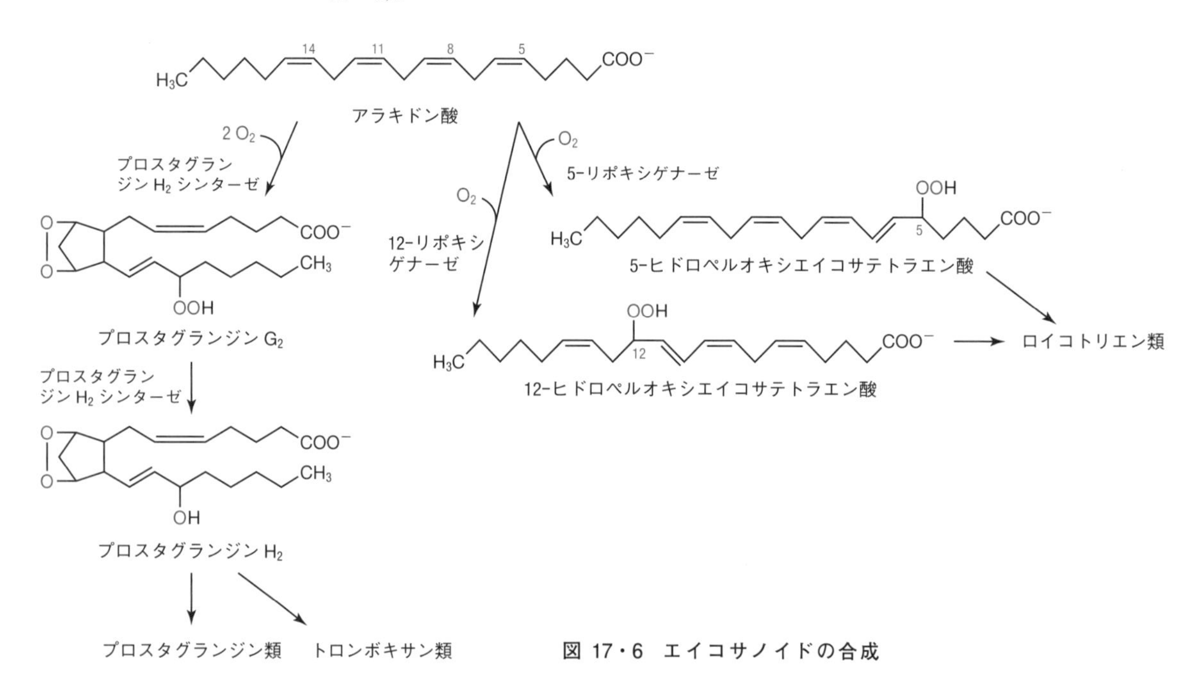

図 17・6　エイコサノイドの合成

17・2　脂質の合成

脂質は，極性脂質と中性脂質に分類される．極性脂質は，生体膜の構造的基盤となる脂質の二重層，あるいは単層を形成する材料である．中性脂質は，貯蔵物質として細胞内に蓄えられる．ここでは，まず種々の極性脂質について，次に中性脂質について，合成経路を見ていこう．

17・2・1　グリセロリン脂質とグリセロ糖脂質の合成

グリセロリン脂質
glycerophospholipid

グリセロ糖脂質
glyceroglycolipid

グリセロリン脂質やグリセロ糖脂質は，ジアシルグリセロール（DG）構造に極性基が結合して合成される．この場合，DGあるいは極性基のいずれかが活性化される必要がある．DGが活性化される場合は，CDP（シチジン二リン酸）やUDP（ウリジン二リン酸）が結合することにより活性化したCDP-DGあるいはUDP-DGが，極性基との結合反応に使われる．極性基が活性化される場合は，極性基のヒドロキシ基がCDPと結合する．

ホスファチジン酸
phosphatidic acid

グリセロ脂質の合成経路上，DG構造をもつ化合物として初めに現れるのは，**ホスファチジン酸**（PA）である（図17・7）．PA合成のためのグリセロール骨格は，

グリセロール 3-リン酸（G3P）に由来する．まず，G3P アシルトランスフェラーゼにより，G3P の *sn*-1 位のヒドロキシ基へアシル CoA からアシル基が転移し，**リゾホスファチジン酸**（LPA）が合成される．ついで LPA アシルトランスフェラーゼのはたらきで，LPA の *sn*-2 位に第二のアシル CoA からアシル基が転移し，PA が合成される．PA は，CDP-ジアシルグリセロールシンターゼにより CDP-DG へと活性化されるか，または PA ホスファターゼにより脱リン酸され DG となる（図 17・7）．これら CDP-DG や DG を用いてグリセロ脂質合成が行われる．

グリセロール 3-リン酸
glycerol 3-phosphate

リゾホスファチジン酸
lysophosphatidic acid

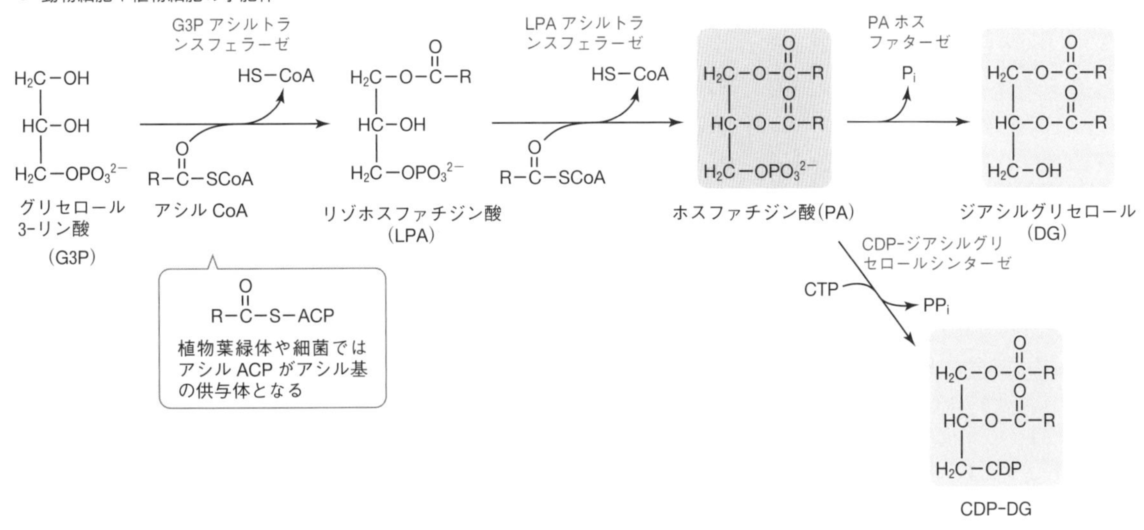

図 17・7 グリセロ脂質合成経路における DG 構造の合成

グリセロリン脂質は動物，植物，細菌のいずれにおいても，CDP-DG が非活性化型の極性基と反応する（17・6 式，17・7 式），あるいは非活性化型の DG が，CDP と結合した極性基と反応することで（17・8 式，17・9 式），合成される．一方，植物やシアノバクテリアのグリセロ糖脂質は，UDP との結合で活性化された極性基と DG が結合することで合成される（17・10 式）．グリセロリン脂質は，動物や植物ではおもに小胞体膜，細菌では細胞膜で合成され，グリセロ糖脂質は植物葉緑体の外包膜や内包膜，あるいは葉緑体の祖先とされるシアノバクテリアの細胞膜で合成される．

CDP-DG ＋ イノシトール —PI シンターゼ→ ホスファチジルイノシトール（PI）＋ CMP　(17・6)

CDP-DG ＋ G3P —PGP シンターゼ→ ホスファチジルグリセロール 3-リン酸（PGP）＋ CMP　(17・7)

PGP ＋ H_2O —PGP ホスファターゼ→ ホスファチジルグリセロール ＋ P_i

DG ＋ CDP-コリン —コリンホスホトランスフェラーゼ→ ホスファチジルコリン ＋ CMP　(17・8)

$$\text{DG} + \text{CDP-エタノールアミン} \xrightarrow[]{\text{エタノールアミン ホスホトランスフェラーゼ}} \text{ホスファチジルエタノールアミン} + \text{CMP} \quad (17 \cdot 9)$$

$$\text{DG} + \text{UDP-ガラクトース} \xrightarrow[]{\text{MGDG シンターゼ}} \text{モノガラクトシルジアシルグリセロール (MGDG)} + \text{UDP} \quad (17 \cdot 10)$$

17・2・2 スフィンゴ脂質の合成

スフィンゴ脂質 sphingolipid
パルミトイル-CoA palmitoyl-CoA
スフィンガニン sphinganine
セラミド ceramide

スフィンゴ脂質は，セリンと**パルミトイル-CoA**（16:0-CoA）を出発物質として合成される．脱炭酸（図 17・8，赤文字）により，これらが縮合し（図 17・8，赤と灰色），ついで還元されることで，炭素数 18 のアミノアルコールであるスフィンガニンが合成される．スフィンガニンは，そのアミノ基に脂肪酸がアミド結合することで，*N*-アシルスフィンガニンに変換され，さらにその炭化水素鎖部分に二重結合が導入されることで（図 17・8，＝），*N*-アシルスフィンゴシン（セラミド）

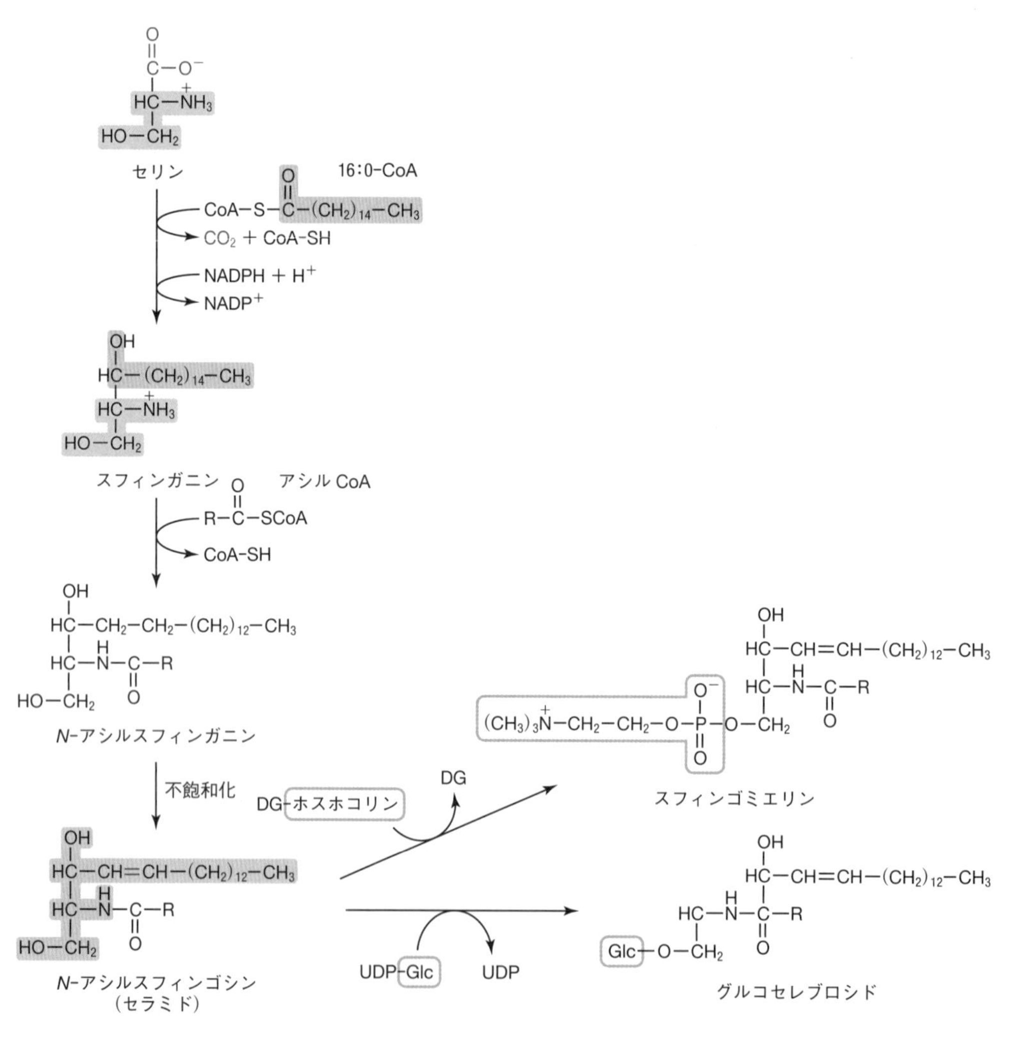

図 17・8　スフィンゴ脂質の合成経路

が合成される．セラミドは，スフィンゴシン（図 17・8，セラミド中の網かけ）を長鎖塩基成分とするが，末端の連続する 3 個の炭素原子に，順にヒドロキシ基，アミド結合を介してアシル基，そしてもう一つのヒドロキシ基をもち，DG と構造的に類似している．セラミドは，末端のヒドロキシ基に頭部極性基（図 17・8，赤枠）が結合することでスフィンゴ脂質となる．たとえば，PC からホスホコリンの転移を受けるとスフィンゴミエリンとなり，UDP-グルコースからグルコースの転移を受けるとグルコセレブロシドとなる．スフィンゴミエリンと PC は，頭部極性基が同一で尾部疎水基部分も類似している．

17・2・3 コレステロールの合成

コレステロールは，**アセチル CoA** を前駆体として合成される．ここでは，その合成過程を次の三段階に分けて見る．

コレステロール cholesterol

第一段階 アセチル CoA（C_2）を前駆体とする活性化イソプレン（C_5）の合成

イソプレン isoprene

第一段階では，2 分子のアセチル CoA（C_2）からアセトアセチル CoA（C_4）が合成され，さらに 1 分子のアセチル CoA が加わり，β-ヒドロキシ-β-メチルグル

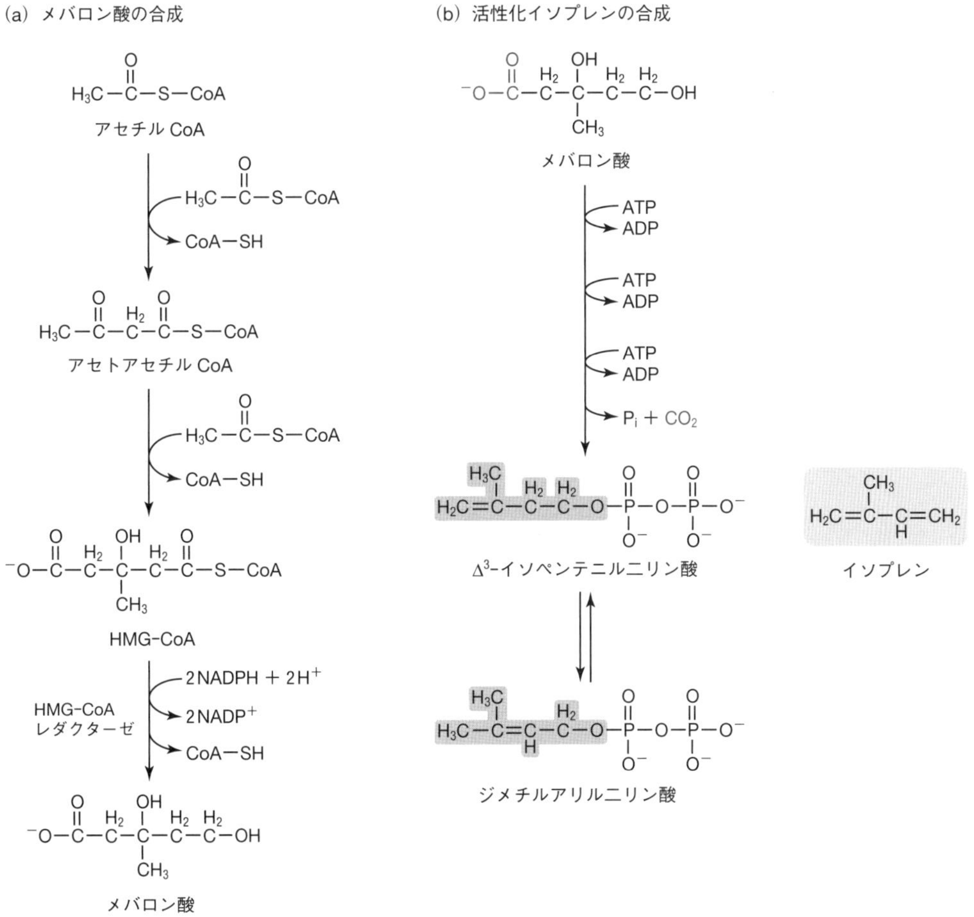

(a) メバロン酸の合成

(b) 活性化イソプレンの合成

図 17・9 コレステロール合成経路の第一段階 (a) アセチル CoA からのメバロン酸の合成，(b) メバロン酸からの活性化イソプレンの合成

タリル CoA（HMG-CoA, C_6）が生成する（図 17・9 a）. HMG-CoA は HMG-CoA レダクターゼにより還元され，メバロン酸（C_6）となる．この HMG-CoA レダクターゼが，コレステロール合成を調節する．メバロン酸は，3 分子の ATP を用いたリン酸化により活性化される（図 17・9 b）．そのうち，1 箇所での脱リン酸に伴い，脱炭酸する（図 17・9 b，赤）．これにより，イソペンテニル二リン酸（IPP）とその異性体であるジメチルアリル二リン酸（DMAPP）が生成する．いずれもイソプレン様構造がリン酸化された構造を示し，活性化イソプレンとよばれる．

イソペンテニル二リン酸（二リン酸はピロリン酸ともよばれる）isopentenylpyrophosphate

ジメチルアリル二リン酸 dimethylallylpyrophosphate

スクアレン squalene

第二段階　活性化イソプレンを前駆体とするスクアレン（C_{30}）の合成

第二段階では，IPP と DMAPP が縮合し，ゲラニル二リン酸（GPP, C_{10}）が生成する（図 17・10）．そこに再び，IPP が縮合し，ファルネシル二リン酸（FPP, C_{15}）が生成する．さらに，スクアレンシンターゼのはたらきで 2 分子の FPP が縮合し，スクアレン（C_{30}）が合成される．基質のメチル基末端側を頭部，リン酸基側を尾部とすると，スクアレンシンターゼの縮合反応は尾部側どうしで起こるが，それ以外の縮合反応はすべて，頭部と尾部の間で起こる．

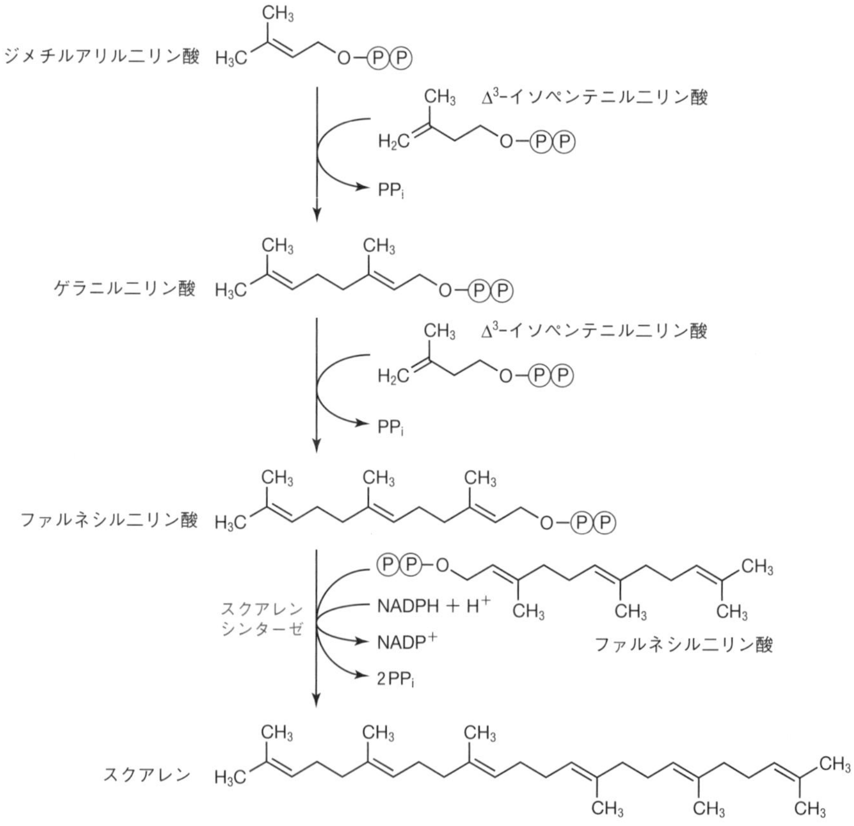

ジメチルアリル二リン酸 H_3C–C(CH_3)=CH–CH_2–O–Ⓟ Ⓟ
+ Δ^3-イソペンテニル二リン酸 → PP_i
ゲラニル二リン酸
+ Δ^3-イソペンテニル二リン酸 → PP_i
ファルネシル二リン酸
+ ファルネシル二リン酸, NADPH + H^+（スクアレンシンターゼ）→ $NADP^+$, $2PP_i$
スクアレン

図 17・10　コレステロール合成経路の第二段階　活性化イソプレンからのスクアレンの合成.

第三段階　スクアレンの閉環などによるコレステロール（C_{27}）の合成

第三段階において，スクアレンは酸素原子の付加によるエポキシ化，それに続く環構造の形成やメチル基の移動・脱離を経てコレステロール（C_{27}）となる（図

17・11）．植物や真菌類では，ステロール合成経路が途中で動物とは別となり，おのおのスチグマステロール（C_{29}）やエルゴステロール（C_{28}）を生じる．

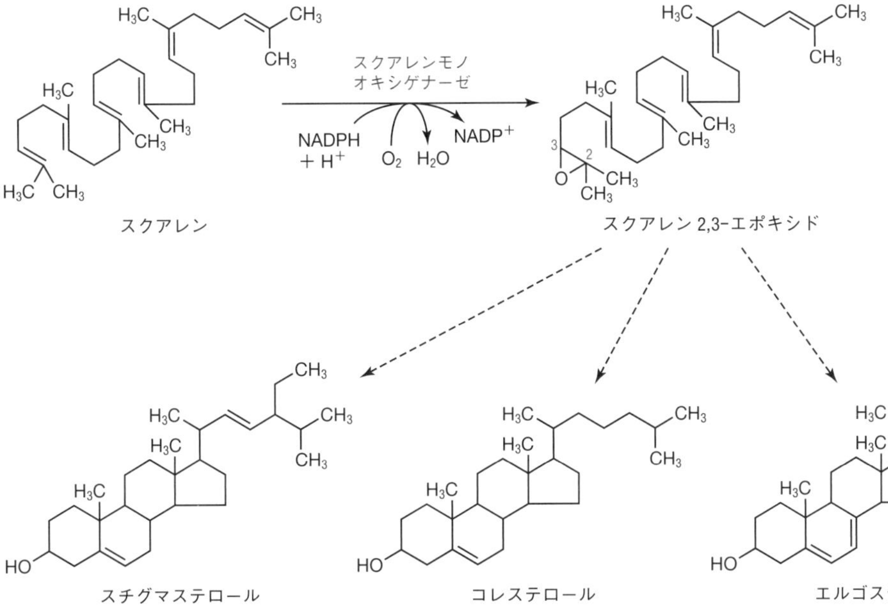

図 17・11　コレステロール合成経路の第三段階　スクアレンからのコレステロールの合成

ステロイドホルモンは，コレステロールを前駆体として合成される．すなわち，コレステロールのアルキル基側鎖が酸化を伴う反応で除去される（図 17・12，赤）．これにより，プレグネノロン（C_{21}）が生成する．このプレグネノロンを共通の前駆体として，種々のステロイドホルモンが合成される．

ステロイドホルモン steroid hormone

プレグネノロン pregnenolone

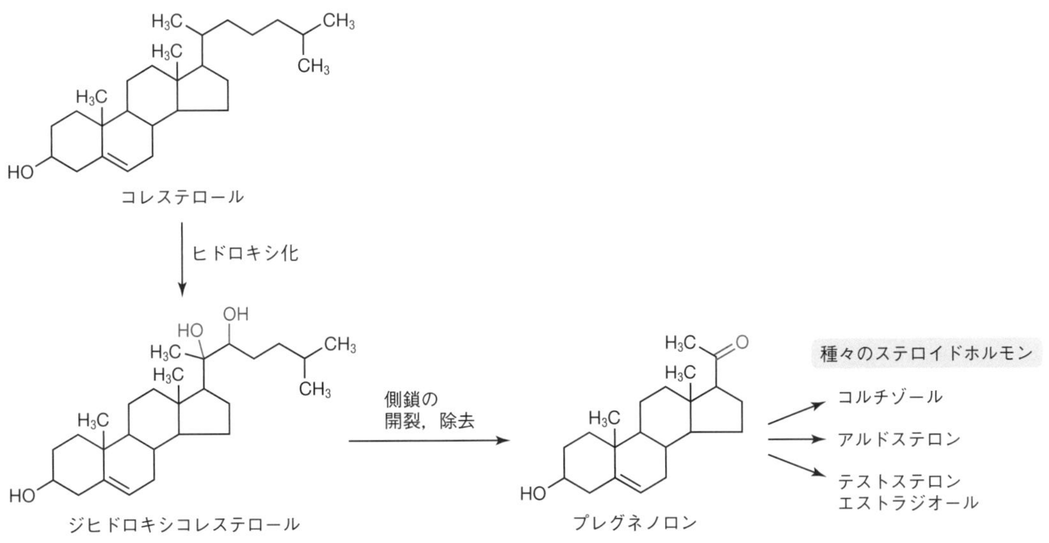

図 17・12　ステロイドホルモンの合成経路

17・2・4　中性脂質の合成

トリアシルグリセロール
triacylglycerol

中性脂質で最も代表的なものは，**トリアシルグリセロール**（TG）である．TGの合成経路は，DGが合成されるまでは§17･2･1で述べた経路と同一で，DGの*sn*-3位にアシルCoAからアシル基が転移されてTGが合成される（図17・13 a）．この反応はジアシルグリセロールアシルトランスフェラーゼによる．TG合成は，動物や植物の細胞では，いずれも小胞体膜で行われる．また，動物において，血中コレステロールの70〜80%は脂肪酸が結合したコレステロールエステルであり，これはアシルCoA-コレステロールアシルトランスフェラーゼにより，コレステロールのヒドロキシ基にアシル基が転移し合成される（図17・13 b）．動物細胞では，小胞体でコレステロールエステルが合成される．

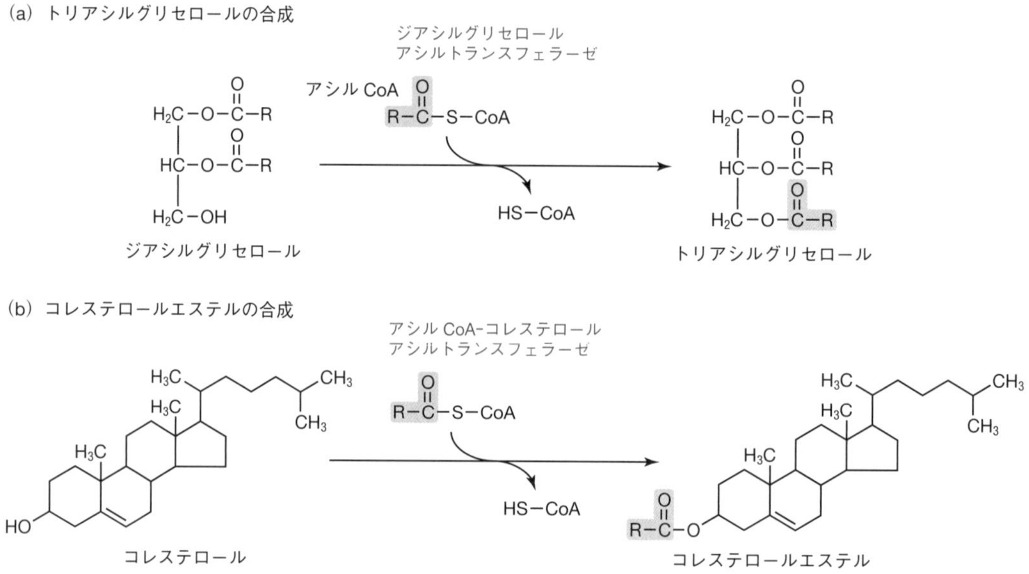

(a) トリアシルグリセロールの合成

ジアシルグリセロール
アシルトランスフェラーゼ
アシルCoA
HS−CoA
ジアシルグリセロール
トリアシルグリセロール

(b) コレステロールエステルの合成

アシルCoA-コレステロール
アシルトランスフェラーゼ
HS−CoA
コレステロール
コレステロールエステル

図 17・13　中性脂質の合成反応

17・3　脂質の消化，吸収，輸送

動物において，食餌中の脂質は小腸で消化・吸収される．脂質はまた，動物体内でも合成されている．いずれの場合も，血漿リポタンパク質により，必要とされる体内の組織へとリンパ系や血管系で輸送されるが，食物から消化・吸収された脂質は外因性経路で，動物体内で合成した脂質は内因性経路で輸送される．ここではまず，血漿リポタンパク質の構造について，次に各経路について説明する．

17・3・1　血漿リポタンパク質

血漿リポタンパク質
plasma lipoprotein

血漿リポタンパク質は，TGやコレステロールエステルなどの中性脂質による疎水コアの表面を，グリセロリン脂質やコレステロールといった両親媒性の極性脂質単層が覆っている．その脂質単層にはアポリポタンパク質が配置されている．すなわち，基本構造は脂肪滴（TG やコレステロールを貯蔵する細胞小器官，図 3・11 参照）に似ている．血漿リポタンパク質は，その密度により，おもに 4 種に分類される．密度の低い順からキロミクロン，超低密度リポタンパク質（VLDL），低密度リポタンパク質（LDL），高密度リポタンパク質（HDL）となり，おのおの，特徴的な化合物の組成を示す（表 17・2）．中性脂質に関しては，キロミクロンや VLDL は TG の含量が高く，一方，LDL や HDL はコレステロールエステルを多く含む．

キロミクロン chylomicron

VLDL: very low density lipoprotein

LDL: low density lipoprotein

HDL: high density lipoprotein

表 17・2 おもな血漿リポタンパク質とそこに含まれる化合物の組成[a]

リポタンパク質の種類	密度 (g/mL)	含量（重量%）				
		タンパク質	リン脂質	コレステロール	コレステロールエステル	トリアシルグリセロール
キロミクロン	＜0.95	2	9	1	3	85
VLDL	0.95～1.006	10	18	7	12	50
LDL	1.006～1.063	23	20	8	37	10
HDL	1.063～1.210	55	24	2	15	4

a) 出典：A. L. Lehninger, D. L. Nelson, M. M. Cox, “Lehninger, Principles of Biochemistry”, 4th Ed., W. H. Freeman & Co. (2004) より改変.

17・3・2 脂質輸送の外因性経路

動物は，食物から摂取した外因性の TG を小腸で消化・吸収する．小腸に達した TG は，まず胆汁酸と混合ミセル化する．これによりリパーゼの作用を受けやすくなり，TG は脂肪酸やモノアシルグリセロールなどに分解される．これら分解産物は，拡散により小腸の上皮細胞内に入り，それらを材料として TG が再合成される．再合成された TG はキロミクロンの内部に組込まれ，リンパ系および血流により筋肉や脂肪組織の毛細血管まで運搬される（図 17・14，- - →）．そして，キロミクロン中の TG は再びリパーゼの作用を受け，脂肪酸が遊離する．遊離した脂肪酸は，筋肉細胞や脂肪細胞の細胞膜に存在する脂肪酸輸送体を介して，各細胞内へ入る．TG を放出したキロミクロンの残骸，つまりキロミクロンレムナントは肝臓に送られ，エンドサイトーシスにより肝細胞内に入り，分解される（図 17・14，- - →）．

脂肪酸は，筋肉細胞では酸化によるエネルギーの獲得に用いられる．一方，脂肪細胞では TG 合成に用いられ，合成された TG は脂肪滴内に貯蔵される．脂肪細胞では，脂肪滴の TG は必要に応じて分解され，遊離した脂肪酸が，血中をアルブミンタンパク質と結合したかたちで筋肉へと輸送される．

17・3・3 脂質輸送の内因性経路

肝臓は中性脂質の合成能が高く，そこで合成された内因性の TG やコレステロールエステルは，VLDL に組込まれて輸送される（図 17・14，⟶）．VLDL は血流により，筋肉や脂肪組織に運ばれ，そこで積み荷の TG は，キロミクロンの TG と同じ代謝の過程をたどる（図 17・14，⟶）．TG を下ろした残り，VLDL レムナントは，キロミクロンレムナントと同じく肝臓に送られ，肝細胞内で分解されるか（図 17・14，⟶），あるいは途中，TG をさらに減らすことでコレステロールとコレステロールエステルに富む LDL に変化し，これらの脂質を肝外組織へ運搬する

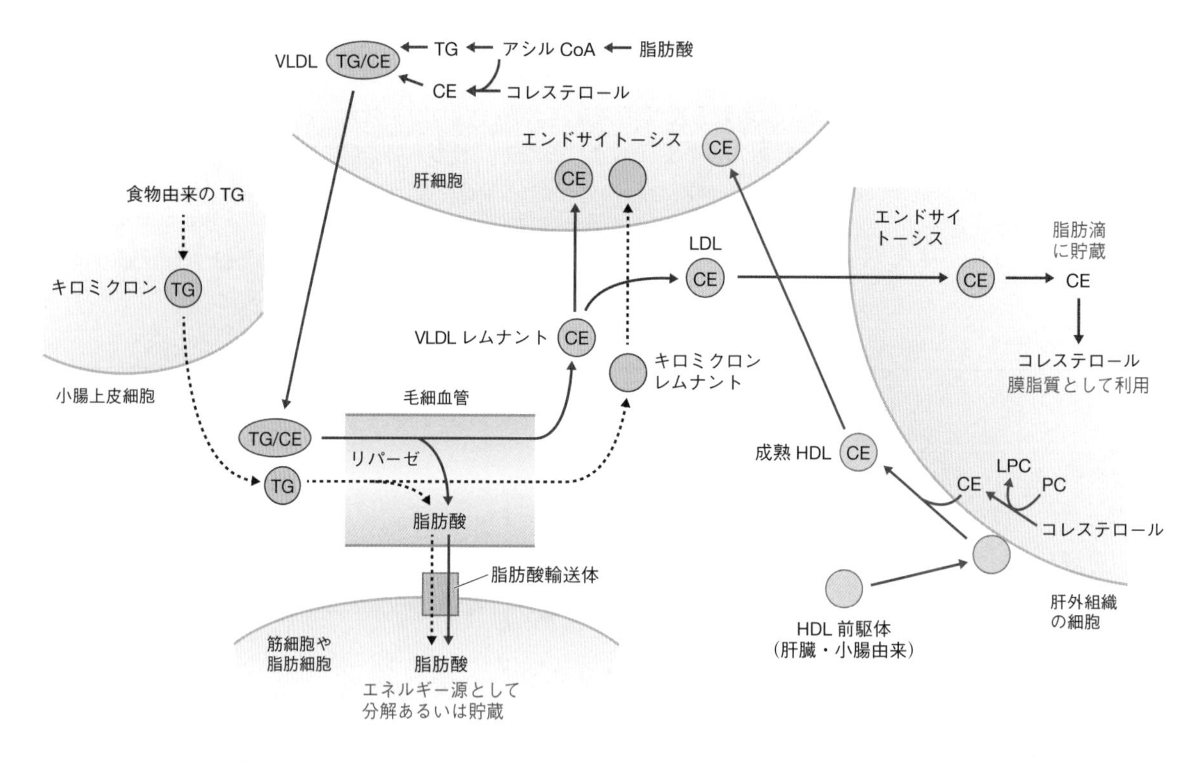

図 17・14　血漿リポタンパク質による中性脂質の輸送経路　TG: トリアシルグリセロール．CE: コレステロールエステル．LPC: リゾホスファチジン酸．PC: ホスファチジルコリン．

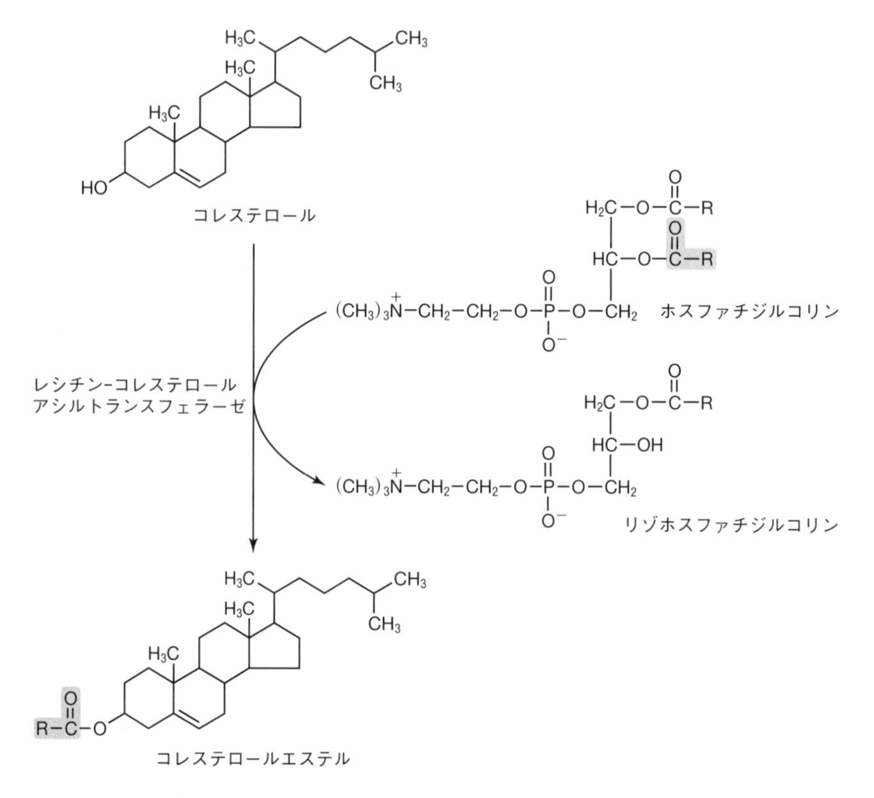

図 17・15　HDL におけるコレステロールエステルの合成

(図 17・14, ⟶). その際, LDL は標的細胞内にエンドサイトーシスで取込まれ, 分解される. これにより, 標的細胞内にコレステロールやコレステロールエステルが放出され, それらは膜や脂肪滴に入る.

HDL は, HDL 前駆体として肝臓や小腸で生成し, 肝外組織へ送られる (図 17・14, ⟶). この前駆体は, レシチン-コレステロールアシルトランスフェラーゼをもち, これによりコレステロールへホスファチジルコリンの *sn*-2 位のアシル基が転移され, コレステロールエステルが合成される. (図 17・15, 赤). これは, 脂肪滴のコレステロールエステルの合成反応 (図 17・13 b) とは異なる. この酵素のはたらきにより, 肝外組織で余剰となったコレステロールはコレステロールエステルに変換され, HDL に蓄えられる. コレステロールエステルを十分量貯蔵した成熟 HDL は肝臓に運ばれ, エンドサイトーシスにより肝細胞内に取込まれる (図 17・14, ⟶). そこでコレステロールエステルは胆汁酸に変換され, 最終的には糞便として排出される. この HDL の役割は, **コレステロール逆輸送**とよばれる.

17・4 脂肪酸の酸化

脂肪酸は, 糖とは別の ATP 産生のエネルギー源である. 脂肪酸は動物細胞ではサイトゾルで合成されるが, エネルギー産生のためにはミトコンドリアで酸化分解され, さらにクエン酸回路, 呼吸鎖で代謝され, ATP のかたちでエネルギーが放出される. このためには, 脂肪酸がミトコンドリアのマトリックスへ入る必要がある. ここでは, 脂肪酸のミトコンドリアへの移行, 脂肪酸の酸化分解, および ATP 合成を順に見ていこう.

脂肪酸 fatty acid

17・4・1 脂肪酸のミトコンドリアへの移行

アシル CoA は, そのままの形ではミトコンドリアに入れない. そこで, ミトコ

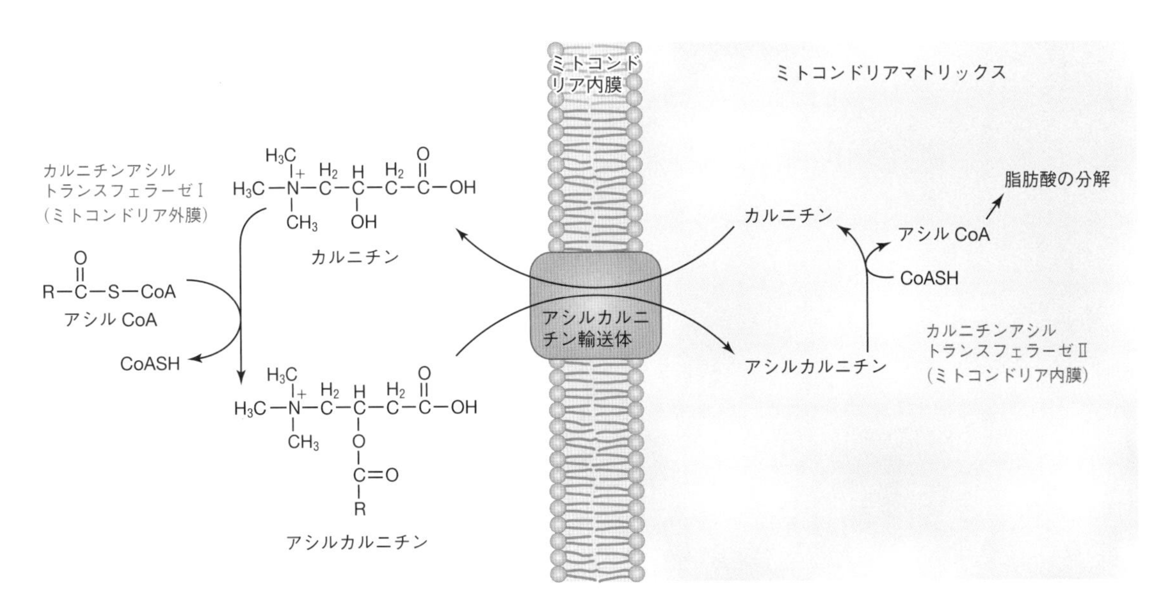

図 17・16　脂肪酸のミトコンドリアへの輸送

ンドリア外膜に存在するカルニチンアシルトランスフェラーゼⅠによりアシルカルニチンに変換され（図 17・16），外膜を通過する．そして，ミトコンドリア内膜のアシルカルニチン輸送体によりマトリックスへ輸送され，ミトコンドリア内膜のカルニチンアシルトランスフェラーゼⅡにより，アシル CoA へと変換され，以後，分解される．同時に生成するカルニチンは，マトリックスの外へ輸送され，再び，アシル基の輸送体としての役割を担う．

17・4・2　脂肪酸の β 酸化

脂肪酸の分解は，アシル CoA を最初の基質とする四つの連続する反応が 1 サイクルとなり，それが繰返されることで進行する．これにより，サイクルごとにアセチル CoA が切り出され，同時に $FADH_2$ と NADH の還元力が生み出される．（図 17・17 a）．ここでは，16:0-CoA から 14:0-CoA への β 酸化の反応を見てみよう（図 17・17 b）．四つの連続反応は以下のとおりである．

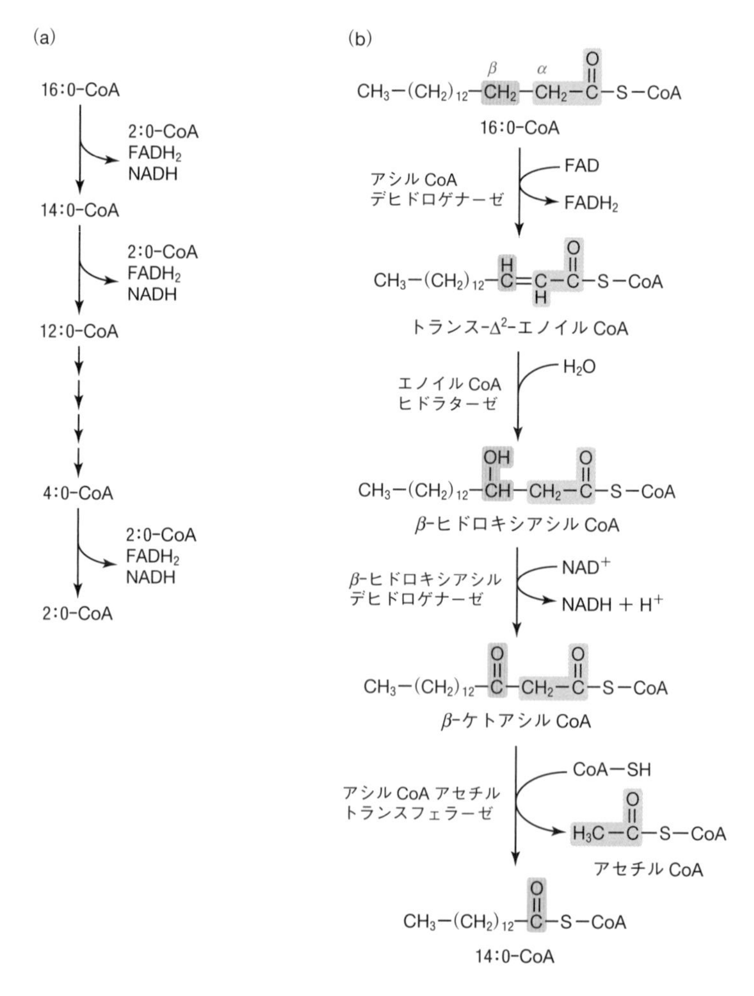

図 17・17　脂肪酸の β 酸化による分解　(a) β 酸化による脂肪酸分解の概要．(b) 16:0-CoA から 14:0-CoA への β 酸化による分解反応．

① アシル CoA デヒドロゲナーゼ（脱水素酵素）により α 炭素と β 炭素の間に二重結合が生じ，トランス-Δ^2-エノイル CoA が生成する．この際，FAD が $FADH_2$ へと還元される．
② エノイル CoA ヒドラターゼ（加水酵素）により二重結合に水が付加し，β-ヒドロキシアシル CoA が生成する．
③ β-ヒドロキシアシル CoA デヒドロゲナーゼにより脱水素され，β-ケトアシル CoA が生成する．この際，NAD^+ が NADH へと還元される．
④ 最後に，アシル CoA アセチルトランスフェラーゼによりカルボキシ基側の C_2 部分（図 17・17 b，赤）がアセチル CoA として切り出され，その C_2 分だけ短くなったアシル CoA が生成する．たとえば，16:0-CoA からは（17・11)式のように 14:0-CoA が生成する．

$$\text{16:0-CoA} + \text{CoA} + \text{FAD} + \text{NAD}^+ + \text{H}_2\text{O} \longrightarrow \text{14:0-CoA} + \text{アセチル-CoA} + \text{FADH}_2 + \text{NADH} + \text{H}^+ \quad (17 \cdot 11)$$

以上 ①～③ のように脂肪酸分解は，β 炭素のカルボニル基への酸化（図 17・17 b，灰色）を伴うことから，**β 酸化**とよばれる．β 酸化を担うこれらの酵素はミトコンドリアの内膜に存在する．16:0-CoA で完全に β 酸化が進むと，このサイクルが 7 回連続して起こる（17・12 式)．

β 酸化 β-oxidation

$$\text{16:0-CoA} + 7\text{CoA} + 7\text{FAD} + 7\text{NAD}^+ + 7\text{H}_2\text{O} \longrightarrow 8\,\text{アセチル-CoA} + 7\text{FADH}_2 + 7\text{NADH} + 7\text{H}^+ \quad (17 \cdot 12)$$

17・4・3 脂肪酸の分解産物を利用した ATP 合成

脂肪酸の β 酸化により生成したアセチル CoA は，クエン酸回路により 2 分子の CO_2 へと酸化される．この際，3 分子の NADH，1 分子の $FADH_2$，1 分子の GTP が生成する．したがって（17・12)式から，16:0-CoA が CO_2 に完全に分解されることで，31 分子の NADH，15 分子の $FADH_2$，そして 8 分子の GTP が生成する．続く呼吸鎖により，NADH，$FADH_2$ の 1 分子からはおのおの，2.5 分子，1.5 分子の ATP が生成し，さらに，GTP が ATP と等価であるとすると，16:0-CoA から 108 分子の ATP が生成する．

なお，動物や植物の細胞では，ペルオキシソームでも脂肪酸の β 酸化が起こる．この場合，生成するアセチル CoA や NADH は直接エネルギー生産には利用されず，ペルオキシソームの外で代謝に利用される．動物では，超長鎖脂肪酸や分岐脂肪酸がペルオキシソームで β 酸化を受け，ミトコンドリアで酸化できる長さに代謝される．

17・5 ケトン体の代謝

動物の肝臓では，脂肪酸の β 酸化で生成するアセチル CoA が，**ケトン体**とよばれるアセト酢酸や D-β-ヒドロキシ酪酸，およびアセトンの合成に用いられる（図 17・18)．アセト酢酸は，3 分子のアセチル CoA が順次縮合して HMG-CoA が生成したのち，アセチル CoA が脱離することにより生成する．D-β-ヒドロキシ酪酸やアセトンは，アセト酢酸を前駆体として合成される．このうち，アセト酢酸と

ケトン体 ketone body

D-β-ヒドロキシ酪酸は，血流に乗り肝臓から他の組織へ運ばれ，エネルギー源として利用される．ケトン体は，栄養状態がよいとその合成は緩やかだが，飢餓状態だと促進される．つまり，飢餓により糖新生が亢進するとクエン酸回路の中間代謝産物が枯渇するため，アセチル CoA がクエン酸回路ではなく，ケトン体の合成経路に入っていく．ケトン体は到達した肝外組織の細胞で 2 分子のアセチル CoA に変換され，それらはクエン酸回路へ入り，エネルギー源として利用される．長期の飢餓状態に入ると，心臓や脳で使われるエネルギーの多くがケトン体でまかなわれる．

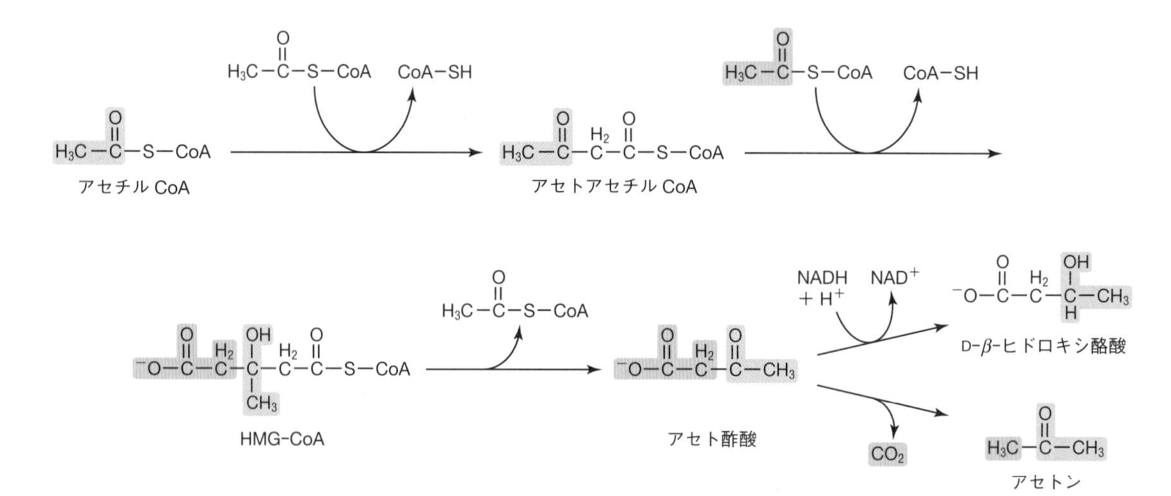

図 17・18　ケトン体の合成経路　各ケトン体の化学構造がどのアセチル CoA に由来するか，赤と灰色で区別している．

■ 章末問題

17・1　脂肪酸合成では，炭素鎖はマロニル基が脱炭酸縮合し C_2 単位で伸長する．C_2 単位で直接的に反応するのではなく，C_3 単位で反応する理由を考えよ．

17・2　KEGG（https://www.genome.jp/kegg/kegg_ja.html）を利用して，ホスファチジルコリンとホスファチジルエタノールアミンの生合成経路を調べよ．§17･2･1 に記載した以外にどのような経路があるか？

17・3　KEGG を利用してモノガラクトシルジアシルグリセロール（C03692）の生合成経路を調べよ．§17･2･1 に記載した植物の経路とは異なり，シアノバクテリアではどのような経路があるか？

17・4　1 分子のアラキジン酸が β 酸化により完全に分解される場合，β 酸化のサイクル数を答えよ．また，この β 酸化により生成するアセチル CoA，$FADH_2$ および NADH の分子数を答えよ．

17・5　ヒトは深刻な飢餓に陥ると，血液の pH が低下するアシドーシスの状態となり，それがもとで死に至る場合がある．アシドーシスの原因をケトン体の代謝から説明せよ．

アミノ酸代謝 18

概要 生命現象の制御には，タンパク質の合成だけでなく，分解も重要である．タンパク質はつねに代謝回転を受けている．また，タンパク質の構成成分であるアミノ酸も，糖や脂質と同様に分解されてエネルギー源として利用される．しかし，糖や脂質と異なりアミノ酸は必ず**窒素**を含むので，分解で生じる窒素をどのように処理して排泄するかが生物にとって重要である．一方，タンパク質を構成するアミノ酸は，重要な栄養源である．標準アミノ酸には，哺乳類の体内で生合成できるものもあれば，他の生物に従属しなければならないものもある．また，アミノ酸は，生理活性アミンなど他の化合物の前駆体としても重要である．

行動目標

1. 細胞内におけるタンパク質分解系として，リソソームやユビキチン-プロテアソーム系について説明できる．
2. アミノ酸の脱アミノとそれに続く異化の過程を説明できる．
3. 尿素回路について説明できる．
4. 非必須アミノ酸の哺乳類における生合成を説明できる．
5. 必須アミノ酸の植物と微生物における生合成を説明できる．
6. アミノ酸はタンパク質だけでなく，生理活性物質や他の代謝経路の前駆体となることを説明できる．

18・1 タンパク質分解

タンパク質は三大栄養素の一つであり，ヒトなどの動物は，消化管でタンパク質を加水分解している．タンパク質分解は，タンパク質の栄養利用においてのみでなく，生命現象の制御においても非常に重要である．タンパク質の切断には，分解のための切断のほかに，前駆体タンパク質の限定的な切断による成熟化（プロセシング）もある（§8・2 のエンテロペプチダーゼや，§12・4 の血液凝固系のプロテアーゼなど）．この節では，プロセシング以外のタンパク質分解に着目する．

18・1・1 生体内におけるタンパク質分解

私たちの体は，つねにタンパク質の代謝回転（新陳代謝）を行っている．生細胞内におけるタンパク質の寿命（半減期）は，数分から数週間以上までさまざまである．タンパク質分解には，細胞外での分解と細胞内での分解とがある．細胞外におけるタンパク質分解には，栄養吸収のための消化のほかに，発生や分化における細胞外タンパク質の分解もある．細胞内の分解には，**リソソーム**による分解や**ユビキチン-プロテアソーム**による分解などがあり，不必要となった酵素や調節タンパク質を除去して生命現象を調節すること，有害となりうる異常タンパク質を除去すること，栄養素として再利用することなどの役割がある．生命現象は，タンパク質合成と分解のバランスの上に制御されており，タンパク質の分解は合成と同様に重要である．

リソソーム lysosome

18・1・2 タンパク質分解酵素

ペプチド結合を加水分解する酵素を，**ペプチダーゼ**と総称する．これらのうち，高分子のポリペプチド（タンパク質）を切断するものを**プロテアーゼ**あるいは**プロテイナーゼ**とよぶ．また，基質のどの位置を切断するかによって，**エンドペプチ**

ペプチダーゼ peptidase

プロテアーゼ protease

プロテイナーゼ proteinase

エンドペプチダーゼ endopeptidase

エキソペプチダーゼ
exopeptidase

セリンプロテアーゼ
serine protease

メタロプロテアーゼ
metalloprotease

ダーゼ（ポリペプチド鎖の内部を切断する），**エキソペプチダーゼ**（末端から順次アミノ酸残基を遊離する）というよび方もある．さらに，触媒中心が何かによって，**セリンプロテアーゼ**や**メタロ**(金属)**プロテアーゼ**などのよび方も使われる．トリプシン（8章を参照）は，エンドペプチダーゼ活性をもったセリンプロテアーゼである．

18・1・3　リソソームにおけるタンパク質分解

リソソームは，真核生物に多数存在する球状の膜小胞である．タンパク質など生体分子を加水分解するさまざまな酵素を含んでおり，エンドサイトーシスなどにより取込んださまざまな物質を分解する．また，飢餓状態において KFREQ（Lys-Phe-Glu-Arg-Gln）配列をもつサイトゾルタンパク質を選択的に取込んで分解するしくみもある．このことにより，必須な酵素や調節タンパク質の分解を防ぎつつ，飢餓におけるアミノ酸の調達に対応する．2016年に大隅良典博士がノーベル生理学・医学賞を受賞した**オートファジー**は、リソソームによりサイトゾルのタンパク質や細胞小器官を分解するシステムである．

オートファジー　autophagy

18・1・4　ユビキチン-プロテアソーム系によるタンパク質分解

ユビキチン　ubiquitin

プロテアソーム　proteasome

リソソームが関与しない ATP 依存性の細胞内タンパク質分解も知られている．**ユビキチン-プロテアソーム系**は，**ユビキチン**により標識されたタンパク質を **26S プロテアソーム**とよばれるプロテアーゼで分解することにより，細胞周期の制御や免疫応答などさまざまな生命現象において重要な役割を担っている．

ユビキチン活性化酵素
ubiquitin-activating enzyme

ユビキチン結合酵素
ubiquitin-conjugating enzyme

ユビキチンリガーゼ
ubiquitin ligase

ユビキチンは 76 残基の小さなタンパク質であるが，真核生物において非常に高度に保存されている．タンパク質のユビキチン化は，**ユビキチン活性化酵素**（**E1**），**ユビキチン結合酵素**（**E2**），**ユビキチンリガーゼ**（**E3**）とよばれる 3 種類の酵素によって触媒され，ATP 依存的に標的タンパク質中の**リシン**（Lys）残基がユビキチン化される（図 18・1 a）．さらにユビキチンの 48 位の Lys 残基を介してポリユビキチン化されると，これが目印となり，26S プロテアソーム（図 18・1 b）により分解される．また，脱ユビキチン化酵素によりユビキチン化と拮抗するしくみもある．

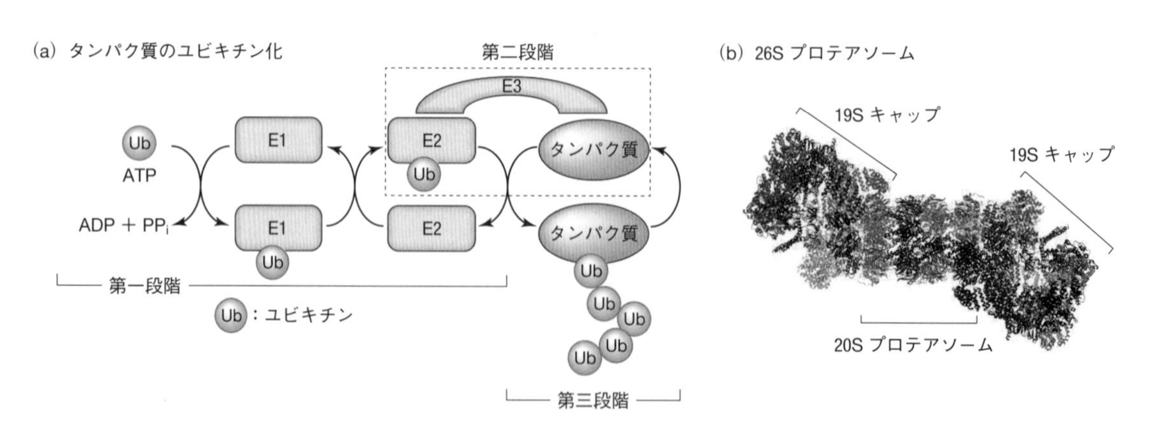

図 18・1　ユビキチン-プロテアソーム系［出典：(b) PDB 5GJR］

26S プロテアソームは，**20S プロテアソーム**と 2 個の **19S キャップ**からなる巨大なタンパク質複合体である（図 18・1 b）．20S プロテアソームは，7 種類の α 型サブユニットからなるリング 2 個と，7 種類の β 型サブユニットからなるリング 2 個により形成される円筒形の構造である．19S キャップは，ユビキチン化されたタンパク質を認識して ATP 依存的に立体構造をほどき，ユビキチンを除去して 20S プロテアソームの円筒内に導入する．円筒内部の空間では，β 型サブユニットのうちの 3 個が基質特異性の異なるプロテアーゼ活性をもっているので，さまざまなタンパク質を分解して断片化することができる．断片化されたペプチドは細胞質に放出され，さらにペプチダーゼによる分解を受ける．ユビキチンは，分解を受けずに再利用される．

18・2 アミノ酸の異化

ヒトにとって，アミノ酸は非常に重要な窒素源である．特に必須アミノ酸は，食事から摂取しなければならない．しかし，供給が十分なときは，過剰なアミノ酸は脱アミノされ，窒素はおもに尿素に変換されて排出される．脱アミノしたのちの炭素骨格がどのように代謝されるかは，アミノ酸の種類やそのときの代謝調節の状態に依存して異なるが，エネルギー源として酸化されたり，脂肪や糖に変換されたりする．

18・2・1 PLP 依存性のアミノ基転移

通常，α-アミノ酸の分解は，脱アミノから始まる．ほとんどのアミノ酸は，2-オキソグルタル酸の α 炭素へのアミノ基転移により脱アミノされ，**グルタミン酸**（Glu）が生じる（図 18・2 の左から右への反応）．脱アミノしたアミノ酸は，α-アミノ基がカルボニル基と置換され，2-オキソ酸（α-ケト酸）となる．この脱アミノは，**ピリドキサール 5′-リン酸**（**PLP**）依存的に，アミノトランスフェラーゼ（トランスアミナーゼ）と総称される酵素によって触媒される．

ピリドキサール 5′-リン酸 pyridoxal 5′-phosphate

2-オキソ酸 2-oxo acid（α-ケト酸 α-keto acid）

アミノトランスフェラーゼ aminotransferase

トランスアミナーゼ transaminase

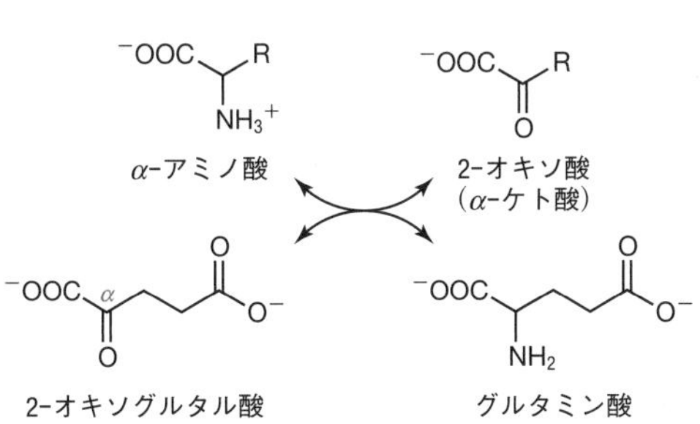

図 18・2 アミノ酸の脱アミノとアミノ基転移によるアミノ酸の生成

補酵素 PLP は，ピリドキシン（ビタミン B_6）の誘導体であり，アミノ酸の脱アミノや，アミノ基転移によるアミノ酸の生合成に必要である．図 18・3 にアミノトランスフェラーゼがアミノ酸から脱アミノしてピリドキサミン 5′-リン酸（PMP）と 2-オキソ酸を生成する過程を示す．

ピリドキサミン 5′-リン酸 pyridoxamine 5′-phosphate

① PLP のアルデヒドがアミノトランスフェラーゼのリシン残基の側鎖のアミノ基と縮合してイミン（シッフ塩基）を形成する．

② 酵素リシン残基に結合した PLP イミンにアミノ酸のアミノ基が求核攻撃して酵素リシン残基と置き換わる．

③ PLP-アミノ酸イミンが互変異性化して，ピリドキサミン 5′-リン酸(PMP)-2-オキソ酸イミンとなる．

④ これが加水分解されると PMP と 2-オキソ酸を生じる．

この過程は可逆であり，PMP から 2-オキソ酸へアミノ基を転移すると α-アミノ酸が合成される（§18･4･2 で述べる）．たとえば，2-オキソグルタル酸にアミノ基が転移すると，Glu が生成する．このように，アミノトランスフェラーゼはアミノ酸の合成と分解の両方にはたらく．

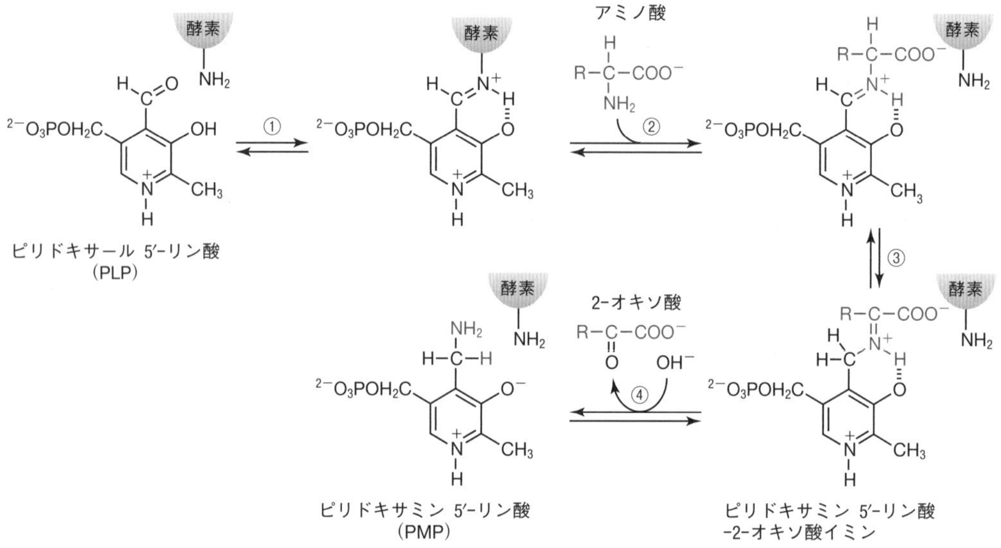

図 18・3 アミノトランスフェラーゼによる PLP 依存的な脱アミノ

酸化的脱アミノ
oxidative deamination

18・2・2 グルタミン酸の酸化的脱アミノ

前節で示したアミノ基転移では，他のアミノ酸が生じるので，正味のアミノ酸分解は起こっていない．種々のアミノ酸から 2-オキソグルタル酸にアミノ基が転移することにより Glu が生じるが，正味のアミノ酸分解の過程として，Glu はミトコンドリアのグルタミン酸デヒドロゲナーゼにより酸化的に脱アミノされ，アンモニアが遊離する（図 18・4）．この酸化還元反応では，NAD^+ または $NADP^+$ が補酵素としてはたらき，Glu の α 炭素の水素がヒドリド（H^-）として補酵素に移動する．この反応により 2-オキソグルタル酸が再生し，次のアミノ基転移に用いられる．

2-オキソグルタル酸はクエン酸回路の中間体でもある（14 章を参照）．したがって，グルタミン酸デヒドロゲナーゼによる Glu の代謝を活性化すれば，クエン酸回路の流量が増し，酸化的リン酸化による ATP 産生を増やすことができる（15 章を参照）．一方，遊離したアンモニアは，尿素回路で尿素に変換される（§18・3 で述べる）．

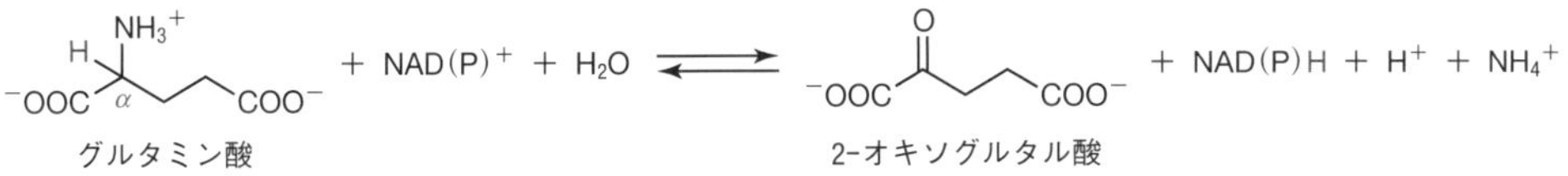

$$\text{グルタミン酸} + NAD(P)^+ + H_2O \rightleftharpoons \text{2-オキソグルタル酸} + NAD(P)H + H^+ + NH_4^+$$

$${}^-OOC\text{-}C_\alpha H(NH_3^+)\text{-}CH_2\text{-}CH_2\text{-}COO^- \quad\quad {}^-OOC\text{-}C(=O)\text{-}CH_2\text{-}CH_2\text{-}COO^-$$

図 18・4　グルタミン酸の酸化的脱アミノ

18・2・3　種々のアミノ酸の分解

Glu 以外のアミノ酸の分解で生じる炭素骨格も，CO_2 と H_2O に代謝されるか，糖新生あるいはケトン体や脂肪酸の合成に使われる．標準アミノ酸は，分解過程で 7 種の代謝中間体（ピルビン酸，アセチル CoA，2-オキソグルタル酸，スクシニル CoA，フマル酸，オキサロ酢酸，アセト酢酸）のいずれかを生成する（図 18・5）．ピルビン酸とアセト酢酸はアセチル CoA に変換されるので，11 種の標準アミノ酸はアセチル CoA を生成することになる．

ピルビン酸と**オキサロ酢酸**は糖新生の基質であり，クエン酸回路の中間体である 2-オキソグルタル酸，スクシニル CoA，フマル酸もオキサロ酢酸に変換されて糖新生の経路に入ることができる．したがって，このような代謝中間体を生じるアミノ酸を**糖原性アミノ酸**という．一方，アセチル CoA やアセト酢酸は脂質代謝経路を経由することにより脂肪酸やケトン体を生成するので，これらを生じるアミノ酸は**ケト原性アミノ酸**とよばれる．糖原性とケト原性の両方の性質をもつアミノ酸も

ピルビン酸
pyruvic acid, pyruvate

オキサロ酢酸
oxaloacetic acid, oxaloacetate

糖原性アミノ酸
glucogenic amino acid

ケト原性アミノ酸
ketogenic amino acid

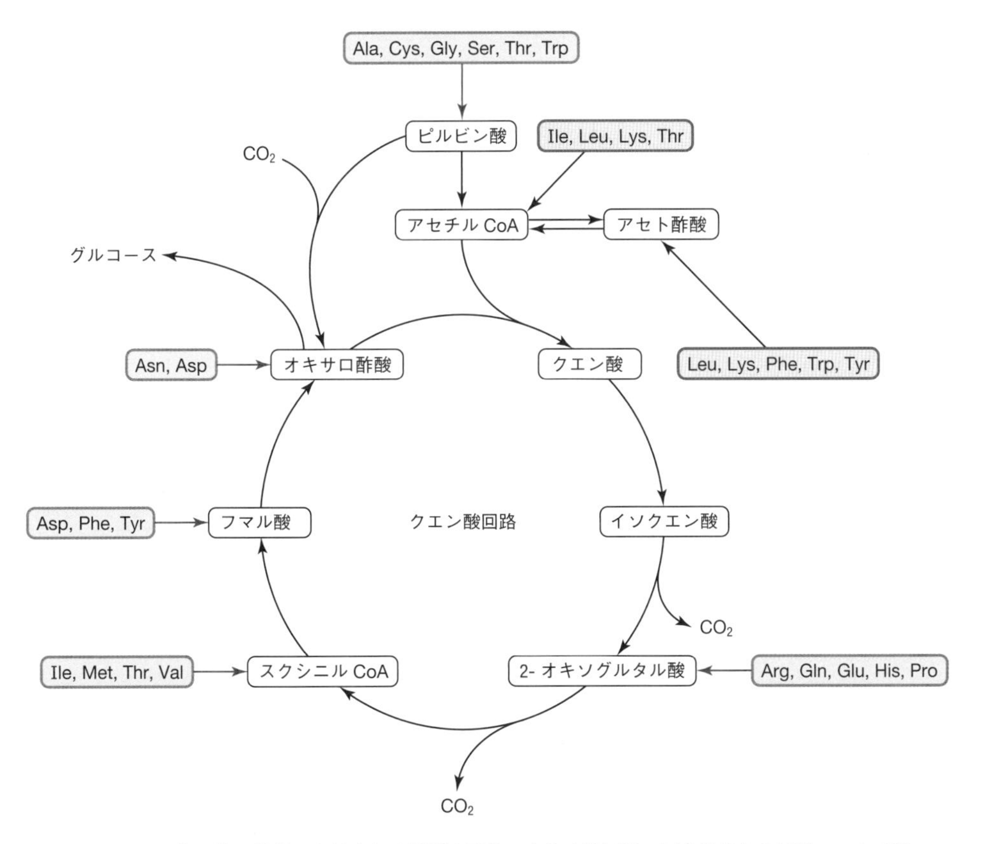

図 18・5　アミノ酸の分解により生じる代謝中間体　赤枠は糖原性，灰色枠はケト原性のアミノ酸．

ある．

フェニルアラニン（Phe）が過剰になると，フェニルアラニンヒドロゲナーゼによりチロシン（Tyr）に変換されてから脱アミノする．この酵素が欠損していると，フェニルアラニンが脱アミノされてフェニルピルビン酸を生じ，これが尿に出てフェニルケトン尿症を示す．フェニルケトン尿症を示す新生児では，知能障害など深刻な症状が現れる．

尿素回路 urea cycle

18・3 尿素回路

アミノ酸代謝の過程で遊離する**アンモニア**は有害であり，これをどのように処理するかは生物にとって重要である．

18・3・1 窒素の排泄

尿 酸 uric acid

生物によってその生態に適した経路で，アンモニアが処理されている．水棲動物は，遊離したアンモニアを周囲の水にそのまま排泄する．しかし，これには大量の水が必要なので，水の供給が限られている陸生生物では，アンモニアを毒性の低い物質に変える必要がある．鳥類や陸生爬虫類では，アンモニアを**尿酸**に変換して排泄する．哺乳類では，アンモニアを**尿素回路**（図 18・6）とよばれる反応経路で尿素に変換して排泄する．脱アミノで生じたアンモニアは，グルタミンシンテターゼによりグルタミンの側鎖アミド基に変換され，血流によって肝臓に運ばれる．肝臓でグルタミンがグルタミナーゼにより加水分解を受けてアンモニアが遊離し，尿素回路で尿素に変換される．尿素は血液に分泌されたのち，腎臓で集められて尿に排泄される．

18・3・2 尿素回路の反応

尿素には 2 個の窒素原子があるが，尿素回路（図 18・6）では，そのうち一つが**アンモニア**に由来し，もう一つは**アスパラギン酸**（Asp）に由来する．尿素回路には五つの酵素が関与しており，2 反応はミトコンドリアで，3 反応はサイトゾルで起こる．

反応1 ミトコンドリアで，カルバモイルリン酸シンテターゼの作用により，アンモニアと HCO_3^- が結合してカルバモイルリン酸が生成し，尿素回路に入る．

反応2 オルニチンカルバモイルトランスフェラーゼの作用により，カルバモイルリン酸のカルバモイル基が，オルニチンに転移してシトルリンが生成する．シトルリンはミトコンドリアからサイトゾルに運び出される．

反応3 サイトゾルで，アルギニノコハク酸シンテターゼの作用により，シトルリンのウレイド基と Asp のアミノ基を縮合し，アルギニノコハク酸が生成する．

反応4 アルギニノコハク酸リアーゼの作用により，Asp 由来の炭素骨格をフマル酸として外し，アルギニン（Arg）が生成する．フマル酸は，サイトゾル中でオキサロ酢酸に変換されて糖新生に使われる．

反応5 アルギナーゼの作用により，アルギニンが加水分解されて尿素とオルニチンを生成する．オルニチンはミトコンドリアに戻り，尿素回路を繰返す．

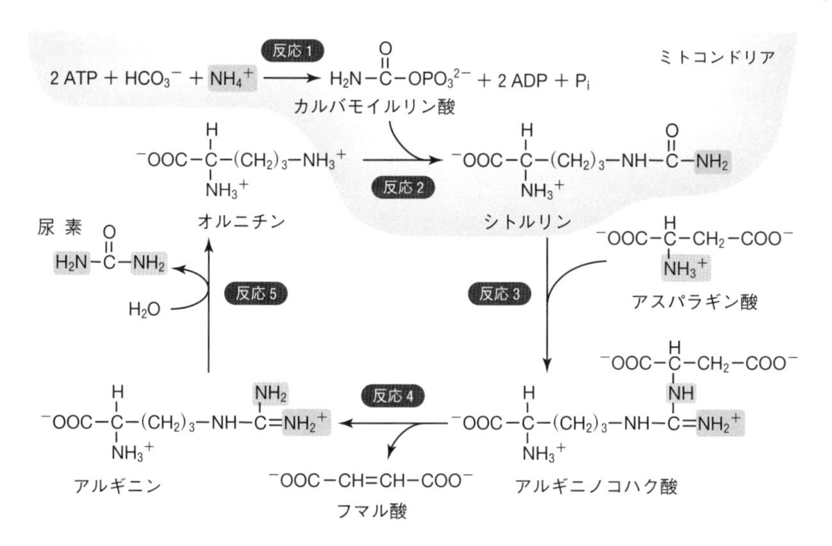

図 18・6 尿素回路 反応1と2はミトコンドリア，反応3〜5はサイトゾルで起こる．各反応の触媒酵素は次のとおりである．反応1 カルバモイルリン酸シンテターゼ．反応2 オルニチンカルバモイルトランスフェラーゼ．反応3 アルギニノコハク酸シンテターゼ．反応4 アルギニノコハク酸リアーゼ．反応5 アルギナーゼ．

18・3・3 尿素回路の調節

尿素回路の律速酵素は，反応1のカルバモイルリン酸シンテターゼである．この酵素は *N*-アセチルグルタミン酸でアロステリックに活性化される．アミノ酸の分解速度が増すと，アミノ転移により Glu 濃度が上昇し，アセチル CoA との反応による *N*-アセチルグルタミン酸の合成が促進され，反応1が活性化される．尿素回路のほかの酵素は，基質濃度で制御される．

18・4 アミノ酸の生合成

この節では，標準アミノ酸（5章を参照）の生合成経路を見ていこう．

18・4・1 必須アミノ酸と非必須アミノ酸

20種類の標準アミノ酸のうち，ヒト体内で十分に生合成できるのは11種類で，これらは**非必須アミノ酸**とよばれる（表18・1）．残りの9種類は**必須アミノ酸**とよばれ，食物中から摂取する必要がある．ヒスチジン（His）は，ヒト体内での生

非必須アミノ酸
nonessential amino acid

必須アミノ酸
essential amino acid

表 18・1 ヒトの必須アミノ酸と非必須アミノ酸 非必須アミノ酸は炭素骨格の由来を示した．

必須アミノ酸	非必須アミノ酸		
	2-オキソ酸由来	3-ホスホグリセリン酸由来	フェニルアラニン由来
ヒスチジン(His)	アラニン(Ala)	セリン(Ser)	チロシン(Tyr)
イソロイシン(Ile)	アスパラギン酸(Asp)	システイン(Cys)	
ロイシン(Leu)	グルタミン酸(Glu)	グリシン(Gly)	
リシン(Lys)	• アスパラギン酸由来：		
メチオニン(Met)	アスパラギン(Asn)		
フェニルアラニン(Phe)	• グルタミン酸由来：		
トレオニン(Thr)	グルタミン(Gln)		
トリプトファン(Trp)	プロリン(Pro)		
バリン(Val)	アルギニン(Arg)（準必須アミノ酸）		

準必須アミノ酸
semi-essential amino acid

合成が遅いため食事により供給することが望ましく，必須アミノ酸とされている．また，Arg は，ヒト体内で生合成することができるが，乳幼児では合成量が少ないため栄養として摂取する必要があり，**準必須アミノ酸**とよばれている．Tyr は Phe から生合成することができるので必須アミノ酸ではないが，その唯一の原料となる Phe は食物から摂取することが必要である．また，システイン（Cys）の硫黄原子は，必須アミノ酸であるメチオニン（Met）に由来する．

18・4・2　哺乳類における非必須アミノ酸の生合成

11 種類の非必須アミノ酸のうちアラニン（Ala），Asp，アスパラギン（Asn），Glu，グルタミン（Gln），Arg，プロリン（Pro）の 7 種類は，ピルビン酸，あるいはクエン酸回路の中間体であるオキサロ酢酸や 2-オキソグルタル酸などの 2-オキソ酸から，直接あるいは間接的に生合成することができる．また，セリン（Ser），Cys，グリシン（Gly）の 3 種類は，解糖系の中間体である 3-ホスホグリセリン酸から生合成される．残る Tyr は，必須アミノ酸である Phe をヒドロキシ化することによりつくることができる．

a. 2-オキソ酸由来のアミノ酸　Ala，Asp，Glu は，それぞれ 2-オキソ酸であるピルビン酸，オキサロ酢酸，2-オキソグルタル酸へのアミノ基の転移により生成する．この反応は，それぞれ特異的なアミノトランスフェラーゼにより触媒される．Ala や Asp の生合成において転移するアミノ基は，ほとんどの場合 Glu から供与される（図 18・7）．このとき，Glu は 2-オキソグルタル酸となる（図 18・2，右から左への反応）．一方，Glu は 2-オキソグルタル酸へのアミノ基転移で生成するが，このアミノ基はさまざまなアミノ酸から PLP を介して供与される（図 18・2，左から右への反応）．

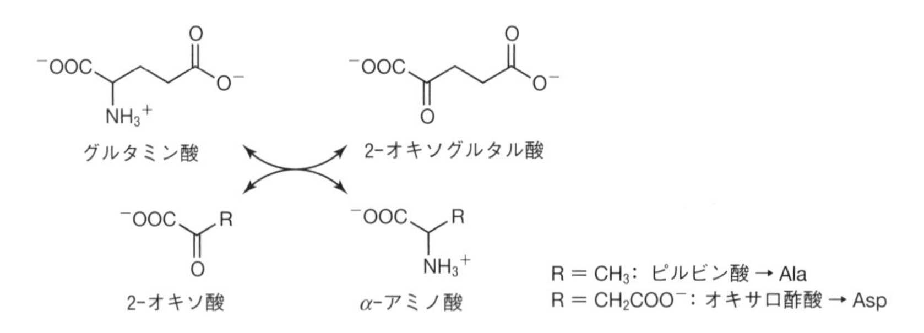

図 18・7　アラニン（Ala）とアスパラギン酸（Asp）の生合成

Asn と Gln は，それぞれ Asp と Glu の側鎖カルボン酸が ATP 依存的にアミド化されることで合成される．Gln の生合成はグルタミンシンテターゼによって触媒されるが，まず Glu の側鎖カルボン酸をリン酸化により活性化し，このリン酸基をアンモニアが置換することにより Gln を生じる（図 18・8 a）．一方，Asp の側鎖カルボン酸のアミド化は，アスパラギンシンテターゼによって触媒される．この場合のアミノ基は Gln の側鎖に由来し，Gln が Glu に変換される過程で供給される（図 18・8 b）．

Glu は，Pro や Arg の前駆体にもなる．

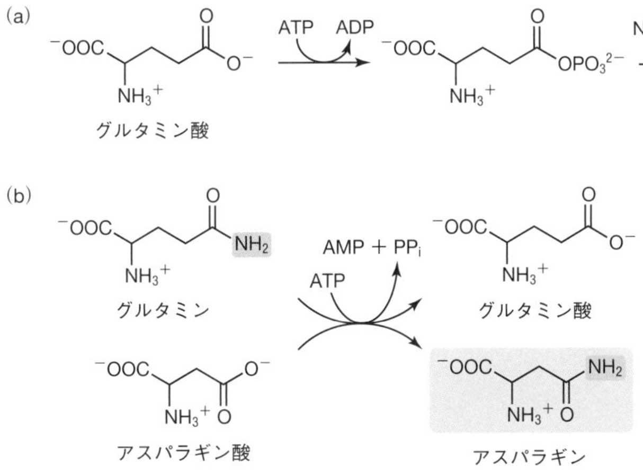

図 18・8　グルタミン（Gln）とアスパラギン（Asn）の生合成

b. 3-ホスホグリセリン酸由来のアミノ酸　Ser, Gly, Cys は，解糖系中間体の 3-ホスホグリセリン酸から生じる．

3-ホスホグリセリン酸
3-phosphoglycerate

Ser は，3-ホスホグリセリン酸の−OH 基が酸化されてケトンとなり，ここに PLP 依存的にアミノ基転移が起こることで 3-ホスホセリンとなり，リン酸エステルが加水分解されて生成する（図 18・9 a）．

Gly は，Ser から$-CH_2OH$ 基がテトラヒドロ葉酸（THF）へと転移することで生じる（図 18・9 b）．この反応はセリンヒドロキシメチルトランスフェラーゼによって触媒される．あるいは，グリオキシル酸へのアミノ基の転移により生じる．

Cys は，Ser とホモシステインが縮合して生成する（図 18・9 c）．まず Ser がホ

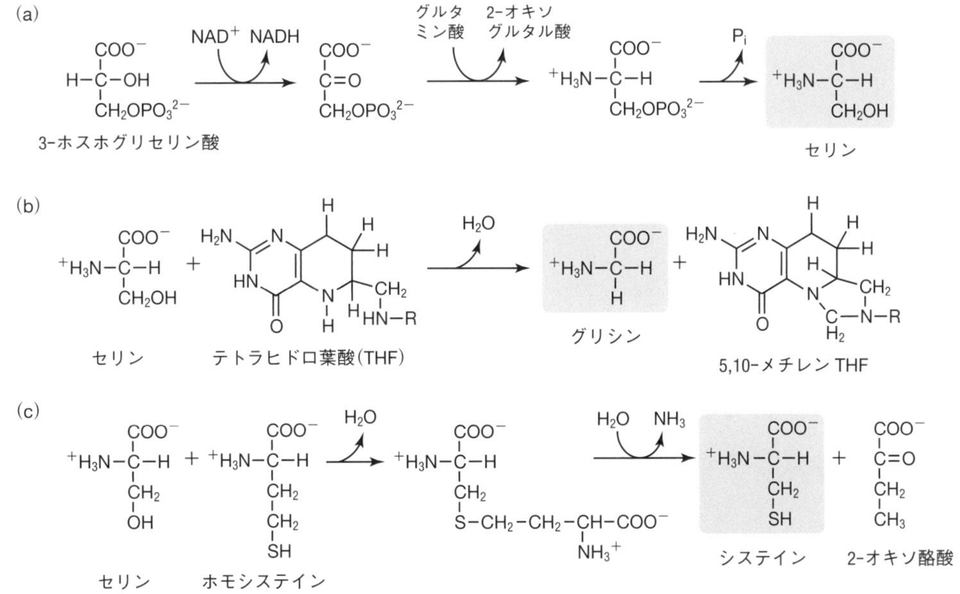

図 18・9　3-ホスホグリセリン酸を前駆体とするセリン（ser），グリシン（Gly），システイン（Cys）の生合成

モシステインと反応してシスタチオニンとなり，これがCysに変換される．なお，ホモシステインはメチオニン（Met）の異化の過程で生じるので，Cysの硫黄原子はMetに由来する．

18・4・3　必須アミノ酸の植物や微生物における生合成

哺乳類における必須アミノ酸のうちLys，Met，トレオニン（Thr）は，植物や微生物においてクエン酸回路の中間体であるオキサロ酢酸からAspを経て生合成される（図18・10）．また，イソロイシン（Ile），バリン（Val），ロイシン（Leu）はピルビン酸から生合成される（図18・11）．このように，必須アミノ酸も通常の

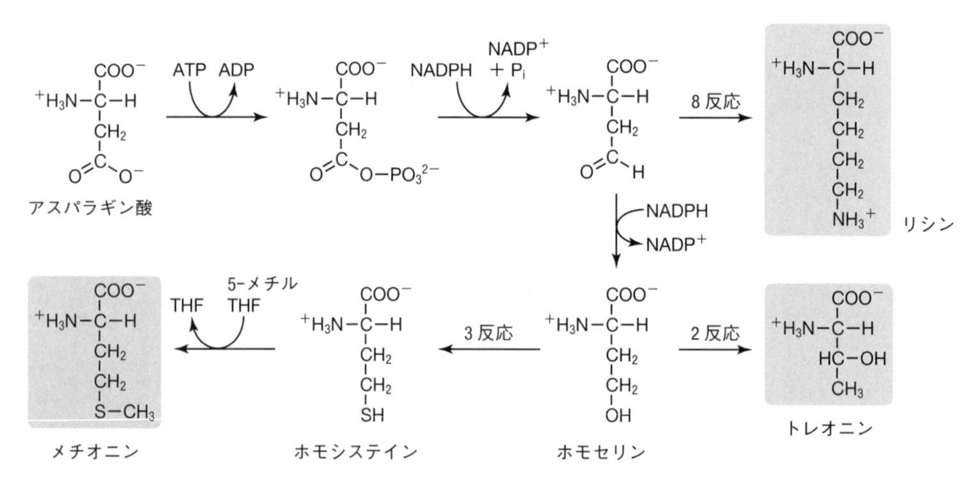

図 18・10　アスパラギン酸を前駆体とするトレオニン（Thr），メチオニン（Met），リシン（Lys）の生合成　THFはテトラヒドロ葉酸（図18・9）．5-メチルTHFは，5,10-メチレンTHF（図18・9）の還元により生じる．

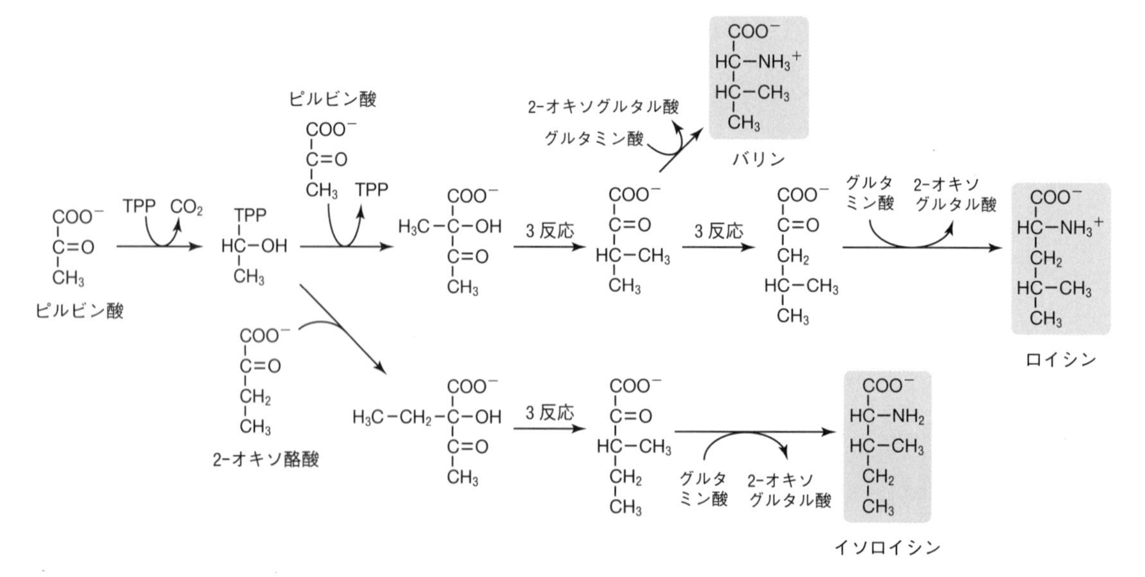

図 18・11　枝分かれした脂肪族側鎖をもつ必須アミノ酸バリン（Val），ロイシン（Leu），イソロイシン（Ile）の生合成　TPP: チアミン二リン酸.

代謝産物から生合成されるが，哺乳類では合成経路のいずれかの段階が欠損しているため，これらのアミノ酸を生合成することができない．

芳香族アミノ酸のPhe，Tyr，トリプトファン（Trp）は，解糖系のホスホエノールピルビン酸とペントースリン酸回路のエリトロース 4-リン酸から（§13・5を参照），一連の反応で生じるコリスミ酸を共通の中間体として生合成される（図18・12）．なお，Tyrは，哺乳類においてもPheからつくることができる．

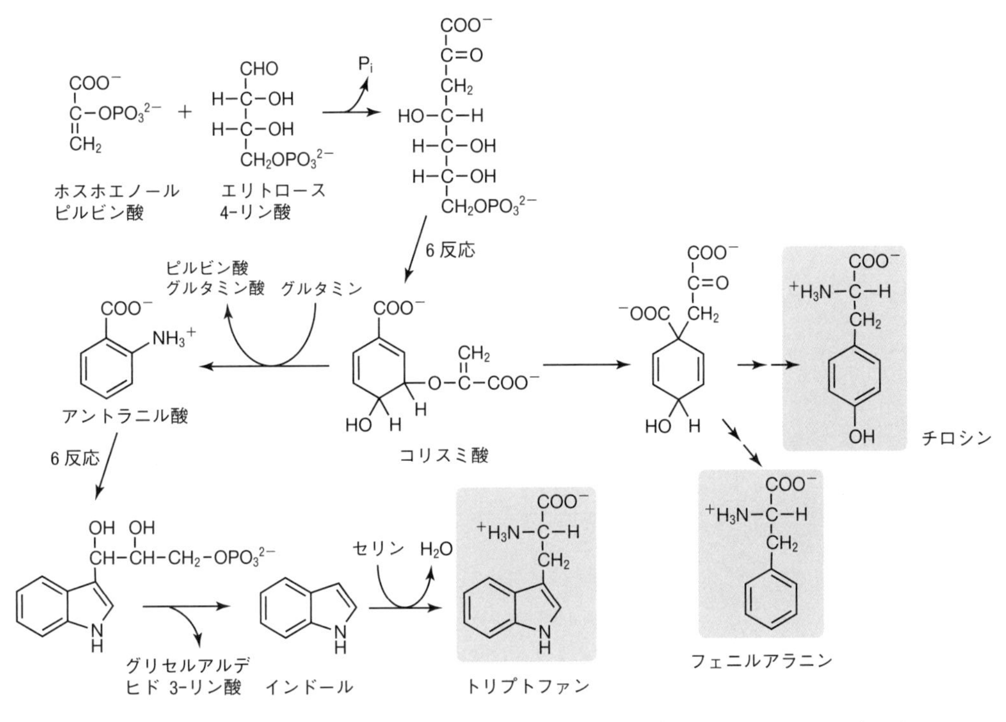

図 18・12 芳香族側鎖をもつ必須アミノ酸トリプトファン（**Trp**），フェニルアラニン（**Phe**），チロシン（**Tyr**）の生合成

Hisの生合成は，ATPのプリン塩基中のピリミジン環部分に，リボースの誘導体である5-ホスホリボシル α-二リン酸（PRPP）が縮合することから始まる．一連の反応によりHisが生成するが，6炭素原子のうち5個がPRPPに由来する（図18・13）．

なお，微生物や植物ではグルタミン酸シンターゼにより，2-オキソグルタル酸とGlnから2分子のGluが合成される．動物にはこの酵素は存在しない．

$$\text{2-オキソグルタル酸} + \text{Gln} + \text{NADPH} + \text{H}^+ \longrightarrow 2\,\text{Glu} + \text{NADP}^+$$

この反応はグルタミンシンテターゼの反応（図18・8a）と共役し，正味の反応として2-オキソグルタル酸と NH_4^+ からGluが合成される．

$$\text{2-オキソグルタル酸} + \text{NH}_4^+ + \text{ATP} + \text{NADPH} + \text{H}^+ \longrightarrow \text{Glu} + \text{ADP} + \text{P}_i + \text{NADP}^+$$

Gluやそのアミノ基は他のアミノ酸の合成に利用されるため，微生物や植物では動物とは異なり，アミノ酸合成はこの NH_4^+ の同化に大きく依存する．

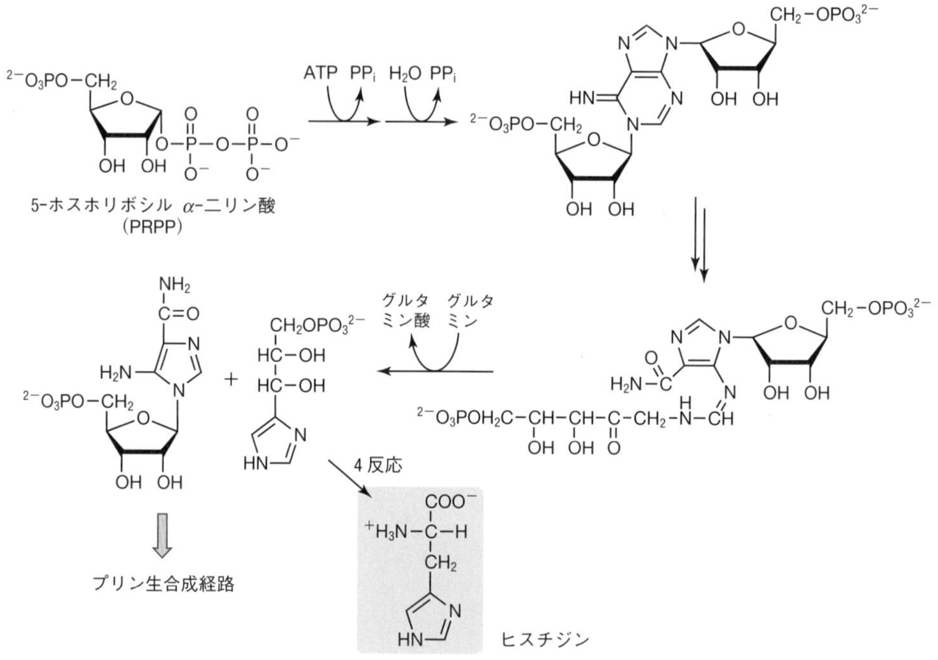

5-ホスホリボシル α-二リン酸
(PRPP)

プリン生合成経路

ヒスチジン

図 18・13　ヒスチジン (**His**) の生合成

例題 18・1　KEGG を使って Lys の生合成経路を調べてみよう．

解 答　KEGG のウェブサイト（https://www.genome.jp/kegg/kegg_ja.html）にアクセスする．上部の空欄に Lysine と入力し，KEGG のデータベースを検索する．KEGG PATHWAY の欄にある map00300（Lysine biosynthesis）をクリックする．Pathway map の図をクリックすると拡大して表示される．化合物名のそばにある○をクリックすると，構造式やその化合物の情報が表示される．2.7.2.4 といった酵素番号をクリックすると，寄与している酵素の情報が表示される．Asp から Lys に至る経路をたどってみよう．

復習問題 18・1　KEGG を利用して Met の生合成経路を調べよう．哺乳類では Cys の硫黄原子は Met に由来していたが，Met の生合成経路では硫黄原子はどのような無機化合物に由来しているか？

18・5　代謝前駆体としてのアミノ酸

ある種の標準アミノ酸は，ヌクレオチド，ヘム，各種ホルモンや神経伝達物質など，重要な生体物質の前駆体でもある．

アドレナリン（エピネフリン），ノルアドレナリン，ドーパミン，セロトニン（5-ヒドロキシトリプタミン，5-HT），ヒスタミン，4-アミノ酪酸（γ-アミノ酪酸，GABA）は，いずれもアミノ酸に由来するホルモンや神経伝達物質である．アドレナリン，ノルアドレナリン，ドーパミンは Tyr（図 18・14），セロトニンは Trp，ヒスタミンは His，GABA は Glu を前駆体として生合成される．いずれの場合も，前駆体となるアミノ酸が，それぞれに対するデカルボキシラーゼにより脱炭酸される．この脱炭酸は PLP 依存的で，PLP は脱アミノやアミノ基転移だけでなく，アミノ酸の脱炭酸にも補酵素として寄与する．

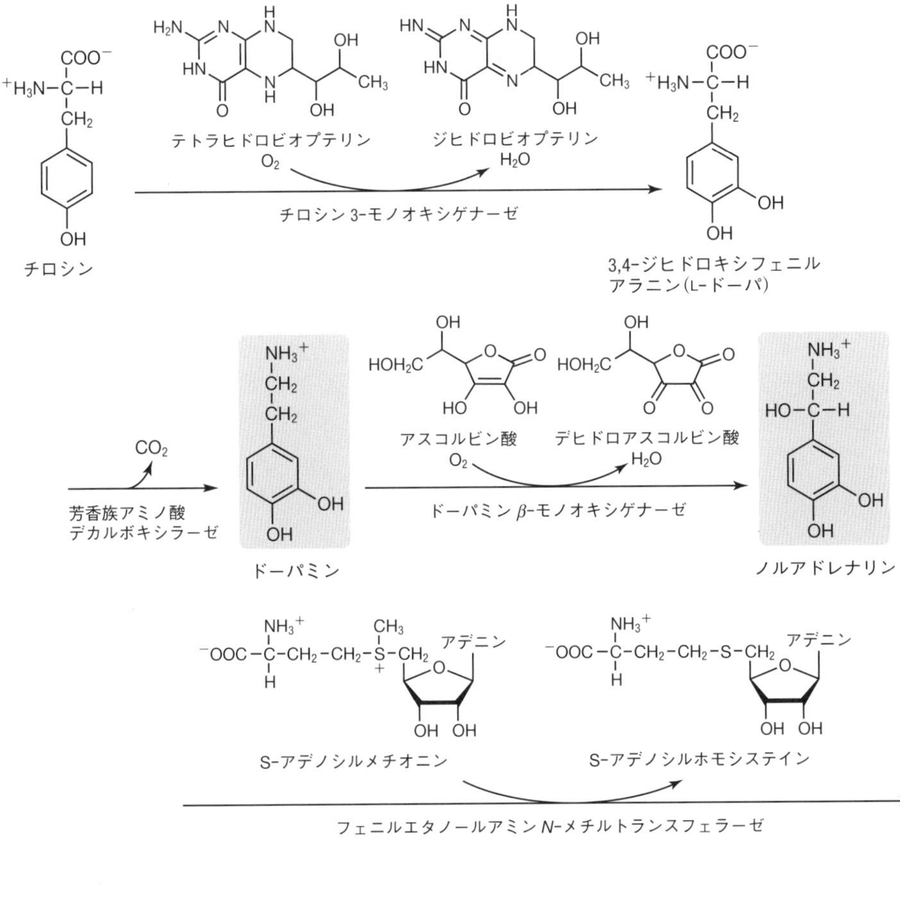

図 18・14 チロシンからドーパミン，ノルアドレナリン，アドレナリンの生合成

一酸化窒素 nitrogen monoxide

一酸化窒素（**NO**）はメッセンジャー分子として可溶性のグアニル酸シクラーゼと結合して cGMP の生成を促進する．血管内皮細胞から産生される NO には平滑筋を弛緩して血管を拡張する作用がある．また，NO にはほかにも血小板凝集抑制作用や神経伝達などでの情報伝達作用，殺菌作用など多様な生理活性が報告されている．生体内では一酸化窒素合成酵素（NOS）により Arg から合成される（図 18・15）．

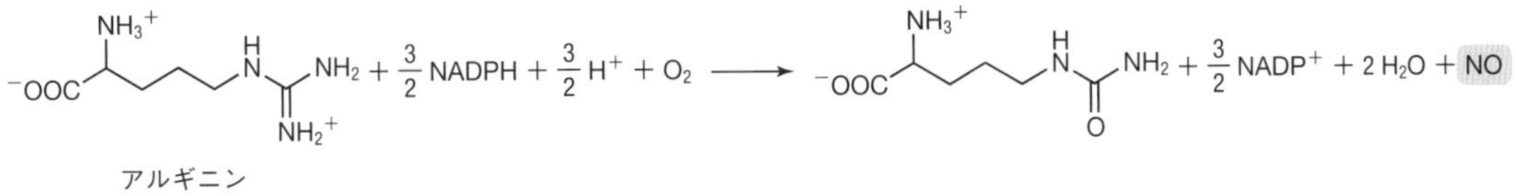

図 18・15 一酸化窒素の生成

グルタチオン glutathione

イソペプチド結合
isopeptide bond

＊ 図18・1 (a) のタンパク質のユビキチン化は，Lys残基の側鎖アミノ基（ε-アミノ基）とユビキチンのC末端カルボキシ基（α-カルボキシ基）との間のイソペプチド結合である．

グルタチオン（GSH，§13・5を参照）は，Glu，Cys，Glyの三つのアミノ酸からなるペプチドであるが，Gluのγ-カルボキシ基とCysのα-アミノ基が脱水縮合している点で通常のペプチドと異なる．このような結合を**イソペプチド結合***とよぶ．グルタチオンは酸化ストレスの防御や薬物代謝など，さまざまな生理作用に関与している．

■ 章末問題

18・1　タンパク質の加水分解は発エルゴン反応であるにもかかわらず，プロテアソームにおけるタンパク質分解はATPを必要とする．その理由は何か？

18・2　尿素回路は，アミノ酸高摂取時と飢餓時のそれぞれで，どのような役割をもつかを説明せよ．

18・3　三つの芳香族アミノ酸の共通の前駆体は何か？ また，その化合物の前駆体となる炭素数3および4の化合物は何か．

18・4　グルタチオンはアミノ酸からどのように生合成されるか？ KEGGを利用して調べよ．

ヌクレオチド代謝 19

概要 **プリンヌクレオチド**，**ピリミジンヌクレオチド**の生合成には，まったく新しくヌクレオチドを合成する ***de novo* 合成**と，分解で生じた塩基を再利用してリボースリン酸を付加することでヌクレオチドを合成する**サルベージ経路**がある．*de novo* 合成はすべての細胞に存在する．サルベージ経路は，欠損しても細胞は生存できるが，ヒトではその異常が疾患を発症することから，個体レベルでは不可欠である．ヌクレオチドの生合成は，最終産物による負のフィードバックや，各ヌクレオチド量のバランスを維持することなどで制御されている．ヌクレオチドの生合成阻害剤は，主要な抗がん剤となっている．

ヌクレオチドの異化では，ヌクレオシド，塩基に順次分解される．プリン塩基は，酸化的に代謝されて最終的に尿酸となる．ピリミジン塩基は，還元的に代謝され，ピリミジン骨格が開環してマロニル CoA となる．ヌクレオチドの代謝異常は，痛風などさまざまな疾患の要因となる．

行動目標

1. ヌクレオチド生合成のおもな過程を説明できる．*de novo* 合成，サルベージ経路の違いを説明できる．
2. ヌクレオチド生合成の制御の仕方を説明できる．
3. ヌクレオチドのおもな異化経路を説明できる．
4. ヌクレオチド代謝異常に起因する代表的な疾患をあげられる．

19・1 核酸塩基とヌクレオチド代謝の重要性

核酸塩基には，2 章で示したように，2 種類の**プリン塩基**と 3 種類の**ピリミジン塩基**がある（図 2・2 を参照）．これらの塩基にリボースリン酸またはデオキシリボースリン酸が結合すると**ヌクレオチド**となる（図 2・5 を参照）．

プリン塩基 purine base
ピリミジン塩基 pyrimidine base

ヌクレオチド代謝には，エネルギーを使って低分子から高分子に変換する同化（合成）と，高分子から低分子に分解する異化（分解）がある．ヌクレオチドの合成や分解不全がさまざまな疾患の原因となることから，ヌクレオチド代謝の恒常性維持は重要である．またヌクレオチド代謝の理解は，疾患治療という点でも重要である．たとえばがん細胞は，増殖が速いため DNA 複製を活発に行う必要がある．そのため，多量のヌクレオチドが必要であり，ヌクレオチド合成を阻害する薬剤は，抗がん剤として使われる．

19・2 プリンヌクレオチドの生合成

ヌクレオチドの生合成には，“新しく”という意味の ***de novo* 合成**と，“再生利用”という意味の**サルベージ経路**がある（図 19・1）．

***de novo* 合成** *de novo* synthesis
サルベージ経路 salvage pathway

19・2・1 プリンヌクレオチドの *de novo* 合成

プリンヌクレオチドの *de novo* 合成では，塩基部位の N 原子はグルタミン（Gln），グリシン（Gly），およびアスパラギン酸（Asp）から供給され，C 原子は Gly，ギ酸，炭酸に由来する（図 19・2）．まずリボース 5-リン酸を出発原料として ATP

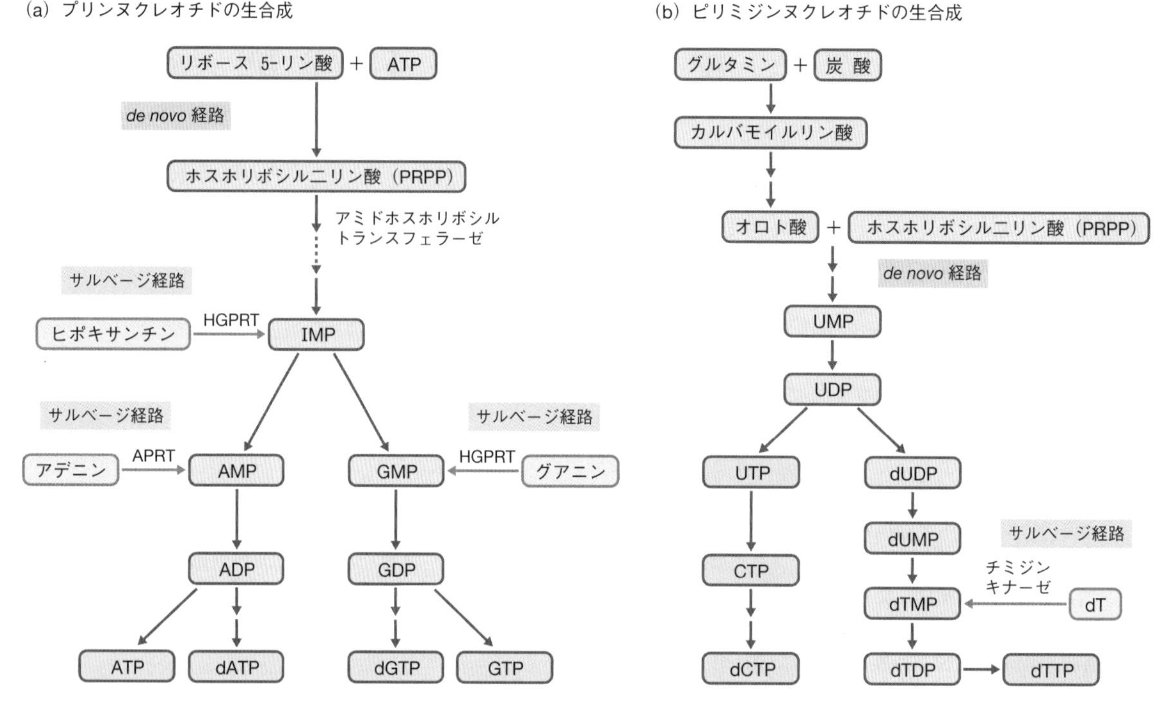

図 19・1　ヌクレオチドの生合成経路　IMP：イノシン一リン酸，HGPRT：ヒポキサンチン-グアニンホスホリボシルトランスフェラーゼ，APRT：アデニンホスホリボシルトランスフェラーゼ

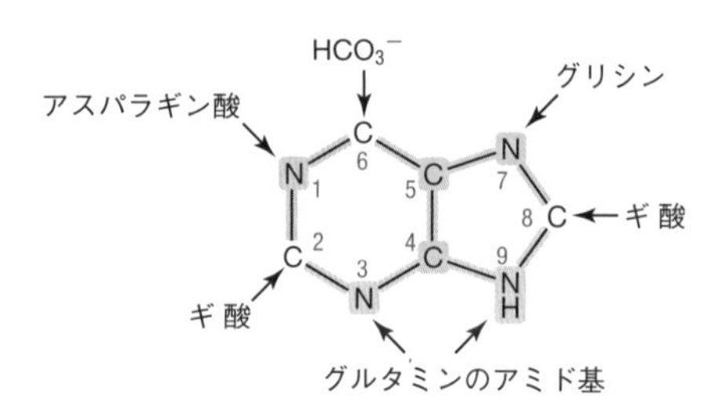

図 19・2　プリンヌクレオチドの生合成で使われる元素の供給源

ホスホリボシル二リン酸
phosphoribosyl diphosphate

によりホスホリボシル二リン酸（**PRPP**）が合成されるが（図 19・3），これは *de novo* 合成の律速段階となる重要なステップである．その後，Gln 側鎖のアミノ基が転移され，Gly とギ酸が付加し，再び Gln 側鎖からアミノ基が転移したのち，五員環を形成する．さらに，炭酸，Asp 由来の N 原子，ギ酸による元素供給を経てプリン骨格をもつ**イノシン一リン酸**（**IMP**）が合成される（図 19・3）．

イノシン一リン酸
inosine monophosphate

IMP から AMP と GMP の二つのヌクレオチドが合成される．AMP は，IMP に Asp から N 原子が供給されて二段階で生成する．GMP は，IMP が酸化されたのちに Gln 側鎖からアミノ基が転移されることで生成する．

リボヌクレオチドレダクターゼ
ribonucleotide reductase

リボヌクレオチドからデオキシリボヌクレオチドへの変換は，リボヌクレオチドレダクターゼが触媒し，ADP が dADP に，GDP が dGDP に変換される．

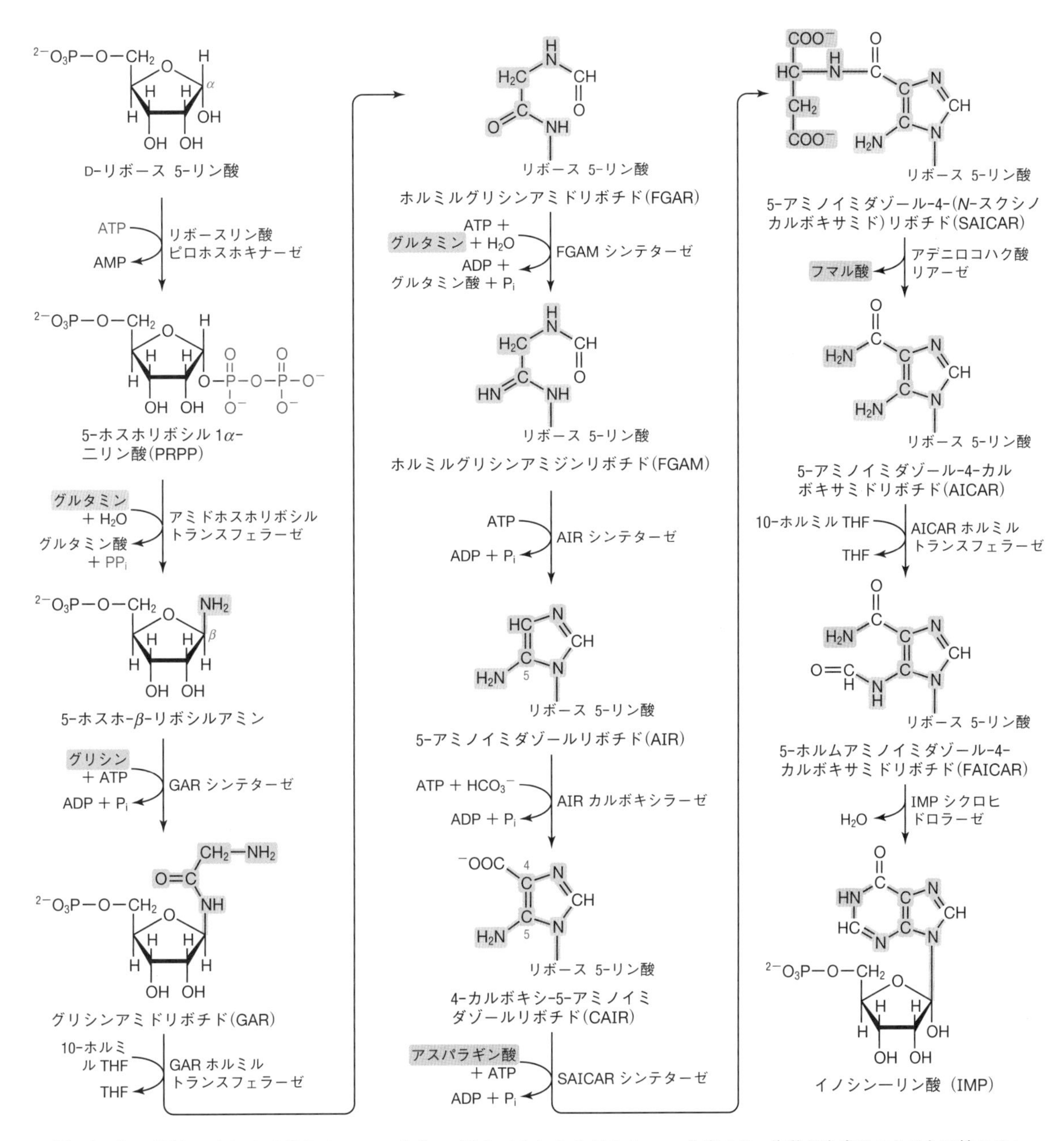

図 19・3 プリンヌクレオチドの *de novo* 合成 プリンヌクレオチドの *de novo* 合成では，塩基が合成されたのちに糖やリン酸基と結合するのではない．リボースリン酸に，塩基を構成する原子が加わっていく．

19・2・2 プリンヌクレオチドのサルベージ経路

プリンヌクレオチドのサルベージ経路では，リボース 5-リン酸を PRPP から塩基に転移することにより，塩基をヌクレオチドとして再利用する．アデニンホスホリボシルトランスフェラーゼ（APRT）がアデニンに，ヒポキサンチン-グアニンホスホリボシルトランスフェラーゼ（HGPRT）がヒポキサンチンまたはグアニンにリボース 5-リン酸を転移することにより，AMP，IMP，GMP が生成する（図

アデニンホスホリボシルトランスフェラーゼ adenine phosphoribosyltransferase

ヒポキサンチン-グアニンホスホリボシルトランスフェラーゼ hypoxanthine-guanine phosphoribosyltransferase

19・1a，図 19・4）．これらの反応をまとめると下式のようになる．

$$\text{アデニン} + \text{PRPP} \xrightarrow{\text{APRT}} \text{AMP} + \text{PP}_\text{i}$$

$$\text{ヒポキサンチン} + \text{PRPP} \xrightarrow{\text{HGPRT}} \text{IMP} + \text{PP}_\text{i}$$

$$\text{グアニン} + \text{PRPP} \xrightarrow{\text{HGPRT}} \text{GMP} + \text{PP}_\text{i}$$

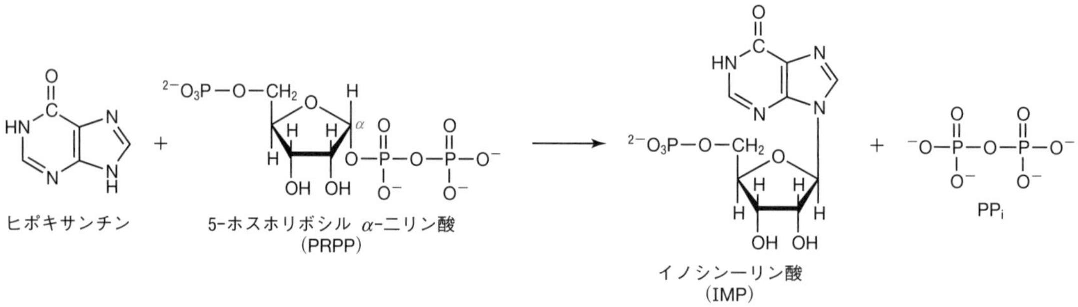

ヒポキサンチン　＋　5-ホスホリボシル α-二リン酸 (PRPP)　⟶　イノシン一リン酸 (IMP)　＋　PP_i

図 19・4　プリンヌクレオチドのサルベージ経路　プリンヌクレオチドのサルベージ経路では，塩基が合成されたのちにリボースリン酸と結合する．

19・3　ピリミジンヌクレオチドの生合成

ピリミジンヌクレオチドの生合成にも，*de novo* 合成とサルベージ経路が存在する（図 19・1）．

19・3・1　ピリミジンヌクレオチドの *de novo* 合成

ピリミジンヌクレオチドの *de novo* 合成では，塩基を構成する N 原子は Gln と Asp，C 原子は Asp と炭酸から供給される（図 19・5）．

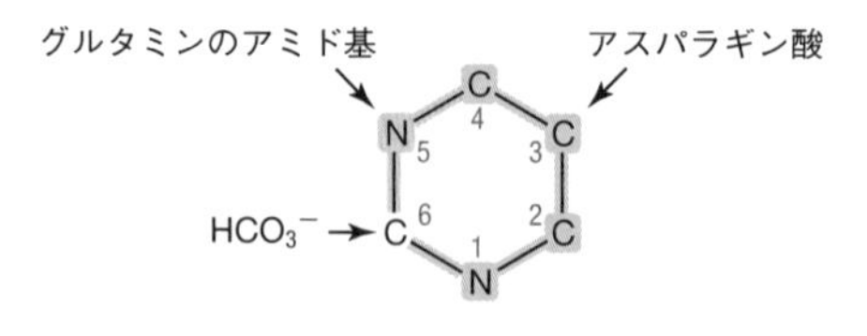

図 19・5　ピリミジンヌクレオチドの生合成で使われる元素の供給源

カルバモイルリン酸 carbamoyl phosphate

オロト酸 orotic acid

ウリジン一リン酸 uridine monophosphate

まず，Gln，炭酸，ATP により**カルバモイルリン酸**が生成する（図 19・6）．これは律速段階となる反応である．そこに，アスパラギン酸カルバモイルトランスフェラーゼ（ATC アーゼ，12 章を参照）の作用により Asp が転移し，脱水縮合により閉環して中間体であるジヒドロオロト酸，そして**オロト酸**が生成する．その後，PRPP からリボース 5-リン酸が転移し，**ウリジン一リン酸**（UMP）が合成される（図 19・6）．オロト酸にリボースリン酸を添加するオロト酸ホスホリボシルトランスフェラーゼが先天的に欠損していると，オロト酸が尿中に蓄積するオロト酸尿症を発症する（コラム 2）．

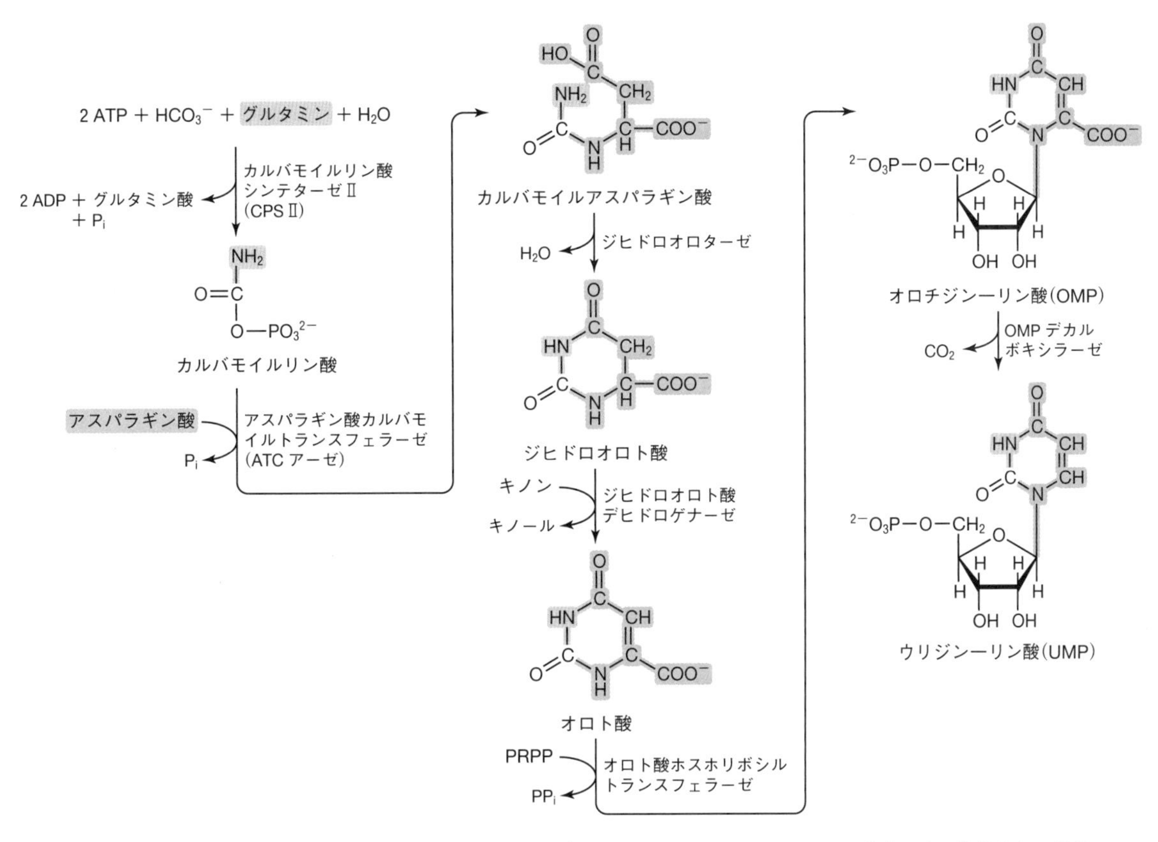

図 19・6 ピリミジンヌクレオチドの *de novo* 合成 ピリミジンヌクレオチドの *de novo* 合成では，塩基がある程度合成されたのちに糖やリン酸基（PRPP）と結合する．

UMP から UDP を生成後，二つのピリミジンヌクレオチド生成に分岐する（図 19・1）．CTP は，UDP から UTP に変換後，Gln 側鎖からアミノ基が転移されて生成する．dCTP は，リボヌクレオチドレダクターゼによる CDP の還元を経て産生する．一方，dTTP は，UDP→dUDP→dUMP→dTMP→dTDP→dTTP の経路で産生する．わざわざ dUDP→dUMP を経て dTMP へ塩基置換するのは，DNA 複製酵素が dUTP と dTTP を十分に区別できないので，dUTP→dTTP の変換経路を避けて dUTP の濃度を小さく抑えるためである．dUMP→dTMP のステップは，抗がん剤の標的として重要である（図 19・7）．dUMP と構造が似ている代表的な抗がん剤の一つ FdUMP（5FU）は，チミジル酸シンターゼに結合することで dUMP→dTMP のメチル化反応を阻害する．一方，メトトレキサートやアミノプテリンは，葉酸代謝拮抗作用により dTMP の合成を阻害し，抗がん作用などを示す．dUMP→dTMP の反応において，5,10-メチレンテトラヒドロ葉酸（5,10-メチレン THF）はメチル基を dUMP に供与してジヒドロ葉酸（DHF）に変換されるが，ジヒドロ葉酸レダクターゼで THF に還元されたのち，5,10-メチレン THF に再生

チミジル酸シンターゼ
thymidylate synthase

テトラヒドロ葉酸
tetrahydrofolic acid

される．メトトレキサートやアミノプテリンは DHF と類似した構造をもち，ジヒドロ葉酸レダクターゼを阻害するため，葉酸代謝拮抗剤とよばれている．

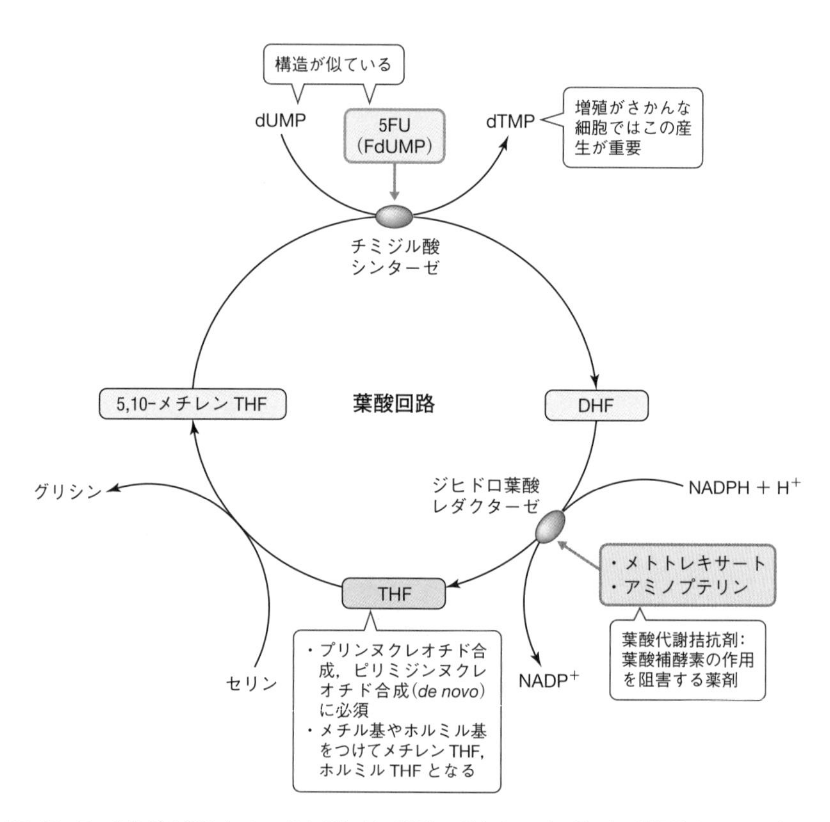

図 19・7　チミジル酸シンターゼとジヒドロ葉酸レダクターゼの抗がん剤標的としての重要性

19・3・2　ピリミジンヌクレオチドのサルベージ経路

チミジンキナーゼ
thymidine kinase

ピリミジンヌクレオチドのサルベージ経路は，チミジンキナーゼによってデオキシチミジン（dT）がリン酸化されて，dTMP が産生する．

$$\mathrm{dT} + \mathrm{ATP} \xrightarrow{\text{チミジンキナーゼ}} \mathrm{dTMP} + \mathrm{ADP}$$

19・4　ヌクレオチドの生合成の制御

プリンヌクレオチドの生合成は，三つの段階で制御される（図 19・8）．① では，生成物 ADP と GDP によって負のフィードバックを受け，リボース 5-リン酸から PRPP への変換が抑制される．② では，経路の律速酵素であるアミドホスホリボシルトランスフェラーゼが，AMP/ADP/ATP および GMP/GDP/GTP のそれぞれにより相乗的に負のフィードバックを受ける．これは，双方の結合部位が別々にあるためである．③ では，IMP から AMP への経路と GMP への経路のそれぞれで負のフィードバックがはたらく．加えて，たがいに他方から基質である ATP または GTP の供給を受けるため，IMP からの変換量が，AMP と GMP でほぼ同等となるように調整される．

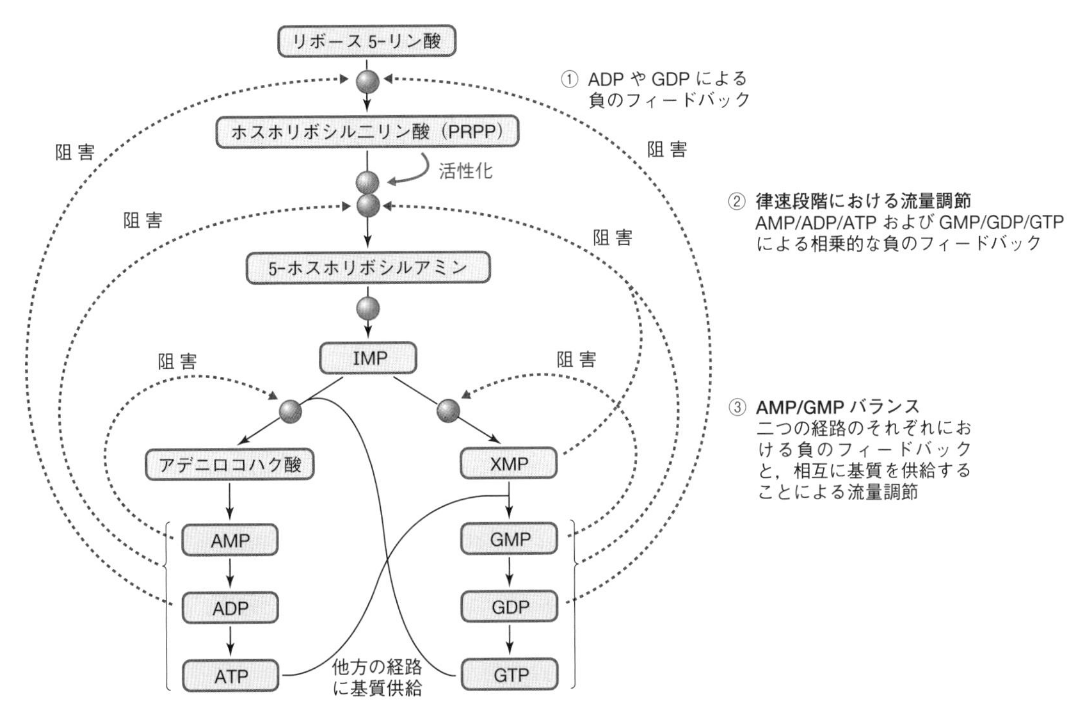

図 19・8　プリンヌクレオチド生合成の制御

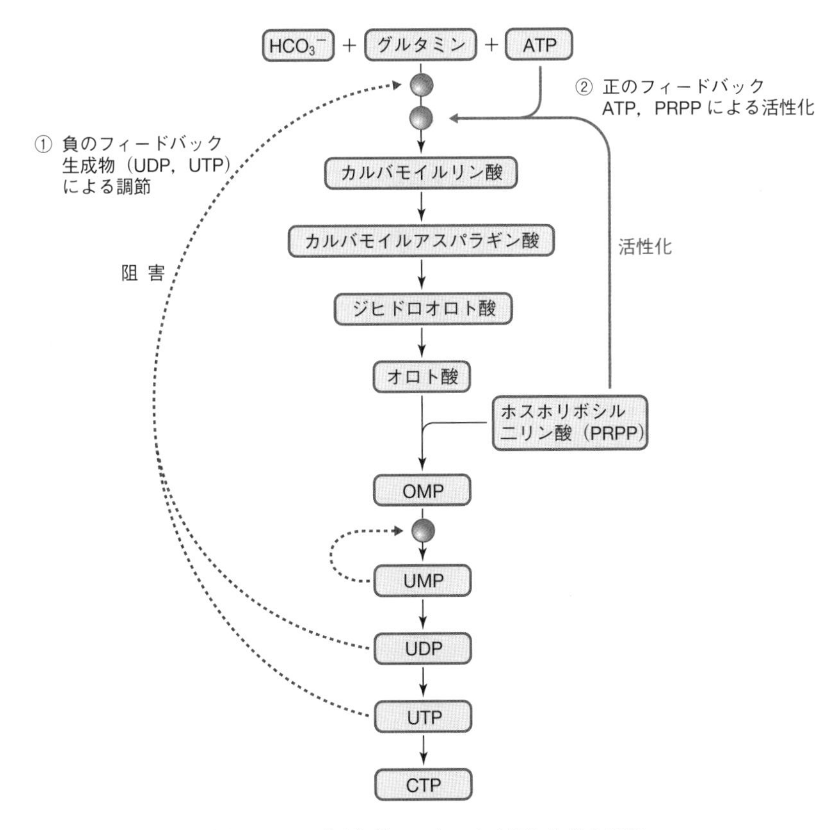

図 19・9　ピリミジンヌクレオチド生合成の制御

ピリミジンヌクレオチドの生合成の制御は，動物では，① *de novo* 合成の最初のステップであるカルバモイルリン酸合成の生成物（UDP,UTP）による負のフィードバック機構と，② ATP による促進と PRPP による正のフィードバック機構によって行われる（図 19・9）．また，オロチジン一リン酸を UMP に変換する過程が，UMP により競合阻害を受ける．

コラム 1　*de novo* 合成，サルベージ経路を応用したモノクローナル抗体の作製

1975 年，G. Köhler と C. Milstein は，*de novo* 合成とサルベージ経路をうまく使い分けることで，**モノクローナル抗体**を産生する**ハイブリドーマ細胞**を選択する方法を考案した．

ハイブリドーマ細胞は，**ミエローマ細胞**と**抗体産生 B 細胞**を融合して作製する．ここで使うミエローマ細胞は，HGPRT 欠損株でプリンヌクレオチドのサルベージ経路が使えない．また，がん化しているので持続的増殖が可能である．一方，抗体産生 B 細胞は，抗体産生能を有し，サルベージ経路が使えるが，正常細胞なので寿命があり *in vitro* での培養では 1 週間ほどで死滅する．ハイブリドーマ細胞は，B 細胞から抗体産生能とサルベージ経路を，ミエローマ細胞から持続的増殖能を受け継いでいる（図 19・10）．ヒポキサンチン/アミノプテリン/チミジン（HAT）選択培地で混在しているこのような三つの細胞を培養すると，アミノプテリンにより *de novo* 合成が阻害されるので，サルベージ経路を使えないミエローマ細胞は死滅し，抗体産生 B 細胞も 1 週間ほどで死滅する結果，ハイブリドーマ細胞だけが生存し選抜できる．

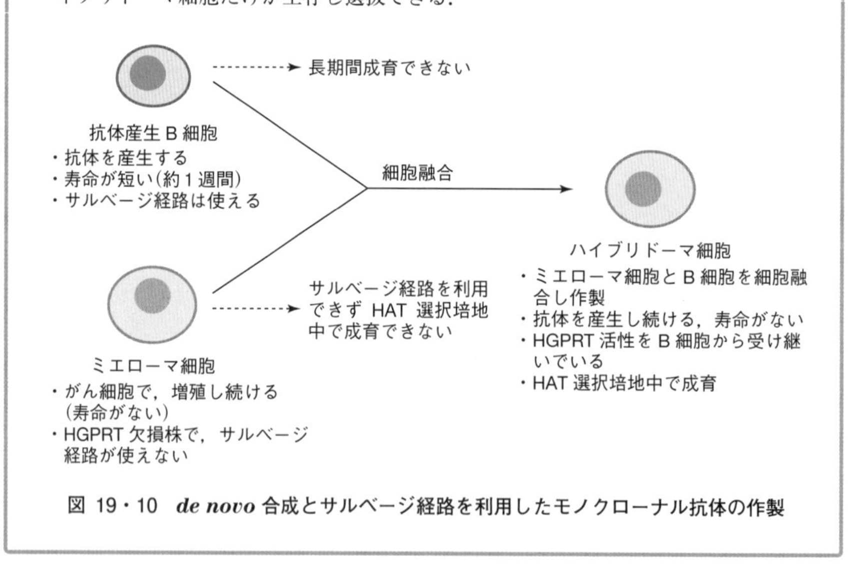

図 19・10　*de novo* 合成とサルベージ経路を利用したモノクローナル抗体の作製

19・5　ヌクレオチドの異化経路

ヌクレオチダーゼ nucleotidase
ヌクレオシドホスホリラーゼ nucleoside phosphorylase

食餌中のヌクレオチドは，リン酸基がイオン化しているため，腸管の細胞膜を通過できない．そこで，まずヌクレオチダーゼなどによってヌクレオシドに分解され，ヌクレオシドとして小腸粘膜に吸収されるか，さらにヌクレオシダーゼやヌクレオシドホスホリラーゼにより塩基とリボースまたはリボース一リン酸に分解される．

動物におけるプリンヌクレオチドの異化経路を図 19・11 に示す．いずれのプリンヌクレオチドも，最終分解産物は尿酸である．アデノシンは，アデノシンデアミ

アデノシンデアミナーゼ
adenosine deaminase

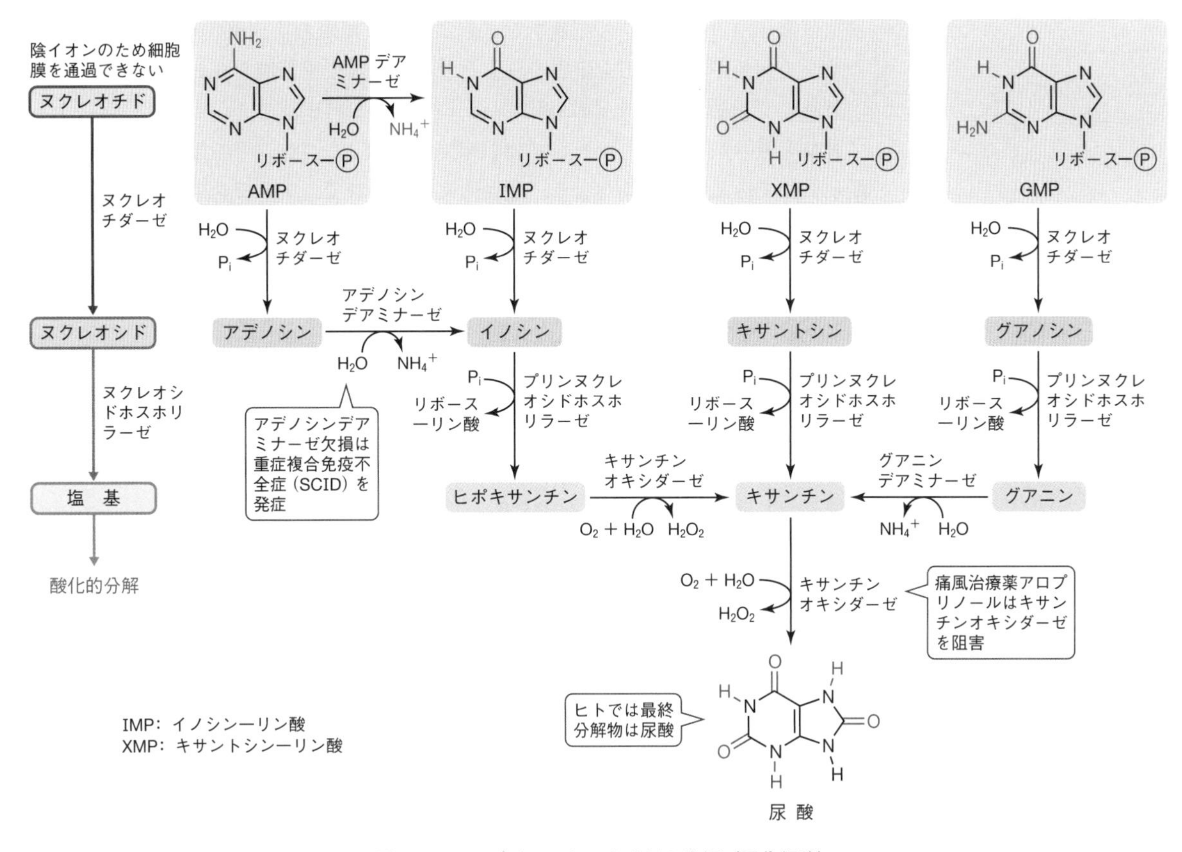

図 19・11　プリンヌクレオチドの分解（異化経路）

コラム 2　ヌクレオチド代謝異常に起因する疾患

プリンヌクレオチドのサルベージ経路に関わる酵素，ピリミジンの *de novo* 合成に関わる酵素やプリンヌクレオチド分解酵素に起因するさまざまな疾患がある．

■ **レッシュ・ナイハン**（Lesch-Nyhan）**症候群**　HGPRT 欠損症．性染色体に依存する伴性劣性遺伝疾患である．ヒポキサンチンやグアニンの再利用ができず，尿酸産生が亢進することによる．症状として，高尿酸血症，それに伴う重症な痛風と急性腎不全や神経障害（自傷行為）を示す．

■ **痛　風**　HGPRT の活性低下が関与し，腎臓からの尿酸排泄機能が低下することに起因する．男性に多い．症状として，尿酸が関節などに蓄積し炎症をひき起こす．“風が吹いても痛い” ほどの強い痛みを示す．治療法は，抗炎症薬投与，利尿促進やプリン体の摂取制限などである．

■ **オロト酸尿症**　オロト酸ホスホリボシルトランスフェラーゼなどの欠損で生じる，常染色体劣性遺伝疾患である．ピリミジン合成時の中間体オロト酸が尿中に大量に排泄される．成長障害（精神的，身体的遅延）を示す．

■ **重症複合免疫不全症**（SCID）　アデノシンデアミナーゼ欠損が原因の一つで，T リンパ球や B 細胞の数が減り，機能不全を起こす重篤な先天性免疫不全疾患である．

キサンチンオキシダーゼ
xanthine oxidase

ナーゼによって，アミノ基が外れてイノシンとなる．ヒトではアデノシンデアミナーゼの欠損は重症複合免疫不全症（SCID）を発症するので，適切な分解の重要性がうかがえる（コラム 2）．イノシンやグアノシンなどは，リボース一リン酸が外れてヒポキサンチンやグアニンなどとなり，その後すべてのプリン塩基はキサンチンに代謝され，キサンチンオキシダーゼの作用で酸化されて尿酸となる．尿酸の蓄積は痛風（コラム 2）の発症をひき起こすが，痛風の治療薬アロプリノールは，キサンチンオキシダーゼを阻害することで尿酸の産生を抑制している．

ピリミジンヌクレオチドの異化では，CMP や UMP がヌクレオチダーゼによって脱リン酸されたのち，ウリジンに収束する（図 19・12）．その後リボース一リン酸が外れて塩基ウラシルとなり，還元的に分解されて，アンモニアと二酸化炭素が放出され，最終的にマロニル CoA となる．チミンも同様に代謝される．

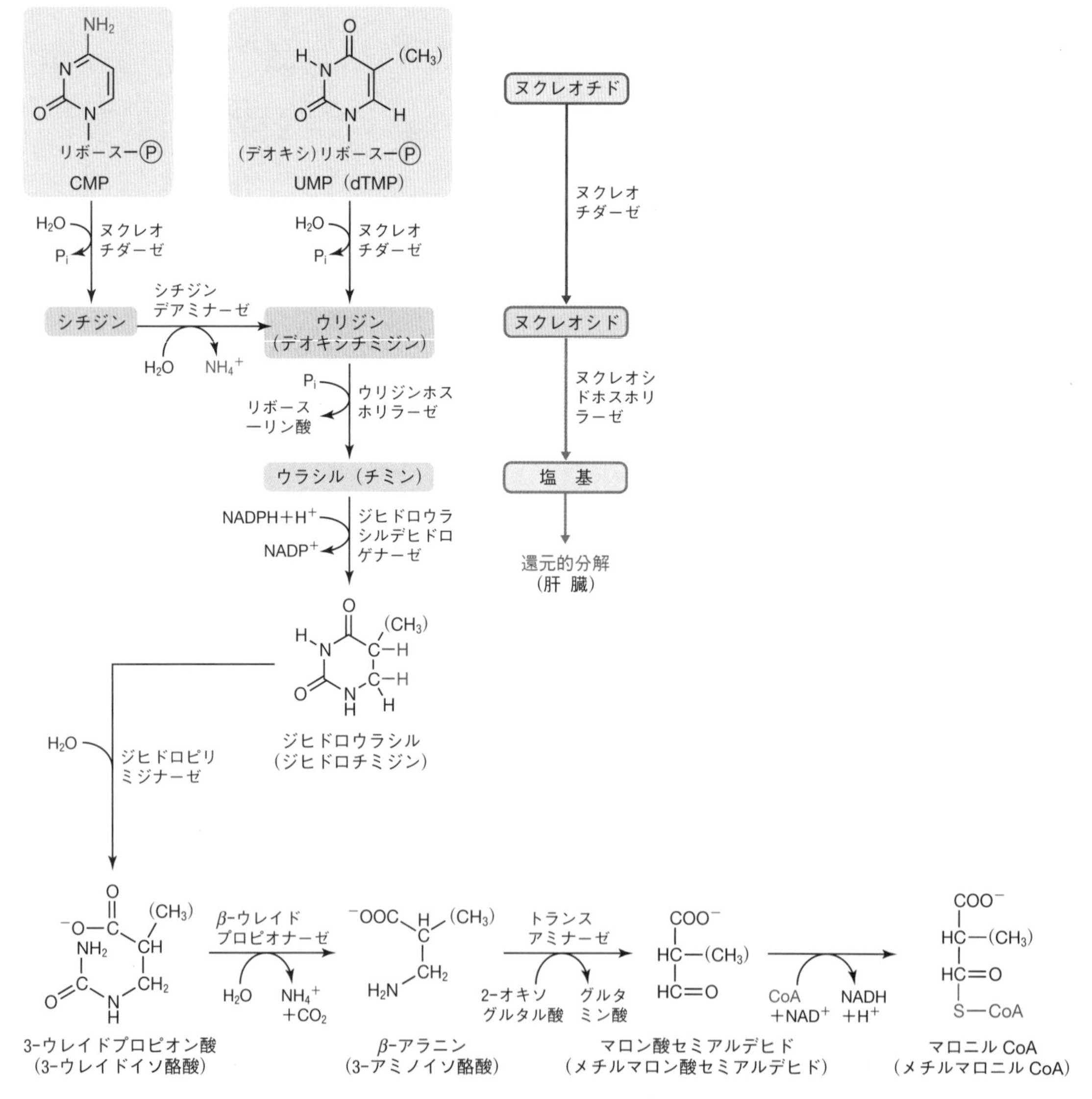

図 19・12　ピリミジンヌクレオチドの分解（異化経路）　UMP と dTMP は同一酵素で分解される．dTMP の分解経路は（　）内に示した．

■ 章末問題

19・1　ヌクレオチド合成における *de novo* 経路とサルベージ経路の違いを簡単に説明しなさい.

19・2　ヌクレオチド生合成におけるおもな制御方法はどのようなものか. またヌクレオチド生合成が制御されないとどのような不都合が起こると考えられるか.

19・3　モノクローナル抗体作製時に, ヒポキサンチンの代わりにアデニンを使うことは可能か. 理由を述べながら答えなさい. ただし, アデニンからヒポキサンチン, また AMP から IMP への直接の変換は無視できる程度とする.

19・4　プリンヌクレオチド代謝異常に起因する病気をあげ, 説明しなさい.

復習問題と章末問題の解答

第1章

1・1　物質もエネルギーも外界との間でやりとりできない孤立系では，エネルギーの総和が一定に保たれ，エネルギーは創出も消滅もせず，形態が変化するだけである．このエネルギー保存則が熱力学第一法則である．熱力学第二法則は自発的変化が起こる方向に関する法則で，乱雑さや分散の度合い，すなわちエントロピーが増す方向に物事が進むことを示す．反応は平衡状態に向かって進行する．

1・2　細胞や生物個体は，開放系である．物質やエネルギーをやりとりできない孤立系ではいずれ平衡状態になるが，それは生物にとって死を意味する．生物は食物分子を取入れて自身の構成成分を合成し，不要なものを排出し続けて秩序だった恒常性を保っている．無秩序の平衡状態に向かおうとする自然界において，生物は絶えず自由エネルギーを取込んで吸エルゴン反応を駆動し，秩序を保つ，いわゆる非平衡の定常状態を保っているのであって，生きている限り平衡状態にはならない．

1・3　まず，地球大気や宇宙で合成された有機物質が地上で蓄積した．それらのうち，相補性により対合可能な分子が重合することによって自己複製可能な分子ができた．そのしくみが膜に覆われた細胞となった．自己複製分子として遺伝情報と触媒能を併せもったRNAによる生物が現れた．その細胞は自己増殖するために素材を細胞外から取込んでいたが，やがて自身で合成する生物が生存に有利になった．遺伝情報をより安定に維持するDNA，および触媒能の高いタンパク質を用いる生物が優先的に増殖し，多くの反応経路を獲得した全生物共通祖先が誕生した．

第2章

2・1

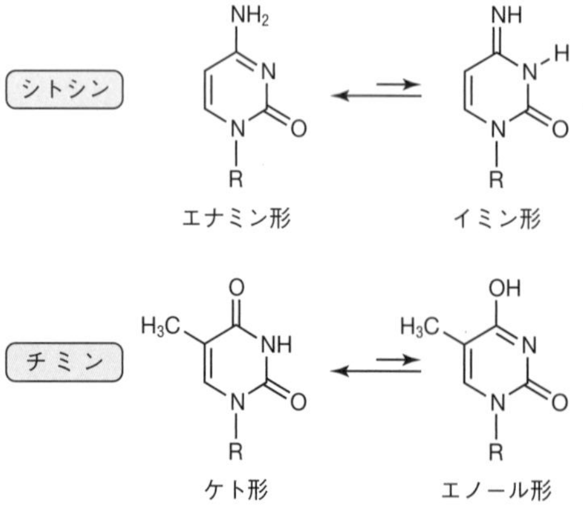

2・2

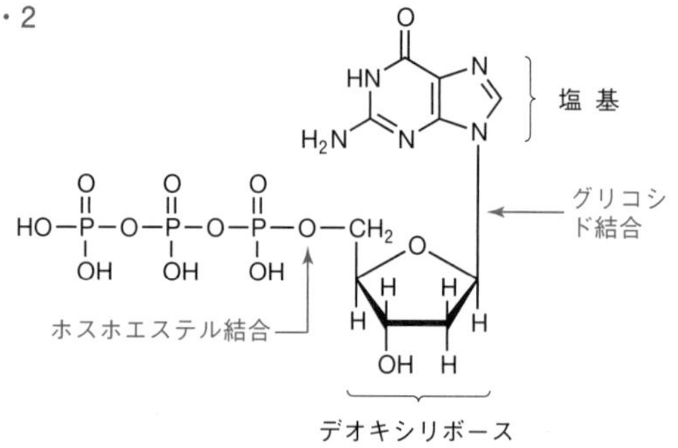

2・3

• **環状アデノシン一リン酸（cAMP）**：グルカゴンやアドレナリンといったホルモンが細胞膜上の受容体に結合すると，三量体Gタンパク質を介してアデニル酸シクラーゼが活性化されてATPからcAMPがつくられる．cAMPはcAMP依存性キナーゼ（Aキナーゼ）を活性化して種々のタンパク質をリン酸化することにより，下流へシグナルを伝達する．このように，cAMPはシグナル伝達におけるセカンドメッセンジャーとして機能している．

• **環状グアノシン一リン酸（cGMP）**：心房性ナトリウム利尿ペプチド受容体や一酸化窒素によって活性化されたグアニル酸シクラーゼによりGTPから産生され，cGMP依存性キナーゼを活性化して種々のタンパク質をリン酸化することにより，下流へシグナルを伝達する．

• **グアノシン三リン酸**：Rasなどの低分子量Gタンパク質の活性化をひき起こして，下流へシグナルを伝達する．

2・4

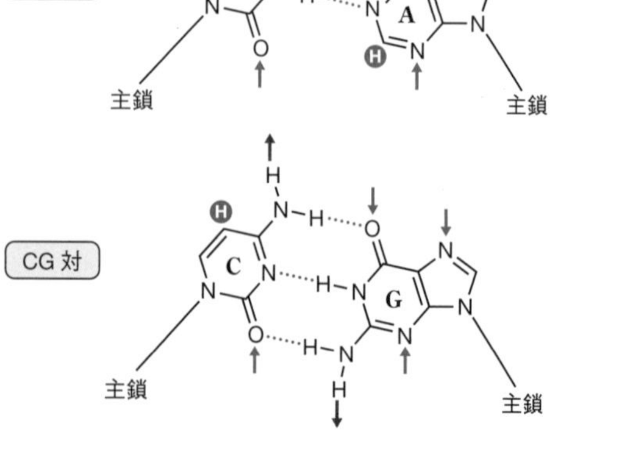

2・5　DNA鎖の溝から見える各塩基の縁の水素結合の受容部をR，水素結合の供与部をD，メチル基をM，非極性の水素原子をHとする．

図2・9のAT対を主溝側から見ると右からMRDRとなる．同じようTA対ではRDRM，GC対ではHDRR，CG対ではRRDHとなり，四つの塩基対を区別することができる．

一方，副溝側から見るとAT対，TA対はともにRHR，GC対，CG対はともにRDRとなり，AとTの対であるかGとCの対であるかしか区別できない．

したがって，副溝側からよりも主溝側からのほうが，塩基対が何であるかを見分けやすい．

2・6

ウラシル誘導体

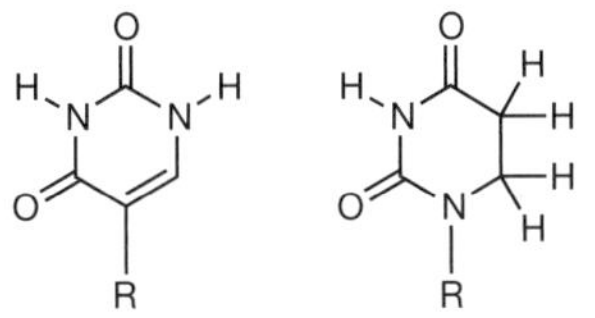

プソイドウリジン（シュードウリジン）　ジヒドロウリジン

シトシン誘導体

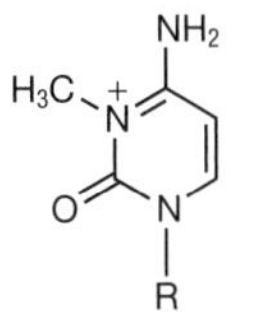

3-メチルシチジン

アデニン誘導体

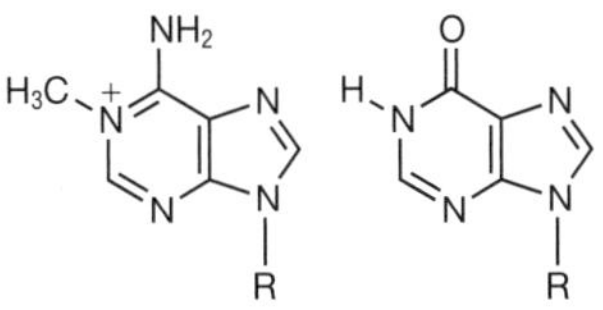

1-メチルアデノシン　イノシン

グアニン誘導体

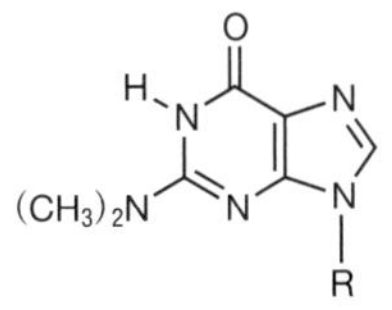

N^2,N^2-ジメチルグアノシン

2・7

AUG	GCG	UCA	CUC	UUA	GAU	CGG	AUC	UUU	CCG	UGA
Met（開始）	Ala	Ser	Leu	Leu	Asp	Arg	Ile	Phe	Pro	（終止）

第3章

3・1

① ホスファチジルコリン

極性基：ホスホコリン　疎水基：2分子の脂肪酸

② モノガラクトシルジアシルグリセロール

極性基：ガラクトース　疎水基：2分子の脂肪酸

③ スフィンゴミエリン

極性基：ホスホコリン

疎水基：1分子の脂肪酸とスフィンゴシンの炭化水素鎖

④ コレステロール

極性基：ヒドロキシ基

疎水基：アルキル側鎖が付加したステロイド骨格

3・2　脂肪滴の脂質単層では，極性脂質分子の極性基は水との相互作用により，またその疎水基は脂肪滴内部の中性脂質との疎水性相互作用により，その構造の安定化に貢献する．もし脂質二重層であれば，脂肪滴内部に接する極性脂質の極性基は中性脂質と反発しあい，構造が不安定化するであろう．

3・3　生体膜は温度を低下させていくと，その流動性が低下し，ついには液晶状態からゲル相状態への相転移が起こる．これは膜機能を担う膜タンパク質の移動を制限するなど，生体膜の機能発現を大きく損傷させる．この流動性の低下には生体膜を構成する脂質の疎水基が大きく影響し，その構成脂肪酸の不飽和度が高いほど，生体膜の相転移温度が低くなる．この細菌が低温下で起こすオレイン酸とリノール酸の低下とα-リノレン酸やγ-リノレン酸の増加，すなわち不飽和度の増加は，相転移温度を低下させ，低温でも生体膜の流動性を維持するのに役立つのであろう．したがって，これは低温に適応するための細胞応答と考えられる．

第4章

4・1

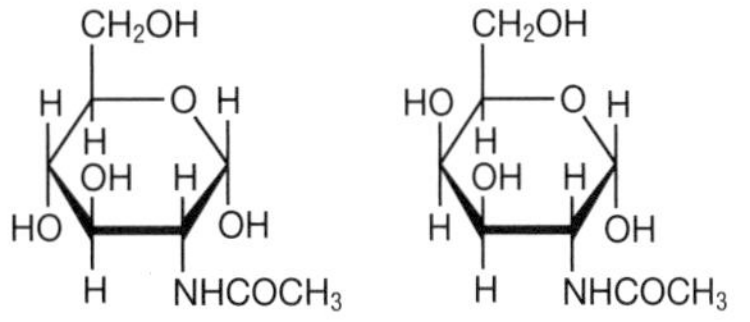

α-D-GlcNAc　α-D-GalNAc

4・2

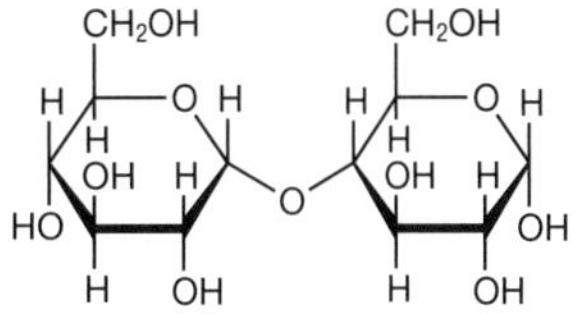

α-マルトース

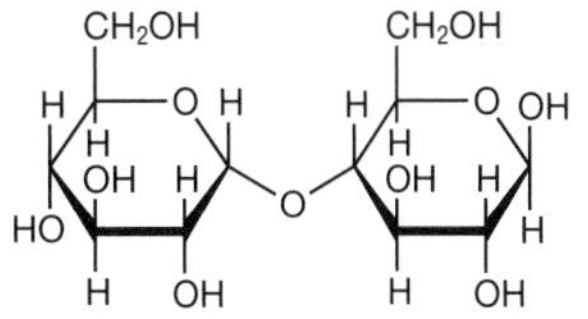

β-マルトース

4・3　貯蔵多糖には，デンプン（アミロース，アミロペクチン）やグリコーゲンがある．これらはグルコースがα(1→4)結合で重合している．また，アミロペクチンやグリコーゲンではα(1→6)結合による枝分かれがある．構造多糖にはセルロースやキチンがある．セルロースではグルコースが，キチンではGlcNAcがβ(1→4)結合で重合している．

4・4　ペプチドグリカンは，GlcNAc と *N*-アセチルムラミン酸からなるヘテロ多糖がペプチド鎖で架橋した網目構造をもち，細菌の細胞壁を構成する成分である．プロテオグリカンは，コアとなるタンパク質のアスパラギン残基にコンドロイチン硫酸やケラタン硫酸などのグリコサミノグリカンが *N*-グリコシド結合，あるいはセリンまたはトレオニン残基に *O*-グリコシド結合している．プロテオグリカンは多量の水と陽イオンを取込むことによって，組織に支えと弾力性を与える．

第5章

復習問題5・1　9.80

5・1　Arg，Gln，Pro は炭素 5 個からなる骨格をもつことが共通している．

5・2　pH 7 で (a) は約＋1（末端のアミノ基），(b) は＋3（末端のアミノ基，Arg と Lys の側鎖）の正電荷をもつ．(b) のほうが陽イオン交換樹脂と相互作用しやすいと考えられる．

5・3　(a) には Tyr があるので，280 nm に吸収をもつので検出が可能と考えられる．(b) には Trp も Tyr も存在しない．芳香族アミノ酸として Phe が二つあるが，Phe の 280 nm の吸収は小さいので，検出は難しそうである．

5・4　50 kDa のタンパク質（サブユニット）が四つ，非共有結合で会合していると考えられる（6 章参照）．

5・5　Leu と Ile は異性体であり，分子質量は等しい．

第6章

6・1　中性 pH では，リシンの側鎖は正電荷をもつので，たがいに反発しあって α ヘリックスなどの構造をとらないと考えられる．リシンの pK_R は 10.54 なので，pH をそれ以上に上げれば電荷による反発がなくなり，α ヘリックスを形成するだろう．

6・2　皮膚や血管は，コラーゲンにより丈夫な構造がつくられている．コラーゲンにはプロリンがヒドロキシ化されたヒドロキシプロリンが多く存在するが，フェニルアラニンのヒドロキシ化にビタミン C（アスコルビン酸）が必要である．ビタミン C が不足すると正常なコラーゲン繊維が形成されず，結合組織が十分に形成されない．

6・3　ループ構造はタンパク質の表面に多く見られる．タンパク質の内側は疎水性のコアが形成されており，そこではタンパク質の主鎖の C=O 基や N−H 基などの極性基は，可能な限り水素結合を形成することにより極性が中和される必要がある．このことから，効率よく水素結合が形成された α ヘリックスや β シートがタンパク質の内部につくられることは合理的と考えられる．ループ構造がタンパク質の内部にあると，疎水的な領域に極性が中和されていない極性基が多く存在することになり，エネルギー的に不利であろう．

6・4　100 残基のポリペプチドには，φ と ψ を合わせて，およそ 200 個の二面角がある．したがって，コンホメーションの場合の数は $3^{200}=9^{100}$ 通りであり．これはおよそ 10^{95} で，莫大な場合の数であり，ランダムな過程で偶然本来のコンホメーションをとることは考えられない．タンパク質が短時間でフォールディングするのは，ランダムな過程ではなく，道筋があると考えられる．

6・5　水中で疎水性相互作用により疎水性側鎖が集まり，疎水性のコアが形成される．疎水性コアに巻き込まれた主鎖は，C=O と N−H の極性を水素結合により中和する．その結果，α ヘリックスや β シートなどの二次構造の形成が進行する．

6・6　不溶性や立体構造を形成しないアミノ酸配列は，分子進化の過程で淘汰され，固有の立体構造を形成しやすいものが生物の進化の過程で受け継がれてきたと考えられる．

第7章

7・1　(7・4) 式より，$Y_{O_2}=0.5$ となるときの pO_2 (p_{50}) を求めると $p_{50}=K$ となる．

7・2　二量体なので，ヒル係数は最大で 2.

7・3　高所での酸素分圧では，肺での酸素結合量が低下する．BPG は肺での酸素結合量を低下させるが，毛細血管での酸素分圧における酸素結合量も低下させる．毛細血管での酸素結合量の減少が，肺での酸素結合量の減少よりも大きければ，組織に運ばれる酸素の量は大きくは減らない．

7・4　BPG はデオキシヘモグロビンのコンホメーションを安定化するので，ヘモグロビン S の重合が促進され，鎌状化が促進される．

第8章

復習問題8・1　$5.7\ \mathrm{kJ\,mol^{-1}}$ の 6 倍．

8・1　酵素-基質複合体と酵素-遷移状態複合体のエネルギー差は，基質 S に対するよりも，基質に対するほうが大きくなる．したがって，基質 A に対する触媒速度は基質 S に対する触媒速度よりも遅いと考えられる．

8・2　速度促進度 $x = e^{\Delta\Delta G^{\ddagger}_{cat}/RT}$

$$\Delta\Delta G^{\ddagger}_{cat} = RT\ln x = (8.314\ \mathrm{J\,K^{-1}mol^{-1}})(310\ \mathrm{K})\ln 10 = 5.93\ \mathrm{kJ\,mol^{-1}}$$

10^6 倍の場合は，

$$6\times 5.93\ \mathrm{kJ\,mol^{-1}} = 35.5\ \mathrm{kJ\,mol^{-1}}$$

8・3 RN アーゼの触媒機構に RNA の 2′-OH 基が必須である．一本鎖 DNA では，2′ が H なので反応が進行しない．

8・4 まったく別の進化の過程で同様のメカニズムが獲得されたことは，このメカニズムが優れていることをうかがわせる．

8・5 酵素との結合が非常に強いので，切断フラグメントが解離しない．そのため，四面体中間体が形成されても，反応がそれより先に進まないと考えられる．

第9章

9・1 v_0 が V_{max} の a 倍になるとき

$$v_0 = aV_{max} = \frac{V_{max}[S]}{K_M + [S]}$$

$$a(K_M + [S]) = [S]$$

$$[S] = \frac{aK_M}{1-a}$$

$a=0.90$ のとき $[S]=9K_M$．$a=0.95$ のとき $[S]=19K_M$．

9・2 $\frac{k_{cat}}{K_M}$ が同じ値であれば，K_M 値が大きい酵素のほうが k_{cat} が大きいので，基質の濃度を十分に大きくすれば，K_M 値が大きい酵素のほうが，単位時間当たり，より多くの生成物を生産する．

9・3 $K_M^{app} = \frac{12\ \mu M}{4\ \mu M} = 3$

$$\alpha = 1 + \frac{[I]}{K_I}$$ より，

$$K_I = \frac{[I]}{\alpha - 1} = \frac{1\ \mu M}{3-1} = 0.5\ \mu M$$

9・4 阻害剤の入った酵素液を希釈して，同じ基質濃度で反応速度を測定する．不可逆的阻害剤の場合は，希釈率に比例して酵素活性が減少すると予想されるが，可逆的な阻害の場合は，希釈によって阻害剤が酵素から解離するので，希釈率よりも高い酵素活性が見られるだろう．

第10章

10・1 まず，物質自身が細胞膜に入り込んで通過する ① **非仲介輸送**（単純拡散）と，チャネルや輸送体を介した**仲介輸送**に分けられる．仲介輸送には，濃度勾配に従った ② **受動仲介輸送**（促進拡散）と，濃度勾配に逆らった**能動輸送**の 2 通りがある．能動輸送は，発エルゴン反応との組合わせが必要であり，ATP の加水分解のエネルギーを直接利用する ③ **一次能動輸送**と，一次能動輸送でつくられたイオンの濃度勾配のエネルギーを利用した ④ **二次能動輸送**がある．

10・2 トランスポーターによる輸送速度は，基質の濃度とともに速くなるが，すべてのトランスポーターに基質が結合する状態になると飽和する．このようなことから，ミカエリス・メンテン型酵素の場合と同様に，濃度依存曲線は直角双曲線となる．

10・3 イオンの流れが逆になると，逆反応により ADP と P_i から ATP が合成されることが考えられる．

10・4

$$\Delta G = RT\ln\left(\frac{[Na^+]_{内}}{[Na^+]_{外}}\right)$$

$$= 8.314\ J\,K^{-1}mol^{-1} \times 310\ K \times \ln\left(\frac{10\ mM}{150\ mM}\right)$$

$$= -6.98\ kJ\,mol^{-1}$$

第11章

11・1 多くの代謝反応のギブズエネルギー変化は 0 付近の近平衡反応で，反応はどちら向きにも進む．しかし，代謝経路にはギブズエネルギー変化が大きな負の値をとる反応が含まれるため，経路全体では不可逆となる．そのギブズエネルギー変化が大きな負の値をとる反応の逆反応は，大きな正の値のギブズエネルギー変化となるため，反応が進行しない．したがって，その反応段階は，別の発エルゴン反応を用いる経路を経なければならない．

11・2 ATP の化学構造は図 11・1 のとおりである．ATP の加水分解により大きなエネルギーを放出するしくみは，ATP の分子内に近接する負電荷間の反発が解消されること，共鳴による安定化および水分子の溶媒和による安定化効果が ATP よりも加水分解物のほうが大きいことによる．ギブズエネルギー変化が正の吸エルゴン反応でも，ATP の加水分解反応による発エルゴン反応を組合わせ，反応全体を発エルゴン反応とすることによって吸エルゴン反応を進行させる．

11・3 NAD^+ と FAD の化学構造および還元反応は図 11・6 および図 11・7 のとおりである．食物分子の酸化により取出された電子は電子伝達リレーによって最終的には O_2 に受け渡される．そのとき，大きなギブズエネルギーが放出されるが，それを ATP の合成反応に用いる．NADH や $FADH_2$ はこの電子伝達の初発物質として機能する．

第12章

復習問題 12・1 複合体 I，Ⅲ，Ⅳ によってプロトンがマトリックスから膜間部に移動し，複合体 V でプロトンが膜間腔からマトリックスに移動している．

12・1 ある代謝経路で ΔG が非常に大きい段階は，細胞内では不可逆であり，その経路が一方向に進むことを保証する．一方，解糖に対する糖新生のように，多くの可逆的な段階は，逆の過程でもそのままはたらくが，ΔG が非常に大きい段階は別の反応で逆行する必要がある．これにより正反応と逆反応が別の酵素により触媒される基質回路が形成されるが，このような段階は，調節部位となることが多い．逆方向の反応が別の酵素により触媒されるので，順方向と逆方向をそれぞれ別個に調節することができるからである．

12・2　リン酸化により負電荷が付与されるので，それによりタンパク質のコンホメーションが変化したり，基質や他のタンパク質などとの相互作用が変化したりすることが考えられる．

12・3　基質とは別の種類の化合物で調節することができるので，このことにより，基質とは異なる因子による制御や，他の代謝経路と協調して調節することなどが可能になる．

12・4　消化酵素のプロテアーゼは，さまざまなタンパク質を分解するので，細胞内ではたらいてしまうと非常に危険である．一方，アミラーゼの基質はデンプンなので，活性型酵素が細胞内にあっても，危険はないと考えられる．

第13章

復習問題 13・1　流量調節点である PFK を通らずに解糖系に入るので，必要以上に解糖が行われ，これが過剰な脂肪の合成につながる可能性がある．アセチル CoA は脂質合成の原料になる（17 章を参照）．

13・1　2,3-BPG は 1,3-ビスホスホグリセリン酸（1,3-BPG）の異性化により合成され，加水分解されると 3-ホスホグリセリン酸を生じる．1,3-BPG と 3-ホスホグリセリン酸は解糖の中間代謝物であり，2,3-BPG は解糖を迂回していることに相当する．解糖の最初の段階を触媒するヘキソキナーゼの活性が低いと，解糖中間体の濃度が下がり，2,3-BPG の濃度も下がる．したがって，ヘモグロビンの酸素親和性が高くなる．一方，解糖の最後の段階を触媒するピルビン酸キナーゼの活性が低いと解糖中間体の濃度が上がり，2,3-BPG 濃度も上昇すると考えられる．したがって，ヘモグロビンの酸素親和性は低下する．

13・2　肝臓では，フルクトースは，フルクト-1-キナーゼの作用でフルクトース 1-リン酸（F1P）に変換され，グリセルアルデヒドと DHAP に開裂することを介して GAP を生じる．これに対して，グルコースから GAP を生じるためには図 13・1 の反応 ❶～❹ が必要であり，フルクトースよりも多くの段階を経る必要がある．

13・3　赤血球を酸化ストレスから防御して正常に保つためには，NADPH の供給が必要である．ペントースリン酸回路がはたらかないと NADPH が十分に供給されず，酸化ストレスに対して過敏になる．

13・4　無益回路が生じる．

第14章

14・1　^{14}C は，1 サイクル目で**スクシニル CoA** の遊離のカルボキシ基（C4）に現れ，次のステップで**コハク酸**の二つのカルボキシ基のいずれか，すなわち**オキサロ酢酸**のカルボキシ基のいずれかに現れる．これは，**イソクエン酸**の C1（図 14・2 の下側の炭素）または C3 のカルボキシ基となる，したがって，2 サイクル目の**イソクエン酸デヒドロゲナーゼ反応**か **2-オキソグルタル酸デヒドロゲナーゼ**の反応で $^{14}CO_2$ が放出される（図 14・2）．

14・2　^{14}C は，1 サイクル目ではスクシニル CoA のコハク酸の C3 に入り，コハク酸，フマル酸，リンゴ酸，オキサロ酢酸では C2 または C3 となる．これらは 2 サイクル目では CO_2 としては放出されないが，スクシニル CoA の C1，C2 にくる．次のコハク酸で ^{14}C は全炭素に分散し，3 サイクル目では $^{14}CO_2$ が放出される．

14・3　① クエン酸回路により生成する **NADH** と **$FADH_2$** は，ミトコンドリアの電子伝達系に電子を供与する．このことにより ATP が合成される．② クエン酸回路の中間体は，糖新生，脂肪酸合成，アミノ酸合成の前駆体として利用される．

14・4　さまざまな生体分子の異化によりアセチル CoA が生成する．クエン酸回路は，アセチル CoA を CO_2 へと代謝することにより NADH や $FADH_2$ をつくり，電子伝達系での ATP 産生へとつなぐ経路である．

14・5　**ピルビン酸デヒドロゲナーゼ**の活性には，**チアミン二リン酸**が必要である．チアミンが欠乏すると，この酵素活性が下がり，ピルビン酸からアセチル CoA への変換が進まず，ピルビン酸が蓄積する．ピルビン酸からホモ乳酸発酵により乳酸が生じる．

第15章

15・1　ミトコンドリアは**内膜**と**外膜**から成り，内膜の内側を**マトリックス**，内膜と外膜の間を**膜間腔**とよぶ．内膜はひだが多く，表面積を増やしている．内膜のひだ（貫入部分）を**クリステ**とよぶ．

　ミトコンドリアの最も重要な機能の一つは **ATP** の合成である．ミトコンドリア内膜には，ATP 合成に関わる多くの膜タンパク質が存在している．**電子伝達系**（複合体Ⅰ～Ⅳ），**ATP 合成酵素**（複合体Ⅴ），**ATP/ADP 交換輸送体**，**リン酸輸送体**などが，ATP 合成に深く関わる輸送体として知られる．

15・2　NADH は複合体Ⅰで 2 電子を酸化型の CoQ に渡す．その結果，還元型 CoQ（$CoQH_2$）が生成され，複合体Ⅰはその間に四つの H^+ をミトコンドリアマトリックスから膜間腔に輸送する．

$CoQH_2$ は複合体Ⅲで2分子のシトクロム c（Cyt c）に1電子ずつ電子を渡す．（正確には，$CoQH_2$ の2電子のうち1電子を Cyt c に渡す．もう一つの電子は，複合体Ⅲ中の別の CoQ 結合部位に結合した CoQ に渡され，安定なラジカル型 CoQ（$CoQ\cdot^-$）が生成される．$CoQ\cdot^-$ は，別の $CoQH_2$ から1電子を受取り，$CoQH_2$ に戻る．残りの1電子は，上述のように Cyt c に渡される．これを，Q サイクルとよぶ.）複合体Ⅲは，その間に四つの H^+ をミトコンドリアマトリックスから膜間腔に輸送する．

電子を受取った2分子の Cyt c は，複合体Ⅳで1/2分子の O_2 に電子を渡す．実際には，4分子の Cyt c から4電子が1分子の O_2 と四つの H^+ とに受け渡され，2分子の H_2O が生成される．このとき，複合体Ⅳは，2電子当たり（2分子の Cyt c または1分子の NADH 当たり）二つの H^+ をミトコンドリアマトリックスから膜間腔に輸送する（または，4電子当たり四つの H^+ を輸送する）．

15・3　①，②，③いずれも ATP 合成量は低下する．または，ATP 合成が完全に阻害される．

ミトコンドリアにおける酸化的リン酸化による ATP 合成では，ミトコンドリア内膜で隔てられたプロトン（H^+）の電気化学的勾配（プロトン駆動力）が ATP 合成のエネルギーとなる．①，②はともに内膜のプロトン透過を高める処理で，プロトンの電気化学的勾配を低下または消失させる．よって，ATP の合成量は低下またはほぼ0となる．

また，③のようにミトコンドリア外（膜間腔）の pH を高くする，すなわち，H^+ 濃度を低くすると，プロトンの電気化学的勾配が低下し，ATP の合成量は低下する．プロトンの電気化学的勾配は，電位差（マトリックス側が＋）と H^+ 濃度（pH）差（マトリックス側が pH 高）の二つの成分からなる．よって，③のようにミトコンドリア外（膜間腔）の pH を高くすると，プロトンの電気化学的勾配のうち pH 差が減少し，ATP 合成量は低下する．

15・4　F_1F_o-ATP アーゼは，膜表在性の F_1 部分と膜内在性の F_o 部分からなる．F_o 部分はプロトン輸送路として機能しており，そのプロトン輸送路は a サブユニットと10～12個の c サブユニットのリング構造（c リング）からなる．F_1 部分は，ATP 合成または ATP 加水分解をつかさどる部分で，三つずつの α サブユニットと β サブユニットが交互につながったリング（$\alpha_3\beta_3$）の中に γ サブユニットが刺さったような構造をしている．電子伝達系により形成されたプロトンの電気化学勾配により，プロトンが膜間腔から F_o 部分を通過してマトリックス側へ流れ込むと，そのエネルギーが F_o 部分の c リングと F_1 部分の γ サブユニットと ε サブユニットの回転をひき起こす．それにより，F_1 部分の $\alpha_3\beta_3$ に計3箇所存在する触媒部位の連続的な構造変化がひき起こされ，ADP と P_i から ATP が合成される．

第16章

16・1　チラコイド膜に存在するクロロフィルは光エネルギーを吸収し，光合成反応中心に存在するクロロフィルに光エネルギーを伝達する．光合成反応中心に存在するクロロフィルは特殊な分子環境下にあり，光エネルギーの吸収により酸化還元電位が変化し，光合成電子伝達の原動力となる．

16・2　チラコイド膜上に存在する光合成に関連するタンパク質複合体としては，光化学系Ⅱ，シトクロム b_6/f 複合体，光化学系Ⅰ，ATP 合成酵素がある．

光化学系Ⅱは光照射下でプラストキノンに電子を与え還元し，一方，水を酸化し分解することにより O_2 が発生し H^+ がルーメン側で放出される．

シトクロム b_6/f 複合体は PSⅡにより還元されたプラストキノンから電子を受け酸化し，チラコイド膜ルーメン側でプラストシアニンに電子を与え還元する．この反応に伴い H^+ がストロマ側からルーメン側に移送される．

光化学系Ⅰは光照射下でフェレドキシンに電子を与え還元し，プラストシアニンから電子を受取る．

光化学系Ⅱからシトクロム b_6/f 複合体，光化学系Ⅰを経る電子伝達に伴ってチラコイド膜のストロマ側とルーメン側の間で H^+ の濃度勾配が形成される．ATP 合成酵素はその H^+ の濃度勾配によるエネルギーを利用して ATP を合成する．

16・3　光反応により，光エネルギーを利用して ATP や NADPH がつくられ，光反応によりつくられた ATP や NADPH を利用して CO_2 固定反応が進行し CO_2 が固定される．

16・4　光合成では水に由来する O_2 が発生する．これは光化学系Ⅱで水が酸化されて O_2 と H^+ に分解されることにより発生する．

16・5　光反応では，電子伝達でのプラストキノンの酸化還元により H^+ がストロマ側からルーメン側へ移送され，また，PSⅡでの水の分解により H^+ が O_2 の発生とともにルーメン側で放出される．その結果，チラコイド膜のストロマ側とルーメン側の間で H^+ の濃度勾配が形成され，そのエネルギーを利用して ATP 合成酵素により ATP が合成される．

第17章

17・1　マロニル CoA は，アセチル CoA から ATP を用いて合成される．つまり，C_2 単位での伸長には，エネルギー的にアセチル CoA では不十分で，アセチル CoA の活性化型であるマロニル CoA が必要と考えられる．

17・2

ホスファチジルコリン（PC）:

- PE ＋ *S*-アデノシルメチオニン ⟶ ホスファチジル-*N*-メチルエタノールアミン ＋ *S*-アデノシルホモシステイン
- ホスファチジル-*N*-メチルエタノールアミン ＋ *S*-アデノシルメチオニン ⟶ ホスファチジル-*N*-ジメチルエタノールアミン ＋ *S*-アデノシルホモシステイン
- ホスファチジル-*N*-ジメチルエタノールアミン ＋ *S*-アデノシルメチオニン ⟶ PC ＋ *S*-アデノシルホモシステイン

ホスファチジルエタノールアミン（PE）:

- CDP-DG ＋ セリン ⟶ ホスファチジルセリン ＋ CMP
- ホスファチジルセリン ⟶ PE ＋ CO_2

17・3

- DG ＋ UDP グルコース ⟶ モノグルコシルジアシルグリセロール ＋ UDP
- モノグルコシルジアシルグリセロール ⟶ MGDG

17・4　β 酸化が 9 回起こるので，10 分子のアセチル CoA，9 分子の $FADH_2$，9 分子の NADH が生成する．

17・5　飢餓条件下では，ケトン体は肝臓での生成が亢進し，血流にのり，心臓や脳に運ばれる．したがって，血液はアセト酢酸と D-β-ヒドロキシ酪酸の作用で酸性化し，アシドーシスがひき起こされる．

第 18 章

復習問題 18・1　KEGG で Methionine と入力して検索し，KEGG PATHWAY の map00270 を開く．Map の中央・下の位置に L-Methionine がある．ここから上に L-homocysteine，L-cystathionine，L-cysteine とたどることができ，L-cysteine が *O*-acetyl-L-serine と sulfide（hydrogen sulfide，硫化水素）から合成されることが確認できる．Met の硫黄原子は，植物や微生物が同化した無機硫黄（硫化水素）に由来している．

18・1　ペプチド結合の加水分解は発エルゴン反応なので，ATP の加水分解と共役する必要はないが，26S プロテアソームは，基質タンパク質の立体構造を解くために ATP の加水分解のエネルギーを用いる．また，基質のユビキチン化にも ATP が用いられる．

18・2　アミノ酸高摂取時は過剰のアミノ酸を分解する．飢餓時は筋肉のタンパク質が分解されてグルコースがつくられる．いずれの場合もアミノ窒素から生じるアンモニアを尿素回路で処理する必要がある．

18・3　コリスミ酸が Phe，Tyr，Trp の共通の前駆体である．コリスミ酸は，ホスホエノールピルビン酸（C_3）とエリトロース 4-リン酸（C_4）からつくられる．

18・4　Glu と Cys から，グルタミン酸-システインリガーゼ（EC 6.3.2.2）の作用で γ-グルタミルシステインが生成する．次にグルタチオン合成酵素（EC 6.3.2.3）の作用で，Gly が付加されて γ-グルタミルシステイニルグリシン（グルタチオン）が生成する．

第 19 章

19・1　*de novo* 経路は，ATP 依存的に，グルタミン，グリシン，アスパラギン酸，ギ酸，炭酸からまったく新しくヌクレオチドを合成するもので，すべての細胞に存在する．サルベージ経路は，分解で生じた塩基を再利用してヌクレオチド合成を行う．

19・2　プリンヌクレオチドの生合成の制御は，① 生成物による負のフィードバック，② AMP/GMP バランス，③ ATP，GTP による相互の生合成促進，によって行われている．

ピリミジンヌクレオチドの生合成の制御は，① *de novo* 合成の最初のステップであるカルバモイルリン酸合成段階の生成物（UDP,UTP）による負のフィードバック機構と，② ATP や PRPP による活性化機構，によって行われる．

19・3　アデニンを使うと IMP が合成されないため，ATP（dATP）は産生できるが，GTP（dGTP）を産生することができない．したがってアデニンを使うことは不可能である．

19・4

1）レッシュ・ナイハン(Lesch-Nyhan)症候群

HGPRT 欠損症．ヒポキサンチンやグアニンの再利用ができず，尿酸産生が亢進する．高尿酸血症，それに伴う重症な痛風と急性腎不全や神経障害（自傷行為）を示す．

2）痛　風

HGPRT の活性低下などにより，腎臓からの尿酸排泄機能が低下することに起因する．尿酸が関節などに蓄積し炎症をひき起こし，強い痛みを生じる．

3）オロト酸尿症

ピリミジン合成時のオロト酸ホスホリボシルトランスフェラーゼなどの欠損で生じ，中間体オロト酸が尿中に大量に排泄される．成長障害（精神的，身体的遅延）を示す．

4）重症複合免疫不全症（SCID）

アデノシンデアミナーゼ欠損が原因の一つで，T リンパ球や B 細胞の数が減り，機能不全を起こす重篤な先天性免疫不全疾患である．

索　引

あ

ISP　148
IMP　196, 197
アイソザイム　120
IP_3　106
IPP　172
IUBMB　77
アキシアル　30
アクアポリン　101
アゴニスト　105
アコニターゼ　139
アシル ACP チオエステラーゼ　167
アシルカルニチン　178
アシル基運搬タンパク質　164
アシル CoA アセチルトランスフェラーゼ　179
アシル CoA-コレステロールアシルトランスフェラーゼ　174
アシル CoA シンテターゼ　167
アシル CoA デヒドロゲナーゼ　179
N-アシルスフィンガニン　170
N-アシルスフィンゴシン　170
アスコルビン酸　52
アスパラギン　37, 189
アスパラギン酸　37, 117, 186, 188, 195
アスパラギン酸カルバモイルトランスフェラーゼ　117, 119, 198
N-アセチルグルコサミン　31
N-アセチルグルタミン酸　187
アセチル CoA　112, 125, 137, 140, 142, 163, 171
アセチル CoA-ACP アセチルトランスフェラーゼ　165
アセチル CoA カルボキシラーゼ　163
アセチルコリン　105
N-アセチルムラミン酸　34
アセトアセチル CoA　180
アセトアルデヒド　126
アセト酢酸　180
アセトン　180
アデニル酸（AMP も見よ）　11
アデニル酸シクラーゼ　106
アデニン　9, 11, 197
アデニンホスホリボシルトランスフェラーゼ　197
アデノシン　11, 203
アデノシン一リン酸（AMP も見よ）　11
アデノシン三リン酸（ATP も見よ）　11
アデノシンデアミナーゼ　203
アデノシン二リン酸（ADP も見よ）　11
アドレナリン　119, 133, 192
アナプレロティック反応　142
アノマー　29
アノマー炭素　29, 32
アフィニティークロマトグラフィー　40
アポリポタンパク質　174
アミノ酸　36
　——の異化　183
　——の生合成　187
　代謝前駆体としての——　192
アミノ酸残基　39
アミノ酸組成　39
アミノ酸代謝　186
アミノ酸配列　39
アミノ酸誘導体　38
アミノ糖　31, 33
アミノトランスフェラーゼ　183
アミノプテリン　199
アミノ末端　39
γ-アミノ酪酸　192
アミラーゼ　32
アミロイド β ペプチド　64
アミロース　32
アミロペクチン　32
アラキジン酸　17
アラキドン酸　17, 25
アラニン　37, 188
アラビノース　28
rRNA　15
RN アーゼ A　61, 82
RNA　9
　——の構造　14
RNA ポリメラーゼ　15
RNA ワールド仮説　7
アルギナーゼ　186
アルギニノコハク酸　186
アルギニノコハク酸シンテターゼ　186
アルギニノコハク酸リアーゼ　186
アルギニン　37, 186, 193
アルコールデヒドロゲナーゼ　126
アルコール発酵　126
アルジトール　31
R 状態　118, 127
アルツハイマー病　64
アルドース　27
アルドステロン　25
アルドテトロース　28
アルドトリオース　27
アルドヘキソース　28
アルドペントース　28
アルドラーゼ　124
アルトロース　28
アルドン酸　31
α-アノマー　30
α-アミノ酸　36
$\alpha\alpha$ モチーフ　53
$\alpha(1\to4)$ 結合　32, 133
$\alpha(1\to6)$ 結合　32, 133
α 炭素　36, 165
α ヘリックス　47, 99
RuBP　159
アロース　28
アロステリックエフェクター　73, 117, 127, 134
アロステリック効果　73, 117
アロステリック酵素　117
アロステリック相互作用　70
アロステリック部位　117
アロプリノール　204
アンモニア　186

い，う

E1，E2，E3　182
ESI　42
イオン結合　60, 78
イオン交換クロマトグラフィー　40
イオンチャネル　101
イオンチャネル型受容体　102, 104
イオントラップ型　43
イオンポンプ　103
イオン輸送性 ATP アーゼ　103
異　化　108
イコサン酸　17
EC 分類番号　77
いす形配座　30
イソクエン酸　139
イソクエン酸デヒドロゲナーゼ　139, 141
イソプレン　99
イソペプチド結合　194
イソペンテニル二リン酸　172
イソロイシン　37, 190
一次構造　39, 45
一次能動輸送　101, 103
一酸化窒素　193
一酸化窒素合成酵素　193
一般塩基触媒　81, 86
一般酸塩基触媒　81
一般酸触媒　81, 86
イドース　28
イノシトール 1,4,5-トリスリン酸　106
イノシン　204
イノシン一リン酸（IMP）　196, 197
EPA　17
イミン　184
インスリン　119, 133

ウラシル　9, 11, 204

ウリジル酸（UMPも見よ）　11
ウリジン　11, 204
ウリジン一リン酸（UMPも見よ）　11, 198
ウリジン三リン酸（UTPも見よ）　11
ウリジンホスホリラーゼ　204
ウレアーゼ　76
ウロン酸　31, 33

え，お

5,8,11,14-エイコサテトラエン酸　17
エイコサノイド　25
　——の合成　168
エイコサペンタエン酸　17
5,8,11,14,17-エイコサペンタエン酸　17
AMP　11, 120, 127, 197
エキソペプチダーゼ　182
エクアトリアル　30
ACP　164
SRP　100
SCID　203
SDS　41, 98
SDS-PAGE　41
エストラジオール　25
エタノール　125
エタノールアミンホスホトランスフェラーゼ　170
X線結晶解析　56
HMG-CoA　172
HMG-CoAレダクターゼ　172
HGPRT　197
5-HT　192
HDL　175
ATCアーゼ　117, 119, 198
ADP　11, 110, 127, 141
ATP　11, 110, 120, 125, 127, 141, 157
ATP/ADP交換輸送体　145
ATP結合カセットトランスポーター　103
ATP合成酵素　149, 150, 157
エドマン分解　42
エナンチオマー　28
Na^+/グルコース共輸送体タンパク質　103
Na^+/K^+-ATPアーゼ　103
NAD^+　113, 138
NADH　140, 147, 178
NADH-CoQオキシドレダクターゼ　147
NADPH　156, 157
NMR　57
NO　193
NOE　57
NOS　193
n-3系不飽和脂肪酸　168
N末端　39
n-6系不飽和脂肪酸　167
エネルギー　2
エノイル-ACPレダクターゼ　165
エノイルCoAヒドラターゼ　179
APRT　197
ABCトランスポーター　103
エピネフリン → アドレナリン
エピマー　29, 129
F_1F_O-ATPアーゼ　149
FAD　114, 138, 140, 147
$FADH_2$　178
FMN　147
FdUMP　199
FPP　172
FBPアーゼ　127, 135
mRNA　15
MALDI　42
MS　42
Mnクラスター　157
m/z　42
エリトルロース　29
エリトロース　28
エリトロース4-リン酸　130, 191
エルゴステロール　21, 173
L　体　27
LDL　175
エレクトロスプレーイオン化　42
塩基（核酸の）　9
塩基性アミノ酸　37
塩基対　12
塩基配列　12
塩　析　39
エンタルピー　4
エンテロペプチダーゼ　78, 121
エンドサイトーシス　175, 182
エンドペプチダーゼ　181
エントロピー　3

オキサロ酢酸　135, 139, 140, 141, 160, 161
オキシアニオンホール　86
オキシヘモグロビン　70
2-オキソグルタル酸　139, 183, 191
2-オキソグルタル酸デヒドロゲナーゼ複合体　140
2-オキソ酸　188
9,12-オクタデカジエン酸　17
9,12,15-オクタデカトリエン酸　17
6,9,12-オクタデカトリエン酸　17
オクタデカン酸　17
9-オクタデセン酸　17
オートファジー　182
オリゴ糖　32
オリゴペプチド　39
オリゴマー　55
折りたたみ　57
オロト酸ホスホリボシルトランスフェラーゼ　198
オルニチン　186
オルニチンカルバモイルトランスフェラーゼ　186
オレイン酸　17
オロト酸　198
オロト酸尿症　203

か

回折像　56
回転子　151
回転数　92
解糖系　123
　——の調節　126
開放系　3, 5
外　膜　145
界面活性剤　61
カオトロピック　61
化学修飾　87
化学進化　6
化学平衡　79
可逆阻害　94
核オーバーハウザー効果　57
核　酸　9
　——の機能　14
核酸塩基　9
核磁気共鳴　57
カタプレロティック反応　142
カタラーゼ　77
活性化イソプレン　172
活性化エネルギー　79
鎌状赤血球症　74
CAM植物　161
ガラクトキナーゼ　129
ガラクトサミン　31
ガラクトース　28, 128
カラムクロマトグラフィー　40
カルシウムイオン（Ca^{2+}）　141
カルジオリピン　19
カルニチンアシルトランスフェラーゼⅠ　178
カルニチンアシルトランスフェラーゼⅡ　178
N-カルバモイルアスパラギン酸　118
カルバモイルリン酸　117, 186, 198
カルバモイルリン酸シンテターゼ　186
カルビン・ベンソン回路　158
カルボキシ末端　39
カルボニックアンヒドラーゼ　73, 83
カロテノイド　155
ガングリオシド　21
還元型グルタチオン　131
還元型CoQ　148
還元的ペントースリン酸回路　158
還元力　146
干　渉　56
肝　臓　133
γ-アミノ酪酸　38

き

ギ　酸　195
キサンチン　204
キサンチンオキシダーゼ　204
キサントシン　203
基　質　78
基質回路　128, 135
基質特異性　78, 84
基質レベルのリン酸化　110
キシルロース　29
キシルロース5-リン酸　130
キシロース　28
規則的二次構造　50
キチン　33
起電的輸送　146
キノール　155

キノン　155
ギブズエネルギー　4, 108
キモトリプシン　84
キモトリプシン触媒機構　85
逆平行 β シート　47
逆行輸送　103
GABA　38, 192
Q_{10}　148
吸エルゴン反応　4, 111
求核触媒　82
球状タンパク質　46, 52
Q サイクル　148
競合阻害　95
鏡像異性体　28
協奏酸塩基触媒反応　81
協奏モデル　73
共同基質　77
協同性　70, 118
共役反応　111
共有結合修飾　119
共有結合触媒　82, 86
共輸送　103
極性基　19
極性脂質　19
キラル　27
ギリシャキーモチーフ　53
キロミクロン　175
キロミクロンレムナント　175
筋収縮　141
近接効果　83, 86
金属イオン　60, 77
金属イオン触媒　83
筋　肉　133
近平衡反応　109

く

グアニル酸（GMP も見よ）　11
グアニル酸シクラーゼ　193
グアニン　9, 11, 197, 204
グアニンデアミナーゼ　203
グアノシン　11, 204
グアノシン三リン酸（GTP も見よ）　11
グアノシン二リン酸（GDP も見よ）　11
クエン酸　139
クエン酸回路　138
クエン酸シンターゼ　138, 140
クライオ電子顕微鏡　57
グラナ　153
グリオキシル酸　189
グリオキシル酸回路　143
グリコーゲン　32, 123, 126, 131
——の合成　132
——の分解　131
グリコーゲンシンターゼ　133
グリコーゲン代謝　131
——の調節　133
グリコーゲン脱分枝酵素　132
グリコーゲンホスホリラーゼ　119, 131, 133
グリココール酸　25
グリコサミノグリカン　33, 35
N-グリコシド結合　12
グリコシド結合　31, 133
グリコシルホスファチジルイノシトール　100
グリシン　36, 37, 38, 189, 195
クリステ　145
グリセルアルデヒド　27, 36
グリセルアルデヒド 3-リン酸（GAP）　123, 129, 159
グリセルアルデヒド-3-リン酸デヒドロゲナーゼ　124
グリセロエーテル脂質　20
グリセロ脂質　24
グリセロ糖脂質　19
——の合成　168
グリセロリン脂質　19, 98
——の合成　168
グリセロール　19
グリセロール 3-リン酸　169
グルカゴン　119, 133
グルクロン酸　31
グルコサミン　31
グルコース　28, 123, 131, 135, 160
——の輸送　104
グルコーストランスポーター　102
グルコース-6-ホスファターゼ　132, 135, 136
グルコース 1-リン酸　126
グルコース 6-リン酸　120, 123
グルコース-6-リン酸イソメラーゼ　123
グルコセレブロシド　21, 171
グルコピラノース　29
グルコン酸　31
グルシトール　31
グルタチオン　131, 194
グルタチオンペルオキシダーゼ　131
グルタチオンレダクターゼ　131
グルタミン　37, 189, 195
グルタミン酸　37, 38, 183
——の酸化的脱アミノ　184
グルタミン酸シンターゼ　191
グルタミン酸デヒドロゲナーゼ　184
グルタミンシンテターゼ　191
クレブス回路　138
グロース　28
クロマトグラフィー　40
クロロフィル　154, 155

け，こ

KEGG　129, 192
形態的相補性　78
KcsA　102
血液凝固因子　121
血液凝固カスケード　121
血漿リポタンパク質　174
β-ケトアシル-ACP シンターゼ　165
β-ケトアシル-ACP レダクターゼ　165
ケト原性アミノ酸　185
ケトース　27, 29
ケトテトロース　29
ケトヘキソース　29
ケトペントース　29
ケトン体　179
ケラタン硫酸　33
ケラチン　51
ゲラニルゲラニル基　99
ゲラニル二リン酸　172
ゲル沪過クロマトグラフィー　40
限界分枝鎖　132
嫌気的解糖　125

コイルドコイル　52
高エネルギー化合物　109, 160
光化学系 I　155
光化学系 II　155
光学異性体　36
好気生物　125
光合成　153
——の調節　161
光合成反応中心　154
酵　素　76
紅　藻　153
酵素型受容体　105
酵素触媒機構　81, 87
酵素前駆体　121
酵素阻害剤　94
酵素の命名法　76
酵素反応速度論　89
抗体産生 B 細胞　202
高等植物　153
酵　母　126
高密度リポタンパク質　175
光リン酸化　112, 157
CoA　138
5FU　199
CoQ　147
CoQ-シトクロム *c* オキシドレダクターゼ　148
国際生化学分子生物学連合　77
5′ 末端　12
固定子　151
コドン　15
コハク酸　139
コハク酸-CoQ オキシドレダクターゼ　147
コハク酸デヒドロゲナーゼ　140, 147
互変異性　10
コラーゲン　35, 51
コリスミ酸　191
孤立系　3
コリンホスホトランスフェラーゼ　169
コール酸　25
コルチゾール　25
コレステロール　20, 21, 24, 98
——の合成　171
コレステロールエステル　24
——の合成　174
コレステロール逆輸送　177
混合阻害　96
コンドロイチン硫酸　33
コンホメーション　49

さ，し

サイトゾル　122
細胞質　122
細胞内の区画化　122

細胞膜　98
細胞膜受容体　104
サブユニット　45
サボテン　161
サルベージ経路　195
酸塩基触媒　81
酸化型 CoQ　148
酸化還元電位　114, 146, 156
酸化還元反応　113
酸化的リン酸化　112, 149
酸化力　146
三次構造　45, 51
酸性アミノ酸　37
酸素解離（飽和）曲線　69
酸素結合タンパク質　68
3′末端　12

ジアシルグリセロール　20, 168
ジアシルグリセロールアシルトランスフェラーゼ　174
ジアステレオマー　28
シアノバクテリア　153
GroEL/ES シャペロニン　64
ジイソプロピルフルオロリン酸　87
cAMP　106, 136
GSH　131
GAP　123, 129, 159
CMP　11, 204
GMP　11, 197
GlcNAc　31, 34
GLUT1　102
CoA　138
CoQ　147
CoQ-シトクロム *c* オキシドレダクターゼ　148
CO_2 濃縮機構　161
ジガラクトシルジアシルグリセロール　19
シグナル伝達　104, 120
シグナル配列　100
シグナル配列認識粒子　100
シグナル分子　102, 104
シグモイド型曲線　70
C_3 植物　161
脂　質　17
　——の合成　168
　——の消化，吸収，輸送　174
脂質結合タンパク質　99
脂質二重層　22, 98, 101
脂質輸送の外因性経路　175
脂質輸送の内因性経路　175
脂質ラフト　24
四重極型　43
シスタチオニン　190
システイン　37, 189
ジスルフィド結合　37, 51, 55, 60
ジスルフィド交換反応　63
G タンパク質　105
G タンパク質共役型受容体　105
シチジル酸（CMP も見よ）　11
シチジン　11
シチジン三リン酸（CTP も見よ）　11
シチジン二リン酸（CDP も見よ）　11
実体モデル　45
シッフ塩基　82, 184

質量分析　42
CDP　11, 168
CDP-DG　168
CTP　11, 118, 199
GDP　11, 105
GTP　11, 105, 140
GTP 結合タンパク質　105
シトクロム *a*（Cyt *a*）　149
シトクロム *c*（Cyt *c*）　100, 149
シトクロム b_6/f 複合体　155
シトクロム *b* サブユニット　148
シトシン　9, 11
シトルリン　186
シナプス　105
GPI 結合タンパク質　100
GPCR　105
ジヒドロウラシルデヒドロゲナーゼ　204
ジヒドロオロト酸　198
ジヒドロキシアセトン　29
ジヒドロキシアセトンリン酸　124
ジヒドロ葉酸レダクターゼ　199
ジヒドロリポアミド *S*-アセチルトランスフェラーゼ　137
ジヒドロリポアミドデヒドロゲナーゼ　137
GPP　172
ジペプチド　39
脂肪酸　17, 143
　——の活性化　167
　——の合成　163
　——の酸化　177
　——の分解　178
　——の β 酸化　178
脂肪酸合成酵素　54, 164
脂肪酸輸送体　175
脂肪族アシル化タンパク質　100
脂肪滴　24, 175
C 末端　39
ジメチルアリル二リン酸　172
四面体形中間体　86
シャペロニン　55, 64
集光性色素　154
重症複合免疫不全症　203
Cu_A 中心　149
主　溝　12
受動仲介輸送　101
受容体　104
循環的電子伝達系　158
準必須アミノ酸　188
消費反応　142
小胞体結合型リボソーム　100
触　媒　80
触媒基トリオ　85
触媒サブユニット　118
触媒残基　87
触媒定数　92
ショ糖　32
C_4 植物　161
c リング　151
Cyt *a*　149
Cyt *c*　149
Cyt *c* オキシダーゼ　149
ジンクフィンガーモチーフ　60
神経伝達物質　38

親水性アミノ酸　37

す〜そ

水素結合　55, 60, 78
水平拡散　23, 98
水溶性タンパク質　59
スカラープロトン　149
スクアレン　172
スクアレンシンターゼ　172
スクシニル CoA　139, 142
スクシニル CoA シンテターゼ　140
スクロース　32
スチグマステロール　21, 173
ステアリン酸　17
ステロイド骨格　21
ステロイドホルモン　24
　——の合成　173
ステロール　21
ステロールエステル　22
ストロマ　153, 154, 157
スフィンガニン　170
スフィンゴ脂質　21, 24, 98
　——の合成　170
スフィンゴシン　21
スフィンゴ糖脂質　21
スフィンゴミエリン　20, 21, 171
スフィンゴリン脂質　21
スブチリシン　87
スルホキノボシルジアシルグリセロール　19

生体膜　98
　——の脂質組成　20
静電効果　83, 86
生物情報科学　57
セカンドメッセンジャー　106
赤血球　131
Zn^{2+} イオン　60
Z スキーム　156
セラミド　21, 170
セリン　37, 189
セリンヒドロキシメチルトランスフェラーゼ　189
セリンプロテアーゼ　84, 87, 121, 182
セルラーゼ　33
セルロース　33
セレブロシド　21
セロトニン　38, 192
遷移状態　79, 84
遷移状態安定化　86
遷移状態優先結合　84, 86
繊維状タンパク質　46, 51
選択性フィルター　102
セントラルドグマ　14

相補性　78
阻害定数　95
促進拡散　101
速度促進度　80
疎水基　19
疎水効果　58
疎水性アミノ酸　37

疎水性クロマトグラフィー　40
疎水性親水性指標　59
疎水性相互作用　52, 55, 58, 78, 99
ソルビトール　31
ソルボース　29

た〜つ

対向輸送　103, 146
代　謝　108
代謝経路　108
　——の調節　116
タガトース　29
脱リン酸　119
多　糖　31
タロース　28
ターン　48
ターンオーバー数　92
炭　酸　195
炭酸固定　154
胆汁酸　24
単純拡散　101
炭水化物　27
炭素固定　154
炭素固定回路　158
タンデム質量分析計　43
単　糖　27
　——の環状構造　29
タンパク質　39
　——の一次構造解析　42
　——の精製　39
　——のフォールディング　60
　——の変性　60
　——の立体構造　45
　——のリン酸化　119
タンパク質分解　181
タンパク質分解酵素　78
単輸送　103

チアミン二リン酸　77, 82, 126, 138
チオエステル結合　112
チオレドキシン　162
逐次反応　93
逐次モデル　74
チミジル酸（dTMP も見よ）　11
チミジル酸シンターゼ　199
チミジン　11
チミジン一リン酸（dTMP も見よ）　11
チミジンキナーゼ　200
チミジン三リン酸（dTTP も見よ）　11
チミン　9, 11, 204
チモーゲン　121
チャネル　101
仲介輸送　101
中性アミノ酸　37
中性脂質　19, 22
　——の合成　174
調節サブユニット　118
超低密度リポタンパク質　175
超二次構造　53
直角双曲線　69
チラコイド膜　153, 154
　——の脂質組成　20
チロキシン　38
チロシン　37, 191
チロシンキナーゼ型受容体　105
チロシン 3-モノオキシゲナーゼ　193

痛　風　203

て

DIPF　87
tRNA　15
DHA　17
DHAP　124
THF　189
DNA　9
　——の構造　12
DNA ポリメラーゼ　15
DMAPP　172
TOF　43
TCA 回路　138
T 状態　118, 127
定序機構　93
D　体　27
dTMP　11, 200
dTTP　11, 199
TPCK　87
TPP　138
低分子量 GTP 結合タンパク質　100
低密度リポタンパク質　175
デオキシチミジン　200
デオキシ糖　31
デオキシヘモグロビン　70
デオキシリボ核酸 → DNA
デオキシリボース　10
デオキシリボヌクレオシド　11
テストステロン　24
鉄　155
鉄-硫黄クラスター　147
鉄-硫黄タンパク質　148
テトラデカン酸　17
テトラヒドロ葉酸　189
テトロース　27
de novo 合成　195
転移 RNA　15
電位依存性陰イオンチャンネル　145
電気泳動　41
電気化学的勾配　146
電子顕微鏡　57
電子的相補性　78
電子伝達系　146
　光合成——　155
電子密度図　56
転　写　15
伝達性海綿状脳症　64
天然変性タンパク質　62
デンプン　32, 123, 160
伝令 PNA　15

と

糖　27, 153
同　化　108
糖原性アミノ酸　185
糖脂質　20, 98
糖新生　135
透　析　39
糖タンパク質　34
等電点　38
等電点電気泳動　41
特異性ポケット　84
ドコサヘキサエン酸　17
4,7,10,13,16,19-ドコサヘキサエン酸　17
トシル-L-フェニルアラニルクロロメチルケトン　87
ドデカン酸　17
ドデシル硫酸ナトリウム　41, 98
ドーパミン　38, 192
ドーパミン β-モノオキシゲナーゼ　193
ドメイン　54
トランスアミナーゼ　183
トランスカルボキシラーゼ　164
トランスファー RNA　15
トランスポーター　101, 102
トリアシルグリセロール　22, 24
　——の合成　174
トリオース　27
トリオースリン酸　160
トリオースリン酸イソメラーゼ　124
トリオースリン酸トランスロケーター　160
トリプシノーゲン　78, 121
トリプシン　78, 84
トリプトファン　37, 191
トリペプチド　39
トレオース　28
トレオニン　37, 190
トロポミオシン　52
トロンビン　121
トロンボキサン　168

な　行

ナイアシン　77
内在性膜タンパク質　98
内　膜　145
7 回膜貫通受容体　105

二基質反応　93
ニコチンアミドアデニンジヌクレオチド（NAD$^+$ も見よ）　113
ニコチン性アセチルコリン受容体　105
二酸化炭素（CO_2）　158
二次元電気泳動　41
二次構造　45, 47
二次能動輸送　101, 103
二重らせん構造　12
二　糖　32
二面角　49
乳　酸　125
乳酸発酵　125
乳　糖　32
尿　酸　186, 203
尿　素　61, 186
尿素回路　186

ヌクレオシダーゼ 202
ヌクレオシド 10
ヌクレオシド二リン酸キナーゼ 112
ヌクレオシドホスホリラーゼ 202
ヌクレオチダーゼ 202
ヌクレオチド 10
——の異化 202
ヌクレオチド代謝 195

熱 2
熱ショックタンパク質 64
熱力学第一法則 3
熱力学第二法則 3

能動輸送 101, 103
ノルアドレナリン 192

は，ひ

バイオインフォマティクス 57
配向効果 83, 86
ハイドロパシー 59
ハイドロパシープロット 59, 99
ハイブリドーマ細胞 202
発エルゴン反応 4, 111
バックボーンモデル 46
発 酵 125
HAT 選択培地 202
バリン 37, 190
パルミチン酸 17, 100
パルミトイル-CoA 170
パルミトレイン酸 17
反競合阻害 95
半透膜 39
反応速度 79

P680 156, 157
P700 156, 157
P_i（無機リン酸） 110, 146
P_i トランスポーター 146
PRPP 191, 196
ヒアルロン酸 33
PAGE 41
PS I 155
PS II 155
pH 曲線 81
PFK 124, 126, 127, 135
PMP 183
PLP 183
ビオチン 77
ビオチンカルボキシラーゼ 164
ビオチンカルボキシル運搬タンパク質 164
光呼吸 160
光反応 154
PQ 155
非競合阻害 96
非共有結合 78
非繰返し構造 51
飛行時間型 43
PC 155
ヒスタミン 38
ヒスチジン 37, 192
2,3-ビスホスホグリセリン酸 73
ビタミン 77
ビタミン B_6 183
ビタミン C 52
非仲介輸送 101
必須アミノ酸 187
PDI 63
PDB 57
β-ヒドロキシアシル-ACP デヒドラターゼ 165
β-ヒドロキシアシル CoA デヒドロゲナーゼ 179
5-ヒドロキシトリプタミン 192
ヒドロキシプロリン 52
β-ヒドロキシ-β-メチルグルタリル CoA 171
D-β-ヒドロキシ酪酸 180
BPG 73
非必須アミノ酸 187
ヒポキサンチン 197, 204
ヒポキサンチン/アミノプテリン/チミジン選択培地 202
ヒポキサンチン-グアニンホスホリボシルトランスフェラーゼ 197
表在性膜タンパク質 98, 100
標準アミノ酸 36
標準生成ギブズエネルギー 108
標準反応ギブズエネルギー 108
ピラノース 29
ピリドキサミン 5′-リン酸 183
ピリドキサール 5′-リン酸 77, 183
ピリドキサールリン酸 82
ピリドキシン 183
ピリミジン 9
ピリミジンヌクレオチドの生合成 198
ピリミジンヌクレオチドの分解 204
ヒル係数 71
ヒル式 71
ピルビン酸 124, 125, 135, 137
ピルビン酸カルボキシラーゼ 135, 142
ピルビン酸キナーゼ 111, 125, 126, 136
ピルビン酸デカルボキシラーゼ 126
ピルビン酸デヒドロゲナーゼ 137
ピルビン酸デヒドロゲナーゼ複合体 122, 137, 140
ヒルプロット 71
ピンポン反応 93

ふ

ファルネシル基 99
ファルネシル二リン酸 172
ファンデルワールス力 60, 78
VLDL 175
VLDL レムナント 175
フィッシャー投影式 27
VDAC 145
部位特異的変異法 87
フィードバック 200
フィブリノゲン 121
フィブロイン 51
フェオフィチン 155
フェニルアラニン 37, 186, 191
フェニルイソチオシアナート 42
フェニルエタノールアミン *N*-メチルトランスフェラーゼ 193
フェニルケトン尿症 186
フェレドキシン 156
フォールディング 57, 63
フォールディング病 64
不可逆阻害 96
不活性化剤 96
不競合阻害 95
副 溝 12
複合体 I 147
複合体 II 147
複合体 III 148
複合体 IV 149
複合体 V 149
複合糖質 34
複製（DNA の） 15
プシコース 29
不斉炭素原子 27, 36
不飽和脂肪酸 17
——の合成 167
フマラーゼ 140
フマル酸 139, 186
プラストキノン 155
プラストシアニン 155
プラスマローゲン 20
フラノース 29
フラビンアデニンジヌクレオチド（FAD も見よ） 114
フラビンモノヌクレオチド 147
プリオン 64
フリップフロップ 23, 98
プリン 9
プリンヌクレオチドの生合成 195
プリンヌクレオチドの分解 203
ふるい効果 41
フルクトース 29, 128
フルクトース-1,6-ビスホスファターゼ（FBP アーゼ） 127, 135
フルクトース 2,6-ビスリン酸 127
フルクトフラノース 29
プレグネノロン 173
プレニル化タンパク質 99
プレニル基 99
プロスタグランジン 25, 168
プロスタグランジン H_2 シンターゼ 168
プロテアーゼ 78, 121, 181
プロテアソーム 182
プロテイナーゼ 181
プロテインキナーゼ 119
プロテインジスルフィドイソメラーゼ 63
プロテインデータバンク 57
プロテオグリカン 35
プロトマー 55
プロトン駆動力 150
プロトン(H^+)チャネル 151
プロリン 36, 37
分子間力 59
分子シャペロン 64
分泌タンパク質 100

へ

平　衡　79
平行 β シート　47
閉鎖系　3
ヘキサデカン酸　17
9-ヘキサデセン酸　17
ヘキソキナーゼ　126, 128, 136
ヘキソース　27, 158
　——の代謝　128
ベクトリアルプロトン　149
β-アノマー　30
$\beta\alpha\beta$ モチーフ　53
β(1→4)結合　32
β 酸化　178
β シート　47
β ストランド　47, 48
β 炭素　165
β バレル　54, 99
β ヘアピンモチーフ　53
ヘテロ多糖　33
ヘパリン　33
ペプチダーゼ　181
ペプチドグリカン　34
ペプチド結合　39
　——の平面性　49
ヘプトース　27
ヘミアセタール　29
ヘミケタール　29
ヘ　ム　68, 77, 148, 149
ヘモグロビン　43, 55, 70, 74
ヘリカーゼ　15
ヘリックスキャッピング　51
ベンケイソウ型有機酸代謝　161
変　性　58
変性タンパク質　61, 64
ペントース　10, 27
ペントースリン酸回路　129, 158

ほ

ボーア効果　72
補因子　77, 83, 113
棒球モデル　45
抱合型胆汁酸　25
芳香族アミノ酸デカルボキシラーゼ　193
飽和脂肪酸　17
飽和度　69
補欠分子族　68, 77, 114
補酵素　77
補酵素 A　138
補酵素 Q　147
補充反応　142
ホスファターゼ　119
ホスファチジルイノシトール経路　106
ホスファチジルイノシトールシンターゼ　169
ホスファチジルイノシトール 4,5-ビスリン酸　19
ホスファチジルエタノールアミン　19, 20
ホスファチジルグリセロール　19
ホスファチジルグリセロールシンターゼ　169
ホスファチジルグリセロール ホスファターゼ　169
ホスファチジルコリン　19, 20, 23
ホスファチジルセリン　19, 20
ホスファチジン酸　19, 20, 168
ホスホエノールピルビン酸　111, 135, 191
ホスホエノールピルビン酸カルボキシキナーゼ　135
ホスホエノールピルビン酸カルボキシラーゼ　161
2-ホスホグリコール酸　161
3-ホスホグリセリン酸　159, 189
ホスホグリセリン酸キナーゼ　125
ホスホグリセリン酸ムターゼ　125
ホスホグルコムターゼ　132
ホスホジエステル結合　12
3-ホスホセリン　189
ホスホパンテテイン　164
ホスホフルクトキナーゼ（PFK）　124, 126, 127, 135
ホスホプロテインホスファターゼ 1　134
5-ホスホ-β-リボシルアミン　197
ホスホリボシル二リン酸　191, 196
ホスホリラーゼキナーゼ　134
ホモシステイン　189
ホモ多糖　32
ホモ乳酸発酵　125
ポリアクリルアミドゲル電気泳動　41
ポリペプチド　39
ポリン　99, 101, 145
ポルフィリン　68, 154
翻　訳　15

ま　行

膜アンカータンパク質　98, 99
膜間腔　145
膜貫通タンパク質　98, 100
膜貫通ドメイン　99
膜タンパク質　98
　——を介した物質輸送　101
膜電位　146, 150
膜面タンパク質　100
マトリックス　145
マトリックス支援レーザー脱離イオン化　42
マラリア　74
マルトース　160
マロニル CoA　163, 204
マロニル CoA-ACP トランスフェラーゼ　165
マンガン　155
マンノース　28, 128

ミエローマ細胞　202
ミオグロビン　43, 47, 68
ミカエリス定数　91
ミカエリス・メンテン式　91
ミセル　22
ミトコンドリア　122, 145, 150, 186
ミリスチン酸　17, 100

無益回路　128
無機リン酸　110, 146

メタロプロテアーゼ　182
メチオニン　37, 190
5,10-メチレン THF　199
5,10-メチレンテトラヒドロ葉酸　199
メッセンジャー RNA　15
メトトレキサート　199
メバロン酸　172
2-メルカプトエタノール　61

モチーフ　53
モノガラクトシルジアシルグリセロール　19
モノガラクトシルジアシルグリセロール シンターゼ　170
モノクローナル抗体　202

ゆ，よ

誘導適合　62
遊離型リボソーム　100
UMP　11, 198, 204
輸送体　102
UDP　11, 199
UDP-グルコース　129, 133
UTP　11, 199
ユビキチン　182
ユビキチン活性化酵素　182
ユビキチン結合酵素　182
ユビキチン-プロテアソーム系　182
ユビキチンリガーゼ　182
ユビキノール　148
ユビキノン　148
ユビセミキノン　148

葉　酸　77
葉酸代謝拮抗剤　200
葉緑体　153
四次構造　45, 55

ら〜わ

ラインウィーバー・バークプロット　92
ラウリン酸　17
ラクトース　32
Ras　100
ラテラル拡散　23, 98
ラマチャンドラン・ダイアグラム　49
ランダム機構　93
ランダムコイル　51

リガンド　102, 104, 105
リキソース　28

リシン　37, 190
リスケ中心　148
リソソーム　182
リゾ体　23
リゾホスファチジン酸　169
立体構造解析　87
立体構造解析法　55
リノール酸　17
α-リノレン酸　17
γ-リノレン酸　17
リパーゼ　175
リビトール　114
リブロース　29
リブロース 1,5-ビスリン酸　159
リブロース-1,5-ビスリン酸カルボキシラーゼ　154
リブロース 5-リン酸　130, 159
リボ核酸 → RNA
リポキシゲナーゼ　168
リボザイム　7
リポ酸　138
リボース　10, 28
リボース 5-リン酸　195
リポソーム　22
リボソーム　100
リボソーム RNA　15
リボヌクレアーゼ A　61, 82
リボヌクレオシド　11
リボヌクレオチドレダクターゼ　196
リボンモデル　46
両親媒性　19
両親媒性分子　99
緑　藻　153
リンゴ酸　139, 160, 161
リンゴ酸-オキサロ酢酸シャトル　160
リンゴ酸デヒドロゲナーゼ　140
リン酸化　119
リン酸化カスケード　105, 120
リン酸基転移ポテンシャル　110
リン酸キャリアー　146
リン脂質　98

RuBisCO　154, 160
ループ　48

レシチン-コレステロールアシルトランスフェラーゼ　177
レッシュ・ナイハン（Lesch-Nyhan）症候群　203
レプリソーム　15

ロイコトリエン　26, 168
ロイシン　37, 190

Y_Z　157
ワトソン・クリック塩基対　12
ワトソン・クリックのモデル　12

井上英史（いのうえ ひでし）
1981年 東京大学薬学部 卒
1986年 東京大学大学院薬学系研究科博士課程 修了
現 東京薬科大学生命科学部 教授
専門 生化学，分子生物学
薬学博士

第1版 第1刷 2020年9月16日 発行
第3刷 2023年2月17日 発行

基礎講義 生化学
—アクティブラーニングにも対応—

編集者 井上英史
発行者 住田六連
発行 株式会社東京化学同人
東京都文京区千石3-36-7（〒112-0011）
電話 03-3946-5311・FAX 03-3946-5317
URL: https://www.tkd-pbl.com/

印刷 中央印刷株式会社
製本 株式会社松岳社

ISBN978-4-8079-0996-4
Printed in Japan